Thomas Warner

How to Keep the Clock Right by Observations of the Fixed Stars

With a Small Telescope

Thomas Warner

How to Keep the Clock Right by Observations of the Fixed Stars
With a Small Telescope

ISBN/EAN: 9783337187361

Printed in Europe, USA, Canada, Australia, Japan

Cover: Foto ©berggeist007 / pixelio.de

More available books at **www.hansebooks.com**

WASHINGTON OBSERVATIONS FOR 1871.—APPENDIX II.

RESULTS OF OBSERVATIONS

MADE AT

THE UNITED STATES NAVAL OBSERVATORY

WITH THE

TRANSIT· INSTRUMENT AND MURAL CIRCLE

IN

THE YEARS 1853 TO 1860, INCLUSIVE.

BY

Professor M. YARNALL, U. S. N.
Professor JAMES MAJOR, U. S. N.
Professor T. J. ROBINSON, U. S. N.

PREPARED BY

PROFESSOR M. YARNALL, U. S. N.,

BY ORDER OF

REAR-ADMIRAL B. F. SANDS, U. S. N.,
SUPERINTENDENT U. S. NAVAL OBSERVATORY.

PUBLISHED BY AUTHORITY OF THE

HON. SECRETARY OF THE NAVY.

WASHINGTON:
GOVERNMENT PRINTING OFFICE.
1872.

INTRODUCTION.

This appendix contains the results of observations made with the transit-instrument during a portion of the year 1858 and the years 1859 and 1860, and with the mural circle during the years 1853, 1854, 1855, 1856, 1857, and 1858.

The observations with the transit-instrument were made by the aid of a chronograph, in the manner described in the introductions to the Washington Observations for 1861 and subsequent years; but they are referred to the mean equinox of the British Nautical Almanac for 1860, to reduce which to the time-star list of the American Ephemeris of 1865, which has been used in the observations with this instrument since 1861, a correction of $+ 0^s.04$ is necessary. The published places are reduced to the year 1860.0.

The observations with the mural circle were likewise made in the manner described in the introductions to the Washington Observations for 1861 and subsequent years. Those of 1853 and 1854 are reduced to 1850.0, and those of 1855, 1856, 1857, and 1858 are reduced to 1860.0. The latitude used in the reductions was $38° 53' 39''.25$. The observed places of the stars, both in right ascension and declination, are corrected for proper motion. The corrections are those given by the Rev. R. Main, in vol. xix, Memoirs of the Royal Astronomical Society; for stars whose proper motions are not given there, those of the British Association Catalogue have been used, and for all other stars no proper motion is applied. These observations will be embodied in a general catalogue, soon to be published.

This appendix also contains the results of some observations of the sun, moon, and planets, made with the mural circle in the above-mentioned years, and hitherto unpublished.

Professor Yarnall made most of the observations, and all the reductions upon which the results given in this appendix depend.

MEAN RIGHT ASCENSIONS OF STARS FOR 1860.0.

WEST TRANSIT INSTRUMENT.

	α ANDROMEDÆ.		
1858.	h. m. s.		Mag.
Sept. 9	0 1 9.44		
Oct. 20	9.40		
22	9.35		
25	9.27		
Nov. 13	9.35		

	WEISSE XXIII, 1269.	
Oct. 7	0 1 44.97	
14	44.95	

	WEISSE O, 4.	
Sept. 18	0 1 57.83	
Oct. 7	57.85	7.0
14	57.84	

	WEISSE O, 13.	
Oct. 18	0 2 21.03	
23	21.08	8.5

	WEISSE O, 28.	
Nov. 6	0 2 53.17	

	B. A. C. 18.	
Oct. 9	0 3 14.71	

	B. A. C. 25.	
Nov. 18	0 4 53.35	

	γ PEGASI.	
Sept. 18	0 6 1.75	
Oct. 2	1.63	
20	1.78	
25	1.73	
26	1.70	
27	1.73	
Nov. 13	1.76	
Dec. 27	1.68	

	WEISSE O, 104.	
Oct. 18	0 6 54.63	9.0

	WEISSE O, 112.	
Oct. 23	0 7 30.93	9.0

	B. A. C. 39.	
Oct. 9	0 8 20.45	

	SANTINI 10.		
1858.	h. m. s.		Mag.
Nov. 6	0 8 27.00		7.5

	B. A. C. 49.	
Sept. 23	0 9 39.11	
28	38.95	

	WEISSE O, 189.	
Oct. 14	0 11 39.81	8.0
Nov. 18	39.98	

	WEISSE O, 199.	
Nov. 13	0 12 27.68	

	WEISSE O, 202.	
Oct. 7	0 12 39.59	
18	39.51	9.0
23	39.34	

	WEISSE O, 210.	
Oct. 26	0 12 53.38	7.5
Nov. 6	53.35	7.0

	WEISSE O, 212.	
Dec. 27	0 12 58.51	

	d PISCIUM.	
Oct. 25	0 13 23.66	

	WEISSE O, 239.	
Oct. 2	0 14 14.16	

	WEISSE O, 287.	
Oct. 26	0 17 22.48	
Nov. 6	22.32	8.0

	B. A. C. 83.	
Sept. 9	0 17 33.12	
28	33.10	

	45 PISCIUM.	
Sept. 23	0 18 28.99	
Oct. 14	28.91	
Nov. 13	29.07	

	B. A. C. 91.		
1858.	h. m. s.		Mag.
Oct. 7	0 18 46.91		
9	46.84		

	B. A. C. 92.	
Nov. 18	0 19 0.33	
Dec. 27	0.80	

	WEISSE O, 312.	
Oct. 18	0 19 4.96	
23	4.86	7.0

	28 ANDROMEDÆ.	
Oct. 2	0 22 44.42	

	12 CETI.	
Sept. 9	0 22 53.64	
18	53.66	
Oct. 7	53.66	
18	53.65	
25	53.61	
Nov. 19	53.74	
Dec. 27	53.64	

	WEISSE O, 376.	
Oct. 26	0 23 19.72	
Nov. 6	19.64	

	51 PISCIUM.	
Oct. 14	0 25 10.51	
19	10.40	

	(*), +5° 8′.	
Nov. 13	0 25 56.54	8.0

	WEISSE O, 436.	
Oct. 23	0 26 14.39	9.0

	B. A. C. 133.	
Nov. 18	0 26 20.30	8.0

	WEISSE O, 443.	
Oct. 26	0 26 42.84	8.0
Nov. 6	42.78	

	WEISSE O, 450.		
1858.	h. m. s.		Mag.
Oct. 16	0 26 55.37		8.0

	13 CETI.	
Sept. 23	0 28 2.56	

	WEISSE O, 476.	
Oct. 18	0 28 16.13	8.5

	14 CETI.	
Sept. 28	0 28 21.66	
Oct. 2	21.57	

	B. A. C. 149.	
Oct. 7	0 28 39.82	
Dec. 27	39.70	

	B. A. C. 158.	
Sept. 9	0 29 52.06	
Oct. 9	51.80	

	LALANDE 967.	
Oct. 14	0 30 48.98	8.0
23	48.87	8.0

	α CASSIOPEÆ.	
Sept. 18	0 32 35.17	
Oct. 22	35.16	
25	34.76	
Nov. 19	34.93	

	WEISSE O, 560.	
Oct. 18	0 33 17.11	8.0
Nov. 18	17.21	

	B. A. C. 177.	
Nov. 30	0 33 57.71	7.0

	WEISSE O, 595.	
Oct. 7	0 34 49.68	9.0
19	49.60	

	WEISSE O, 601.	
Oct. 14	0 35 0.22	8.5
23	34 59.99	8.5

MEAN RIGHT ASCENSIONS OF STARS FOR 1860.0

	WEISSE O, 608.				υ¹ CASSIOPEÆ.				WEISSE I, 504.				β ARIETIS.		
1858.	h. m. s.	Mag.	1858.		h. m. s.	Mag.	1858.		h. m. s.	Mag.	1858.		h. m. s.		Mag.
Oct. 7	0 35 31.65	8.5	Sept. 9		0 46 43.19		Sept. 18		1 29 47.66	8.5	Sept. 13		1 46 54.68		
19	31.53	8.0	Nov. 30		42.70		Oct. 7		47.58	9.0	Nov. 6		54.64		
26	31.69						23		47.44	9.0	19		54.66		
					ι PISCIUM.						Dec. 9		54.60		
	β CETI.								WEISSE I, 540.		16		54.62		
Sept. 9	0 36 33.52		Sept. 23		0 55 40.85						17		54.63		
16	33.54		Oct. 20		40.74		Oct. 7		1 51 42.02	9.0	18		54.69		
23	33.51		Dec. 16		40.83										
28	33.62												WEISSE I, 855.		
Oct. 2	33.55				WEISSE O, 1013.				ν PISCIUM.						
9	33.56										Oct. 7		1 48 9.54		8.0
27	33.68		Oct. 23		0 58 6.79		Sept. 9		1 34 8.98		23		9.46		8.5
Dec. 17	33.70						28		8.79						
27	33.64				WEISSE O, 1043.		Oct. 2		8.76				WEISSE I, 860.		
							14		8.93						
	WEISSE O, 647.		Nov. 6		0 59 20.74	7.0	23		8.81		Oct. 14		1 48 20.96		9.0
							25		8.89						
Oct. 18	0 37 51.30	8.0			WEISSE O, 1078.		26		8.80				ι ARIETIS.		
							Nov. 18		8.79						
	WEISSE O, 680.		Oct. 16		1 1 8.29	9.0	19		8.90		Nov. 18		1 49 42.37		
							30		8.78		19		42.39		
Oct. 14	0 39 38.45				ε PISCIUM.		Dec. 10		8.80						
16	38.26												58 CETI.		
			Oct. 7		1 1 9.56										
	WEISSE O, 687.		18		9.63				B. A. C. 524.		Oct. 25		1 50 52.54		
											Nov. 6		52.56		
Oct. 23	0 40 2.25				(*), + 9° 1'.		Dec. 16		1 34 51.75						
Nov. 30	2.16												B. A. C. 613.		
			Oct. 19		1 1 36.69	7.0			ο PISCIUM.						
	WEISSE O, 711.										Dec. 18		1 52 37.00		
					ζ¹ PISCIUM.		Nov. 18		1 38 0.20						
Nov. 6	0 41 8.56	9.0											WEISSE I, 942.		
			Sept. 23		1 6 25.25				LALANDE 3237.						
	WEISSE O, 712.										Oct. 23		1 53 10.80		7.5
					θ CETI.		Sept. 9		1 38 42.89	7.5	Dec. 27		10.78		7.5
Nov. 18	0 41 10.46	8.0													
			Sept. 28		1 17 1.57				WEISSE I, 713.				WEISSE I, 913.		
	d PISCIUM.		Oct. 2		1.59										
			7		1.55		Oct. 14		1 39 55.90		Oct. 14		1 53 17.59		8.5
Sept. 23	0 41 25.33		9		1.50		23		55.85	9.0	Dec. 18		17.62		
Oct. 20	25.22		14		1.50										
			16		1.43				WEISSE I, 725.				WEISSE I, 963.		
	B. A. C. 224.		18		1.53										
			19		1.52		Dec. 18		1 40 26.50	8.0	Sept. 9		1 54 23.07		9.0
Sept. 9	0 41 39.55		23		1.56		27		26.58		Oct. 7		23.05		9.0
Dec. 27	39.44		26		1.60										
			Nov. 6		1.59				B. A. C. 547.				B. A. C. 641.		
			18		1.58										
	(*), + 3° 20'.		30		1.57		Oct. 25		1 40 35.24		Oct. 23		1 57 28.16		7.0
			Dec. 9		1.59		Nov. 6		35.02		Nov. 6		28.22		
Oct. 7	0 42 8.69		16		1.56										
			27		1.54				B. A. C. 549.				WEISSE I, 1040.		
	WEISSE O, 742.														
					η PISCIUM.		Nov. 30		1 40 35.49		Dec. 27		1 58 48.79		7.0
Oct. 16	0 43 14.15						Dec. 16		35.49						
			Sept. 9		1 23 59.78										
	WEISSE O, 775.		Dec. 10		59.73				WEISSE I, 775.				α ARIETIS.		
			16		59.76										
Oct. 7	0 44 43.01	8.0					Oct. 7		1 43 44.07		Sept. 9		1 59 17.30		
26	43.06	8.5			101 PISCIUM.						18		17.22		
Nov. 6	42.95	8.5									Nov. 18		17.19		
			Dec. 16		1 28 17.44				WEISSE I, 808.		19		17.21		
	20 CETI.										Dec. 9		17.26		
					WEISSE I, 497.		Sept. 9		1 45 27.41		16		17.25		
Oct. 23	0 45 51.15						Dec. 27		27.38	9.0	16		17.24		
Nov. 18	51.22		Oct. 14		1 29 11.69	8.5					17		17.28		
											18		17.32		
	B. A. C. 243.				π PISCIUM.				γ¹ ARIETIS.						
													WEISSE I, 1047.		
Oct. 7	0 46 7.00	7.0	Sept. 23		1 29 40.93										
14	7.06		Nov. 18		40.75		Nov. 19		1 45 51.11		Oct. 7		1 59 20.33		9.0

OBSERVED WITH THE WEST TRANSIT INSTRUMENT, 1858.

59 ANDROMEDÆ.				
1858.	h. m. s.	Mag.
Oct. 25	. .	2 2 23.94	
Nov. 30	. .	23.72	

B. A. C. 662.		
Oct. 25	. .	2 2 24.80
Nov. 30	. .	24.66

5 TRIANGULI.		
Dec. 27 *	. .	2 3 14.47

O. ARG. N. 2462.			
Oct. 14	. .	2 3 37.40	8.0

64 CETI.		
Nov. 6	.	2 3 57.83

(*), + 3° 43'.			
Oct. 7	. .	2 4 42.16	9.0

ξ¹ CETI.		
Sept. 18	. .	2 5 35.03
Nov. 18	. .	34.91
Dec. 16	. .	35.04

B. A. C. 687.		
Oct. 23	. .	2 6 10.52

(*), + 49° 4'.			
Sept. 9	. .	2 6 39.74	8.0

B. A. C. 702.		
Dec. 18	. .	2 9 30.14
27	. .	29.83

67 CETI.		
Sept. 18	. .	2 10 0.16
Oct. 14	. .	0.13
23	. .	0.16
25	. .	0.02
Nov. 6	. .	0.04
30	. .	0.11
Dec. 9	. .	0.06
10	. .	0.13
17	. .	0.17

θ ARIETIS.		
Nov. 18	. .	2 10 20.51
19	. .	20.59

(*), + 12° 58'.			
Sept. 9	. .	2 12 57.94	8.0

WEISSE II, 209.		
Oct. 23	. .	2 13 52.94

WEISSE II, 235.			
1858.	h. m. s.	Mag.
Oct. 7	. .	2 15 30.76	
14	. .	30.68	8.0

O. ARG. N. 2729.			
Nov. 30	. .	2 16 22.13	7.0
Dec. 9	. .	22.24	7.5

B. A. C. 741.			
Nov. 6	. .	2 17 1.79	
Dec. 27	. .	1.86	

ζ ARIETIS.			
Oct. 25	. .	2 17 18.93	
Nov. 18	. .	18.94	

LALANDE 4460.			
Dec. 16	. .	2 17 51.11	8.0
18	. .	51.14	

WEISSE II, 312.			
Oct. 23	. .	2 19 41.92	8.0

ξ² CETI.		
Oct. 7	. .	2 20 43.08
14	. .	43.11
22	. .	43.11
Nov. 19	. .	43.14
Dec. 17	. .	43.06
27	. .	43.07

B. A. C. 764.		
Oct. 25	. .	2 22 6.99
Nov. 18	. .	7.02

B. A. C. 768.		
Nov. 30	.	2 22 33.46
Dec. 9	. .	33.24

B. A. C. 776.			
Dec. 16	. .	2 24 15.73	
18	. .	15.74	

RUMKER 654.			
Oct. 7	. .	2 25 37.31	8.0
14	. .	37.25	
Nov. 6	. .	37.14	

B. A. C. 789.			
Oct. 23	. .	2 27 39.46	7.0
Dec. 27	. .	39.41	

B. A. C. 800.			
Oct. 7	. .	2 29 10.30	7.0
Nov. 6	. .	10.15	7.0

81 CETI.			
1858.	h. m. s.	Mag.
Oct. 25	. .	2 30 38.73	
Nov. 18	. .	38.72	
Dec. 16	. .	38.73	

B. A. C. 809.			
Nov. 30	. .	2 31 9.93	
Dec. 9	. .	9.55	

WEISSE II, 556.			
Oct. 14	. .	2 32 56.92	
23	. .	56.86	8.5

WEISSE II, 569.			
Dec. 18	. .	2 33 35.65	9.0
27	. .	35.60	9.0

μ ARIETIS.			
Dec. 16	. .	2 34 28.71	
17	. .	28.65	

) CETI.		
Oct. 7	. .	2 36 2.94
14	. .	2.87
22	. .	2.94
23	. .	2.99
Nov. 30	. .	2.59
Dec. 17	. .	2.97

38 ARIETIS.		
Oct. 22	. .	2 37 20.09
Nov. 19	. .	20.15

B. A. C. 857.		
Dec. 9	. .	2 38 56.53
18	. .	56.71

B. A. C. 858.		
Dec. 9	. .	2 39 12.63
18	. .	12.77

40 ARIETIS.		
Oct. 22	. .	2 40 41.41
23	. .	41.38

B. A. C. 866.		
Oct. 7	. .	2 40 37.89

π ARIETIS.		
Dec. 16	. .	2 41 29.05
17	. .	29.10

WEISSE II, 742.			
Nov. 30	. .	2 43 25.47	8.0

) FORNACIS.			
Oct. 25	. .	2 43 38.69	
Nov. 18	. .	38.79	

WEISSE II, 790.			
1858.	h. m. s.	Mag.
Oct. 7	. .	2 46 15.29	7.5
23	. .	15.27	

RUMKER 742.			
Dec. 18	. .	2 47 26.97	9.0
27	. .	26.84	

ρ² ARIETIS.		
Nov. 19	. .	2 48 32.25
Dec. 16	. .	32.15
17	. .	32.22

B. A. C. 905.		
Nov. 30	. .	2 48 44.67

B. A. C. 920.		
Oct. 25	. .	2 50 51.79
Nov. 18	. .	51.88

WEISSE II, 881.			
Oct. 7	. .	2 50 54.38	9.0
Dec. 27	. .	54.54	

B. A. C. 922.		
Dec. 9	. .	2 51 10.28
18	. .	10.28

ε ARIETIS.		
Oct. 23	. .	2 51 12.64
Nov. 19	. .	12.74
Dec. 16	. .	12.71
17	. .	12.67

α CETI.		
Oct. 23	. .	2 54 57.83
25	. .	57.72
Nov. 18	. .	57.84
19	. .	57.84

WEISSE II, 967.			
Oct. 7	. .	2 55 19.34	
Nov. 30	. .	19.33	8.0

ρ² ERIDANI.		
Dec. 27	. .	2 57 24.00

WEISSE II, 1037.			
Oct. 7	. .	2 58 53.96	8.5
Nov. 30	. .	53.97	9.0

53 ARIETIS.		
Dec. 16	. .	2 59 33.01
17	. .	32.99

B. A. C. 960.		
Dec. 9	. .	2 59 52.54

MEAN RIGHT ASCENSIONS OF STARS FOR 1860.

1858.	h. m. s.	Mag.
B. A. C. 980.		
Oct. 25	3 2 8.45	
Nov. 18	8.59	
WEISSE (2) III, 45.		
Dec. 27	3 3 12.38	
λ ARIETIS.		
Oct. 7	3 3 37.69	
23	37.63	
Nov. 19	37.68	
30	37.66	
Dec. 16	37.68	
17	37.59	
18	37.69	
ζ ARIETIS.		
Oct. 23	3 6 51.53	
Nov. 19	51.50	
Dec. 17	51.47	
WEISSE (2) III, 161.		
Dec. 27	3 7 54.80	
(*), +17° 3'.		
Nov. 30	3 9 18.38	
WEISSE III, 168.		
Dec. 18	3 10 8.30	8.0
B. A. C. 1019.		
Oct. 7	3 10 24.93	
Nov. 18	25.12	
WEISSE III, 172.		
Oct. 25	3 10 33.61	
Dec. 9	33.57	8.0
(*), +22° 42'.		
Dec. 27	3 12 35.48	8.5
τ¹ ARIETIS.		
Nov. 19	3 13 8.83	
RUMKER 849.		
Nov. 30	3 16 2.69	
n TAURI.		
Oct. 25	3 17 16.94	
Nov. 18	16.86	
WEISSE III, 295.		
Dec. 16	3 17 23.53	8.0
B. A. C. 1063.		
Dec. 9	3 18 50.99	

1858.	h. m. s.	Mag.
RUMKER 870.		
Dec. 18	3 21 47.98	
(*), +9° 29'.		
Dec. 27	3 21 50.8d	9.5
RUMKER 879.		
Nov. 30	3 22 55.26	
B. A. C. 1097.		
Oct. 25	3 26 18.08	
Nov. 18	17.96	
(*), +31° 15'.		
Dec. 9	3 25 39.55	8.5
B. A. C. 1101.		
Dec. 9	3 26 55.69	
16	55.94	
WEISSE III, 517.		
Nov. 30	3 28 40.41	9.0
Dec. 27	40.32	
9 TAURI.		
Oct. 23	3 28 44.42	
Dec. 17	44.42	
18	44.38	
B. A. C. 1130.		
Oct. 25	3 32 58.29	
Nov. 18	58.29	
WEISSE (2) III, 733.		
Dec. 16	3 34 3.08	
27	3.16	
RUMKER 940.		
Nov. 30	3 34 22.24	8.5
17 TAURI.		
Oct. 23	3 36 34.05	
Dec. 17	33.94	
18	34.01	
24 TAURI.		
Nov. 18	3 39 1.94	
Dec. 18	1.98	
27	1.94	
η TAURI.		
Oct. 23	3 39 10.00	
25	10.02	
Nov. 18	9.89	
18	9.99	
27	9.94	

1858.	h. m. s.	Mag.
(*), +11° 15'.		
Dec. 16	3 39 33.33	8.0
WEISSE (2) III, 881.		
Nov. 30	3 39 51.99	
B. A. C. 1171.		
Dec. 9	3 40 9.84	
28 TAURI.		
Oct. 23	3 40 51.69	
Dec. 18	51.73	
B. A. C. 1205.		
Oct. 25	3 45 2.38	
Nov. 18	2.32	
RUMKER 1025.		
Nov. 30	3 46 29.02	7.0
Dec. 16	29.10	
WEISSE (2) III, 1013.		
Dec. 27	3 46 35.80	
WEISSE (2) III, 1019.		
Dec. 27	3 46 52.52	
WEISSE, 3ʰ 924.		
Dec. 18	3 47 51.94	
ρ PERSEI.		
Dec. 22	3 48 27.89	
γ¹ ERIDANI.		
Oct. 24	3 51 29.98	
25	29.98	
Nov. 18	29.97	
30	29.98	
Dec. 9	29.92	
17	29.97	
18	29.85	
27	29.94	
λ¹ TAURI.		
Dec. 18	3 56 25.30	
(*), +16° 5'.		
Dec. 27	3 56 39.42	9.0
RUMKER 1084.		
Dec. 16	3 58 19.46	
ε PERSEI.		
Dec. 22	3 58 30.59	

1858.	h. m. s.	Mag.
B. A. C. 1282.		
Oct. 25	4 3 21.06	
Dec. 9	20.99	
37 ERIDANI.		
Oct. 24	4 3 32.80	
ω¹ ERIDANI.		
Oct. 24	4 5 1.88	
Nov. 30	2.04	
Dec. 16	1.99	
18	2.01	
22	2.04	
27	1.99	
ω² TAURI.		
Dec. 18	4 9 3.70	
51 TAURI.		
Dec. 16	4 10 6.28	
22	6.24	
h TAURI.		
Nov. 30	4 12 4.84	
Dec. 9	4.73	
WEISSE (2) IV, 330.		
Dec. 16	4 15 56.03	
r TAURI.		
Oct. 24	4 20 26.63	
Nov. 30	26.64	
Dec. 18	26.66	
22	26.65	
WEISSE (2) IV, 458.		
Dec. 16	4 21 37.04	
B. A. C. 1408.		
Nov. 30	4 25 52.66	
Dec. 16	52.46	
a TAURI.		
Oct. 24	4 27 53.43	
Dec. 9	53.40	
22	53.36	
o² TAURI.		
Dec. 16	4 31 16.14	
WEISSE (2) IV, 719.		
Dec. 22	4 33 19.14	9.0
τ TAURI.		
Oct. 24	4 33 50.70	
Dec. 18	50.70	

OBSERVED WITH THE WEST TRANSIT INSTRUMENT, 1858.

	h. m. s.	Mag.		h. m. s.	Mag.		h. m. s.	Mag.		h. m. s.	Mag.
B. A. C. 1463.			*l* Tauri.			*a* Canis Minoris.			*v* Leonis.		
1858.			1858.			1858.			1858.		
Nov. 30 ..	4 37 15.57		Oct. 25 ..	5 17 26.52		Dec. 22 ..	7 31 58.38		Dec. 13 ..	9 50 41.35	
Dec. 16 ..	15.53		Dec. 16 ..	26.56							
						β Geminorum.			π Leonis.		
l Tauri.			*d* Orionis.			Dec. 22 ..	7 36 44.62		Dec. 23 ..	9 52 48.73	
Oct. 25 ..	4 43 11.18		Dec. 16 ..	5 24 51.35							
			22 ..	51.42		ϕ Geminorum.			*a* Leonis.		
(*), +26° 23'.			*e* Orionis.			Dec. 22 ..	7 44 55.39		Dec. 23 ..	10 0 54.82	
Dec. 22 ..	4 44 7.31	9.0	Dec. 16 ..	5 29 6.58		6 Cancri.			*a* Virginis.		
Weisse (2) IV, 986.			Weisse V, 874.			Dec. 22 ..	7 54 54.81		Sept. 29 ..	13 17 49.32	
Dec. 16 ..	4 44 18.47		Dec. 22 ..	5 34 20.53		ψ¹ Cancri.			*a* Bootis.		
22 ..	18.38	8.0				Dec. 22 ..	8 2 0.89		Sept. 10 ..	14 9 16.58	
ι Aurigæ.			*a* Columbæ.						13 ..	16.49	
Oct. 24 ..	4 47 52.79		Oct. 25 ..	5 34 34.82		ζ Cancri.			18 ..	16.61	
Dec. 18 ..	52.74					Dec. 22 ..	8 12 12.36		29 ..	16.55	
κ Tauri.			(*), −13° 41'.			*υ* Cancri, (1st *.)			*a* Coronæ Borealis.		
Oct. 24 ..	4 49 35.49		Dec. 22 ..	5 42 4.93	8.5	Dec. 22 ..	8 18 19.79		Sept. 17 ..	15 28 45.65	
25 ..	35.53								19 ..	45.55	
Weisse (2) IV, 1172.			136 Tauri.			θ Cancri.			*d* Ophiuchi.		
Dec. 22 ..	4 52 8.73	9.5	Oct. 25 ..	5 44 31.72		Sept. 13 ..	16 7 0.53				
			Weisse V, 1204.			Dec. 22 ..	8 23 36.50				
i Tauri.			Dec. 22 ..	5 47 35.62		γ Cancri.			*a* Scorpii.		
Oct. 25 ..	4 54 43.82		139 Tauri.			Dec. 22 ..	8 35 10.64		Sept. 13 ..	16 20 49.74	
Dec. 16 ..	43.71		Oct. 25 ..	5 49 18.40		ε Hydræ.			ζ Herculis.		
18 ..	43.75					Dec. 22 ..	8 39 21.48		Sept. 17 ..	16 36 0.46	
c Leporis.			(*), −14° 11'.			ρ² Cancri.			κ Ophiuchi.		
Dec. 16 ..	4 59 32.15		Dec. 22 ..	5 51 24.10	9.0	Dec. 22 ..	8 47 16.05		Sept. 17 ..	16 51 2.55	
18 ..	32.09		Weisse V, 1335.			κ Cancri.			*a* Herculis.		
22 ..	32.07		Dec. 22 ..	5 52 27.42	8.0	Dec. 22 ..	9 0 9.58		Sept. 13 ..	17 8 15.83	
103 Tauri.			Weisse V, 1372.						17 ..	15.96	
Oct. 24 ..	4 59 34.90		Dec. 22 ..	5 53 52.26	8.5	B. A. C. 3138.			θ Ophiuchi.		
25 ..	34.89		Weisse VI, 264.			Dec. 22 ..	9 5 37.15		Sept. 17 ..	17 13 24.85	
a Aurigæ.			Dec. 22 ..	6 9 34.71		83 Cancri.			*a* Ophiuchi.		
Dec. 18 ..	5 6 21.07					Dec. 22 ..	9 11 9.79		Sept. 13 ..	17 28 26.17	
β Orionis.			(*), −14° 23'.			(*), +8° 15 ±.			17 ..	26.20	
Oct. 24 ..	5 7 48.75		Dec. 22 ..	6 47 8.20	8.5	Dec. 22 ..	9 16 42.38		μ Herculis.		
25 ..	48.67					λ Leonis.			Sept. 13 ..	17 40 58.83	
Dec. 22 ..	48.75		*ε* Canis Majoris.			Dec. 22 ..	9 23 43.46		17 ..	58.76	
n Tauri.			Dec. 22 ..	6 53 7.48							
Oct. 25 ..	5 10 51.94		γ Canis Majoris.			*o* Leonis.			γ Draconis.		
Weisse (2) V, 451.			Dec. 22 ..	6 57 25.41		Dec. 23 ..	9 33 40.55		Sept. 13 ..	17 53 21.36	
Dec. 22 ..	5 16 36.63	8.5	Weisse VII, 196.			*i* Leonis.			17 ..	21.31	
Weisse (2) V, 452.			Dec. 22 ..	7 6 54.04	8.0	Dec. 23 ..	9 37 53.84		μ Sagittarii.		
Dec. 22 ..	5 16 38.65	9.0							Sept. 13 ..	18 5 23.48	

2—T I & M C

MEAN RIGHT ASCENSIONS OF STARS FOR 1860.0

	h. m. s.	Mag.		h. m. s.	Mag.		h. m. s.	Mag.		h. m. s.	Mag.
d Sagittarii.			**B. A. C. 6841.**			**a² Capricorni.**			**O. Arg. S. 20654.**		
1858.			1858.			1858.			1858.		
Oct. 13 . . 18 12 1.84			Sept. 2 . . 19 50 7.37			Aug. 26 . . 20 10 16.94			Sept. 27 . . 20 29 27.80		
			Oct. 16 . . 7.45			Sept. 2 . . 16.94					
σ Sagittarii.						7 . . 16.95			**B. A. C. 7108.**		
Oct. 13 . . 18 46 34.94			**13 Sagittæ.**			29 . . 16.97			Oct. 2 . . 20 29 31.92		
14 . . 34.88			Sept. 7 . . 19 53 43.86			Oct. 15 . . 16.94					
						16 . . 16.93			**O. Arg. S. 20675.**		
o Sagittarii.						19 . . 17.02			Sept. 27 . . 20 30 12.60		
Oct. 13 . . 18 56 17.43			**r Sagittarii.**								
			Oct. 14 . . 19 54 2.61			**O. Arg. S. 20429**			**B. A. C. 7128.**		
ζ Aquilæ.			15 . . 2.66			Sept. 29 . . 20 13 11.85			Sept. 18 . . 20 31 51.26		
Sept. 3 . . 18 58 58.45			**B. A. C. 6882.**			**B. A. C. 7011.**					
			Aug. 26 . . 19 55 48.75			Sept. 2 . . 20 16 6.19			**B. A. C. 7133.**		
υ Aquilæ.			Sept. 2 . . 48.83			7 . . 6.29			Sept. 7 . . 20 32 4.26		
Sept. 3 . . 19 11 14.66			**16 Vulpeculæ.**								
Oct. 13 . . 14.60			Oct. 16 . . 19 56 5.03			**B. A. C. 7018**			**v Capricorni.**		
						Oct. 16 . . 20 16 51.99			Sept. 29 . . 20 32 4.49		
δ Aquilæ.			(*), +19° 57'.			18 . . 52.05			Oct. 15 . . 4.56		
Sept. 3 . . 19 18 26.24			Sept. 7 . . 19 57 37.15 8.0						16 . . 4.49		
Oct. 13 . . 26.29						**Lalande 39217.**					
						Sept. 29 . . 20 18 12.55			**Gr. 12-year Cat. 1550**		
b² Sagittarii.			**B. A. C. 6899.**						Sept. 2 . . 20 32 35.28		
Sept. 2 . . 19 28 10.90			Sept. 18 . . 19 58 40.81			**μ Capricorni.**					
3 . . 10.91						Aug. 26 . . 20 20 52.23			**α Delphini.**		
7 . . 10.82			**B. A. C. 6903.**			Sept. 2 . . 52.09					
29 . . 10.94						7 . . 52.11			Oct. 19 . . 20 33 8.01		
Oct. 13 . . 10.97			Sept. 29 . . 20 0 7.41			27 . . 52.11					
15 . . 11.02						29 . . 52.19			**B. A. C. 7159.**		
20 . . 10.98			**B. A. C. 6906**			Oct. 16 . . 52.21			Sept. 27 . . 20 34 41.83		
			Aug. 26 . . 20 0 33.58			19 . . 52.23			29 . . 41.60		
B. A. C. 6738.						20 . . 52.23					
Sept. 2 . . 19 33 5.63			**B. A. C. 6908.**						**B. A. C. 7167.**		
			Sept. 2 . . 20 0 40.04			**B. A. C. 7044.**			Sept. 28 . . 20 35 46.05		
φ Cygni.						Sept. 2 . . 20 21 0.58			30 . . 46.03		
Oct. 16 . . 19 33 50.70			**17 Vulpeculæ.**			**B. A. C. 7049.**					
			Sept. 7 . . 20 0 52.52			Sept. 18 . . 20 21 17.98			**α Cygni.**		
γ Aquilæ.									Sept. 2 . . 20 36 39.67		
Sept. 2 . . 19 39 36.19			**b¹ Cygni.**			**O. Arg. S. 20570.**			18 . . 39.56		
29 . . 36.10			Aug. 26 . . 20 4 13.58			Sept. 29 . . 20 23 26.00			Oct. 4 . . 39.50		
Oct. 13 . . 36.13			Sept. 18 . . 13.66						20 . . 39.48		
15 . . 36.13						**1 Delphini.**					
16 . . 36.12			**B. A. C. 6941.**			Sept. 9 . . 20 23 35.96			(*), −21° 23'.		
20 . . 36.13			Sept. 7 . . 20 4 53.69						Oct. 2 . . 20 36 43.85 8.5		
			Oct. 16 . . 53.62			(*), +48° 44'.			19 . . 43.83 7.0		
α Aquilæ.			19 . . 53.53			Aug. 26 . . 20 26 33.92					
Sept. 2 . . 19 43 57.09						Sept. 2 . . 33.87			**ψ Capricorni.**		
7 . . 57.06			(*), +16° 18'.						Oct. 15 . . 20 37 48.00		
29 . . 57.04			Sept. 2 . . 20 5 56.27 8.0			**ω² Cygni.**			16 . . 47.93		
Oct. 4 . . 57.02						Aug. 26 . . 20 26 59.66					
13 . . 57.05			**4 Capricorni.**			Sept. 2 . . 59.69			**30 Vulpeculæ.**		
15 . . 57.10			Sept. 18 . . 20 9 47.37						Sept. 7 . . 20 38 48.93		
16 . . 57.05						**B. A. C. 7093.**					
20 . . 57.08			**a¹ Capricorni.**						**B. A. C. 7202, (2d *.)**		
b Sagittarii.			Aug. 26 . . 20 9 53.05			Sept. 18 . . 20 27 27.81			Aug. 26 . . 20 40 28.26		
Oct. 14 . . 19 48 20.95			Sept. 2 . . 52.98			Oct. 16 . . 27.80					
			7 . . 53.07			19 . . 27.92			**Weisse XX, 1031.**		
j Aquilæ.			Oct. 14 . . 53.03						Sept. 29 . . 20 40 49.76		
Sept. 7 . . 19 48 26.18											
29 . . 26.06											
Oct. 4 . . 26.15											
13 . . 26.12											
20 . . 29.15											

OBSERVED WITH THE WEST TRANSIT INSTRUMENT, 1858.   11

B. A. C. 7209.			**B. A. C. 7297.**			**α CEPHEI.**			**γ CAPRICORNI.**		
1858.	h. m. s.	Mag.	1858.	h. m. s.	Mag.	1858.	h. m. s.	Mag.	1858.	h. m. s.	Mag.
Sept. 27	20 41 23.78		Oct. 19	20 54 34.33		Sept. 2	21 15 14.28		Oct. 16	21 32 19.79	
						30	14.17		18	19.70	
B. A. C. 7216.			**WEISSE XX, 1394.**			**B. A. C. 7436.**			**B. A. C. 7528.**		
Sept. 28	20 42 14.64		Oct. 4	20 54 45.55		Aug. 26	21 17 44.69		Aug. 26	21 32 29.74	
Oct. 19	14.67					Sept. 28	44.72		Sept. 2	29.76	
			β CAPRICORNI.								
B. A. C. 7219.			Sept. 18	20 58 4.16		**ζ CAPRICORNI.**			**B. A. C. 7549.**		
Sept. 7	20 42 32.86		27	4.37		Sept. 18	21 18 39.87		Sept. 7	21 35 21.20	
			29	4.30		Oct. 16	40.05		28	21.28	
14 DELPHINI.			**61¹ CYGNI.**			**B. A. C. 7450.**			**H. A. C. 7558.**		
Oct. 2	20 42 56.51		Aug. 26	21 0 37.51		Oct. 2	21 19 56.44		Sept. 2	21 36 37.01	
			Sept. 2	37.57		5	56.43				
			7	37.32		19	56.42				
			13	37.12							
B. A. C. 7224.			28	37.42					**77 CYGNI.**		
Sept. 2	20 43 10.51		Oct. 2	37.40		**69 CYGNI.**					
			4	37.40					Oct. 9	21 36 45.05	
			7	37.20		Sept. 9	21 20 3.69				
ω CAPRICORNI.			19	37.21		Oct. 7	3.68		**ε PEGASI.**		
Oct. 16	20 43 27.51		**61¹ CYGNI.**			**β AQUARII.**			Sept. 9	21 37 18.58	
			Sept. 7	21 0 35.88					13	18.68	
B. A. C. 7248.			Oct. 4	38.87		Sept. 2	21 24 11.12		23	18.66	
			7	38.59		7	11.19		27	18.62	
Sept. 2	20 46 48.27		15	38.92		9	11.19		30	18.57	
			19	35.61		13	11.15		Oct. 2	18.50	
						23	11.16		5	18.51	
19 CAPRICORNI.			**γ AQUARII.**			27	11.11		7	16.49	
Sept. 27	20 46 52.85					28	11.21		13	18.51	
29	52.85		Oct. 16	21 1 57.87		Oct. 2	11.24		15	19.53	
						5	11.16		16	18.56	
						7	11.14				
(*), —19° 19′.			**LALANDE 41011.**			9	11.08		**δ CAPRICORNI.**		
						13	11.13				
Sept. 7	20 47 33.10		Sept. 30	21 2 11.01		15	11.23		Oct. 16	21 39 18.48	
						16	11.17		19	18.40	
						19	11.17				
B. A. C. 7254.			**B. A. C. 7366.**			**β CEPHEI.**			**B. A. C. 7584.**		
Oct. 16	20 48 25.25		Oct. 2	21 6 33.11	8.0	Aug. 26	21 26 50.46		Oct. 14	21 39 35.74	
19	25.07		7	32.76		Sept. 7	50.60				
32 VULPECULÆ.			**ζ CYGNI.**			**ρ CYGNI.**			**B. A. C. 7590.**		
Aug. 26	20 48 35.56		Aug. 26	21 6 58.63		Sept. 9	21 28 43.10		Sept. 2	21 40 25.27	
Oct. 2	35.48		Sept. 2	58.83		Oct. 5	42.96		Oct. 9	25.08	
4	35.56		7	58.69							
15	35.62		13	58.63					**B. A. C. 7610.**		
20	35.53		23	58.58		**ι CAPRICORNI.**			Sept. 2	21 44 32.81	
			28	58.70					9	32.60	
			30	58.67		Oct. 16	21 27 14.13		Oct. 19	32.21	7.0
B. A. C. 7274.			Oct. 4	58.72							
Sept. 7	20 51 51.33		5	58.72					**μ CAPRICORNI.**		
			16	58.65		**O. ARG. S. 21515.**					
			19	58.61		Oct. 19	21 29 32.52	7.0	Sept. 13	21 45 39.54	
21 CAPRICORNI.			**B. A. C. 7401.**			**B. A. C. 7515.**			Oct. 16	39.60	
Sept. 27	20 52 58.70								18	39.58	
29	58.68		Aug. 26	21 13 3.17		Sept. 23	21 30 22.34				
			Sept. 7	3.48		28	22.24		**O. ARG. N. 22961.**		
B. A. C. 7285.			**A CYGNI.**			**B. A. C. 7523.**			Oct. 19	21 45 58.65	6.5
Oct. 2	20 53 10.41		Sept. 28	21 13 14.18							
16	10.30		Oct. 7	13.65		Oct. 2	21 30 56.48		**B. A. C. 7620.**		
B. A. C. 7290.			**ι CAPRICORNI.**			**74 CYGNI.**			Sept. 23	21 46 6.95	
Sept. 28	20 53 18.89		Sept. 13	21 14 26.59		Oct. 7	21 31 20.17		28	6.75	
Oct. 7	18.66		Oct. 19	26.73		9	20.14		Oct. 2	6.73	

MEAN RIGHT ASCENSIONS OF STARS FOR 1860.0

16 Pegasi.

1858.	h. m. s.	Mag.
Aug. 26	21 46 41.65	
Sept. 7	41.68	
27	41.64	
30	41.49	
Oct. 5	41.56	
13	41.45	
15	41.66	

(*), +55° 8'.

Oct. 7	21 47 16.16	
9	16.30	7.0

B. A. C. 7631.

Oct. 7	21 47 16.79
9	16.88

17 Pegasi.

Sept. 2	21 50 6.72
9	6.90

B. A. C. 7644.

Sept. 7	21 50 16.32
Oct. 14	16.03

Lalande 42813.

| Oct. 18 | 21 51 4.78 | 8.5 |

(*), −20° 42'.

| Oct. 2 | 21 51 32.60 |

B. A. C. 7677.

| Sept. 7 | 21 56 29.62 |

B. A. C. 7680.

Oct. 7	21 57 16.21
16	16.28

α Aquarii.

Aug. 26	21 58 35.47
Sept. 23	35.46
28	35.46
Oct. 2	35.54
5	35.43
9	35.47
14	35.49
15	35.43
18	35.48
19	35.44

α Gruis.

Sept. 13	21 59 23.21
27	23.24
Oct. 13	23.55

B. A. C. 7724.

| Oct. 16 | 22 3 15.92 |

O. Arg. S. 21964.

1858.	h. m. s.	Mag.
Sept. 7	22 4 0.52	9.0

(*), −18° 49'.

| Oct. 18 | 22 4 38.57 | 9.5 |

B. A. C. 7752.

Aug. 26	22 6 33.97
Sept. 2	33.98

B. A. C. 7754.

Sept. 23	22 6 45.62
28	45.84

B. A. C. 7765.

Oct. 5	22 7 52.34
7	52.22

42 Aquarii.

| Oct. 16 | 22 9 18.04 |

θ Aquarii.

Sept. 2	22 9 26.58
27	26.52
30	26.60
Oct. 2	26.68
9	26.71
13	26.50
14	26.55
15	26.48
18	26.58
19	26.57
20	26.60
26	26.56
27	26.49

ρ Aquarii.

Oct. 18	22 12 49.80
19	49.69

31 Pegasi.

Aug. 26	22 14 37.54
Sept. 2	37.64

2 Lacertae.

Sept. 9	22 15 14.96
23	14.98

B. A. C. 7803.

Oct. 7	22 16 3.72
9	3.53

33 Pegasi.

| Oct. 26 | 22 16 55.37 |

50 Aquarii.

Oct. 14	22 16 56.84
16	56.88

B. A. C. 7812.

1858.	h. m. s.	Mag.
Oct. 19	22 17 50.51	

B. A. C. 7818.

Sept. 13	22 18 57.56
Oct. 18	57.72

53 Aquarii.

| Oct. 16 | 22 18 58.21 |

B. A. C. 7835.

Aug. 26	22 22 32.04
Sept. 2	32.00

Weisse XXII, 467.

Sept. 27	22 22 34.74
Oct. 26	34.56	8.0

σ Aquarii.

Sept. 23	22 23 14.05
28	14.13
Oct. 5	13.96
18	14.08

B. A. C. 7846.

Oct. 2	22 23 53.61
7	53.59
9	53.59

B. A. C. 7858.

Oct. 14	22 26 15.22
16	15.29

B. A. C. 7866.

Aug. 26	22 27 53.94
Oct. 26	53.93

η Aquarii.

Sept. 2	22 28 9.63
7	9.56
23	9.71
27	9.71
28	9.58
Oct. 2	9.65
5	9.66
9	9.59
14	9.63
16	9.64
20	9.68
27	9.58

κ Aquarii.

Oct. 18	22 30 30.28
19	30.21

B. A. C. 7907.

1858.	h. m. s.	Mag.
Oct. 2	22 34 12.24	
7	12.05	
9	12.23	

ζ Pegasi.

Aug. 26	22 34 28.74
Sept. 2	28.74
7	28.64
9	28.83
28	28.70
Oct. 5	28.75
16	28.79
19	28.80
20	28.81
26	28.78
27	28.81

Weisse XXII, 761.

| Oct. 18 | 22 35 53.74 | 8.0 |

Weisse XXII, 772.

Sept. 23	22 36 42.85
Oct. 14	42.87	7.0

13 Lacertae.

| Oct. 16 | 22 36 51.22 |

ξ Pegasi.

Sept. 28	23 39 41.88
Oct. 5	41.99

B. A. C. 7948.

| Aug. 26 | 22 39 58.09 |

B. A. C. 7950.

| Oct. 2 | 22 40 13.83 |

B. A. C. 7953.

Oct. 7	22 41 50.03
9	50.10

τ² Aquarii.

Sept. 27	22 42 10.63
Oct. 18	10.41
20	10.55
26	10.52
27	10.53

21 Piscis Australis.

Sept. 2	22 43 37.17
23	37.18

B. A. C. 7978.

| Oct. 5 | 22 46 47.82 |

B. A. C. 7983.

Oct. 14	22 47 24.64
16	24.69

OBSERVED WITH THE WEST TRANSIT INSTRUMENT, 1858.

α Piscis Australis.				
1858.	h. m. s.	Mag.
Aug. 26	. . 22 49 54.24	
Sept. 2	. . 54.24	
9	. . 54.24	
23	. . 54.50	
27	. . 54.31	
28	. . 54.27	
Oct. 2	. . 54.45	
7	. . 54.35	
9	. . 54.39	
14	. . 54.34	
16	. . 54.41	
19	. . 54.26	
20	. . 54.41	
22	. . 54.40	
27	. . 54.37	

81 Aquarii.		
Sept. 7	. . 22 54 6.96	
Oct. 2	. . 6.96	

Weisse XXII, 1149.		
Oct. 27	. . 22 55 2.85	

Weisse XXII, 1156.		
Oct. 18	. . 22 55 12.05	8.0
19	. . 11.94	
27	. . 12.01	

2 Andromedæ.		
Oct. 5	. . 22 56 9.93	
7	. . 10.07	

α Pegasi.		
Sept. 7	. . 22 57 47.31	
9	. . 47.30	
27	. . 47.26	
28	. . 47.31	
Oct. 20	. . 47.35	
22	. . 47.31	
23	. . 47.30	
25	. . 47.42	

Weisse XXII, 1221.		
Oct. 14	. . 22 58 11.55	8.0

1 Cassiopeæ.		
Oct. 2	. . 23 0 41.95	
16	. . 42.48	

B. A. C. 8056.		
Oct. 5	. . 23 0 53.90	
19	. . 53.98	

6 Andromedæ.		
Sept. 7	. . 23 3 59.68	
28	. . 59.55	

60 Pegasi.		
Oct. 7	. . 23 5 1.69	
14	. . 1.64	

φ Aquarii.				
1858.	h. m. s.	Mag.
Oct. 18	. . 23 7 4.22	
19	. . 4.11	

B. A. C. 8091.		
Oct. 2	. . 23 8 7.91	
5	. . 7.86	

B. A. C. 8094.		
Oct. 14	. . 23 8 21.51	

ψ¹ Aquarii.		
Oct. 18	. . 23 8 33.26	

B. A. C. 8104.		
Oct. 16	. . 23 9 39.52	

γ Piscium.		
Sept. 7	. . 23 9 54 45	
9	. . 54.44	
23	. . 54.46	
27	. . 54.53	
28	. . 54.41	
Oct. 7	. . 54.50	
9	. . 54.39	
20	. . 54.54	
23	. . 54.46	
25	. . 54.58	
27	. . 54.49	
Nov. 6	. . 54.38	

Weisse XXIII, 185.		
Oct. 26	. . 23 10 21.42	7.0

Weisse XXIII, 188.		
Oct. 27	. . 23 10 25.21	8.0

ψ² Aquarii.		
Oct. 25	. . 23 10 37.62	

96 Aquarii.		
Oct. 15	. . 23 12 8.32	
19	. . 8.29	

B. A. C. 8123.		
Sept. 7	. . 23 13 0.26	
28	. . 0.15	
Oct. 7	. . 0.27	

δ Piscium.		
Oct. 27	. . 23 13 12.69	

Lalande 45704.		
Oct. 23	. . 23 13 34.25	

Weisse XXIII, 309.		
Oct. 2	. . 23 15 43.71	
22	. . 43.79	
25	. . 43.82	
Nov. 6	. . 43.80	

Lalande 45804.				
1858.	h. m. s.	Mag.
Oct. 26	. . 23 16 31.64	
27	. . 31.74	

B. A. C. 8158.		
Sept. 7	. . 23 17 46.84	

Weisse XXIII, 359.		
Oct. 18	. . 23 18 14.00	9.0

κ Piscium.		
Sept. 9	. . 23 19 45.30	
23	. . 45.24	
28	. . 45.19	
Oct. 7	. . 45.35	
19	. . 45.21	
20	. . 45.34	
22	. . 45.28	
23	. . 45.34	2.5
25	. . 45.32	
Nov. 6	. . 45.30	
18	. . 45.36	

9 Piscium.		
Oct. 22	. . 23 20 4.59	

B. A. C. 8173.		
Oct. 9	. . 23 20 24.05	
16	. . 24.38	

θ Piscium.		
Oct. 14	. . 23 20 51.98	
27	. . 52.02	

(*), +5° 39'.		
Oct. 26	. . 23 21 8.59	8.0

Weisse XXIII, 423.		
Oct. 2	. . 23 21 36.72	

Weisse XXIII, 458.		
Oct. 14	. . 23 23 14.53	8.5

B. A. C. 8187.		
Oct. 5	. . 23 23 28.91	

Weisse XXIII, 463.		
Oct. 7	. . 23 23 36.21	8.5
18	. . 36.31	9.0
19	. . 36.00	8.0

Santini 1636.		
Oct. 27	. . 23 25 5.57	

B. A. C. 8204.		
Sept. 28	. . 23 26 34.35	
Nov. 6	. . 33.75	

B. A. C. 8217.				
1858.	h. m. s.	Mag.
Oct. 9	. . 23 28 55.31	
Nov. 18	. . 55.54	

Weisse XXIII, 592.		
Oct. 2	. . 23 29 4.49	

Weisse XXIII, 602.		
Oct. 14	. . 23 29 40.32	9.0
19	. . 40.15	9.0

B. A. C. 8223.		
Sept. 9	. . 23 30 42.15	
Oct. 7	. . 41.97	

ι Piscium.		
Sept. 27	. . 23 32 44.93	
Oct. 22	. . 45.05	
27	. . 44.92	
Nov. 18	. . 44.96	

Weisse XXIII, 685.		
Oct. 2	. . 23 33 34.46	

) Cephei.		
Sept. 28	. . 23 33 38.20	
Oct. 5	. . 37.55	
16	. . 38.43	

Weisse XXIII, 705.		
Oct. 7	. . 23 34 33.35	8.5

Weisse XXIII, 710.		
Oct. 26	. . 23 34 48.89	

Santini 1649.		
Oct. 22	. . 23 34 48.80	
25	. . 48.79	
26	. . 48.89	

γ Piscium.		
Oct. 20	. . 23 34 54.19	

B. A. C. 8247.		
Nov. 6	. . 23 35 26.41	

B. A. C. 8252.		
Sept. 9	. . 23 36 17.38	

Weisse XXIII, 749.		
Oct. 14	. . 23 36 59.04	9.5

Weisse XXIII, 764.		
Oct. 7	. . 23 37 40.30	8.0
26	. . 40.32	

MEAN RIGHT ASCENSIONS OF STARS FOR 1860.0

	h. m. s.	Mag.
Weisse XXIII, 803.		
1858. Oct. 22	23 39 52.47	
B. A. C. 8269.		
Sept. 23	23 40 35.63	
Weisse XXIII, 828.		
Oct. 2	23 40 58.66	
Weisse XXIII, 831.		
Oct. 14	23 41 5.82	7.0
26	5.88	
θ Sculptoris.		
Sept. 9	23 41 37.44	
18	37.51	
27	37.65	
28	37.55	
Oct. 16	37.65	
18	37.56	
23	37.64	
25	37.74	
Nov. 6	37.81	
31 Piscium.		
Oct. 19	23 42 17.29	
20	17.29	
Weisse XXIII, 870.		
Oct. 7	23 42 59.11	8.5
82 Pegasi.		
Oct. 14	23 45 28.72	
26	28.80	
Weisse XXIII, 932.		
Sept. 28	23 45 58.72	8.5
Oct. 2	58.73	
ρ Cassiopeæ.		
Sept. 9	23 47 24.50	
18	24.52	
(*), — 1° 4'.		
Oct. 18	23 47 41.07	8.5
B. A. C. 8315.		
Sept. 23	23 48 28.27	
Nov. 18	28.26	
B. A. C. 8317.		
Oct. 9	23 48 33.56	
Weisse XXIII, 1030.		
Oct. 2	23 50 36.62	7.0
7	36.69	7.0

	h. m. s.	Mag.
φ Pegasi.		
1858. Oct. 26	23 50 37.69	
27 Piscium.		
Oct. 19	23 51 30.17	
υ Piscium.		
Sept. 18	23 52 7.47	
28	7.28	
Oct. 14	7.40	
16	7.44	
18	7.34	
20	7.30	
23	7.30	
25	7.38	
Nov. 13	7.34	
18	7.49	
B. A. C. 8344.		
Oct. 9	23 54 29.41	
Weisse XXIII, 1175.		
Nov. 18	23 57 31.49	8.0
Weisse XXIII, 1195.		
Oct. 18	23 58 20.37	7.0
23	20.29	
26	20.43	7.0
Weisse XXIII, 1201.		
Sept. 23	23 58 48.60	
B. A. C. 8374.		
Oct. 27	23 59 20.84	
Weisse XXIII, 1212.		
Sept. 18	23 59 20.95	
28	20.90	
Oct. 2	20.76	8.0
7	20.85	
14	20.87	
Weisse XXIII, 1217.		
Oct. 2	23 59 (40.74)	
7	41.26	
14	41.28	
α Andromedæ.		
1859. Jan. 13	0 1 9.37	
Aug. 17	9.47	
Weisse XXIII, 1258.		
Nov. 16	0 1 37.53	
Weisse XXIII, 1260.		
Nov. 16	0 1 38.26	
Weisse XXIII, 1267.		
Nov. 28	0 1 41.84	

	h. m. s.	Mag.
B. A. C. 18.		
1859. Dec. 26	0 3 14.81	
Weisse O, 69.		
Nov. 26	0 4 36.58	
Weisse O, 83.		
Nov. 15	0 5 36.61	9.0
γ Pegasi.		
Jan. 13	0 6 1.75	
Aug. 17	1.78	
Nov. 28	1.79	
Weisse O, 104.		
Nov. 16	0 6 54.61	9.0
35 Piscium.		
Sept. 12	0 7 46.34	
13	46.30	
B. A. C. 37.		
Dec. 26	0 8 21.18	
Santini 10.		
Nov. 26	0 8 26.98	7.0
Weisse O, 192.		
Nov. 28	0 11 55.47	9.0
Weisse O, 199.		
Nov. 16	0 12 27.06	7.5
d Piscium.		
Aug. 16	0 13 23.79	
17	23.68	
Sept. 12	23.72	
13	23.73	
Nov. 26	23.68	
Weisse O, 239.		
Nov. 15	0 14 14.12	9.0
9 Ceti.		
Nov. 28	0 15 41.16	
44 Piscium.		
Dec. 26	0 18 13.60	
45 Piscium.		
Aug. 16	0 18 29.04	
17	28.95	
Sept. 12	29.05	
13	28.97	

	h. m. s.	Mag.
B. A. C. 96.		
1859. Nov. 16	0 19 56.92	
26	56.88	
12 Ceti.		
Jan. 13	0 22 53.61	
Aug. 16	53.67	
17	53.65	
Sept. 12	53.59	
13	53.61	
Nov. 15	53.62	
16	53.63	
26	53.62	
Dec. 26	53.66	
B. A. C. 113.		
Nov. 28	0 22 56.88	
Weisse O, 436.		
Nov. 28	0 26 14.49	9.0
Weisse O, 450.		
Nov. 26	0 26 55.40	8.0
B. A. C. 137.		
Nov. 16	0 26 55.54	
13 Ceti.		
Aug. 16	0 28 2.46	
17	2.53	
Sept. 13	2.56	
Weisse O, 491.		
Dec. 26	0 29 10.11	8.0
Weisse O, 496.		
Nov. 28	0 29 43.78	8.5
η Cassiopeæ.		
Jan. 19	0 32 34.84	
Sept. 13	34.96	
Nov. 26	35.02	
B. A. C. 177.		
Nov. 15	0 33 57.98	7.0
Dec. 26	58.00	
β Ceti.		
Jan. 8	0 36 33.60	
Aug. 17	33.59	
Dec. 26	33.61	
Weisse O, 635.		
Nov. 16	0 37 5.19	8.5
Weisse O, 638.		
Nov. 16	0 37 11.70	9.0

OBSERVED WITH THE WEST TRANSIT INSTRUMENT, 1859.   15

WEISSE O, 647.				WEISSE O, 1033.				*o* PISCIUM.				WEISSE (2) I, 1411.			
1859.	h. m. s.		Mag.	1859.	h. m. s.		Mag.	1859.	h. m. s.		Mag.	1859.	h. m. s.		Mag.
Nov. 26	0 37 51.65			Nov. 15	0 59 5.45		9.0	Jan. 12	1 37 0.22			Dec. 26	1 58 56.55		8.0
				16	5.46										
WEISSE O, 657.				*γ* PISCIUM.				WEISSE I, 675.				*u* ARIETIS.			
Nov. 15	0 38 25.67		8.0	Aug. 17	1 1 9.51			Dec. 26	1 37 6.62		8.5	Jan. 12	1 59 17.28		
16	25.58		8.0									13	17.22		
												19	17.33		
												Aug. 16	17.20		
ν CASSIOPEÆ.				*ζ* PISCIUM.				*o* PISCIUM.				Dec. 16	17.21		
												20	17.23		
Dec. 26	0 40 55.06			Nov. 8	1 6 25.15			Jan. 13	1 38 (0.09)			21	17.21		
WEISSE O, 712.				40 CETI.				B. A. C. 551.				B. A. C. 663.			
Nov. 28	0 41 10.40		8.0	Nov. 8	1 9 48.99			Jan. 8	1 41 10.80			Dec. 23	2 2 22.52		8.5
d PISCIUM.				*θ* CETI.				WEISSE I, 767.				5 TRIANGULI.			
Aug. 17	0 41 25.28			Jan. 8	1 17 1.48			Dec. 26	1 43 26.39			Jan. 13	2 3 14.53		
				12	1.51										
				13	1.55							O. ARG. N. 2462.			
WEISSE O, 732.				Aug. 17	1.52			B. A. C. 562.							
Nov. 15	0 42 44.82		7.0	18	1.54			Jan. 13	1 43 54.83			Jan. 8	2 3 37.90		8.5
26	44.80		7.0	Nov. 8	1.51			Dec. 23	55.20						
				15	1.57										
				16	1.55							64 CETI.			
B. A. C. 239.				26	1.58										
Dec. 26	0 44 44.54			28	1.51			WEISSE I, 808.				Dec. 21	2 3 57.86		
				Dec. 26	1.54			Jan. 8	1 45 27.17		9.0				
20 CETI.				WEISSE I, 375.								WEISSE II, 35.			
Sept. 13	0 45 53.15			Dec. 26	1 22 42.56		8.5	*f* ARIETIS.				Dec. 26	2 4 15.96		9.0
WEISSE O, 815.				*η* PISCIUM.				Jan. 12	1 46 54.67						
								Aug. 18	54.70			O. ARG. N. 2511.			
Nov. 15	0 48 4.43		8.5	Aug. 17	1 23 59.72			Nov. 8	54.68						
16	4.39		9.0	18	59.74			Dec. 20	54.70			Aug. 18	2 5 23.26		
28	4.33		8.5	Nov. 8	59.78							Dec. 20	23.45		
				15	59.70			WEISSE I, 847.							
				16	59.72							B. A. C. 687.			
φ² CETI.				101 PISCIUM.				Dec. 23	1 47 32.42		8.0				
Dec. 26	0 49 0.25			Jan. 12	1 28 17.52			26	32.44		8.0	Dec. 16	2 6 10.57		
B. A. C. 271.				B. A. C. 482.				*i* ARIETIS.				(*), +5° 35'.			
Nov. 26	0 51 43.18			Jan. 13	1 29 0.01			Jan. 13	1 49 42.29			Dec. 23	2 6 40.49		
								Aug. 18	42.37						
WEISSE O, 893.				WEISSE I, 497.								WEISSE II, 112.			
Nov. 28	0 51 50.01		8.5	Jan. 8	1 29 11.50		8.5	WEISSE I, 896.				Dec. 26	2 8 28.18		9.0
								Dec. 26	1 51 3.22		8.0				
WEISSE O, 908.				*π* PISCIUM.								67 CETI.			
				Aug. 17	1 29 40.75			B. A. C. 607.							
Nov. 15	0 52 26.36		8.5	Nov. 8	40.83			Jan. 12	1 51 49.80			Jan. 19	2 10 0.13		
16	26.39		9.0	16	40.93		6.5	Nov. 8	49.74			Dec. 20	0.10		
				26	40.78		6.5					21	0.12		
WEISSE O, 965.								WEISSE I, 972.				23	0.03		
Nov. 26	0 55 24.40			WEISSE I, 562.											
				Dec. 26	1 32 29.45		8.5	Dec. 21	1 54 53.49		7.0	*θ* ARIETIS.			
e PISCIUM.								23	53.49		7.5	Jan. 13	2 10 20.56		
Sept. 13	0 55 40.84			*ν* PISCIUM.				WEISSE I, 973.				B. A. C. 718.			
Nov. 8	40.76			Jan. 8	1 34 (8.66)										
Dec. 26	40.80			12	8.88			Dec. 26	1 55 3.78		7.0	Aug. 18	2 12 3.44		
				13	8.85										
WEISSE O, 1013.				Aug. 18	8.84			WEISSE I, 1040.				B. A. C. 725.			
				Nov. 8	8.86										
Nov. 28	0 58 6.72			16	8.65			Jan. 8	1 58 48.69		7.0	Dec. 16	2 13 6.64		
				Dec. 23	8.88										

MEAN RIGHT ASCENSIONS OF STARS FOR 1860.0

	h. m. s.	Mag.
Weisse II, 209.		
1859. Dec. 26	2 13 52.93	9.0
ι Cassiopeæ.		
Aug. 18	2 17 34.86	
(*), + 61° 9'.		
Dec. 20	2 17 35.26	8.5
Lalande 4460.		
Jan. 6	2 17 50.92	
(*), + 5° 35'.		
Dec. 26	2 18 53.68	8.0
Weisse II. 305.		
Dec. 23	2 19 15.31	9.0
Weisse II, 312.		
Dec. 26	2 19 41.84	8.0
25 Arietis.		
Jan. 13	2 19 56.75	
Dec. 16	56.76	
ξ² Ceti.		
Dec. 21	2 20 43.12	
27 Arietis.		
Jan. 13	2 23 8.68	
Aug. 18	8.78	
Dec. 20	8.72	
Σ Cat. Gen. 250.		
Dec. 16	2 27 8.91	8.0
23	8.82	
B. A. C. 789.		
Jan. 8	2 27 39.30	7.0
Weisse (2) II, 691.		
Dec. 20	2 28 49.99	9.0
21	49.95	9.0
B. A. C. 802.		
Jan. 13	2 29 10.25	
81 Ceti.		
Aug. 18	2 30 38.78	
Nov. 12	38.66	
Dec. 23	38.61	
Weisse (2) II, 860.		
Dec. 20	2 35 44.97	8.0
21	44.91	8.0

	h. m. s.	Mag.
γ Ceti.		
1859. Jan. 8	2 36 2.63	
13	2.92	
Feb. 5	2.85	
7	2.87	
Aug. 18	2.94	
Nov. 12	2.89	
Dec. 16	2.99	
23	2.89	
26	2.89	
B. A. C. 866.		
Nov. 12	2 40 37.88	
Dec. 16	37.89	
21	37.79	
Weisse (2) II, 1018		
Dec. 26	2 42 5.00	
Weisse II, 741.		
Jan. 8	2 43 25.38	7.0
Dec. 20	25.41	7.5
Weisse II, 742.		
Jan. 4	2 43 25.36	
Dec. 20	25.48	8.0
23	25.43	
? Fornacis.		
Feb. 5	2 43 38.82	
τ Persei.		
Feb. 7	2 44 21.09	
Lalande 5358.		
Dec. 16	2 46 29.19	8.0
26	29.10	9.0
Weisse II, 820.		
Nov. 12	2 47 37.55	7.0
(*), + 14° 47'.		
Dec. 20	2 48 10.79	
21	10.73	
(*), + 14° 47'.		
Dec. 20	2 48 28.32	9.0
21	28.42	9.0
ρ³ Arietis.		
Feb. 7	2 48 32.14	
B. A. C. 905.		
Jan. 8	2 48 44.54	
Weisse II. 866.		
Dec. 26	2 49 40.79	8.0

	h. m. s.	Mag.
Rumker 775.		
1859. Jan. 4	2 50 28.58	
Weisse II, 880.		
Dec. 23	2 50 50.84	
Weisse II, 893.		
Dec. 23	2 51 44.63	
λ Ceti.		
Dec. 21	2 52 12.96	6.5
(*), +9° 41.'		
Dec. 23	2 53 15.75	8.5
B. A. C. 944.		
Dec. 16	2 53 51.88	
26	51.73	
Weisse (2) II, 1293.		
Jan. 8	2 54 0.22	8.0
Dec. 20	0.30	8.0
α Ceti.		
Jan. 4	2 54 57.77	
Feb. 5	57.81	
7	57.83	
Nov. 12	57.81	
Dec. 8	57.87	
Weisse (2) II, 1322.		
Dec. 21	2 55 21.88	7.5
53 Arietis.		
Dec. 8	2 59 32.96	
B. A. C. 975.		
Jan. 4	3 1 8.99	
Feb. 5	9.06	
Weisse III, 1.		
Dec. 20	3 1 56.38	9.0
21	56.27	
Weisse (2) III, 45.		
Dec. 23	3 3 12.33	9.0
δ Arietis.		
Feb. 7	3 3 37.70	
Dec. 8	37.62	
16	37.71	
26	37.73	
Weisse III, 62.		
Dec. 20	3 4 4.97	8.0
21	4.88	

	h. m. s.	Mag.
ζ Arietis.		
1859. Feb. 10	3 6 51.38	
Dec. 8	51.46	
Weisse III, 114.		
Feb. 7	3 7 15.41	
Dec. 26	15.48	8.0
(*), + 23° 52'.		
Dec. 23	3 7 26.87	
(*), + 17° 1'.		
Jan. 4	3 9 18.35	
Weisse III, 168.		
Jan. 8	3 10 8.27	8.0
Weisse (2) III, 216.		
Nov. 12	3 10 25.15	
Dec. 21	25.08	8.0
Weisse III, 224.		
Dec. 23	3 13 2.17	8.5
τ¹ Arietis.		
Feb. 7	3 13 8.98	
10	8.82	
α Persei.		
Jan. 4	3 14 20.72	
Apr. 4	20.72	
Nov. 12	20.68	
Dec. 8	20.57	
16	20.79	
20	20.76	
26	20.66	
Rumker 849.		
Feb. 5	3 16 2.68	
Weisse (2) III, 351.		
Dec. 21	3 16 43.77	9.0
Weisse III, 299.		
Dec. 20	3 17 38.90	9.0
B. A. C. 1063.		
Dec. 16	3 18 51.07	
Weisse (2) III, 393.		
Jan. 4	3 19 3.91	7.5
8	3.91	
ξ Tauri.		
Feb. 5	3 19 35.94	
7	35.11	
Nov. 12	35.08	

OBSERVED WITH THE WEST TRANSIT INSTRUMENT, 1859.

RUMKER 570.					(*), +11° 15'.				RUMKER 1079.				d¹ TAURI.			
1859.	h.	m.	s.	Mag.	1859.	h.	m.	s. Mag.	1859.	h.	m.	s. Mag.	1859.	h.	m.	s. Mag.
Dec. 23	3	21	47.99	8.0	Jan. 8	3	39	8.23 8.0	Nov. 12	3	57	46.45 8.0	Feb. 10	4	14	51.82

(*), +9° 28'.					η TAURI.				RUMKER 1084.				63 TAURI.			
Dec. 20	3	21	50.95	9.0	Jan. 18	3	39	10.04	Nov. 12	3	58	19.48 7.0	Jan. 8	4	15	23.23
					Feb. 10			10.01	Dec. 21			19.61				
					Sept. 18			10.04					B. A. C. 1351.			
RUMKER 879.					Nov. 12			10.03	WEISSE (2) III, 1266.				Feb. 5	4	15	26.61
Feb. 10	3	22	55.19	8.0	Dec. 8			10.02	Jan. 18	3	58	54.99				
Dec. 21			55.25	8.0	9			10.02	Dec. 20			55.01				
					20			10.01					WEISSE (2) IV, 325.			
					23			10.13								
f TAURI.					(*), +15° 9'.				WEISSE (2) III, 1275.				Jan. 19	4	15	44.24 8.5
Feb. 7	3	23	8.83		Dec. 21	3	40	46.18	Jan. 18	3	59	29.78	Dec. 16			44.38 8.5
									Dec. 20			29.79	20			44.34
WEISSE (2) III, 493.					WEISSE III, 781.				B. A. C. 1272.				WEISSE (2) IV, 330.			
Dec. 21	3	23	44.13	8.0	Feb. 5	3	41	9.77 8.5	Sept. 18	3	59	58.58	Dec. 21	4	15	36.07 7.5
					7			9.79	Dec. 9			58.60 6.5				
WEISSE III, 442.													70 TAURI.			
Nov. 12	3	25	13.40	7.0	WEISSE (2) III, 1013.				WEISSE IV, 21.				Nov. 12	4	17	37.96 7.0
Dec. 16			13.44		Dec. 20	3	46	35.77	Jan. 19	4	2	31.69				
WEISSE III, 417.					WEISNE (2) III, 1019.				o¹ ERIDANI.				o¹ TAURI.			
Dec. 23	3	25	35.34	7.5	Dec. 20	3	46	52.51	Jan. 8	4	5	2.07	Feb. 10	4	17	56.02
									18			2.01	Sept. 18			56.08
WEISSE III, 474.					WEISSE (2) III, 1030.				Feb. 5			2.03	Dec. 8			56.07
Dec. 20	3	26	46.68	9.0	Jan. 19	3	47	38.75	10			2.05	9			56.10
21			46.57	8.5	Feb. 7			38.81	Sept. 18			1.95				
									Nov. 12			1.98	ε TAURI.			
9 TAURI.					WEISSE III, 924.				Dec. 9			2.02	Jan. 8	4	20	26.67
Feb. 7	3	28	44.34		Jan. 8	3	47	51.99 8.0	16			1.95	17			26.70
10			44.35						20			2.03	18			26.61
Dec. 8			44.32						21			2.06	19			26.58
					WEISSE (2) III, 1041.				23			1.94	Feb. 5			26.60
B. A. C. 1110.					Nov. 12	3	48	27.08 7.5	WEISSE (2) IV, 127.				10			26.67
Nov. 12	3	29	36.38		Dec. 9			27.15 7.5	Jan. 19	4	7	20.28 9.0	Dec. 8			26.72
													9			26.67
WEISSE (2) III, 639.					WEISSE III, 965.				B. A. C. 1307.				10			26.68
Jan. 8	3	30	8.16	8.0	Jan. 18	3	49	55.28 7.5	Dec. 23	4	8	43.59	16			26.72
Feb. 5			8.17	8.0	Feb. 10			55.26 7.5					20			26.67
									ω TAURI.				21			26.67
11 TAURI.					j¹ ERIDANI.				Feb. 10	4	9	3.60	23			26.69
Feb. 7	3	32	24.78		Jan. 19	3	51	29.89	Dec. 8			3.63				
10			24.89		Feb. 5			29.94					LALANDE 8479.			
					Dec. 20			29.86	b¹ PERSEI.				Nov. 12	4	22	18.10 8.0
RUMKER 940.					B. A. C. 1244.				Sept. 18	4	9	36.05				
Dec. 20	3	34	22.22	9.0	Jan. 18	3	54	8.03	Dec. 16			35.99	RUMKER 1235.			
21			22.24	8.0	Sept. 18			8.00					Jan. 19	4	24	49.81
									(*), +46° 45'.							
17 TAURI.					A¹ TAURI.				Jan. 8	4	11	1.33 8.5	B. A. C. 1408.			
Feb. 10	3	36	33.99		Feb. 10	3	56	25.28					Feb. 5	4	25	52.53
Sept. 18			34.02						WEISSE (2) IV, 220.							
Dec. 8			34.02		(*) +, 16° 15'.				Dec. 9	4	11	19.67 7.0	WEISSE (2) IV, 538.			
9			34.09		Jan. 19	3	56	39.39 9.0					Jan. 18	4	25	17.56 9.0
24 TAURI.					WEISSE (2) III, 1212.				B. A. C. 1334.				WEISSE (2) IV, 562.			
Jan. 18	3	39	1.96		Dec. 9	3	56	44.97 9.0	Nov. 12	4	12	38.53	Dec. 20	4	26	20.29
Feb. 10			1.97		16			44.92 9.0	Dec. 23			38.56				
Dec. 9			2.04										WEISSE (2) IV, 579.			
20			1.99										Dec. 21	4	27	16.74 8.5

3——T I & M C

MEAN RIGHT ASCENSIONS OF STARS FOR 1860.0

α TAURI.				ι AURIGÆ.				α AURIGÆ.				(*), +31° 51'.			
1859.	h.	m.	s.	Mag.	1859.	h. m. s.	Mag.	1859.	h. m. s.	Mag.	1859.	h. m. s.	Mag.
Jan. 6	4	27	53.44		Jan. 17	4 47 52.78		Jan. 17	5 6 21.00		Jan. 18	5 26 0.98	9.0
15			53.46		24	52.82		24	21.03				
17			53.38		Sept. 18	52.87		Feb. 5	21.04		α LEPORIS.		
Feb. 10			53.37		Dec. 9	52.68		May 6	21.16				
Sept. 18			53.44		21	52.81		13	20.99		Jan. 24	5 26 33.45	
Dec. 8			53.43					Sept. 18	21.19				
9			53.45		WEISSE (2) IV, 1138.			Nov. 12	21.09		ε ORIONIS.		
								Dec. 10	21.20				
1º ERIDANI.				Jan. 19	4 50 50.50	9.0	21	21.13		Jan. 24	5 29 6.66	
											29	6.64	
Dec. 10		4 28	1.01		WEISSE (2) IV, 1165.			β ORIONIS.			Feb. 5	6.64
											7	6.54	
WEISSE (2) IV, 606.				Jan. 17	5 7 48.74			10	6.63
				Jan. 18	4 51 45.12		18	48.77		Mar. 21	6.61	
Jan. 19	4 28	27.39		19	45.00	8.5	19	48.64		Nov. 12	6.63	
Nov. 12		27.41	8.0				24	48.62		Dec. 10	6.64
							Feb. 10	48.68				
WEISSE (2) IV, 669.				WEISSE (2) IV, 1172.			Mar. 1	48.67		ζ TAURI.		
							21	48.70				
Jan. 18	4 30	50.98	8.5	Jan. 18	4 52 8.73	8.5				Sept. 18	5 29 16.66	
Dec. 21		51.04	9.0	19	8.61	9.0	η TAURI.					
							Feb. 7	5 10 51.99		WEISSE V, 874.		
WEISSE IV, 728.				ι TAURI.			Mar. 1	51.93				
							Nov. 12	52.03		Jan. 19	5 34 20.48	8.0
Jan. 19	4 33	44.87	9.0	Jan. 17	4 54 43.68							
26		44.92	9.0	Sept. 18	43.77		(*), −13° 19'.			η COLUMBÆ.		
				Dec. 9	43.85							
τ TAURI.							Jan. 19	5 13 7.50	7.0	Jan. 24	5 34 34.78	
				B. A. C. 1555.			Feb. 10	7.41	7.0	Nov. 12	34.76	
Jan. 15	4 33	50.76								Dec. 10	34.72	
Feb. 10		50.65		Feb. 7	4 56 1.15		WEISSE (2) V, 451.					
Sept. 18		50.67								WEISSE (2) V, 1180.		
Dec. 8		50.79					Jan. 18	5 16 36.68	8.0			
9		50.74								Jan. 29	5 36 26.01	7.0
							WEISSE (2) V, 452.			Feb. 7	25.80	
WEISSE IV, 732.				11 ORIONIS.						10	25.77	
							Jan. 18	5 16 38.59	8.5			
Jan. 18	4 34	0.88	9.0	Jan. 15	4 56 34.27					131 TAURI.		
Dec. 21		0.88	9.0	17	34.18		δ TAURI.					
							Jan. 24	5 17 26.61		Jan. 18	5 39 14.76	
B. A. C. 1459.				WEISSE (2) IV, 1364.			Feb. 5	26.56				
							7	26.56		(*), −13° 42'.		
Dec. 10	4 36	39.19		Jan. 19	4 59 31.07	9.0	Mar. 1	26.52				
							Sept. 18	26.63		Feb. 7	5 42 5.01	
WEISSE IV, 809.				ε LEPORIS.			Nov. 12	26.58				
							Dec. 10	26.64		136 TAURI.		
Jan. 19	4 37	33.47	8.0	Jan. 24	4 59 32.05							
Nov. 12		33.49	9.0	Feb. 7	32.21		WEISSE V, 449.			Nov. 12	5 44 31.69	
Dec. 21		33.42		10	32.26							
				Mar. 1	32.19		Jan. 19	5 19 12.26		B. A. C. 1867.		
96 TAURI.				Sept. 18	32.06		Feb. 10	12.20				
				Dec. 9	32.17					Dec. 10	5 44 59.82	
Sept. 18	4 41	43.70		10	32.14		WEISSE (2) V, 647.					
				21	32.09					WEISSE V, 1143.		
ι TAURI.							Jan. 18	5 22 52.84	9.0			
				103 TAURI.						Feb. 7	5 45 11.09	8.0
Jan. 15	4 43	11.25					χ AURIGÆ.			10	11.06	
Feb. 5		11.14		Nov. 12	4 59 34.70							
Nov. 12		11.15					Dec. 10	5 23 37.10		WEISSE V, 1176.		
				15 ORIONIS.								
O. ARG. N. 5259.							δ ORIONIS.			Jan. 19	5 46 10.82	
				Feb. 5	5 1 41.29	8.0						
Jan. 19	4 44	15.55	8.0			8.0	Jan. 24	5 24 51.32		α ORIONIS.		
Dec. 10		15.66	8.0				29	51.33				
				WEISSE (2) V, 49.			Feb. 5	51.33		Jan. 12	5 47 35.58	
WEISSE IV, 972.							7	51.36		24	35.57	
				Jan. 18	5 3 39.21		Mar. 21	51.34		Feb. 1	35.58	
Jan. 18	4 44	57.90	8.0				Sept. 18	51.29		5	35.59	
Feb. 10		57.83	8.0				Nov. 12	51.28		Mar. 1	(35.49)	
				WEISSE (2) V, 111.						21	35.53	
B. A. C. 1518.							(*), −13° 37'.			23	35.53	
				Feb. 7	5 5 17.46							
Nov. 12	4 47	44.06					Jan. 19	5 25 54.81				
							Feb. 10	54.86	9.0			

OBSERVED WITH THE WEST TRANSIT INSTRUMENT, 1859.

	WEISSE V, 1200.				WEISSE VI, 44.				WEISSE (2) VI, 626.				r CANIS MAJORIS.		
1859.	h. m. s.	Mag.	1859.	h. m. s.	Mag.	1859.	h. m. s.	Mag.	1859.	h. m. s.	Mag.
Jan. 18	5 47 37.87		Jan. 12	6 2 46.58	7.5	Feb. 7	6 22 8.05		Jan. 12	6 53 7.49	
29	37.82		19	46.68	7.5	10	7.92		17	7.57	
			24	46.65					29	7.51	
η LEPORIS.						49 AURIGÆ.			Feb. 7	7.46	
Feb. 10	5 50 1.74		WEISSE (2) VI, 79.			Jan. 17	6 26 22.88		10	7.39	
						Mar. 12	22.87		21	7.49	
			Jan. 18	6 4 25.48	9.0				26	7.47	
(*), −14° 13'.			29	25.47	9.0	WEISSE VI, 809.			Mar. 1	7.39	
Jan. 19	5 51 24.01								12	7.52	
Feb. 7	24.00					Jan. 19	6 26 56.85	8.0	23	7.53	
10	24.06		η GEMINORUM.						26	7.49	
			Nov. 12	6 6 25.63					Apr. 1	7.53	
			Dec. 10	25.58		γ GEMINORUM.			4	7.46	
WEISSE V, 1335.			11	25.62		Feb. 21	6 29 37.41		6	7.50	
Feb. 10	5 52 27.40					22	37.44		ω GEMINORUM.		
						Mar. 1	37.46		Feb. 14	6 53 52.86	
						Apr. 4	37.43		Dec. 11	52.84	
WEISSE V, 1368.			κ AURIGÆ.								
Jan. 12	5 53 39.28	9.0	Feb. 1	6 6 27.37		α CANIS MAJORIS.			γ CANIS MAJORIS.		
			5	27.35		Jan. 17	6 38 58.67		Jan. 12	6 57 25.53	
			22	27.42		18	58.70		18	25.58	
WEISSE V, 1372.						Feb. 14	58.79		29	25.49	
Jan. 24	5 53 52.36					Apr. 1	58.69		Feb. 1	25.50	
Feb. 10	52.30	8.5	WEISSE VI, 264.			4	58.70		7	25.49	
			Jan. 12	6 9 34.74	9.0	6	58.65		10	25.53	
RUMKER 1673.			19	34.66					21	25.53	
Jan. 18	5 54 44.81		24	34.90		11 CANIS MAJORIS.			22	25.55	
						Jan. 19	6 40 27.89		26	25.50	
χ² ORIONIS.			(*), −14° 18'.						Mar. 1	25.45	
Mar. 1	5 55 10.01		Jan. 29	6 12 13.43	8.0	WEISSE VI, 1351.			12	25.59	
			Feb. 10	13.29		Jan. 18	6 44 24.79	8.0	23	25.52	
1 GEMINORUM.						19	24.66		26	25.50	
Dec. 10	5 55 36.63		B. A. C. 2039.						Apr. 1	25.58	
			Feb. 5	6 12 59.42					6	25.56	
40 AURIGÆ.						(*), −14° 25'.			Dec. 11	25.57	
Feb. 5	5 56 55.90		μ GEMINORUM.			Feb. 10	6 47 8.07		PIAZZI O, 328.		
			Jan. 12	6 14 29.34					Jan. 19	6 59 10.29	
WEISSE V, 1479.			17	29.37		16 LYNCIS.			(²), +22° 36'.		
Jan. 19	5 57 49.63		Feb. 1	29.43		Feb. 1	6 47 23.63		Feb. 21	7 1 19.67	8.0
21	49.78		22	29.46		5	23.80		22	19.70	8.0
Feb. 7	49.69		Mar. 12	29.35		Mar. 26	23.84				
			26	29.39					τ GEMINORUM.		
ν ORIONIS.			Apr. 4	29.42					Jan. 17	7. 2 13.43	
Jan. 12	5 59 34.73		6	29.44		B. A. C. 2266.			Feb. 12	13.57	
18	34.73		Nov. 12	29.45		Feb. 26	6 47 59.57		Mar. 12	13.47	
29	34.66		Dec. 10	29.41							
Feb. 1	34.70		11	29.42					WEISSE VII, 63.		
22	34.73					O. ARG. N. 7442.			Jan. 12	7 3 14.03	8.5
Mar. 21	34.64		WEISSE VI, 544.			Jan. 18	6 50 46.35	8.5			
Nov. 12	34.75		Jan. 12	6 18 41.52	7.5				WEISSE VII, 93.		
Dec. 10	34.71		19	41.52	8.5				Jan. 19	7 .3 58.51	8.0
11	34.71								29	58.47	8.0
			48 AURIGÆ.			WEISSE VI, 1587.			51 GEMINORUM.		
WEISSE V, 1530.			Jan. 17	6 19 31.03		Feb. 22	6 51 38.97		Mar. 1	7 5 19.80	
Feb. 10	5 59 42.19	6.0							Dec. 11	19.81	
Mar. 1	42.21	6.0	ν GEMINORUM.			WEISSE VI, 1618.			(*), −14° 17'.		
			Feb. 1	6 20 38.95		Jan. 19	6 52 40.35	7.5	Feb. 26	7 6 8.07	
3 GEMINORUM.			5	38.99		Feb. 22	40.42				
			22	39.02					53 GEMINORUM.		
Feb. 5	6 1 13.87		Mar. 12	38.97					Feb. 14	7 7 12.40	

MEAN RIGHT ASCENSIONS OF STARS FOR 1860.0

(*), −14° 19'.

1859.	h. m. s.	Mag.
Jan. 12	7 8 2.26	8.5
Feb. 22	2.29	8.5
26	2.19	

WEISSE VII, 250.

Jan. 19	7 8 44.69	
Feb. 22	44.78	7.0
26	44.65	8.0

WEISSE VII, 274.

Jan. 12	7 9 26.78	7.5

O. ARG. N. 7753.

Feb. 21	7 9 36.36	8.5

WEISSE VII, 283.

Jan. 12	7 9 41.45	7.0

λ GEMINORUM.

Feb. 1	7 10 2.62	
Mar. 26	2.73	

WEISSE VII, 316.

Jan. 29	7 10 42.15	7.0

δ GEMINORUM.

Jan. 18	7 11 45.52	
Feb. 14	45.59	
28	45.53	
Mar. 5	45.53	
12	45.53	
23	45.52	
Apr. 1	45.54	
4	45.50	
6	45.53	
9	45.53	
Dec. 11	45.54	

B. A. C. 2432.

Feb. 1	7 14 56.05	
Dec. 11	56.21	7.0

WEISSE VII, 464.

Feb. 26	7 15 37.43	

ι GEMINORUM.

Jan. 17	7 17 1.72	
18	1.55	
Feb. 14	1.77	
Mar. 12	1.62	
26	1.60	
Apr. 4	1.64	
9	1.68	

(*), −14° 27'.

Feb. 22	7 17 8.34	

(*), +10° 25'.

Feb. 21	7 17 23.52	9.0
Mar. 1	23.46	9.0

WEISSE VII, 529.

1859.	h. m. s.	Mag.
Jan. 12	7 17 43.32	8.5
Feb. 26	43.21	

(*), −14° 36'.

Jan. 19	7 18 42.92	
29	42.89	
Feb. 22	42.99	
26	42.89	

WEISSE VII, 551.

Mar. 5	7 18 41.69	

(*), +10° 23'.

Mar. 1	7 19 39.21	9.0

ρ GEMINORUM.

Feb. 1	7 20 5.90	

b² GEMINORUM.

Feb. 28	7 21 5.99	
Mar. 12	5.95	

WEISSE VII, 756.

Jan. 29	7 24 57.14	9.0
Feb. 21	57.20	8.5

a² GEMINORUM.

Feb. 14	7 25 39.73	
Mar. 23	39.71	
Apr. 1	39.64	
6	39.62	

WEISSE VII, 816.

Feb. 22	7 27 4.60	9.0
Mar. 1	4.56	9.0

v GEMINORUM.

Jan. 17	7 27 17.51	
18	17.40	
Feb. 1	17.33	
28	17.50	
Mar. 12	17.43	
Apr. 9	17.49	
Dec. 11	17.44	

WEISSE VII, 835.

Feb. 26	7 27 22.05	8.5
Mar. 5	22.10	6.5

WEISSE VII, 871.

Jan. 12	7 28 29.90	8.5

WEISSE VII, 968.

Jan. 29	7 31 47.07	
Feb. 21	47.15	

α CANIS MINORIS.

1859.	h. m. s.	Mag.
Jan. 17	7 31 58.42	
Feb. 14	58.51	
22	58.38	
26	58.30	
Mar. 5	58.35	
9	58.28	
12	58.33	
23	58.35	
26	58.34	
Apr. 1	58.44	
4	58.37	
6	58.36	
9	58.41	
June 1	58.35	

WEISSE VII, 1053.

Feb. 21	7 34 37.68	
Mar. 1	37.66	9.0

(*), −14° 18'.

Jan. 12	7 35 6.91	8.0

κ GEMINORUM.

Jan. 17	7 35 59.48	
18	59.47	
Feb. 1	59.23	
Mar. 26	59.52	
Dec. 11	59.49	

β GEMINORUM.

Feb. 14	7 36 44.70	
28	44.69	
Mar. 5	44.63	
9	44.62	
12	44.55	
23	44.66	
Apr. 1	44.69	
4	44.71	
6	44.64	
9	44.70	
June 1	44.62	

WEISSE VII, 1181.

Jan. 12	7 39 2.38	7.5
29	2.21	7.5
Feb. 22	2.33	7.5

WEISSE VII, 1182.

Jan. 12	7 39 2.80	
19	2.76	
29	2.70	7.0
Feb. 22	2.80	7.0

RUMKER 2282.

Feb. 21	7 39 28.79	8.5
Mar. 1	28.64	9.0

(*), −14° 25'.

Mar. 12	7 41 0.10	

(*), −14° 15'.

Mar. 5	7 42 33.41	8.5
9	33.44	

B. A. C. 2599.

1859.	h. m. s.	Mag.
Mar. 23	7 43 6.96	

B. A. C. 2605.

Jan. 18	7 43 46.00	
Mar. 1	47.93	

ξ NAVIS.

Mar. 23	7 43 24.44	

φ GEMINORUM.

Feb. 28	7 41 55.45	
Mar. 12	55.41	
26	55.36	
Apr. 9	55.48	
Dec. 11	55.43	

(*), +20° 32'.

Mar. 5	7 45 58.61	9.0
16	58.51	9.0

WEISSE (2) VII, 1212.

Jan. 29	7 46 27.97	7.5
Feb. 21	28.32	8.0

85 GEMINORUM.

Feb. 22	7 47 29.39	
26	29.40	

1 CANCRI.

Feb. 26	7 49 2.30	
Mar. 26	2.32	

O. ARG. S. 7669.

Apr. 4	7 49 53.11	

B. A. C. 2651.

Apr. 4	7 50 47.92	

54 CAMELOPARDI.

Dec. 11	7 51 10.10	

B. A. C. 2655.

Mar. 12	7 52 5.34	
23	5.43	
Apr. 4	5.29	

3 CANCRI.

Mar. 26	7 52 45.69	

O. ARG. N. 8531.

Feb. 21	7 53 42.24	6.0
22	42.31	7.5

OBSERVED WITH THE WEST TRANSIT INSTRUMENT, 1859.   21

6 CANCRI.			
1859.	h. m. s.		Mag.
Jan. 12	. . 7 54 54.83		
17	. . 54.82		
18	. . 54.80		
19	. . 54.80		
Feb. 14	. . 54.89		
28	. . 54.82		
Mar. 5	. . 54.81		
9	. . 54.79		
12	. . 54.80		
16	. . 54.84		
Apr. 1	. . 54.84		
6	. . 54.82		
9	. . 54.87		
Dec. 11	. . 54.82		

RUMKER 2390.		
Jan. 26	. . 7 56 52.55	
Feb. 16	. . 52.47	7.0
Mar. 1	. . 52.54	

WEISSE (2) VIII, 1659.		
Feb. 21	. . 8 0 9.66	9.0
22	. . 9.63	9.0
Mar. 12	. . 9.68	9.0

WEISSE (2) VIII, 1669.		
Mar. 5	. . 8 0 28.43	9.0
12	. . 28.51	9.0

12 CANCRI.	
Jan. 18	. . 8 0 52.81
Mar. 20	. . 52 79

ψ² CANCRI.	
Feb. 14	. . 8 2 0.92

ρ ARGUS.	
Jan. 12	. . 8 1 34.97
17	. . 34.94
19	. . 34.99
Feb. 26	. . 34.89
28	. . 34.98
Mar. 1	. . 35.02
9	. . 34.97
16	. . 34.95
23	. . 34.94
Apr. 1	. . 34.93
4	. . 34.99
6	. . 34.97
9	. . 34.92
Dec. 11	. . 35.03

ζ¹ CANCRI.	
Jan. 18	. . 8 4 10.75
19	. . 10.74
Mar. 9	. . 10.74
26	. . 10.75

ζ² CANCRI.	
Mar. 9	. . 8 4 11.00

LALANDE 16130.		
Jan. 29	. . 8 7 54.63	7.0
Feb. 22	. . 54.56	8.0

30 LYNCIS.		
1859.	h. m. s.	Mag.
Mar. 5	. . 8 9 6.27	

B. A. C. 2788.	
Jan. 12	. . 8 12 10.82
29	. . 10.71
Feb. 21	. . 10.66
26	. . 10.67
28	. . 10.74
Mar. 12	. . 10.70

λ CANCRI.	
Jan. 18	. . 8 12 12.37
19	. . 12.36
Feb. 14	. . 12.37
Mar. 9	. . 12.35
26	. . 12.35

WEISSE (2) VIII, 309.		
Feb. 22	. . 8 14 5.89	
Mar. 5	. . 5.88	

21 CANCRI.	
Feb. 21	. . 8 16 15.62
23	. . 15.62
Mar. 9	. . 15.58
12	. . 15.64
26	. . 15.59

O. ARG. N. 8953.	
Feb. 26	. . 8 17 13.86

ν CANCRI, (1st *.)		
Jan. 29	. . 8 18 19.84	
29	. . 19.75	7.0

ν CANCRI, (2d *.)		
Jan. 29	. . 8 18 20.12	7.5

B. A. C. 2827.	
Apr. 4	. . 8 19 1.11
6	. . 1.11

RUMKER 2533.		
Feb. 21	. . 8 21 20.96	
22	. . 20.95	9.0

O. ARG. N. 9050.		
Mar. 5	. . 8 22 17.13	8.0
9	. . 17.28	

ι⁰ CANCRI.	
Apr. 6	. . 8 23 13.50

θ CANCRI.	
Feb. 28	. . 8 23 36.53

B. A. C. 2855.	
Mar. 12	. . 8 23 48.16

WEISSE VIII, 618.		
1859.	h. m. s.	Mag.
Feb. 21	. . 8 24 26.55	
22	. . 26.55	9.0

η CANCRI.	
Jan. 12	. . 8 24 36.45
18	. . 36.48
19	. . 36.45
29	. . 36.45
Feb. 26	. . 36.46
Mar. 16	. . 36.46
26	. . 36.45

B. A. C. 2883.		
Apr. 4	. . 8 27 23.63	
6	. . 23.63	

WEISSE VIII, 736.	
Feb. 21	. . 8 28 46.11
Mar. 9	. . 46.15

WEISSE VIII, 738.		
Feb. 22	. . 8 28 50.06	8.5

B. A. C. 2892.	
Mar. 5	. . 8 28 54.03

B. A. C. 2898.	
Apr. 4	. . 8 29 32.54
6	. . 32.56

B. A. C. 2912.	
Jan. 29	. . 8 31 36.92
Feb. 26	. . 36.81
28	. . 36.95

WEISSE VIII, 828.		
Feb. 21	. . 8 32 11.20	7.5
22	. . 11.22	
Mar. 9	. . 11.28	7.5

) CANCRI.	
Jan. 18	. . 8 35 10.76
19	. . 10.72
Feb. 16	. . 10.66
Mar. 5	. . 10.76
12	. . 10.70
16	. . 10.75
25	. . 10.73
26	. . 10.72

fl CANCRI.	
Jan. 19	. . 8 36 43.38

σ¹ CANCRI.	
Feb. 26	. . 8 36 45.47
28	. . 45.56

WEISSE VIII, 999.		
Feb. 21	. . 8 39 6.07	9.0
Mar. 9	. . 6.12	9.0

ι HYDRÆ.		
1859.	h. m. s.	Mag.
Jan. 12	. . 8 39 21.67	
18	. . 21.62	
29	. . 21.57	
Feb. 16	. . 21.55	
22	. . 21.56	
28	. . 21.59	
Mar. 16	. . 21.52	
25	. . 21.60	
26	. . 21.58	
Apr. 4	. . 21.57	
6	. . 21.55	

WEISSE VIII, 1012, (2d *.)		
Mar. 12	. . 8 39 32.36	8.5

54 CANCRI.		
Feb. 21	. . 8 43 13.32	
22	. . 13.31	

52 CANCRI.		
Apr. 4	. . 8 43 20.40	
6	. . 20.39	

6 URSÆ MAJORIS.	
Mar. 5	. . 8 44 34.74
26	. . 34.35

ρ³ CANCRI.	
Jan. 18	. . 8 47 16.00
19	. . 16.05

59 CANCRI.	
Feb. 28	. . 8 48 17.70
Mar. 25	. . 17.73

(*), −13° 31′.		
Feb. 22	. . 8 48 20.68	9.5

LALANDE 17647.		
Feb. 22	. . 8 49 6.59	8.0
Mar. 9	. . 6.45	6.0

ι URSÆ MAJORIS.	
Feb. 16	. . 8 49 36.15
26	. . 36.19
Mar. 16	. . 36.27
Apr. 4	. . 36.39
6	. . 36.32

O. ARG. N. 9460.		
Mar. 12	. . 8 49 41.28	8.5

α CANCRI.	
Jan. 19	. . 8 50 49.62

WEISSE VIII, 1367.		
Feb. 21	. . 8 53 14.61	9.0
Mar. 5	. . 14.68	9.0
9	. . 14.66	9.0

MEAN RIGHT ASCENSIONS OF STARS FOR 1860.0

68 Cancri.				π² Cancri.				ξ Leonis.				(*), +17° 44'.			
1859.	h. m. s.		Mag.	1859.	h. m. s.		Mag.	1859.	h. m. s.		Mag.	1859.	h. m. s.		Mag.
Mar. 26	8 53 51.95			Feb. 16	9 7 29.86			Feb. 16	9 24 23.78			Mar. 31	9 39 19.36		9.0
								Mar. 31	23.83		5.5				

κ Ursæ Majoris.				Weisse (2) IX, 160.				9 Leonis Minoris.				15 Leonis Minoris.			
Mar. 16	8 54 3.07			Mar. 12	9 8 37.16			Feb. 21	9 24 53.89			Feb. 28	9 39 32.54		
25	3.10			Apr. 9	37.30		8.5								

(*), +6° 12'.				83 Cancri.				Weisse IX, 563.				Weisse (2) IX, 831.			
Feb. 28	8 54 7.63			Jan. 18	9 11 9.75			Mar. 5	9 26 6.06		9.0	Mar. 9	9 39 45.27		
				19	9.74			9	5.99		9.0	10	45.11		
				Feb. 16	9.70			10	5.97		9.0				
B. A. C. 3082.				21	9.71							B. A. C. 3345.			
Apr. 4	8 55 7.06			22	9.65			Weisse IX, 579.				Mar. 12	9 40 1.41		6.0
6	7.04			26	9.68							16	1.42		
				28	9.73			Mar. 12	9 26 48.43		9.0	25	1.40		
B. A. C. 3091.				Mar. 5	9.77			Apr. 9	48.53		9.0				
				9	9.73										
Apr. 9	8 56 36.45		7.0	10	9.66							Weisse IX, 887.			
				16	9.74			33 Hydræ.							
				25	9.67							Apr. 9	9 41 20.18		9.0
Weisse VIII, 1476.				31	9.72			Mar. 23	9 27 33.44						
Feb. 22	8 58 0.58		8.0	Apr. 4	9.61			Apr. 4	33.41						
Mar. 12	0.55		8.5					6	33.42			20 Leonis.			
				O. Arg. N. 9842.								Apr. 7	9 41 59.65		
B. A. C. 3104.				Mar. 12	9 15 9.73		7.5	Weisse (2) IX, 650.				12	59.60		
				Apr. 9	9.72		7.0	Mar. 9	9 30 45.37		9.0				
Apr. 6	8 58 35.22							31	45.36		9.0	23 Leonis.			
				B. A. C. 3201.								Mar. 23	9 43 27.17		
B. A. C. 3107.				Feb. 21	9 15 58.37			2 Sextantis.				Apr. 6	27.17		
Apr. 6	8 58 59.31			22	58.43			Feb. 28	9 31 8.96						
								Mar. 16	8.92			Weisse (2) IX, 96.			
κ Cancri.				B. A. C. 3206.				Mar. 25	9.01			Mar. 5	9 45 40.28		9.0
				Feb. 26	9 16 52.17							9	40.34		9.0
Feb. 16	9 0 9.59			Mar. 23	52.20			(*), +21° 49'.				10	40.26		
				Apr. 4	52.28			Mar. 9	9 31 9.14		9.5				
Weisse VIII, 1529.				Weisse (2) IX, 377.								Rumker 2981.			
Feb. 21	9 0 31.56		6.5	Mar. 5	9 18 7.46		9.0	Weisse (2) IX, 660.				Mar. 12	9 45 43.77		9.0
26	31.63		8.5	9	7.37		9.0	Mar. 10	9 31 17.65		9.0				
Mar. 12	31.59		7.5					Apr. 9	17.72		9.0	Weisse (2) IX, 966.			
26	31.55		7.5	Weisse (2) IX, 383.								Feb. 21	9 45 55.85		7.5
				Mar. 5	9 18 19.29		9.5	Weisse (2) IX, 662.							
ξ Cancri.				9	19.27			Mar. 9	9 31 19.51		8.5	Weisse IX, 998.			
Jan. 18	9 1 13.10							31	19.57		8.5				
19	13.28			α Hydræ.								Mar. 25	9 46 29.64		8.0
Mar. 16	13.27			Feb. 16	9 20 42.51			ο Leonis.							
31	13.13			21	42.47			Mar. 5	9 33 40.51			19 Leonis Minoris.			
				22	42.46							Feb. 28	9 49 5.74		
79 Cancri.				28	42.48			B. A. C. 3318.							
Apr. 9	9 2 17.89			Mar. 10	42.44							Weisse (2) IX, 1047.			
				12	42.48			Mar. 10	9 35 31.77		7.0				
B. A. C. 3127.				16	42.47			25	31.79			Mar. 12	9 49 19.27		9.0
				23	42.45							31	19.36		
Mar. 9	9 3 36.96		7.0	25	42.42			r Leonis.							
				May 4	42.45			Jan. 19	9 37 53.89			r Leonis.			
				13	42.42			Feb. 16	53.82						
36 Lyncis.								21	53.85						
				Weisse (2) IX, 478.				Mar. 5	53.86			Jan. 19	9 50 41.29		
Feb. 21	9 4 37.87			Apr. 9	9 23 3.91		9.0	23	53.85			Mar. 16	41.29		
22	37.92							31	53.90			Apr. 12	41.29		
				θ Ursæ Majoris.				Apr. 4	53.87						
B. A. C. 3138.				Feb. 26	9 23 28.16			7	53.91			Weisse (2) IX, 1066.			
				28	28.31			12	53.86						
Feb. 28	9 5 37.11			Apr. 4	28.27			May 4	53.85			Mar. 10	9 51 24.21		7.5
Mar. 26	37.10			6	28.35			13	53.82			25	24.48		
				May 13	28.20										

OBSERVED WITH THE WEST TRANSIT INSTRUMENT, 1859.

π Leonis.

1859.	h. m. s.	Mag.
Feb. 21	9 52 48.69	
28	48.71	
Mar. 5	48.76	
9	48.70	
23	48.84	
31	48.72	
Apr. 7	48.76	

Weisse IX, 1204.

Mar. 25	9 56 15.68	7.5
Apr. 7	15.81	7.0
9	15.83	7.0

Rumker 3061.

Mar. 10	9 57 22.62	8.5
12	22.62	

Weisse (2) IX, 1214.

Mar. 5	9 57 27.58	
9	27.50	

B. A. C. 3439.

| Feb. 28 | 9 57 33.21 | |

Weisse IX, 1259.

| Mar. 31 | 9 59 5.62 | 8.0 |

η Leonis.

| Jan. 19 | 9 59 41.73 | |

o Leonis.

Feb. 16	10 0 54.77	
21	54.78	
Mar. 9	54.71	
12	54.71	
16	54.74	
23	54.76	
25	54.72	
Apr. 6	54.75	
7	54.78	
9	54.78	
12	54.75	
May 4	54.74	
13	54.74	

(*), +21° 1'.

| Mar. 10 | 10 2 15.69 | 7.5 |

B. A. C. 3468.

| Feb. 28 | 10 2 54.17 | |

Weisse X, 45.

Mar. 5	10 4 5.76	8.0
31	5.75	8.0

Weisse (2) X, 106.

Mar. 9	10 5 23.03	8.0
25	23.00	8.0

Weisse X, 76.

| Apr. 7 | 10 5 57.81 | 9.0 |

B. A. C. 3489.

1859.	h. m. s	Mag.
Mar. 23	10 6 53.16	

23 Leonis Minoris.

Feb. 28	10 8 16.63	
Apr. 12	16.69	

Weisse X, 173.

| Apr. 7 | 10 10 56.18 | |

51 Leonis.

Jan. 19	10 12 14.93	
Feb. 16	14.93	
21	14.87	
Mar. 16	14.90	
23	14.85	
Apr. 9	14.92	
12	14.93	
16	14.93	
May 13	14.97	

(*), —3° 37'.

| Mar. 9 | 10 13 2.63 | 8.0 |

Weisse X, 224.

Mar. 10	10 13 41.61	8.0
25	41.63	8.0

Weisse X, 229.

Mar. 10	10 14 4.25	7.5
25	4.22	7.5

26 Leonis Minoris.

| Feb. 28 | 10 14 58.35 | |

Weisse X, 276.

| Apr. 7 | 10 16 54.45 | 7.5 |

30 Leonis Minoris.

| Mar. 31 | 10 17 52.67 | |

Weisse (2) X, 360.

| Mar. 9 | 10 18 49.43 | 9.0 |

Weisse X, 316.

Mar. 10	10 19 1.02	7.5
Apr. 16	1.08	7.0

B. A. C. 3566.

| Mar. 23 | 10 19 16.43 | |

26 Sextantis.

| Mar. 23 | 10 19 27.82 | |

45 Leonis.

Mar. 16	10 20 14.91	
Apr. 12	15.15	

B. A. C. 3576.

1859.	h. m. s.	Mag.
Mar. 23	10 20 25.93	

Weisse (2) X, 412.

| Mar. 25 | 10 21 9.73 | 7.0 |

32 Leonis Minoris.

| Feb. 28 | 10 21 55.31 | |

Weisse X, 377.

| Apr. 7 | 10 21 55.75 | 9.0 |

ρ Leonis.

Jan. 19	10 25 26.22	
Feb. 16	26.22	
Mar. 9	26.21	
10	26.27	
16	26.18	
31	26.19	
Apr. 4	26.21	
12	26.26	
16	26.23	
May 13	26.26	

34 Leonis Minoris.

| Feb. 28 | 10 25 29.90 | |

Lamont's Z., 33.

Mar. 5	10 27 20.17	
25	20.18	8.0

B. A. C. 3627.

Mar. 23	10 28 18.10	
Apr. 4	17.87	

Weisse X, 538.

| Mar. 9 | 10 30 27.73 | 9.0 |

Weisse X, 548.

| Mar. 9 | 10 30 47.58 | 9.0 |

37 Leonis Minoris.

| Mar. 10 | 10 30 49.87 | |

Weisse (2) X, 660.

| Apr. 12 | 10 32 35.55 | 7.0 |

(*), —11° 28'.

| Apr. 16 | 10 34 1.65 | 8.5 |

Weisse X, 618.

Mar. 10	10 34 54.45	7.5
Apr. 7	54.53	8.0

B. A. C. 3671.

Feb. 28	10 35 47.79	
Mar. 31	47.82	

B. A. C. 3674.

1859.	h. m. s.	Mag.
Mar. 23	10 36 9.61	
Apr. 1	9.64	
4	9.40	

Weisse X, 656.

| Apr. 7 | 10 37 3.39 | 8.0 |

37 Sextantis.

Mar. 9	10 38 48.20	
Apr. 12	48.21	

Weisse X, 702.

| Mar. 25 | 10 39 59.56 | 8.0 |

l Leonis.

Mar. 10	10 41 53.67	6.0
23	53.79	
Apr. 1	53.73	
4	53.65	
12	53.77	
16	53.76	
28	53.71	
May 2	53.73	

44 Leonis Minoris.

Feb. 28	10 42 11.51	
Mar. 31	11.56	

Weisse X, 757.

| Apr. 7 | 10 42 37.05 | 9.0 |

Weisse X, 822.

Mar. 25	10 45 29.00	8.5
May 5	28.96	8.5

Weisse X, 837.

Mar. 25	10 46 19.39	9.0
Apr. 12	19.46	8.0
May 5	19.43	9.0

δ¹ Hydrae.

Mar. 23	10 46 38.68	
Apr. 1	38.66	
4	38.42	

47 Leonis Minoris.

Feb. 28	10 47 10.45	
Mar. 31	10.57	

Weisse X, 859.

Mar. 10	10 47 25.31	8.0
Apr. 7	25.36	

Weisse (2) X, 961.

| Mar. 5 | 10 47 57.76 | 9.0 |

B. A. C. 3741.

| Apr. 28 | 10 47 58.54 | |

MEAN RIGHT ASCENSIONS OF STARS FOR 1860.0

LALANDE 21026.

1859.	h. m. s.	Mag.
Mar. 10	10 48 57.28	8.0
Apr. 7	57.30	

WEISSE X, 914.

	h. m. s.	Mag.
May 2	10 50 52.80	8.0

O. AEG. N. 11325.

| Mar. 25 | 10 52 57.43 | 7.0 |
| 31 | 57.59 | |

ε LEONIS.

| Apr. 28 | 10 53 29.36 | |
| May 4 | 29.32 | |

B. A. C. 3773.

| Mar. 23 | 10 53 53.50 | |

α URSÆ MAJORIS.

Feb. 28	10 55 3.18	
Mar. 5	3.52	
9	3.55	
10	3.42	
Apr. 1	3.56	
4	3.47	
12	3.30	
16	3.07	

WEISSE X, 987.

| Apr. 7 | 10 55 14.83 | 8.0 |
| May 5 | 14.78 | 8.0 |

B. A. C. 3779.

| Mar. 23 | 10 56 4.73 | |

χ LEONIS.

Mar. 25	10 57 47.54	
31	47.60	
Apr. 28	47.58	
May 2	47.61	
4	47.62	
5	47.61	

(*). +36° 12'.

| Apr. 7 | 11 0 52.43 | |

B. A. C. 3811.

May 2	11 1 36.46	
4	36.51	
7	36.49	

ψ URSÆ MAJORIS.

| Feb. 28 | 11 1 46.70 | |

WEISSE (2) XI, 6.

| Mar. 9 | 11 2 18.25 | |
| 10 | 17.97 | |

RUMKER 3457.

1859.	h. m. s.	Mag.
Mar. 31	11 3 14.28	7.5
Apr. 16	14.31	7.0

δ LEONIS.

Feb. 28	11 6 39.42	
Mar. 5	39.41	
9	39.48	
10	39.48	
23	39.42	
25	39.40	
Apr. 28	39.49	
May 2	39.44	
4	39.51	
5	39.50	
7	39.49	

B. A. C. 3837.

| Apr. 7 | 11 6 45.21 | |
| 12 | 45.20 | |

ξ URSÆ MAJORIS, (1st *.)

Mar. 31	11 10 42.17	
Apr. 12	42.28	
16	42.32	

ξ URSÆ MAJORIS, (2d *.)

| Apr. 12 | 11 10 42.60 | |
| 16 | 42.60 | |

δ CRATERIS.

Feb. 28	11 12 20.59	
Mar. 5	20.58	
9	20.60	
10	20.60	
23	20.65	
25	20.60	
Apr. 1	20.58	
7	20.55	
28	20.60	
May 2	20.57	
4	20.59	
5	20.57	
7	20.59	

WEISSE XI, 234.

| Mar. 31 | 11 14 25.60 | 8.0 |
| Apr. 12 | 25.62 | 7.5 |

80 LEONIS.

| Mar. 10 | 11 18 38.26 | 6.5 |
| 25 | 38.26 | |

WEISSE XI, 318.

| May 4 | 11 18 51.24 | 7.0 |

WEISSE (2) XI, 340.

| Apr. 16 | 11 18 52.48 | 8.0 |
| May 2 | 52.44 | 8.0 |

WEISSE (2) XI, 344.

Mar. 31	11 19 6.38	8.0
Apr. 12	6.48	
28	6.50	8.0
May 2	6.46	8.0

RUMKER 3575.

1859.	h. m. s.	Mag.
May 5	11 19 11.21	9.5

WEISSE XI, 381.

Mar. 25	11 22 25.88	7.0
31	25.88	7.0
May 7	25.97	7.0

86 LEONIS.

| Apr. 28 | 11 23 10.45 | |

B. A. C. 3917.

| Apr. 1 | 11 24 11.38 | |

RUMKER 3615.

Mar. 10	11 24 12.99	6.5
Apr. 7	13.04	7.0
12	13.05	6.0

WEISSE XI, 412.

| Apr. 16 | 11 24 26.51 | 8.0 |
| May 4 | 26.50 | 8.5 |

RUMKER 3636.

| May 7 | 11 26 51.06 | 8.0 |

WEISSE (2) XI, 490.

| May 2 | 11 26 51.04 | |

WEISSE XI, 468.

| Apr. 28 | 11 27 36.95 | 8.0 |

WEISSE (2) XI, 511.

| Mar. 25 | 11 27 45.40 | 9.0 |
| May 5 | 45.48 | |

LEONIS.

| Mar. 10 | 11 29 46.86 | |
| Apr. 1 | 46.81 | |

WEISSE (2) XI, 592.

| Mar. 31 | 11 31 10.12 | 8.5 |

WEISSE (2) XI, 600.

| Mar. 25 | 11 31 24.67 | 8.0 |
| May 7 | 24.89 | |

(*). +20° 53'.

| May 2 | 11 32 56.96 | 10.0 |

RUMKER 3697.

| May 4 | 11 34 48.76 | 8.0 |

RUMKER 3706.

| Mar. 25 | 11 35 26.76 | 8.0 |
| Apr. 7 | 26.84 | |

WEISSE XI, 618.

1859.	h. m. s.	Mag.
Mar. 5	11 35 39.82	9.0
7	39.91	9.0

B. A. C. 3973.

| Apr. 30 | 11 36 11.97 | |

RUMKER 3715.

Apr. 12	11 36 33.81	
16	33.80	
28	33.88	7.5

WEISSE (2) XI, 746.

| May 2 | 11 38 5.17 | 8.0 |
| 4 | 5.18 | 8.0 |

WEISSE (2) XI, 786.

| Mar. 25 | 11 40 13.19 | 8.0 |
| Apr. 7 | 13.26 | 7.5 |

WEISSE (2) XI, 816.

| Apr. 28 | 11 41 48.32 | |

β LEONIS.

Mar. 31	11 41 54.92	
Apr. 1	54.98	
6	54.85	
16	54.93	
30	54.90	
May 3	54.97	

WEISSE (2) XI, 822.

| May 4 | 11 42 0.66 | |
| 5 | 0.70 | 7.0 |

WEISSE (2) XI, 838.

| May 7 | 11 42 51.90 | 9.0 |

GROOMBRIDGE 1830.

| May 2 | 11 44 53.57 | 6.5 |

WEISSE (2) XI, 889.

| Mar. 25 | 11 45 58.37 | 8.5 |
| Apr. 7 | 58.47 | 7.5 |

γ URSÆ MAJORIS.

| Apr. 6 | 11 46 27.02 | |

B. A. C. 4020.

| Apr. 1 | 11 46 42.52 | |

65 URSÆ MAJORIS.

| May 3 | 11 47 47.97 | 7.5 |
| 4 | 47.99 | 7.0 |

OBSERVED WITH THE WEST TRANSIT INSTRUMENT, 1859.   25

	h. m. s.	Mag.
B. A. C. 4028.		
1859.		
May 5 . .	11 48 53.61	7.0
7 . .	53.66	7.0
WEISSE (2) XI, 1011.		
Mar. 25 . .	11 51 54.21	8.5
31 . .	54.23	8.5
π VIRGINIS.		
Apr. 7 . .	11 53 41.85	
25 . .	41.94	
30 . .	41.87	
WEISSE XI, 921.		
May 5 .	11 53 50.98	8.5
WEISSE XI, 947.		
May 4 . .	11 55 35.50	9.5
5 . .	35.51	9.0
7 . .	35.39	9.0
WEISSE (2) XI, 1110.		
Mar. 25 . .	11 56 51.15	7.5
31 . .	51.16	7.5
B. A. C. 4070.		
May 2 . .	11 57 37.32	
o VIRGINIS.		
Apr. 28 . .	11 58 4.63	
30 . .	4.65	
June 7 . .	4.62	
WEISSE XI, 1023.		
May 4 . .	12 0 32.82	9.0
5 . .	32.73	9.0
7 . .	32.76	
11 VIRGINIS.		
Mar. 25 . .	12 2 55.18	
31 . .	55.24	6.0
ε CORVI.		
Apr. 12 . .	12 2 55.68	
28 . .	55.74	
29 . .	55.58	
May 3 . .	55.68	
6 . .	55.66	
12 . .	55.75	
June 7 . .	55.65	
B. A. C. 4104.		
Apr. 30 . .	12 4 30.49	

	h. m. s.	Mag.
WEISSE XII, 53.		
1859.		
May 4 . .	12 4 48.84	9.0
5 . .	48.83	9.0
WEISSE XII, 63.		
May 7 . .	12 5 8.44	8.0
WEISSE XII, 119.		
Mar. 25 . .	12 8 41.78	
31 . .	41.73	9.0
WEISSE XII, 130.		
Apr. 16 . .	12 9 18.64	8.5
May 2 . .	18.70	6.0
4 . .	18.62	8.5
WEISSE XII, 160.		
May 5 . .	12 11 0.28	9.0
13 VIRGINIS.		
Apr. 28 . .	12 11 29.72	
May 3 . .	29.72	
13 . .	29.56	
24 . .	29.68	
η VIRGINIS.		
Mar. 25 . .	12 12 44.61	
31 . .	44.64	
Apr. 12 . .	44.65	
16 . .	44.54	
29 . .	44.52	
30 . .	44.63	
May 3 . .	44.62	
6 . .	44.62	
13 . .	44.60	
24 . .	44.62	
June 7 . .	44.63	
9 . .	44.54	
RUMKER 3911.		
May 7 . .	12 12 47.31	7.5
WEISSE XII, 221.		
May 4 . .	12 14 21.20	9.0
5 . .	21.22	9.5
17 VIRGINIS.		
Apr. 28 . .	12 15 24.97	6.5
May 2 . .	24.93	7.0
4 CANUM VENATICORUM.		
May 12 . .	12 16 53.41	
WEISSE (2) XII, 356.		
May 3 . .	12 17 23.02	8.5
7 . .	27.95	
RUMKER 3966.		
Mar. 25 . .	12 18 46.15	7.5
31 . .	46.13	8.0

	h. m. s.	*Mag.
(*), −6° 48′.		
1859.		
May 24 . .	12 20 29.08	9.0
WEISSE (2) XII, 424.		
Apr. 12 . .	12 20 33.70	8.0
16 . .	33.61	8.5
May 2 . .	33.72	8.5
4 . .	33.64	8.5
WEISSE XII, 335.		
Apr. 28 . .	12 20 47.25	8.0
May 24 . .	47.14	8.0
WEISSE (2) XII, 446.		
May 3 . .	12 21 46.56	8.5
5 . .	46.55	8.5
7 . .	46.57	8.5
WEISSE (2) XII, 478.		
Mar. 25 . .	12 22 55.70	8.0
31 . .	55.74	
7 CANUM VENATICORUM.		
Apr. 30 . .	12 23 24.88	
May 13 . .	24.98	
June 7 . .	24.79	
WEISSE XII, 409.		
May 5 . .	12 24 43.67	8.0
WEISSE (2) XII, 526.		
May 2 . .	12 25 8.67	8.5
4 . .	8.61	8.5
WEISSE XII, 416.		
May 5 . .	12 25 14.52	9.0
24 . .	14.39	9.0
WEISSE XII, 583.		
May 3 . .	12 26 28.79	8.5
η VIRGINIS.		
Apr. 16 . .	12 26 33.30	
β CORVI.		
Apr. 12 . .	12 27 2.19	
29 . .	2.26	
May 6 . .	2.18	
7 . .	2.25	
13 . .	2.23	
June 7 . .	2.27	
11 . .	2.22	
B. A. C. 4241.		
Apr. 30 . .	12 28 4.99	7.5
WEISSE (2) XII, 599.		
Mar. 25 . .	12 28 8.14	6.5
31 . .	8.16	6.0

	h. m. s.	Mag.
ƒ VIRGINIS.		
1859.		
May 12 . .	12 29 34.71	
13 . .	34.74	
WEISSE XII, 515.		
May 2 . .	12 31 23.03	8.5
3 . .	23.00	8.5
WEISSE XII, 519.		
May 4 . .	12 31 32.21	7.5
5 . .	32.22	8.0
WEISSE XII, 525.		
May 5 . .	12 31 57.61	9.0
24 . .	57.65	
WEISSE XII, 549.		
May 7 . .	12 33 26.71	7.5
γ¹ VIRGINIS.		
Mar. 25 . .	12 34 35.99	
31 . .	34.02	
Apr. 12 . .	34.00	
16 . .	33.91	
29 . .	34.11	
30 . .	33.97	
May 6 . .	33.98	
26 . .	33.96	
June 7 . .	34.01	
9 . .	33.94	
11 . .	34.02	
γ² VIRGINIS.		
June 11 .	12 34 34.07	
28 VIRGINIS.		
May 12 . .	12 34 43.55	
13 . .	43.32	
WEISSE XII, 580.		
May 2 . .	12 35 0.53	8.5
3 . .	0.54	8.5
WEISSE XII, 638.		
May 4 . .	12 38 9.91	9.0
5 . .	9.90	9.0
10 CANUM VENATICORUM.		
Apr. 30 . .	12 38 21.61	
June 7 . .	21.58	
WEISSE XII, 661.		
Mar. 25 . .	12 39 22.10	8.5
31 . .	22.93	8.0
WEISSE XII, 665.		
May 24 . .	12 39 44.60	9.0

4——T I & M C

MEAN RIGHT ASCENSIONS OF STARS FOR 1860.0

Weisse XII, 668.

1859.	h. m. s.	Mag.
May 3	12 39 50.68	8.0
7	50.71	8.0

Weisse XII, 706.

May 2	12 41 48.80	8.5
5	48.85	9.0

29 Comæ.

Apr. 16	12 41 53.10	
May 26	53.18	

Weisse (2) XII, 877.

| May 4 | 12 43 17.34 | 8.0 |

Weisse XII, 764.

May 2	12 45 17.62	9.0
24	17.47	9.0

38 Virginis.

May 13	12 46 1.07	
23	1.18	

ψ Virginis.

| Apr. 16 | 12 47 4.40 | |

Weisse XII, 818.

May 4	12 48 28.71	7.0
26	28.75	7.0

θ Virginis.

| May 13 | 12 48 33.10 | |

Lalande 24193.

May 4	12 52 43.57	8.5
26	43.65	8.0

37 Comæ.

| June 9 | 12 53 34.18 | |

Weisse XII, 929.

| Apr. 16 | 12 54 25.65 | 8.0 |

g Virginis.

| Apr. 16 | 13 0 33.89 | |

θ Virginis.

Apr. 30	13 2 42.23	
May 2	42.21	
3	42.21	
4	42.16	
5	42.19	
7	42.20	
24	42.18	
June 7	42.20	
9	42.21	
11	42.17	

56 Virginis.

1859.	h. m. s.	Mag.
May 13	13 10 7.20	
June 9	7.18	

Weisse XIII, 208.

| May 4 | 13 13 6.79 | 9.0 |

a Virginis.

Mar. 25	13 17 49.24	
Apr. 16	49.24	
30	49.26	
May 2	49.26	
3	49.25	
4	49.23	
5	49.28	
6	49.16	
7	49.21	
13	49.21	
24	49.25	
26	49.21	
June 9	49.27	
11	49.26	

69 Virginis.

| Apr. 16 | 13 19 59.37 | |

Weisse XIII, 370.

| May 4 | 13 23 21.82 | 8.0 |

ζ Virginis.

Apr. 16	13 27 33.79	
May 2	33.68	
3	33.68	
4	33.62	
5	33.66	
7	33.60	
13	33.71	
23	33.63	
24	33.69	
June 9	33.69	
11	33.74	

Weisse XIII, 512.

| June 7 | 13 30 32.85 | |

Weisse XIII, 563.

May 4	13 33 8.52	8.5
5	8.46	8.5
7	8.56	8.5

m Virginis.

Apr. 16	13 34 16.02	
May 2	16.01	
13	15.97	
23	15.96	
June 9	16.02	
11	15.97	

(*), + 80° 2'.

| May 24 | 13 36 40.88 |

85 Virginis.

| June 9 | 13 38 3.15 |

Weisse XIII, 654.

1859.	h. m. s.	Mag.
Apr. 30	13 38 22.24	8.0
May 4	22.27	8.0

86 Virginis.

Apr. 16	13 38 29.05	
May 2	28.91	
3	28.92	
13	28.87	
June 7	28.88	
11	28.84	

Weisse (2) XIII, 866.

| May 7 | 13 41 26.07 | 7.0 |

(*), + 78° 22'.

| May 5 | 13 42 0.18 | 9.0 |

η Ursæ Majoris.

May 6	13 42 1.35	
23	1.30	

89 Virginis.

Apr. 16	13 42 16.22	
May 13	16.13	
June 9	16.17	
11	16.05	

Weisse (2) XIII, 900.

Apr. 30	13 42 34.36	7.5
June 7	34.31	

τ Bootis.

| June 1 | 13 42 43.55 | |

Weisse XIII, 737.

May 2	13 43 15.98	8.5
3	16.18	8.5

(*), + 77° 52'.

| May 24 | 13 43 36.80 | |

Weisse (2) XIII, 997.

May 4	13 46 20.85	
7	21.00	8.0

Weisse XIII, 808.

May 2	13 47 42.39	8.0
3	42.38	8.5

η Bootis.

Apr. 16	13 48 1.10	
30	1.01	
May 6	1.11	
23	1.08	
June 1	1.05	
4	1.10	
9	1.14	
11	1.07	

Weisse XIII, 815.

1859.	h. m. s.	Mag.
May 5	13 48 2.85	8.0
June 7	2.88	8.0

Weisse XIII, 866.

May 7	13 50 57.35	7.5
24	57.47	

Weisse XIII, 893.

May 2	13 52 34.74	9.0
3	34.68	9.0
5	34.69	9.0

Rümker 4551.

| June 11 | 13 54 30.81 | 7.5 |

τ Virginis.

May 13	13 54 31.37	
23	31.39	
June 9	31.41	

Lalande 25762.

May 24	13 55 0.71	9.0
June 1	0.63	9.0

Weisse XIII, 974.

| May 5 | 13 56 31.99 | 8.5 |

Weisse XIII, 979.

May 3	13 56 42.63	8.0
4	42.62	8.0
7	42.55	8.0

94 Virginis.

May 23	13 58 53.09	
June 7	53.08	
9	53.18	6.5
11	53.14	

Weisse XIII, 1037.

May 2	13 59 11.27	9.0
June 4	11.32	8.5

Weisse XIII, 1071.

Apr. 30	14 0 59.14	7.5
May 3	59.13	7.0
6	59.16	

(*), + 34° 4'.

May 5	14 1 34.48	9.0
24	34.56	

Weisse (2) XIV, 40.

May 4	14 3 13.04	8.5
June 1	13.07	9.0

OBSERVED WITH THE WEST TRANSIT INSTRUMENT, 1859.   27

d Bootis.				Lalande 26293.				(*), +1° 40'.				o² Libræ.			
1859.	h. m.	s.	Mag.	1859.	h. m.	s.	Mag.	1859.	h. m.	s.	Mag.	1859.	h. m.	s.	Mag.
June 7	14 4	0.77		May 2	14 16	38.46	8.0	May 24	14 28	28.15	9.5	Apr. 30	14 43	8.27	
9		0.87		3		38.44						May 2		8.25	
				4		38.63	8.0	Weisse XIV, 519.				3		8.30	
O. Arg. S, 13471.								June 7	14 28	53.37		4		8.30	
June 4	14 5	20.19	8.5	Rumker 4697.								5		8.26	
				Apr. 30	14 18	48.47	7.0	Rumker 4761.				7		8.32	
s Virginis.				May 7		48.39	7.0					June 1		8.26	
May 23	14 5	25.82						May 5	14 29	26.12	9.0	4		8.32	
				(*), +47° 25'.				24		26.07	9.0	7		8.26	
				May 24	14 18	56.37	8.0					9		8.25	
Weisse XIV, 83.				June 1		56.20		Weisse XIV, 540.				July 9		8.26	
May 5	14 6	3.63	8.5					May 4	14 29	50.85	8.0	ξ¹ Libræ.			
June 11		3.59	9.0	B. A. C. 4783.				June 4		50.82	7.5	June 11	14 49	10.46	
				June 9	14 19	46.23						Groombridge 2169.			
Weisse XIV, 88.								B. A. C. 4841.				June 23	14 50	51.28	
May 2	14 6	12.84	9.0	Weisse XIV, 362.				June 9	14 32	57.01		β Ursæ Minoris.			
3		12.85	9.0					July 9		56.78					
5		12.63		June 4	14 20	7.19	8.0					Apr. 30	14 51	9.27	
				7		7.19	8.0	Weisse XIV, 606.				May 2		9.16	
Lalande 26054.				Weisse XIV, 371.				May 4	14 33	36.47	8.0	3		9.24	
May 7	14 6	30.64	8.0									4		9.29	
24		30.65	8.0	June 4	14 20	46.24	8.0	Weisse XIV, 608.				7		9.28	
				7		46.27	8.0					24		9.26	
Weisse XIV, 130.								Apr. 30	14 33	45.56	8.0	June 4		(9.42)	
May 4	14 8	32.26	8.5	(*), +49° 18'.								7		9.22	
				May 5	14 22	38.36	10.0	2 Serpentis.				9		(9.37)	
a Bootis.								May 6	14 54	38.83					
May 6	14 9	16.66		B. A. C. 4799.				μ Virginis.				Weisse XIV, 1016.			
13		16.58						May 2	14 35	41.13		May 5	14 54	42.41	8.5
23		16.64		May 2	14 22	42.38		3		41.10		June 25		42.38	
26		16.57		3		42.36									
June 1		16.58						34 Bootis.				20 Libræ.			
4		16.57		B. A. C. 4805.				June 7	14 37	16.15	6.0	June 11	14 55	52.90	
7		16.59		June 9	14 24	5.75						July 9		52.91	
B. A. C. 4731.								5 Libræ.				B. A. C. 4965.			
June 9	14 9	29.27		Rumker 4730.				June 11	14 38	14.89		June 4	14 58	9.76	7.0
11		29.16		May 4	14 24	15.40	8.5								
				24		15.34	9.0	ι Bootis.				ψ Bootis.			
(*), +41° 3'.								Apr. 30	14 38	52.36		May 3	14 58	26.81	
May 2	14 10	45.96	8.0	Weisse XIV, 445.				May 2		52.37		4		26.79	
3		46.04						3		52.36		June 1		26.68	
				June 4	14 24	49.95	6.0	4		52.34		23		26.55	
Lalande 26172.				7		50.00	8.0	5		52.34		25		26.70	
Apr. 30	14 11	41.68	7.5					7		52.34		Weisse XIV, 1110.			
May 7		41.67	7.5	ρ Bootis.				24		52.36					
				June 1	14 25	47.80		June 1		52.33		May 24	14 59	17.57	8.5
Weisse XIV, 221.								B. A. C. 4898.				Weisse XIV, 1118.			
May 5	14 12	53.75	9.0	26 Bootis.				May 6	14 41	13.65		May 24	14 59	45.46	
				June 11	14 26	10.72		μ Libræ.							
Weisse XIV, 257.								June 11	14 41	48.85		Weisse XIV, 1121.			
May 5	14 14	57.93	9.0	B. A. C. 4814.								May 24	14 59	54.31	
				Apr. 30	14 26	58.35		a¹ Libræ.							
(*), −19° 3'.				May 3		58.23	7.0					Weisse XIV, 1142.			
				6		58.20		May 24	14 42	56.81					
May 6	14 16	11.57		7		58.19	7.0	June 7		56.85		June 9	15 0	50.90	8.0
				June 9		58.23									

MEAN RIGHT ASCENSIONS OF STARS FOR 1860.0

WEISSE XV, 2.			
1859.	h. m. s.		Mag.
May 5	15 1 55.49		8.0
June 4	55.41		8.5
7	55.43		8.5

ι^1 LIBRÆ.		
June 11	15 4 14.68	
18	14.78	
July 9	14.65	

WEISSE XV, 79.		
May 7	15 6 3.24	
June 23	3.25	

WEISSE XV, 91.		
May 24	15 6 34.10	7.5
June 9	34.17	7.0

β LIBRÆ.	
May 4	15 9 28.48
5	28.57
7	28.59
June 1	28.54
4	28.48
7	28.56
11	28.52
18	28.59
23	28.57
25	28.63
July 5	28.60
29	28.57
Aug. 6	28.59

WEISSE XV, 221.		
May 24	15 13 19.75	9.0

α CORONÆ BOREALIS.	
June 25	15 14 21.97
July 5	21.99

WEISSE XV, 265.		
May 7	15 15 43.49	8.0

50 BOOTIS.	
June 9	15 16 12.37
11	12.33

WEISSE XV, 281.		
May 7	15 16 18.74	8.0

(*), $-9°$ 48'.		
June 4	15 16 36.71	6.5

LALANDE 28090.	
June 18	15 17 59.60

μ BOOTIS.	
June 23	15 19 11.82
25	11.90

ζ^1 LIBRÆ.		
1859.	h. m. s.	Mag.
June 11	15 20 21.91	
July 9	21.89	

B. A. C. 5092.	
June 30	15 20 35.76
July 5	35.57

WEISSE XV, 400.		
May 24	15 22 8.50	8.0
June 4	8.41	8.0

B. A. C. 5109.	
June 18	15 24 34.50

ν^1 BOOTIS.	
June 9	15 25 54.17

ν^2 BOOTIS.	
June 11	15 26 46.51
23	46.14

39 LIBRÆ.	
July 9	15 28 31.92

α CORONÆ BOREALIS.	
May 7	15 28 45.62
June 18	45.59
25	45.56
27	45.58
30	45.60
July 8	45.53
Aug. 6	45.54
Sept. 2	45.59

7^3 SERPENTIS.	
May 24	15 29 12.02
July 5	12.03

42 LIBRÆ.	
July 9	15 32 0.67

ρ BOOTIS.	
May 24	15 32 48.03
June 6	48.08
23	47.77

WEISSE XV, 637.		
June 4	15 33 48.54	9.0
25	48.34	9.0

WEISSE XV, 644.		
June 18	15 34 9.81	9.0
25	10.08	9.0

α SERPENTIS.		
1859.	h. m. s.	Mag.
May 7	15 37 22.39	
24	22.39	
June 23	22.37	
27	22.40	
July 5	22.49	
8	22.45	
9	22.43	
12	22.41	
29	22.35	
Aug. 6	22.40	
Sept. 2	22.37	
3	22.34	

WEISSE XV, 744.		
June 9	15 39 14.67	8.0
18	14.66	8.0

ν SERPENTIS.	
June 11	15 40 47.28
23	47.17

κ SERPENTIS.	
June 25	15 42 26.26
30	26.35

WEISSE XV, 828.		
May 24	15 43 17.96	8.0

LALANDE 25898.		
June 9	15 43 34.82	7.5
18	34.79	

λ LIBRÆ.	
June 11	15 45 12.62
July 9	12.66
29	12.63

B. A. C. 5254.		
June 4	15 45 36.23	6.0

(*), $-16°$ 50'.		
May 24	15 47 29.12	9.0

χ HERCULIS.	
July 9	15 47 50.14
12	50.10

B. A. C. 5273.	
June 30	15 49 24.38
July 5	24.36

λ CORONÆ BOREALIS.	
June 23	15 50 41.81
25	41.79

LALANDE 29043.		
June 9	15 50 59.47	8.0

LALANDE 29044.		
1859.	h. m. s.	Mag.
June 9	15 51 0.32	

WEISSE XV, 976.	
May 24	15 51 54.89

δ SCORPII.	
June 11	15 52 3.56
July 9	3.64
29	3.59
Aug. 6	3.62
Sept. 2	3.59
3	3.56

τ HERCULIS.	
June 25	15 54 56.82
30	56.80

β SCORPII.	
June 9	15 57 18.02
11	18.00
18	18.04
27	18.03
July 8	18.00
9	18.08
12	18.04
29	18.04
Aug. 6	18.04
Sept. 2	18.08

B. A. C. 5311.	
June 30	15 58 31.44
July 5	31.31

B. A. C. 5345.		
June 4	15 59 28.06	6.0

κ HERCULIS.	
July 12	16 1 45.36

B. A. C. 5368.	
July 12	16 1 45.73

WEISSE XVI, 11.		
May 24	16 2 16.56	9.0
June 18	16.64	

η HERCULIS.	
July 29	16 2 27.77

WEISSE XVI, 19.	
June 9	16 2 31.14
11	31.06

d Ophiuchi.				η Draconis.				B. A. C. 5619.				B. A. C. 5716.			
1859.	h. m. s.		Mag.	1859.	h. m. s.		Mag.	1859.	h. m. s.		Mag.	1859.	h. m. s.		Mag.
May 24	16 7	0.61		July 5	16 22	6.03		June 23	16 38	41.62		July 8	16 52	17.87	
June 4		0.73		29		6.00		25		41.62		29		17.83	7.0
9		0.75										Aug. 6		17.77	
11		0.70		B. A. C. 5527.				Lalande 30479.							
18		0.67										h. A. C. 5732.			
23		0.64		June 23	16 24	28.87		June 18	16 38	42.31					
25		0.64		25		28.67						June 30	16 55	11.11	
27		0.64		27		28.80		B. A. C. 5625.				July 5		11.10	
30		0.63										28		11.23	
July 5		0.58		h Herculis.				July 8	16 39	50.43					
8		0.71						29		50.40		B. A. C. 5767.			
9		0.68		July 8	16 26	3.27		Aug. 6		50.44					
12		0.64		12		3.22						July 8	16 59	21.57	
29		0.65										9		21.63	
Aug. 6		0.65		Groombridge 2356.				20 Ophiuchi.				29		21.59	
Sept. 3		0.67													
				June 18	16 26	52.50		July 9	16 42	5.49		B. A. C. 5771.			
16 Herculis.								11		5.52					
June 27	16 9	16.38		r Scorpii.								Aug. 6	17 0	7.26	
30		16.40						48 Herculis.							
				July 29	16 27	10.18		June 23	16 43	48.32		r Ursæ Minoris.			
Lalande 29696.				Aug. 6		10.30		25		48.39					
June 4	16 11	28.24	7.0	Sept. 3		10.26		27		48.54		June 18	17 0	27.02	
18		28.23	7.0									25		26.16	
				32 Herculis.				B. A. C. 5663.				July 14		27.03	
σ Scorpii.												19		27.36	
				June 27	16 28	1.76		June 18	16 45	9.40					
July 9	16 12	41.06		30		1.76						B. A. C. 5775.			
Aug. 6		41.01						51 Herculis.							
				B. A. C. 5546.								June 30	17 0	49.14	
B. A. C. 5452.								June 30	16 45	57.13		July 5		49.09	
				June 23	16 28	48.23		July 5		56.99					
July 12	16 13	59.89		25		48.32						η Ophiuchi.			
29		59.89						B. A. C. 5686.							
				B. A. C. 5549.								Aug. 8	17 2	21.03	
B. A. C. 5460.								July 8	16 47	0.34					
				July 5	16 29	15.50		9		0.42		B. A. C. 5788.			
June 23	16 15	7.25		9		15.52		12		0.36					
27		7.37						29		0.35		July 23	17 3	4.16	
				B. A. C. 5580.				Aug. 6		0.34		25		4.25	
ψ Ophiuchi.												29		4.19	
				June 18	16 33	40.11		t Ophiuchi.							
June 4	16 15	54.91	5.0									B. A. C. 5790.			
				B. A. C. 5588.				July 14	16 47	23.04					
ξ Coronæ Borealis.								19		23.07		Aug. 3	17 3	12.80	
				July 8	16 34	38.83						6		12.67	
June 30	16 16	38.41		12		38.82		53 Herculis.							
July 5		38.44		29		38.87						B. A. C. 5795.			
								June 23	16 47	39.36					
ν¹ Coronæ Borealis.				42 Herculis.				25		39.39		July 5	17 4	51.09	
								27		39.51		9		51.13	
July 9	16 17	5.18		Aug. 6	16 31	56.93									
12		5.17						Lalande 30788.				A¹ Ophiuchi.			
				B. A. C. 5597.											
ν² Coronæ Borealis.								June 18	16 49	20.59	8.5	July 11	17 6	44.50	
				June 23	16 35	12.22						Aug. 8		44.41	
July 19	16 17	12.81		25		12.15		Weisse (2) XVI, 1533.							
				27		12.36						α¹ Herculis.			
α Scorpii.								July 29	16 49	49.09	7.0				
				ζ Herculis.				Aug. 6		49.15	7.0	June 27	17 8	15.84	
June 4	16 20	49.66										30		15.83	
18		49.65		June 4	16 36	0.51		κ Ophiuchi.				July 8		15.79	
23		49.66		27		0.48						14		15.86	
25		49.68		July 9		0.45		June 27	16 51	2.57		23		15.75	
27		49.65		11		0.50		30		2.54		27		15.73	
30		49.70		19		0.50		July 5		2.43		28		15.82	
July 8		49.65		Sept. 3		0.52		9		2.48		29		15.80	
9		49.70						11		2.65					
12		49.68		B. A. C. 5615.				12		2.53		α² Herculis.			
Aug. 6		49.73						14		2.52					
Sept. 2		49.65		June 30	16 38	4.76		19		2.56		July 29	17 8	16.15	
				July 5		4.61		23		2.61					
								28		2.52					

MEAN RIGHT ASCENSIONS OF STARS FOR 1860.0

δ Herculis.

1859.	h. m. s.	Mag.
July 9	17 9 16.85	
Aug. 3	16.85	

π Herculis.

| Aug. 6 | 17 10 10.04 | |

B. A. C. 5841.

| July 5 | 17 12 1.90 | |
| 28 | 2.04 | |

Weisse XVII, 202.

| June 18 | 17 12 30.03 | 7.0 |

ν Serpentis.

| July 12 | 17 12 57.27 | |
| 23 | 57.27 | |

θ Ophiuchi.

July 8	17 13 24.81	
9	24.81	
11	24.80	
12	24.76	
14	24.76	
27	24.86	
29	24.84	
Aug. 2	24.78	
3	24.74	
6	24.81	
8	24.78	

70 Herculis.

| June 25 | 17 15 8.16 | |
| 30 | 8.19 | |

Weisse (2) XVII, 487.

| July 23 | 17 17 16.13 | |

73 Herculis.

| June 25 | 17 18 15.03 | |
| 30 | 15.08 | |

σ Ophiuchi.

July 11	17 18 25.01	
12	24.96	
Aug. 8	24.94	

Weisse (2) XVII, 523.

| July 14 | 17 18 43.62 | |
| 23 | 43.55 | |

ρ Herculis, (1st *.)

| July 5 | 17 18 50.86 | |
| 9 | 50.87 | |

ρ Herculis, (2d *.)

| July 5 | 17 18 51.01 | |
| 9 | 51.12 | |

(*), +37° 3'.

| July 19 | 17 17 19.81 | |
| 27 | 19.82 | |

B. A. C. 5894.

1859.	h. m. s.	Mag.
July 28	17 19 33.52	
29	33.53	

B. A. C. 5895.

| July 19 | 17 19 36.22 | |
| 27 | 36.10 | |

B. A. C. 5892.

| June 18 | 17 19 38.29 | |

Weisse (2) XVII, 552.

| July 14 | 17 19 40.56 | |
| 23 | 40.45 | |

Weisse (2) XVII, 596.

| July 14 | 17 20 46.00 | |

B. A. C. 5900.

| June 25 | 17 20 46.53 | |
| 30 | 46.58 | |

ν Scorpii.

| Aug. 1 | 17 21 14.71 | |
| 2 | 14.79 | |

χ Ophiuchi.

| July 11 | 17 22 52.53 | |
| Aug. 8 | 52.43 | |

Lacaille 7325.

| Aug. 3 | 17 23 15.09 | 6.0 |
| 6 | 15.02 | |

B. A. C. 5927.

| June 25 | 17 26 37.22 | |
| 30 | 37.38 | |

B. A. C. 5929.

| July 5 | 17 26 59.52 | |
| 28 | 59.59 | |

β Draconis.

| July 9 | 17 27 16.26 | |
| 11 | 16.12 | |

o Ophiuchi.

June 18	17 28 26.14	
25	26.12	
30	26.20	
July 5	26.14	
19	26.16	
29	26.13	
Aug. 1	26.14	
8	26.14	
9	26.13	

B. A. C. 5943.

1859.	h. m. s.	Mag.
July 14	17 28 53.69	
27	53.70	

Lalande 32045.

| Aug. 3 | 17 29 18.08 | 8.5 |

B. A. C. 5952.

| July 27 | 17 30 10.71 | 7.0 |

B. A. C. 5956.

| July 23 | 17 30 29.50 | |
| Aug. 2 | 29.43 | |

B. A. C. 5962.

| July 5 | 17 31 16.95 | |
| 9 | 17.05 | |

ν Serpentis.

June 18	17 33 32.83	
July 11	32.83	
Aug. 8	32.77	
9	32.82	

O. Arg. S. 17098.

| Aug. 13 | 17 34 8.06 | 9.0 |

B. A. C. 5986.

| June 25 | 17 34 40.14 | |
| 30 | 40.18 | |

O. Arg. S. 17114.

| July 29 | 17 34 52.94 | 9.0 |
| Aug. 1 | 52.93 | 9.0 |

ι Herculis.

| Aug. 6 | 17 35 30.77 | |

84 Herculis.

| July 5 | 17 37 36.73 | |
| 14 | 36.83 | |

3 Sagittarii.

| Aug. 9 | 17 38 43.93 | |

Lalande 32419.

| June 18 | 17 39 5.84 | |
| July 27 | 5.74 | |

Weisse XVII, 787.

| July 29 | 17 40 9.76 | 8.0 |
| Aug. 1 | 9.74 | 8.5 |

B. A. C. 6018.

| July 23 | 17 40 19.61 | |
| 28 | 19.70 | |

γ Ophiuchi.

1859.	h. m. s.	Mag.
July 14	17 40 52.34	
19	52.34	

μ Herculis.

July 11	17 40 58.78	
12	58.77	
Aug. 2	58.83	
3	58.81	
6	58.72	

(*), −31° 20'.

| June 25 | 17 42 30.94 | 7.0 |

87 Herculis.

| July 5 | 17 43 8.44 | |
| 9 | 8.65 | |

B. A. C. 6052.

| June 25 | 17 43 13.22 | |
| 30 | 13.4 | |

Weisse XVII, 867.

| July 29 | 17 44 3.77 | 8.5 |
| Aug. 1 | 3.79 | 8.5 |

B. A. C. 6049.

| June 18 | 17 45 16.88 | |
| July 27 | 15.79 | |

B. A. C. 6062.

July 12	17 47 31.46	
14	31.42	
Aug. 8	31.45	

B. A. C. 6039.

| July 5 | 17 47 39.66 | 7.0 |
| 9 | 39.99 | |

B. A. C. 6063.

| June 30 | 17 47 51.41 | |

B. A. C. 6065.

| Aug. 9 | 17 48 15.89 | |

Weisse XVII, 966.

| July 29 | 17 48 18.38 | 9.0 |
| Aug. 1 | 18.37 | 9.0 |

(*), −15° 17'.

| Aug. 2 | 17 48 21.03 | 9.0 |
| 3 | 21.00 | 9.0 |

f Herculis.

| July 19 | 17 48 44.62 | |
| 23 | 44.70 | |

MADRAS 1209.			LALANDE 33178.			δ SAGITTARII.			B. A. C. 6349.		
1859.	h. m. s.	Mag.	1859.	h. m. s.	Mag.	1859.	h. m. s.	Mag.	1859.	h. m. s.	Mag.
Aug. 6	17 48 45.24	8.0	July 29	17 59 6.64	9.0	July 12	18 12 1.80		June 17	18 30 40.37	
			Aug. 2	6.58	9.0				July 23	40.39	

89 HERCULIS.

				B. A. C. 6130.			B. A. C. 6210.			α LYRÆ.	
July 27	17 49 46.19					Aug. 9	18 12 5.09		July 19	18 32 11.87	
28	46.26		June 25	17 59 56.08	7.0				27	11.73	
			30	56.00			B. A. C. 6212.		28	11.76	
			Aug. 10	56.08					Aug. 1	11.79	

4 SAGITTARII.

June 17	17 51 14.65					Aug. 3	18 12 11.81			B. A. C. 6359.	
18	14.65					6	10.77				
July 12	14.70		(*), −27° 43'.						Aug. 6	18 33 43.82	
Aug. 8	14.60								20	43.93	
9	14.65		Aug. 3	18 0 9.84	8.5						
Sept. 6	14.64						κ LYRÆ.			H. λ. C. 6365.	

ν HERCULIS.

				B. A. C. 6132.		June 17	18 14 57.27			(*), −18° 55'.	
June 25	17 53 8.72		July 27	18 0 14.50		July 28	57.29		Aug. 25	18 35 27.57	
30	8.61										
							λ SAGITTARII.		Aug. 3	18 35 51.67	

3 DRACONIS.

				O. ARG. S. 17695.		July 12	18 19 19.81			B. A. C. 6372.	
July 5	17 53 21.35		Aug. 3	18 0 27.71	7.5						
23	21.42						B. A. C. 6261.		July 27	18 36 39.69	
Aug. 10	21.33								28	39.84	
				b HERCULIS.		June 17	18 18 59.87				

93 HERCULIS.

			July 5	18 1 42.63		Aug. 1	59.88			φ SAGITTARII.	
July 9	17 53 49.44		19	42.65		3	59.88	6.0	Aug. 10	18 36 54.42	
19	49.44								Sept. 6	54.31	

LALANDE 32986.

				e HERCULIS.			B. A. C. 6270.			110 HERCULIS.	
July 29	17 54 5.76	8.5	July 23	18 2 4.86		July 28	18 20 13.79				
Aug. 2	5.75	8.5	28	4.92		Aug. 1	13.73		June 17	18 39 38.14	
									July 19	38.17	

9 SAGITTARII.

				B. A. C. 6166.			B. A. C. 6295.			ε¹ LYRÆ.	
Aug. 9	17 55 17.33	5.5	Aug. 6	18 4 30.11		June 17	18 23 19.54		Aug. 1	18 39 42.31	
Sept. 6	17.38					July 23	19.61		2	42.04	
				μ SAGITTARII.					3	41.99	

95 HERCULIS, (1st *.)

			June 17	18 5 23.39			LALANDE 34229.			ε² LYRÆ.	
July 27	17 55 33.57		18	23.38							
28	33.63		25	23.35		Aug. 3	18 24 18.78		July 23	18 39 44.48	
Aug. 6	33.58		30	23.38					27	44.38	
			July 5	33.35					Aug. 2	44.19	
			9	23.41			B. A. C. 6322.				

95 HERCULIS, (2d *.)

			12	23.41							
			14	23.38							
July 27	17 55 33.98		19	23.40		June 17	18 26 56.59			O. ARG. S. 18674.	
28	34.08		23	23.45		July 23	56.57				
Aug. 6	34.05		27	23.42					Aug. 6	18 39 47.15	7.0
			28	23.44					20	47.36	
			29	23.37			LALANDE 34354.				

LALANDE 33089.

			Aug. 3	23.39						29 SAGITTARII.	
Aug. 3	17 56 29.95	8.0	9	23.42		July 28	18 27 24.01	7.5			
			10	23.39		Aug. 4	24.01	7.5	Aug. 10	18 41 21.49	
			20	23.41					Sept. 6	21.45	

B. A. C. 6113.

			Sept. 6	23.40			LALANDE 34401.				
June 25	17 56 44.98									B. A. C. 6403.	
30	44.86			η SAGITTARII.		Aug. 3	18 28 19.29	7.5			
			Aug. 2	18 8 9.04					Aug. 25	18 41 57.40	
γ² SAGITTARII.			6	8.95			BRADLEY 2333.				
Aug. 8	17 56 48.81					Aug. 9	18 29 59.68			ν¹ LYRÆ.	
				B. A. C. 6202.		10	59.66				
O. ARG. S. 17610.						Sept. 6	59.57		July 27	18 44 33.21	
July 9	17 57 53.48		July 23	18 11 22.46					28	33.29	
			28	22.36							

MEAN RIGHT ASCENSIONS OF STARS FOR 1860.0

	β Lyræ.		
1859.	h. m. s.	Mag.
June 17	18 44 54.56	
25	54.63	
30	54.57	
July 9	54.61	
12	54.59	
19	54.54	
23	54.62	
Aug. 2	54.63	
3	54.66	
6	54.62	
8	54.58	
20	54.57	
25	54.57	
Sept. 2	54.60	

σ Sagittarii.

| Aug. 10 | 18 46 34.85 |
| Sept. 6 | 34.92 |

B. A. C. 6452.

| July 5 | 18 48 26.95 |
| 27 | 26.70 |

113 Herculis.

| July 28 | 18 48 50.19 |
| Aug. 1 | 50.27 |

θ Serpentis.

| Aug. 25 | 18 49 15.57 |
| 30 | 15.54 |

B. A. C. 6462.

| Aug. 25 | 18 49 17.01 |
| 30 | 16.94 |

β² Lyræ.

| June 17 | 18 49 36.35 |
| July 23 | 36.48 |

B. A. C. 6465.

| Aug. 2 | 18 49 45.30 |
| 8 | 45.37 |

B. A. C. 6476.

| Aug. 3 | 18 51 5.68 |
| 20 | 5.47 |

10 Aquilæ.

| July 19 | 18 52 21.35 |
| 28 | 21.29 |

ζ Sagittarii.

| Sept. 2 | 18 53 42.07 |
| 6 | 41.92 |

B. A. C. 6495.

| Aug. 8 | 18 54 29.30 |
| 10 | 29.47 |

λ Lyræ.

1859.	h. m. s.	Mag.
June 17	18 54 43.82	
July 5	43.85	
27	43.88	
Aug. 1	43.93	

σ Sagittarii.

| Aug. 2 | 18 56 17.43 |
| 25 | 17.52 |

B. A. C. 6512.

| Aug. 3 | 18 56 55.75 |
| 20 | 55.72 |

τ Sagittarii.

| Aug. 10 | 18 58 11.69 |

ζ Aquilæ.

June 17	18 58 58.41
July 5	58.52
10	58.47
23	(58.56)
27	58.44
28	58.51
Aug. 1	58.52
25	58.52
30	58.46
Sept. 2	58.50
6	58.47

π Sagittarii.

| Aug. 8 | 19 1 26.11 |
| 10 | 26.06 |

B. A. C. 6549.

| Aug. 2 | 19 1 32.33 —7.0 |
| 20 | 32.37 |

19 Aquilæ.

| July 28 | 19 2 8.39 |
| Aug. 3 | 8.44 |

B. A. C. 6565.

| Aug. 25 | 19 5 15.23 |
| 30 | 15.23 |

Lalande 36037.

| Aug. 2 | 19 7 11.31 8.0 |
| Sept. 8 | 11.11 8.0 |

B. A. C. 6578.

July 27	19 7 35.07
28	35.01
Aug. 10	34.99

(ª), —32° 5'.

| July 23 | 19 7 39.29 |

B. A. C. 6582.

| Aug. 1 | 19 9 15.39 |
| 8 | 15.35 |

	1 Vulpeculæ.		
1859.	h. m. s.	Mag.
June 17	19 19 11.79	
July 5	11.91	

ω Aquilæ.

July 27	19 11 14.58
Aug. 2	14.61
3	14.62
10	14.64
11	14.62
29	14.60

B. A. C. 6594.

| Aug. 20 | 19 11 25.51 |
| 25 | 25.60 |

θ Lyræ.

| Aug. 30 | 19 11 30.41 |
| Sept. 1 | 30.39 |

2 Vulpeculæ.

| Sept. 2 | 19 11 48.15 |
| 8 | 48.00 |

H. A. C. 6609.

| July 19 | 19 12 46.69 |
| 28 | 46.76 |

B. A. C. 6627.

| July 5 | 19 15 38.05 |
| 23 | 38.25 |

B. A. C. 6631.

| July 19 | 19 16 14.57 |
| 27 | 14.63 |

χ¹ Sagittarii.

| Aug. 10 | 19 16 45.03 |

χ² Sagittarii.

| Sept. 6 | 19 17 0.98 |

2 Sagittæ.

| Aug. 3 | 19 18 4.83 |
| 25 | 4.84 |

δ Aquilæ.

June 17	19 18 26.28
July 5	26.32
27	26.24
28	26.25
Aug. 1	26.29
2	26.28
8	26.26
11	26.24
20	26.29
22	26.27
29	26.31
30	26.28
Sept. 1	26.29
8	26.24
9	26.24

	3 Sagittæ.		
1859.	h. m. s.	Mag.
Aug. 3	19 18 27.85	
25	27.83	

2 Cygni.

| Sept. 2 | 19 18 36.22 |

B. A. C. 6665.

| July 19 | 19 20 45.55 |
| 23 | 45.62 |

B. A. C. 6667.

| Sept. 6 | 19 21 34.30 |

B. A. C. 6673.

| Aug. 1 | 19 22 41.38 |
| 11 | 41.38 |

B. A. C. 6672.

| July 5 | 19 22 41.91 |
| Aug. 10 | 41.98 |

B. A. C. 6677.

| July 28 | 19 23 19.03 |
| Aug. 2 | 18.98 |

B. A. C. 6680.

| June 17 | 19 23 33.34 |
| Aug. 20 | 33.53 |

O. Arg. S. 19689.

| Aug. 30 | 19 24 35.29 |

μ Aquilæ.

| Aug. 3 | 19 27 14.91 |
| 22 | 14.88 |

h² Sagittarii.

June 17	19 28 10.87
July 5	10.90
28	10.88
Aug. 11	10.98
29	11.05
Sept. 6	10.91
7	10.99

B. A. C. 6707.

| Sept. 8 | 19 28 16.17 |
| 9 | 16.15 |

9 Vulpeculæ.

| Aug. 30 | 19 28 25.87 |

(ᵇ), +19° 27'.

| Aug. 25 | 19 28 45.97 |

B. A. C. 6710.			B. A. C. 6769.				β AQUILÆ.				WEISSE (2) XIX, 1888.			
1859.	h. m. s.	Mag.	1859.	h. m. s.	Mag.	1859.	h. m. s.	Mag.	1859.	h. m. s.	Mag.
Sept. 1	19 28 55.72		Aug. 1	19 39 4.69		Aug. 8	19 48 26.09		July 27	19 57 37.00	7.5
2	55.74		20	4.70		10	26.08		Aug. 20	37.04	7.0
						22	26.10				
9 CYGNI.			B. A. C. 6768.			30	26.10		B. A. C. 6899.		
Aug. 1	19 29 17.11		Aug. 2	19 39 7.04	7.0	Sept. 2	26.14		June 17	19 58 40.75	
20	17.07		Sept. 1	7.13		6	26.07		Aug. 1	40.87	
						7	26.01				
						10	26.11				
B. A. C. 6716.			γ AQUILÆ.			Nov. 1	26.10		B. A. C. 6903.		
July 23	19 30 11.59		July 19	19 39 36.15					Aug. 22	20 0 7.40	
27	11.65		23	36.14		η CYGNI.			25	7.35	
			27	36.17		Aug. 1	19 51 3.19				
LALANDE 37221.			28	36.12		3	3.18				
Sept. 8	19 31 35.42		Aug. 3	36.18					B. A. C. 6906.		
			8	36.18		B. A. C. 6850.			July 28	20 0 34.86	
B. A. C. 6728.			25	36.16		Aug. 30	19 51 16.10	7.0	Aug. 3	34.84	
			Sept. 6	36.16		Sept. 1	16.05		29	34.79	
July 23	19 32 5.14		8	36.12							
Aug. 1	5.24		10	36.13		LACAILLE 8296.			B. A. C. 6908.		
2	5.22					Sept. 9	19 51 18.39	5.5	July 27	20 0 40.52	
			B. A. C. 6777.						Aug. 8	40.43	
σ AQUILÆ.			Aug. 30	19 40 38.05		B. A. C. 6854.					
Aug. 3	19 32 16.96					June 17	19 51 55.54		17 VULPECULÆ.		
8	16.88		WEISSE (2) XIX, 1330.			July 23	55.63		Aug. 2	20 0 52.33	
O. ARG. S. 19861.			Aug. 22	19 41 13.29	8.0				Sept. 2	52.39	
June 17	19 33 5.56					B. A. C. 6861.					
			ζ SAGITTÆ.			July 27	19 52 26.12		B. A. C. 6923.		
φ CYGNI.			Aug. 2	19 42 45.73		28	26.20		Aug. 30	20 2 18.39	
July 19	19 33 50.79		8	45.71		Aug. 20	26.21		Sept. 1	18.33	
27	50.73										
			α AQUILÆ.			13 SAGITTÆ.			66 DRACONIS.		
B. A. C. 6738.			July 23	19 43 57.03		Aug. 1	19 53 43.92		Aug. 20	20 3 18.89	
Aug. 22	19 33 52.59		27	57.10		2	43.90		Sept. 8	18.91	
			28	57.04		29	43.85				
(*), −33° 57′.			Aug. 1	57.07					B. A. C. 6941.		
Sept. 9	19 34 17.67	8.0	3	57.08		ι SAGITTARII.			Aug. 8	20 4 53.67	
			10	57.08		Sept. 6	19 54 2.45		29	53.70	
			20	57.07		7	2.58				
d SAGITTARII.			25	57.07		Nov. 1	2.62		(*), +16° 17′.		
Sept. 1	19 34 30.41		Sept. 1	57.07					Aug. 22	20 5 55.12	8.5
6	30.39		2	56.99		B. A. C. 6877.					
7	30.47		7	57.01		Sept. 8	19 55 26.43		(*), +20° 41′.		
			10	57.05							
J SAGITTARII.			Nov. 1	57.06		16 VULPECULÆ.			Aug. 8	20 6 59.97	7.5
Aug. 10	19 34 45.59					Aug. 3	19 56 5.10				
11	45.59		B. A. C. 6817.			10	5.07		(*), +16° 17′.		
			June 17	19 45 48.91							
14 CYGNI.			Aug. 11	48.98		B. A. C. 6888.			July 27	20 7 40.19	8.5
Aug. 20	19 34 53.00					Aug. 8	19 56 39.13		Aug. 3	40.09	7.5
25	53.07		B. A. C. 6816.			25	39.05		22	40.07	9.0
			Sept. 9	19 46 6.24	6.0						
f SAGITTARII.						LALANDE 38290.			(*), +16° 17′.		
June 17	19 38 11.38		B. A. C. 6829.			Sept. 2	19 56 56.06	8.5	Aug. 3	20 8 0.60	8.5
Aug. 10	11.48		Aug. 20	19 48 0.08					22	0.57	9.0
11	11.50		25	0.07		τ AQUILÆ.					
29	11.48		29	0.02		Aug. 30	19 57 17.94		(*), +16° 17′.		
30	11.52		B. A. C. 6831.			Sept. 1	17.96		Aug. 3	20 8 29.67	8.5
Sept. 2	11.49		July 28	19 48 19.04					22	29.63	9.0
7	11.47		Aug. 2	18.77							
Nov. 1	11.53										

MEAN RIGHT ASCENSIONS OF STARS FOR 1860.0

(*), +16° 17'.				39 Cygni.				B. A. C. 7111.				B. A. C. 7193.			
1859.	h. m. s.	Mag.		1859.	h. m. s.	Mag.		1859.	h. m. s.	Mag.		1859.	h. m. s.	Mag.
Aug. 3	20 8 46.63	8.5		Aug. 1	20 18 16.13			Aug. 3	20 29 31.89			Aug. 3	20 39 40.23	
22	46.52	9.0		25	16.13			10	32.00			10	40.23	
								Sept. 6	31.93					

a^1 Capricorni.
π Capricorni.
B. A. C. 7113.
B. A. C. 7202, (1st *.)

Aug. 29	20 9 53.03		Sept. 10	20 19 18.16		Aug. 25	20 29 47.36		Aug. 20	20 40 27.34
						Sept. 1	47.47		25	27.49

23 Vulpeculæ.
O. Arg. S. 20522.
B. A. C. 7202, (2d *.)

Aug. 1	20 9 57.98		Aug. 30	20 19 53.24					Aug. 20	20 40 28.38
25	57.98					O. Arg. S. 20675.			25	28.46
			ρ Capricorni.			Aug. 22	20 30 12.42			

(*), +16° 17'.

June 17	20 20 52.13					Weisse XX, 1031.
Aug. 22	20 10 13.11	Aug. 2	52.15		Lacaille 8517.	Sept. 1	20 40 49.77	8.5
		Sept. 2	52.13		Sept. 9	20 31 32.24	6.0	
		6	52.18			
a^2 Capricorni.		7	52.17			Weisse (2) XX, 1036.
July 28	20 10 16.93	8	52.22		v Capricorni.	Sept. 1	20 40 58.97	9.0
Aug. 2	16.95	9	52.19			
8	16.95	Nov. 1	52.23		Sept. 8	20 32 4.52	
11	16.95	2	52.12		Nov. 1	4.44	B. A. C. 7216.
27	16.99				2	4.47	
Sept. 9	16.96	B. A. C. 7057.				Sept. 9	20 42 14.62
10	17.00	Aug. 3	20 22 21.69		B. A. C. 7135.	
Nov. 1	16.97	10	21.87		Sept. 6	20 32 8.58	14 Delphini.
2	16.96					Aug. 30	20 42 56.58

(*), +16° 20'.
O. Arg. S. 20570.
B. A. C. 7146.

Aug. 3	20 10 32.52	7.0	Aug. 22	20 23 25.81	8.5				B. A. C. 7224.
22	32.44	7.5	Sept. 1	25.94	8.0	June 17	20 32 35.17		June 17	20 43 10.41
						Aug. 30	35.29			

B. A. C. 6977.
42 Cygni.
a Delphini.
O. Arg. S. 20903.

Aug. 30	20 10 43.87	7.0	Aug. 20	20 24 0.05		June 17	20 33 7.98		Aug. 22	20 43 13.70
Sept. 1	43.76		25	23 59.97		Aug. 30	8.08			

o Capricorni.
Lacaille 8492.
B. A. C. 7158.
ω Capricorni.

June 17	20 11 18.57		Sept. 10	20 26 8.81	6.0	Aug. 3	20 34 25.95		Sept. 8	20 43 27.47
Sept. 6	18.64					10	26.06		Nov. 1	27.47
7	18.62		O. Arg. N. 20664.					
8	18.64		Aug. 30	20 26 33.82	7.0	B. A. C. 7159.		B. A. C. 7244.
			Sept. 7	33.94				

O. Arg. S. 20429.

Aug. 10	20 13 11.85	8.0				Aug. 20	20 34 41.59		Aug. 10	20 45 47.45
Sept. 1	11.80	7.5	ω^1 Cygni.			25	41.68		Sept. 9	47.36
			Aug. 30	20 26 59.56		Sept. 1	41.60	7.0		
(*), −33° 30'.			Sept. 7	59.54					B. A. C. 7248.
Sept. 9	20 14 13.74	8.0	8	59.55		a Cygni.		Aug. 25	20 46 48.37
						Aug. 2	20 36 39.55			

O. Arg. S. 20465.
(*), −33° 56'.
(*), −21° 26'.
19 Capricorni.

Sept. 2	20 16 2.03	9.0	Sept. 9	20 29 5.25	8.0	Aug. 22	20 36 43.75	8.5	Sept. 10	20 46 52.87
6	2.06	8.0							Nov. 2	52.86

B. A. C. 7021.
B. A. C. 7112.
ψ Capricorni.
32 Vulpeculæ.

			Aug. 2	20 29 19.82					June 17	20 48 35.41
July 27	20 17 21.07		20	19.90		Sept. 8	20 37 47.93		Aug. 3	35.57
Aug. 3	20.98					Nov. 1	47.94		10	35.57
20	21.12		O. Arg. S. 20654.			2	47.93		20	35.56
			Aug. 22	20 29 27.65	8.5					

Lalande 39247.
B. A. C. 7108.
30 Vulpeculæ.
B. A. C. 7262.

Aug. 22	20 18 12.48	8.0				June 17	20 38 48.84		Aug. 30	20 49 18.35
Sept. 1	12.53	7.5	June 17	20 29 31.47		Aug. 30	48.93		Sept. 1	18.29

OBSERVED WITH THE WEST TRANSIT INSTRUMENT, 1859. 35

O. Arg. S. 20996.

1859.	h. m. s.	Mag.
Aug. 22	20 49 50.02	

B. A. C. 7268.

| Nov. 1 | 20 51 6.06 |
| 2 | 6.18 |

B. A. C. 7274.

| Aug. 25 | 20 51 51.19 |

21 Capricorni.

Aug. 20	20 52 58.86
Sept. 10	58.75
Nov. 4	58.65

B. A. C. 7286.

| Sept. 9 | 20 53 27.48 | 6.0 |

B. A. C. 7297.

| Aug. 10 | 20 54 34.33 |
| Sept. 1 | 34.34 |

Weisse XX, 1394.

| Aug. 22 | 20 54 45.39 | 7.0 |

θ Capricorni.

Aug. 20	20 58 4.35
Sept. 8	4.31
9	4.28
Nov. 1	4.22
2	4.29
3	4.40
4	4.31

61¹ Cygni.

Aug. 10	21 0 37.44
22	37.31
Sept. 1	37.39

61² Cygni.

Aug. 10	21 0 38.89
22	38.79
Sept. 1	38.82

ι Aquarii.

Aug. 25	21 1 57.77
30	57.78
Sept. 8	57.86
Nov. 1	57.94
3	57.92
4	57.83

ζ Cygni.

Aug. 10	21 6 58.71
30	58.63
Sept. 8	58.68
9	58.62
10	58.67
12	58.72
Nov. 1	58.63
3	58.66
4	58.68

14 Aquarii.

1859.	h. m. s.	Mag.
Aug. 20	21 8 46.60	
22	46.60	7.0
25	46.61	
Sept. 1	46.59	8.0

Weisse XXI, 171.

Aug. 20	21 8 58.49	7.5
25	58.49	7.0
Sept. 1	58.46	

ι Capricorni.

Sept. 8	21 14 26.77
9	26.76
Nov. 2	26.74
3	26.78

α Cephei.

Aug. 10	21 15 14.12
20	14.21
22	14.00
25	14.17
30	13.95
Sept. 1	14.07
10	14.10
12	14.18
Nov. 1	14.17

Weisse XXI, 346.

| Nov. 4 | 21 16 37.13 | 8.5 |

B. A. C. 7431.

| Sept. 13 | 21 17 8.70 |

ζ Capricorni.

Sept. 6	21 18 40.05
9	39.99
Nov. 3	40.04

β Aquarii.

Aug. 10	21 24 11.13
20	11.17
22	11.10
25	11.17
Sept. 1	11.12
Nov. 1	11.16

β Cephei.

Aug. 30	21 26 50.25
Sept. 9	50.28
10	50.46
12	50.37
13	50.45
Nov. 2	50.41
3	50.32
4	50.37

ε Capricorni.

| Sept. 8 | 21 29 14.18 |

O. Arg. S. 21515.

| Sept. 1 | 21 29 32.42 | 8.0 |

B. A. C. 7523.

1859.	h. m. s.	Mag.
Sept. 1	21 30 56.32	

γ Capricorni.

Sept. 8	21 32 19.76
9	19.75
Nov. 2	19.74
3	19.71

B. A. C. 7528.

| Aug. 22 | 21 32 29.56 |
| 25 | 29.56 |

Rumker 9349.

| Nov. 4 | 21 33 48.24 |

41 Capricorni.

| Sept. 10 | 21 34 2.04 |

B. A. C. 7549.

| Sept. 1 | 21 35 21.13 |

45 Capricorni.

| Aug. 25 | 21 36 21.99 |
| 30 | 22.03 |

ε Pegasi.

Aug. 22	21 37 18.49
Sept. 8	18.54
12	18.48
13	18.49
Nov. 2	18.54
3	18.59
4	18.55

δ Capricorni.

| Sept. 10 | 21 39 18.65 |

B. A. C. 7584.

| Sept. 1 | 21 39 35.80 |

B. A. C. 7586.

| Sept. 1 | 21 40 1.56 |

Lacaille 8941.

| Sept. 12 | 21 43 26.06 |
| 13 | 26.06 |

B. A. C. 7617.

| Aug. 22 | 21 45 30.83 |
| 25 | 30.89 |

μ Capricorni.

Sept. 9	21 45 39.55
Nov. 3	39.53
Dec. 1	39.40

Weisse XXI, 1071.

1859.	h. m. s.	Mag.
Aug. 30	21 45 45.23	8.0
Sept. 1	45.40	8.0

16 Pegasi.

| Sept. 8 | 21 46 41.56 |

Lalande 42700.

| Nov. 23 | 21 47 49.29 |
| 26 | 49.36 | 7.5 |

O. Arg. S. 21737.

| Sept. 10 | 21 47 49.62 | 7.5 |
| 13 | 49.68 |

B. A. C. 7649.

| Aug. 25 | 21 50 54.89 |
| 30 | 54.81 |

Lalande 42813.

| Sept. 1 | 21 51 4.74 | 8.5 |

B. A. C. 7652.

| Sept. 13 | 21 51 25.01 |

(*), −20° 40'.

| Nov. 23 | 21 51 32.54 | 8.5 |

η Piscis Australis.

| Sept. 9 | 21 52 47.09 |

O. Arg. S. 21796.

| Sept. 10 | 21 52 49.63 | 7.0 |

B. A. C. 7677.

| Sept. 12 | 21 56 29.83 |

Lalande 43040.

| Sept. 1 | 21 58 5.83 |

α Aquarii.

Aug. 16	21 58 35.44
22	35.44
25	35.39
30	35.52
Sept. 8	35.48
13	35.50
Nov. 2	35.53
23	35.45
26	35.49
Dec. 1	35.44

ι Aquarii.

Sept. 10	21 58 52.28
Nov. 3	52.33
4	52.34

MEAN RIGHT ASCENSIONS OF STARS FOR 1860.0

B. A. C. 7724.				B. A. C. 7818.				κ Aquarii.				Weisse XXII, 962.			
1859.	h. m. s.		Mag.	1859.	h. m. s.		Mag.	1859.	h. m. s.		Mag.	1859.	h. m. s.		Mag.
Aug. 30	22 3 15.87			Nov. 3	22 18 57.69			Sept. 10	22 30 30.27			Nov. 23	22 46 21.29		8.5
				4	57.69			Nov. 4	30.23						
Lalande 43288.								Dec. 1	30.19			75 Aquarii.			
Sept. 1	22 4 53.92		9.0	53 Aquarii.				Weisse XXII, 640.				Aug. 30	22 46 43.85		
Nov. 23	54.07		8.5	Nov. 3	22 18 58.17			Sept. 1	22 31 1.73			Sept. 1	43.77		
				4	58.23			Nov. 23	1.79		8.5	Nov. 28	43.86		
B. A. C. 7759.								28	1.52						
Sept. 13	22 7 24.40			(*), −37° 42'.								B. A. C. 7978.			
Nov. 26	24.07			Sept. 13	22 20 58.99		7.5	Weisse XXII, 644.				Dec. 1	22 46 47.7		
								Sept. 1	22 31 6.56						
42 Aquarii.				(*), −31° 9'.				Nov. 23	6.36		8.0	Lacaille 9292.			
Sept. 1	22 9 17.91			Sept. 9	22 22 18.25		8.0	28	6.37			Sept. 13	22 47 22.61		
θ Aquarii.				B. A. C. 7835.				B. A. C. 7895.				Lalande 44823.			
Aug. 16	22 10 26.60			Aug. 20	22 22 32.08			Sept. 9	22 32 32.99		5.5	Nov. 26	22 47 59.30		7.0
30	26.55							ζ Pegasi.							
Sept. 9	26.60			Weisse XXII, 467.				Aug. 16	22 34 28.73			α Piscis Australis.			
10	26.55			Nov. 26	22 22 34.66			Sept. 13	28.75			Aug. 16	22 49 54.35		
12	26.61							Nov. 3	28.77			30	54.40		
Nov. 2	26.58							5	28.75			Sept. 1	54.31		
3	26.60			56 Aquarii.				26	28.77			9	54.37		
4	26.62			Aug. 16	22 22 46.92			Dec. 1	28.79			10	54.36		
23	26.60			Sept. 1	46.81							13	54.39		
28	26.67			Nov. 2	46.86		6.5	Weisse XXII, 761.				Nov. 3	54.30		
Dec. 1	26.56							Nov. 23	22 35 53.82		8.0	4	54.34		
												5	54.31		
ρ Aquarii.				π Aquarii.				13 Lacertæ.							
Sept. 10	22 12 49.76			Sept. 12	22 23 14.13			Aug. 16	22 37 51.22			B. A. C. 7994.			
12	49.86			Nov. 3	14.11			30	51.13			Sept. 12	22 50 0.72		
Nov. 2	49.77			4	14.10										
3	49.73			28	14.12			(*), −14° 18'.				Weisse XXII, 1049.			
4	49.75			Dec. 1	14.09			Sept. 10	22 37 54.74		9.0	Nov. 23	22 50 53.03		8.5
23	49.75											29	52.95		8.5
28	49.75			O. Arg. S. 22196.				B. A. C. 7948.							
B. A. C. 7793.				Sept. 1	22 25 27.20			Sept. 1	22 39 56.05			Weisse XXII, 1057.			
Aug. 20	22 14 3.73			Nov. 2	27.28			9	57.96			Nov. 23	22 51 19.98		
Sept. 1	3.68			23	27.35							28	19.78		8.5
γ Aquarii.				(*), −37° 24'.				72 Aquarii.							
Nov. 26	22 14 25.39			Sept. 13	22 26 7.78		8.0	Sept. 12	22 42 10.58			Lacaille 9343.			
(*), −6° 55'.								13	10.53		6.0	Sept. 13	22 54 46.15		6.0
Sept. 1	22 14 26.76		8.0	(*), −31° 4'.				Nov. 3	10.65						
				Sept. 9	22 27 55.44			4	10.65						
49 Aquarii.								Dec. 1	10.67			Weisse XXII, 1149.			
Nov. 28	22 15 42.43			η Aquarii.								Nov. 26	22 55 2.84		
				Nov. 2	22 28 9.61			Weisse XXII, 900.							
33 Pegasi.				3	9.64			Nov. 23	22 43 13.99		8.0	Weisse XXII, 1150.			
Aug. 16	22 16 55.47			5	9.64			28	13.99		8.5	Nov. 26	22 55 3.18		
30	55.37			26	9.63										
				B. A. C. 7879, (1st *).				γ Piscis Australis.				Lalande 45409.			
B. A. C. 7812.				Aug. 16	22 29 38.50			Aug. 16	22 44 43.95			Sept. 12	22 55 15.34		6.0
Nov. 23	22 17 50.67			30	38.60							Nov. 23	15.30		6.0
				Sept. 12	38.71			λ Aquarii.							
π Aquarii.				B. A. C. 7879, (2d *).				Sept. 10	22 45 18.49			Lacaille 9356.			
Sept. 9	22 18 7.57			Aug. 30	22 29 38.68			12	18.57			Sept. 9	22 56 4.51		6.5
12	7.61			Sept. 12	38.89			Nov. 3	18.52						
								4	18.54						
								5	18.46						

OBSERVED WITH THE WEST TRANSIT INSTRUMENT, 1859. 37

α Pegasi.				Weisse XXIII, 143.				Weisse XXIII, 534.				Weisse XXIII, 934.			
1859.	h. m. s.		Mag.	1859.	h. m. s.		Mag.	1859.	h. m. s.		Mag.	1859.	h. m. s.		Mag.
Jan. 19	22 57 47.37			Aug. 30	23 8 27.98			Nov. 28	23 26 44 25		9.5	Nov. 15	23 46 2.51		9.0
Aug. 30	47.32											23	2.71		8.0
Sept. 1	47.36			ψ¹ Aquarii.				Weisse XXIII, 592.							
10	47.32			Sept. 10	23 8 33.26			Nov. 23	23 29 4.50		8.0	ρ Cassiopeæ.			
Dec. 1	47.32							26	4.45			Sept. 12	23 47 24.58		
30	47.31			? Piscium.											
A¹ Aquarii.				Aug. 16	23 9 54.47			(*), —37° 35'.				(*), —1° 6'.			
Nov. 3	22 57 51.57			Sept. 1	54.47			Sept. 13	23 29 29.16		7.0	Nov. 16	23 47 41.02		
4	51.67			9	54.43										
5	51.61			12	54.46			ι Piscium.				B. A. C. 8315.			
				Nov. 4	54.49			Aug. 16	23 32 45.03						
				5	54.47			17	45.01			Nov. 26	23 48 28.14		7.0
Weisse XXII, 1232.				23	54.45			Nov. 15	45.05			28	28.13		7.0
Nov. 26	22 58 34.44		8.0	28	54.42			16	45.04						
28	34.41		8.0	Dec. 1	54.47			26	44.94			B. A. C. 8317.			
				Weisse XXIII, 185.				28	44.99			Aug. 17	23 48 33.79		
Weisse XXII, 1272.				Nov. 26	23 10 21.42			γ C: phei.							
Nov. 23	23 0 40.36		9.0	ψ² Aquarii.				Dec. 1	23 33 37.64			Rumker 11777.			
				Dec. 30	23 11 40.57			Santini 1649.				Dec. 1	23 49 57.04		
Weisse XXII, 1283.															
Nov. 23	23 1 24.84		9.0	b Piscium.				Nov. 23	23 34 48.86		6.5	Lacaille 9662.			
				Sept. 12	23 13 12.70			28	48.72			Sept. 13	23 50 14.36		7.0
A Piscium.				13	12.59			? Piscium.							
Sept. 12	23 1 30.67			(*), —9° 19'.				Sept. 12	23 34 54.22			Weisse XXIII, 1032.			
13	30.70			Nov. 23	23 13 19.62		9.5	Nov. 5	54.20			Nov. 15	23 50 37.80		9.0
6 Andromedæ.								Dec. 30	54.09			23	37.95		9.0
Aug. 16	23 3 59.65			B. A. C. 6129.				Lacaille 9567.				27 Piscium.			
Weisse XXIII, 48.				Dec. 1	23 13 27.88			Sept. 13	23 35 43.86			Aug. 16	23 51 39.30		
Aug. 30	23 4 7.16			Lalande 45704.				B. A. C. 8252.				α Piscium.			
Nov. 26	7.11			Nov. 4	23 13 34.08		8.0	Aug. 16	23 36 17.29						
28	7.14			28	34.11		8.0					Sept. 12	23 52 7.52		
59 Pegasi.				B. A. C. 8158.				Weisse XXIII, 803.				Nov. 5	7.43		
Sept. 1	23 4 40.15			Aug. 16	23 17 46.91			Nov. 16	23 39 52.36		9.0	Weisse XXIII, 1075.			
10	40.12							23	52.52		8.5	Nov. 16	23 52 49.99		9.5
(*), —30° 49'.				κ Piscium.				Weisse XXIII, 817.				30 Piscium.			
Sept. 9	23 5 43.73		7.5	Aug. 17	23 19 45.35			Nov. 26	23 40 31.61		7.0	Aug. 16	23 54 46.78		
				30	45.29										
Weisse XXIII, 85.				Sept. 12	45.36			B. A. C. 8270.				e¹ Piscium.			
Nov. 23	23 6 11.75		9.0	13	45.33			Sept. 13	23 40 39.71			Nov. 20	23 55 13.97		
				Nov. 4	45.32										
B. A. C. 8084.				23	45.35			20 Piscium.				Weisse XXIII, 1142.			
Nov. 5	23 6 54.19			28	45.29			Nov. 5	23 40 44.71			Nov. 15	23 55 35.11		9.0
				Dec. 1	45.33			Dec. 30	44.56			23	35.24		8.5
φ Aquarii.				θ Piscium.				d Sculptoris.							
Nov. 4	23 7 4.24			Dec. 30	23 20 51.95			Dec. 1	23 41 37.66			Weisse XXIII, 1178.			
Dec. 1	4.24											Nov. 28	23 57 31.40		8.5
30	4.20			B. A. C. 8187.				21 Piscium.							
B. A. C. 8094.				Nov. 26	23 23 29.07			Aug. 16	23 42 17.46			33 Piscium.			
Sept. 13	23 8 21.43		7.0	Santini 1636.				17	17.33			Aug. 16	23 58 10.18		
				Nov. 23	23 25 5.67										

MEAN RIGHT ASCENSIONS OF STARS FOR 1860.0

	h. m. s.	Mag.
Weisse XXIII, 1195.		
1859. Nov. 5 . .	23 58 20.34	
86 Pegasi.		
Sept. 13 . .	23 58 30.88	
Weisse XXIII, 1208.		
Nov. 15 . .	23 59 6.92	8.5
26 . .	6.86	7.5
σ Andromedae.		
1860. Nov. 13 . .	0 1 9.34	
15 . .	9.32	
Dec. 20 . .	9.37	
Weisse XXIII, 1251.		
Oct. 26 . .	0 1 14.71	8.0
Weisse XXIII, 1258.		
Dec. 21 . .	0 1 37.86	8.5
Weisse XXIII, 1260.		
Dec. 21 . .	0 1 38.29	8.5
B. A. C. 10.		
Dec. 11 . .	0 2 12.61	
Weisse O, 24.		
Nov. 12 . .	0 2 46.52	9.0
Weisse O, 51.		
Nov. 12 . .	0 3 54.92	8.0
Weisse O, 83.		
Nov. 14 . .	0 5 36.44	9.0
; Pegasi.		
Sept. 3 . .	0 6 1.75	
Oct. 10 . .	1.76	
Nov. 13 . .	1.80	
Dec. 20 . .	1.74	
Weisse O, 97.		
Dec. 21 . .	0 6 31.99	8.5
Weisse O, 102.		
Dec. 22 . .	0 6 52.04	8.5
Weisse O, 104.		
Dec. 21 . .	0 6 54.27	9.0
Weisse O, 110.		
Nov. 14 . .	0 7 18.33	9.0

	h. m. s.	Mag.
Weisse O, 112.		
1860. Nov. 14 . .	0 7 30.93	9.0
Weisse O, 115.		
Nov. 14 . .	0 7 38.08	9.0
B. A. C. 42.		
Nov. 12 . .	0 8 46.17	
B. A. C. 43.		
Nov. 15 . .	0 9 3.71	
B. A. C. 49.		
Dec. 11 . .	0 9 39.08	
Weisse O, 192.		
Oct. 10 . .	0 11 55.50	8.5
d Piscium.		
Sept. 1 . .	0 13 23.69	
3 . .	23.76	
26 . .	23.76	
Nov. 12 . .	23.70	
Weisse O, 229.		
Dec. 21 . .	0 13 48.85	7.5
Weisse O, 233.		
Dec. 21 . .	0 13 57.93	9.0
Weisse O, 236.		
Dec. 22 . .	0 14 5.64	7.0
Santini 23.		
Nov. 14 . .	0 15 12.59	9.0
B. A. C. 81.		
Nov. 15 . .	0 17 20.47	
45 Piscium.		
Oct. 26 . .	0 18 29.00	
Nov. 13 . .	29.03	
Dec. 11 . .	29.00	
Weisse O, 313.		
Nov. 12 . .	0 19 6.57	6.5
Dec. 22 . .	6.53	7.0
B. A. C. 103.		
Nov. 15 . .	0 20 58.72	
28 Andromedae.		
Oct. 10 . .	0 22 44.40	

	h. m. s.	Mag.
12 Ceti.		
1860. Sept. 3 . .	0 22 53.69	
Oct. 26 . .	53.56	
Nov. 12 . .	53.62	
13 . .	53.72	
14 . .	53.59	
Dec. 11 . .	53.68	
21 . .	53.71	
22 . .	53.62	
51 Piscium.		
Dec. 22 . .	0 25 10.42	6.0
52 Piscium.		
Aug. 7 . .	0 25 15.22	
Sept. 3 . .	15.30	
B. A. C. 133.		
Oct. 10 . .	0 26 20.27	7.0
B. A. C. 135.		
Nov. 15 . .	0 26 45.27	
Dec. 11 . .	45.26	
Weisse O, 450.		
Nov. 14 . .	0 26 55.36	8.0
B. A. C. 337.		
Nov. 12 . .	0 26 55.54	7.0
14 Ceti.		
Oct. 26 . .	0 28 21.60	6.5
B. A. C. 149.		
Nov. 13 . .	0 28 39.82	
Dec. 21 . .	39.83	
Weisse O, 491.		
Aug. 7 . .	0 29 10.04	
Weisse O, 496.		
Dec. 22 . .	0 29 43.94	
B. A. C. 160.		
Nov. 15 . .	0 30 8.98	
Dec. 11 . .	9.03	
d Ceti.		
Aug. 7 . .	0 36 33.57	
Nov. 13 . .	33.70	
14 . .	33.53	
15 . .	33.67	
Dec. 11 . .	33.(78)	
22 . .	33.63	
B. A. C. 197.		
Sept. 3 . .	0 36 40.56	
Oct. 10 . .	40.50	

	h. m. s.	Mag.
Weisse O, 635.		
1860. Oct. 26 . .	0 37 5.30	8.0
Nov. 12 . .	5.25	
Weisse O, 638.		
Nov. 12 . .	0 37 11.66	
58 Piscium.		
Dec. 21 . .	0 39 43.43	
60 Piscium.		
Nov. 13 . .	0 40 9.29	
Dec. 11 . .	9.34	
61 Piscium.		
Nov. 15 . .	0 40 29.59	
ι Cassiopeae.		
Oct. 10 . .	0 40 54.92	
B. A. C. 221.		
Aug. 7 . .	0 41 2.46	
Dec. 22 . .	2.42	6.5
d Piscium.		
Sept. 3 . .	0 41 25.27	
Weisse O, 726.		
Nov. 14 . .	0 42 20.09	9.0
B. A. C. 237.		
Nov. 13 . .	0 44 5.88	
Dec. 11 . .	5.93	
Weisse O, 770.		
Nov. 12 . .	0 44 24.71	9.0
Dec. 21 . .	24.75	9.0
Weisse O, 775.		
Nov. 12 . .	0 44 43.02	7.5
Dec. 21 . .	43.02	
22 . .	43.00	8.0
B. A. C. 239.		
Oct. 10 . .	0 44 44.37	
Weisse O, 800.		
Aug. 7 . .	0 46 27.52	9.0
Nov. 14 . .	27.48	9.0
21 Ceti.		
Nov. 15 . .	0 47 13.83	
φ² Ceti.		
Sept. 3 . .	0 49 0.22	

OBSERVED WITH THE WEST TRANSIT INSTRUMENT, 1860.

1860.	(*), +2° 4'. h. m. s.	Mag.	1860.	ρ PISCIUM. h. m. s.	Mag.	1860.	WEISSE I, 740. h. m. s.	Mag.	1860.	O. ARG. N, 2462. h. m. s.	Mag.
Nov. 12	0 49 58.50	9.0	Jan. 2	1 18 42.81		Dec. 22	1 41 42.47	9.0	Jan. 16	2 3 37.68	8,9
	B. A. C. 269.			η PISCIUM.			B. A. C. 562.			WEISSE II, 35.	
Nov. 13	0 50 33.89		Jan. 2	1 23 59.79		Nov. 14	1 43 55.07		Oct. 26	2 4 16.27	9.5
Dec. 11	33.96		30	59.71							
			Aug. 7	59.76			WEISSE I, 790.			WEISSE II, 51.	
	(*), +1° 52'.		Sept. 3	59.71		Oct. 26	1 44 29.95	7.5			
Dec. 22	0 51 11.94	9.5	Nov. 12	59.77		Dec. 22	29.86		Nov. 13	2 4 42.77	
			14	59.79							
			Dec. 4	59.70							
			21	59.73			J ARIETIS.			ξ¹ CETI.	
	WEISSE O, 893.		22	59.71		Jan. 2	1 46 54.69				
Aug. 7	0 51 50.04	9.0				30	54.69		Jan. 30	2 5 35.00	
Nov. 14	49.94					Aug. 7	54.67		Aug. 7	34.97	
Dec. 22	50.06	9.0		B. A. C. 454.		Nov. 13	54.65				
			Dec. 11	1 24 18.90		25	54.70				
	α SCULPTORIS.					Dec. 4	54.66				
Nov. 15	0 51 51.29			B. A. C. 472.		24	54.71			20 ARIETIS.	
	WEISSE O, 918.		Nov. 14	1 27 36.08	7.0		56 CETI.		Dec. 4	2 7 45.45	
Dec. 22	0 52 53.73	8.5				Jan. 16	1 50 6.81			67 CETI.	
	ε PISCIUM.			101 PISCIUM.			WEISSE I, 896.		Jan. 2	2 10 0.11	
Sept. 3	0 55 40.75		Dec. 21	1 28 17.50					16	0.08	
Oct. 10	40.72		22	17.48		Oct. 26	1 51 3.32	8.0	23	0.07	
Nov. 12	40.80			B. A. C. 477.			B. A. C. 607.		Oct. 26	0.16	
13	40.76		Dec. 4	1 28 20.45					Nov. 13	0.15	
Dec. 21	40.77		11	20.54		Dec. 4	1 51 49.75		Dec. 22	0.12	
	B. A. C. 296.			π PISCIUM.			WEISSE I, 969.			WEISSE II, 182.	
Dec. 11	0 56 36.51		Jan. 2	1 29 40.84		Oct. 26	1 54 36.40	9.0	Jan. 23	2 12 36.90	8.5
	77 PISCIUM.		Aug. 7	40.90						B. A. C. 723.	
Dec. 22	0 58 34.69			WEISSE I, 508.			WEISSE I, 972.		Nov. 13	2 12 42.20	
	B. A. C. 312.		Nov. 13	1 30 2.32		Nov. 13	1 54 53.46		Dec. 4	42.15	
Dec. 22	0 58 36.92			SANTINI 91.			B. A. C. 643.			B. A. C. 742.	
	WEISSE O, 1033.		Oct. 26	1 31 6.64		Nov. 13	1 58 12.84		Dec. 4	2 17 7.78	
Nov. 14	0 59 5.36			ξ PISCIUM.			WEISSE (2) I, 1411.			ι CASSIOPEAE.	
	WEISSE O, 1076.		Jan. 2	1 34 8.90		Jan. 16	1 58 56.50	8.5	Jan. 16	2 17 34.62	
Nov. 14	1 1 3.41		16	8.85						WEISSE II, 312.	
			30	8.88			WEISSE I, 1042.				
	WEISSE O, 1079.		Aug. 7	8.87		Oct. 26	1 58 56.88	7.5	Nov. 13	2 19 41.93	
Nov. 14	1 1 11.00	9.5	Nov. 13	8.88							
			14	8.89						25 ARIETIS.	
			25	8.83			α ARIETIS.				
	WEISSE I, 202.		Dec. 4	8.87		Jan. 2	1 59 17.20		Dec. 24	2 19 56.63	
Aug. 7	1 13 28.24	7.0	11	8.84		30	17.21				
			21	8.84		Aug. 7	17.23			ξ² CETI.	
	θ CETI.			WEISSE I, 646.		Nov. 25	17.35		Dec. 4	2 20 43.06	
Jan. 30	1 17 1.51		Oct. 26	1 35 46.50		Dec. 22	17.14				
Aug. 7	1.54					24	17.26			WEISSE II, 333.	
Sept. 3	1.56			WEISSE I, 675.			B. A. C. 663.		Jan. 23	2 20 48.64	8.5
Oct. 10	1.52		Dec. 22	1 37 6.84	8.5	Jan. 23	2 2 22.52				
26	1.61										
Nov. 12	1.60			B. A. C. 551.			O. ARG. N. 2443.			27 ARIETIS.	
14	1.55		Oct. 26	1 41 11.08		Dec. 22	2 2 50.72	8.5	Jan. 30	2 23 8.74	
Dec. 4	1.56								Nov. 25	8.77	
11	1.66										
21	1.57										
22	1.58										

MEAN RIGHT ASCENSIONS OF STARS FOR 1860.0

B. A. C. 774.	**47 Arietis.**	**B. A. C. 1019.**	**B. A. C. 1105.**	
1860. h. m. s. Mag.	1860. h. m. s. Mag.	1860. h. m. s. Mag.	1860. h. m. s. Mag.	
Nov. 13 . . 2 23 56.05	Dec. 4 . . 2 50 4.63	Nov. 13 . . 3 10 25.06	Sept. 7 . . 3 28 33.10	
Dec. 4 . . 55.94		Dec. 25 . . 25.01		
Weisse II, 437.	**Rumker 755.**	**Weisse III, 205.**	**9 Tauri.**	
Jan. 23 . . 2 26 55.08 8.0	Jan. 30 . . 2 50 28.68 8.0	Sept. 7 . . 3 12 8.82 8.0	Jan. 4 . . 3 28 44.29	
	Sept. 7 . . 28.74 8.0	Oct. 5 . . 8.85 8.0	30 . . 44.38	
Weisse II, 470.	**Weisse II, 880.**	**Weisse III, 224.**	**B. A. C. 1109.**	
Jan. 16 . . 2 28 31.09 8.0	Jan. 23 . . 2 50 50.93	Jan. 23 . . 3 13 2.06	Nov. 13 . . 3 28 56.80	
			Dec. 25 . . 56.85	
Weisse II, 479.	**Weisse II, 893.**		**B. A. C. 1110.**	
Jan. 16 . . 2 29 3.48 9.0	Jan. 23 . . 2 51 44.62 8.0	**Rumker 845.**	Jan. 23 . . 3 29 36.33	
B. A. C. 810.		Nov. 28 . . 3 13 55.32 9.0	**11 Tauri.**	
Jan. 30 . . 2 31 31.35	(*), + 9° 40'.		Jan. 16 . . 3 32 24.84	
μ Arietis.	Jan. 23 . . 2 53 15.76 8.0	**a Persei.**		
Nov. 25 . . 2 34 28.66	**α Ceti.**	Jan. 30 . . 3 14 20.71	**Weisse (2) III, 721.**	
		Nov. 13 . . 20.40	Oct. 5 . . 3 33 23. 39 8.0	
Weisse (2) II, 860.	Jan. 30 . . 2 54 57.86	Dec. 24 . . 20.61		
Jan. 16 . . 2 35 44.90 8.0	Sept. 7 . . 57.78	25 . . 20.64	**17 Tauri.**	
	Nov. 28 . . 57.82		Jan. 4 . . 3 36 33.94	
i Ceti.	Dec. 24 . . 57.77	**Weisse III, 278.**		
Jan. 23 . . 2 36 2.90	**B. A. C. 951.**	Jan. 23 . . 3 16 27.41 7.0	**B. A. C. 1150.**	
Nov. 13 . . 2.93	Nov. 13 . . 2 55 35.51	Oct. 5 . . 27.64 7.5	Nov. 13 . . 3 36 40.88	
Dec. 4 . . 2.98	Dec. 4 . . 35.33	**Weisse (2) III, 351.**		
Rumker 695.	**μ Persei.**	Sept. 7 . . 3 16 43.87 9.0	**η Tauri.**	
Jan. 30 . . 2 36 50.64	Dec. 25 . . 2 56 13.00 4.0	**o Tauri.**	Jan. 4 . . 3 39 10.01	
Dec. 24 . . 50.69 8.0		Jan. 30 . . 3 17 16.95	16 . . 10.00	
Weisse (2) II, 972.	**ρ¹ Eridani.**		Feb. 1 . . 9.94	
Jan. 16 . . 2 40 25.80 7.0	Jan. 16 . . 2 57 24.03	**Weisse III, 306.**	Oct. 5 . . 10.02	
π Arietis.	**53 Arietis.**	Nov. 28 . . 3 17 57.21 9.0	Dec. 25 . . 10.03	
Jan. 30 . . 2 41 29.04	Jan. 3 . . 2 59 33.02	**Weisse (2) III, 420.**	**Weisse (2) III, 881.**	
σ Arietis.	**Weisse III, 26.**	Nov. 13 . . 3 20 52.24	Jan. 30 . . 3 39 51.93 8.5	
Sept. 7 . . 2 43 45.99	Jan. 23 . . 3 3 15.13 8.0	(*), − 18° 20'.	**Weisse (2) III, 887.**	
B. A. C. 883.	**6 Arietis.**	Jan. 16 . . 3 22 44.22	Jan. 23 . . 3 40 2.72 8.0	
Nov. 13 . . 2 43 50.33	Jan. 16 . . 3 3 37.74	**Rumker 879.**	**Weisse (2) III, 890.**	
Dec. 4 . . 50.16	30 . . 37.68	Jan. 16 . 3 22 55.23	Nov. 13 . . 3 40 30.99	
	Sept. 7 . . 37.72		**27 Tauri.**	
B. A. C. 894.	Oct. 5 . . 37.76	**f Tauri.**	Jan. 4 . . 3 40 50.50	
Nov. 13 . . 2 46 0.62	Nov. 13 . . 37.63	Jan. 30 . . 3 23 8.82	**Weisse III, 774.**	
Dec. 4 . . 0.48	28 . . 37.69	Oct. 5 . . 8.85	Sept. 7 . . 3 40 59.65 8.5	
Weisse II, 820.	Dec. 25 . . 37.73	**Weisse III, 428.**	**Weisse (2) III, 906.**	
Jan. 23 . . 2 47 37.58	**ζ Arietis.**	Sept. 7 . . 3 24 34.94 8.0	Nov. 13 . . 3 41 14.78	
Weisse II, 866.	Jan. 30 . . 3 6 51.54	Nov. 28 . . 34.84 8.0		
	Dec. 24 . . 51.51			
	Weisse III, 114.	**Weisse III, 447.**	**Weisse (2) III, 931.**	
Nov. 28 . . 2 49 40.65 9.0	Sept. 7 . . 3 7 15.53 9.0	Jan. 23 . . 3 25 35.31 7.0	Jan. 30 . . 3 42 17.73 9.0	
	Nov. 28 . . 15.44 9.0			

OBSERVED WITH THE WEST TRANSIT INSTRUMENT, 1860.   41

Weisse (2) III, 1041.				*t* Tauri.			**Weisse (2) IV, 1079.**			12 Aurigæ.		
1860.	h. m. s.	Mag.	1860.	h. m. s.	Mag.	1860.	h. m. s.	Mag.	1860.	h. m. s.	Mag.
Jan. 23	3 48 27.04	7.5	Jan. 6	4 20 26.74		Jan. 25	4 48 32.69		Jan. 6	5 6 5.36	
			23	26.69							
			Feb. 1	26.78		**Weisse (2) IV, 1098.**			*a* Aurigæ.		
t Persei.			25	26.74							
Oct. 5	3 48 28.07		Sept. 7	26.69		Feb. 20	4 49 7.36	8.0	Jan. 23	5 6 21.10	
			Nov. 28	26.67		25	7.34	8.0	Feb. 20	21.05	
			Dec. 25	26.70					23	20.92	
			26	26.66		**B. A. C. 1531.**			Mar. 1	20.94	
γ¹ Eridani.									Nov. 28	21.28	
Jan. 4	3 51 29.98		**Weisse (2) IV, 458.**			Jan. 23	4 49 46.49				
30	29.82		Oct. 5	4 21 37.13	7.0				β Orionis.		
Feb. 1	29.96					*t* Aurigæ.					
Sept. 7	29.85		**Lalande 8479.**			Feb. 23	4 51 55.69		Jan. 25	5 7 48.70	
Oct. 5	29.93								Feb. 3	48.67	
Dec. 25	29.91		Jan. 25	4 42 19.12	8.0				Mar. 2	48.74	
						t Tauri.					
A¹ Tauri.			**Weisse (2) IV, 579.**			Mar. 1	4 54 43.73		*n* Tauri.		
Dec. 25	3 56 25.38		Jan. 23	4 27 16.71	8.5	2	43.79		Mar. 1	5 10 51.96	
						Nov. 28	43.81		Nov. 23	52.04	
Weisse (2) III, 1214.						Dec. 26	43.81				
Jan. 30	3 56 53.19	9.0	*a* Tauri.						(*), +26° 3'.		
Sept. 7	53.13	8.5	Jan. 25	4 27 53.37		**Weisse (2) IV, 1257.**			Jan. 25	5 11 6.27	9.0
			Feb. 1	53.34					Feb. 25	6.29	9.0
Rümker 1079.			2	53.45		Jan. 25	4 55 36.99				
Jan. 23	3 57 46.39	8.0	20	53.45					β Tauri.		
Oct. 5	46.47		25	53.42		**Weisse (2) IV, 1258.**			Jan. 6	5 17 26.62	
			Sept. 7	53.46					Feb. 2	26.70	
Rümker 1084.			Nov. 28	53.43		Jan. 25	4 55 38.31	8.5	3	26.56	
Jan. 23	3 58 19.46		Dec. 26	53.40					20	26.59	
Oct. 5	19.57					**B. A. C. 1555.**			23	26.57	
			B. A. C. 1427.						25	26.58	
c¹ Tauri.			Feb. 23	4 29 2.93		Jan. 6	4 56 1.16		Mar. 1	26.54	
Jan. 30	4 1 0.81								2	26.60	
			c² Tauri.			**B. A. C. 1561.**			Oct. 5	26.63	
Weisse IV, 21.			Jan. 23	4 31 16.04		Feb. 20	4 56 54.87		6	26.58	
Sept. 7	4 2 34.74	9.0				23	55.00		Nov. 28	26.66	
			Weisse (2) IV, 713.								
σ Eridani.			Jan. 25	4 33 0.86	9.0	**Weisse (2) IV, 1299.**			**Weisse (2) V, 513.**		
Jan. 16	4 5 2.00					Feb. 25	4 57 10.73	8.0	Jan. 23	5 18 25.10	
23	1.96		**Weisse (2) IV, 720.**			Oct. 5	10.62	7:5	25	25.02	8.5
30	1.97		Jan. 25	4 33 20.15	8.5						
Feb. 2	1.97					**Weisse (2) IV, 1364.**			**B. A. C. 1711.**		
20	1.98										
Sept. 7	1.96		*t* Tauri.			Jan. 25	4 59 30.86	8.0	Jan. 23	5 20 55.71	
Oct. 5	1.98		Jan. 6	4 33 50.88							
Dec. 26	2.06		Feb. 1	50.71		*t* Leporis.			**Weisse (2) V, 630.**		
			2	50.82							
d¹ Tauri.			Oct. 5	50.72		Jan. 23	4 59 32.05		Jan. 25	5 22 20.19	8.5
Sept. 7	4 14 51.87		Nov. 28	50.72		Feb. 2	32.06				
			Dec. 26	50.64		Mar. 1	32.17		d Orionis.		
63 Tauri.						2	32.26				
Oct. 5	4 15 23.15		μ Eridani.			Dec. 26	32.18		Jan. 6	5 24 51.37	
			Jan. 6	4 38 30.32					23	51.35	
Weisse (2) IV, 351.			23	30.20		**B. A. C. 1582.**			Feb. 2	51.27	
Nov. 28	4 16 52.27	8.5	Feb. 23	30.25					3	51.28	
			25	30.24		Jan. 6	5 0 17.76		4	51.35	
									20	51.33	
e¹ Tauri.			*t* Aurigæ.			(*), +30° 16'.			Mar. 1	51.34	
Feb. 1	4 17 56.22		Jan. 6	4 47 52.81		Feb. 25	5 4 39.19	9.0	Oct. 5	51.32	
2	56.16		Feb. 23	52.68					Nov. 28	51.33	
			Mar. 2	52.80		**Weisse (2) V, 111.**			Dec. 26	51.35	
			Oct. 5	52.67							
			Dec. 26	52.66		Feb. 25	5 5 17.48	8.5	**B. A. C. 1736.**		
									Feb. 23	5 25 41.69	
									Mar. 2	41.80	

6——T I & M C

MEAN RIGHT ASCENSIONS OF STARS FOR 1860.0

ε Orionis.

1860.	h. m. s.	Mag.
Feb. 4	5 29 6.60	
23	6.63	
Mar. 1	6.64	
Oct. 5	6.69	
6	6.65	

ζ Tauri.

Feb. 2	5 29 16.78	
3	16.60	
Nov. 28	16.70	

B. A. C. 1769.

Feb. 20	5 29 58.99	
Mar. 2	58.90	

Weisse (2) V, 912.

| Jan. 25 | 5 30 13.82 | 7.0 |

α Columbæ.

Jan. 6	5 34 34.87	
25	34.77	
Feb. 3	34.87	
4	35.00	
23	34.89	

129 Tauri.

Feb. 20	5 38 42.45	
25	42.40	

131 Tauri.

Feb. 4	5 39 14.63	
Mar. 2	14.80	

B. A. C. 1851.

| Oct. 6 | 5 42 19.97 | |

136 Tauri.

Jan. 6	5 44 31.68	
Oct. 5	31.61	

B. A. C. 1867.

Feb. 4	5 44 59.73	
Mar. 2	59.76	

χ¹ Orionis.

Feb. 2	5 46 5.58	
3	5.66	
4	5.58	
20	5.51	
25	5.62	
Mar. 2	5.57	

Weisse (2) V, 1534.

| Jan. 25 | 5 46 55.79 | 8.5 |

α Orionis.

| Mar. 1 | 5 47 35.55 | |

Weisse V, 1204.

1860.	h. m. s.	Mag.
Feb. 23	5.47 35.79	

36 Aurigæ.

| Jan. 6 | 5 50 21.31 | |

(*), −14° 13'.

| Jan. 25 | 5 51 24.02 | 7.5 |

Weisse V, 1335.

| Jan. 25 | 5 52 27.44 | 8.0 |

B. A. C. 1930.

| Feb. 4 | 5 54 47.54 | 7.5 |

A⁵ Orionis.

Feb. 20	5 55 10.11	
27	10.25	

1 Geminorum.

Jan. 6	5 55 36.62	
Feb. 3	36.62	
Mar. 1	36.56	
Oct. 5	36.61	

40 Aurigæ.

| Feb. 23 | 5 56 55.90 | |

(*), −14° 46'.

| Oct. 6 | 5 58 3.91 | 9.0 |

ν Orionis.

Jan. 9	5 59 34.71	
Feb. 4	34.72	
25	34.73	
Mar. 1	34.67	
2	34.69	
17	34.73	

3 Geminorum.

Feb. 20	6 1 13.90	
Dec. 26	13.84	
27	13.90	

Weisse (2) VI, 12

| Jan. 25 | 6 2 38.81 | 8.0 |

B. A. C. 1994.

| Feb. 4 | 6 5 3.12 | |

η Geminorum.

Jan. 6	6 6 25.63	
Feb. 3	25.73	
25	25.59	
Mar. 1	25.51	
2	25.55	
17	25.62	
Oct. 5	25.63	
6	25.62	
Dec. 26	25.54	
27	25.57	

κ Aurigæ.

1860.	h. m. s.	Mag.
Jan. 9	6 6 27.25	
Feb. 20	27.33	
23	27.33	

1 Orionis.

| Dec. 27 | 6 9 23.49 | |

B. A. C. 2038.

Jan. 9	6 12 51.99	
Feb. 25	52.06	7.0

B. A. C. 2039.

| Feb. 25 | 6 12 59.38 | |

μ Geminorum.

Jan. 6	6 14 29.42	
Feb. 3	29.40	
4	29.34	
Mar. 1	29.35	
2	29.44	
29	29.46	
Oct. 5	29.39	
Nov. 30	29.39	
Dec. 27	29.35	

47 Aurigæ.

Feb. 23	6 19 35.26	
25	35.40	

78 Orionis.

| Dec. 27 | 6 20 6.21 | |

ν Geminorum.

Feb. 3	6 20 39.10	
4	39.01	

51 Aurigæ.

| Mar. 22 | 6 28 57.23 | |

γ Geminorum.

Mar. 29	6 29 37.40	
Nov. 30	37.43	
Dec. 27	37.50	

54 Aurigæ.

Feb. 23	6 30 43.32	
Mar. 1	43.25	

ε Geminorum.

Mar. 29	6 35 19.04	
30	19.00	

α Canis Majoris.

| Nov. 30 | 6 38 58.75 | |

θ Canis Majoris.

Feb. 23	6 47 41.12	
Mar. 1	41.17	
29	41.13	
30	41.16	

ε Canis Majoris.

1860.	h. m. s.	Mag.
Jan. 9	6 53 7.51	
25	7.47	
Feb. 20	7.52	
23	7.53	
Mar. 1	7.48	
2	7.43	
17	7.44	
29	7.44	
30	7.50	
Oct. 5	7.58	
Nov. 4	7.48	
30	7.55	
Dec. 27	7.49	

ω Geminorum.

| Feb. 4 | 6 53 52.90 | |

ζ Geminorum.

Feb. 23	6 55 48.17	
Mar. 1	48.15	
Nov. 30	48.17	

γ Canis Majoris.

Jan. 9	6 57 25.46	
25	25.45	
Feb. 4	25.56	
25	25.51	
Mar. 2	25.50	
17	25.51	
29	25.47	
30	25.50	
Oct. 5	25.54	
Nov. 4	25.46	
Dec. 27	25.55	

τ Geminorum.

Jan. 20	7 2 13.48	
Mar. 30	13.34	

B. A. C. 2341.

| Feb. 23 | 7 2 27.79 | |

(*), +22° 30'.

| Jan. 25 | 7 3 36.60 | 8.0 |

(*), +22° 30'.

| Jan. 25 | 7 3 37.00 | 8.0 |

48 Geminorum.

| Dec. 27 | 7 3 55.86 | |

51 Geminorum.

Mar. 1	7 5 19.78	
2	19.75	

O. Arg. N. 7753.

| Jan. 25 | 7 9 35.86 | 8.5 |

47 Camelopardi.

| Jan. 25 | 7 9 59.67 | 7.5 |

OBSERVED WITH THE WEST TRANSIT INSTRUMENT, 1860. 43

RUMKER 2175.				a CANIS MINORIS.				B. A. C. 2677.				B. A. C. 2855.			
1860.	h. m. s.		Mag.	1860.	h. m. s.		Mag.	1860.	h. m. s.		Mag.	1860.	h. m. s.		Mag.
Mar. 17	7 10 0.37		7.0	Mar. 7	7 31 58.32			Mar. 30	7 57 3.84			Feb. 27	8 23 48.19		
				17	58.42										
				31	58.39			28 LYNCIS.				η CANCRI.			
δ GEMINORUM.								Feb. 23	7 57 27.35			Jan. 9	8 24 36.41		
Feb. 4	7 11 45.57			(*), +10' 28'.				27	27.23			Feb. 7	36.43		
20	45.52			Jan. 25	7 33 23.94		9.0					Mar. 1	36.46		
23	45.53							ρ ARGUS.				2	36.46		
Mar. 2	45.54			κ GEMINORUM.				Jan. 9	8 1 34.97			4	36.46		
29	45.60			Mar. 30	7 35 59.46			Feb. 27	34.99			5	36.44		
30	45.47			31	59.48			Mar. 5	35.00			7	36.45		
31	45.61							7	35.01			15	36.41		
Nov. 4	45.57			β GEMINORUM.				15	34.97			28	36.46		
30	45.49			Feb. 27	7 36 44.61			31	35.01			30	36.43		
Dec. 27	45.48			Mar. 1	44.66			Nov. 4	34.89			Apr. 2	36.48		
				2	44.66							Nov. 4	36.47		
21 LYNCIS.				5	44.61			B. A. C. 2732.							
Jan. 9	7 16 8.37			7	44.59							B. A. C. 2892.			
Feb. 10	8.12			17	44.65			Mar. 2	8 2 39.37			Mar. 28	8 25 53.93		
				Nov. 4	44.66							30	53.94		
22 LYNCIS.								3 CANCRI.				Apr. 2	53.93		
Feb. 23	7 19 17.56			11 CANIS MINORIS.				Jan. 9	8 6 55.22						
Mar. 2	17.56			Jan. 9	7 38 33.74			Feb. 27	55.22			B. A. C. 2930.			
				Feb. 23	33.69			Mar. 5	55.21			Mar. 5	8 34 42.41		
3 CANIS MINORIS.								7	55.34						
Mar. 30	7 19 33.38			ξ NAVIS.				30	55.22			γ CANCRI.			
31	33.50			Jan. 25	7 43 24.32			31	55.22			Feb. 7	8 35 10.68		
				Mar. 5	24.51							Mar. 4	10.70		
(*), +10° 21'.				7	24.48			30 LYNCIS.				7	10.74		
Jan. 25	7 19 39.27		8.5	15	24.40			Mar. 1	8 9 6.15			30	10.71		
				Nov. 4	24.36							31	10.73		
LALANDE 14637.								λ CANCRI.				Apr. 2	10.81		
Jan. 25	7 25 15.84		7.0	φ GEMINORUM.				Mar. 31	8 12 12.32			Nov. 4	10.70		
Nov. 4	15.93			Mar. 30	7 44 55.39							δ CANCRI.			
				31	55.41			31 LYNCIS.				Jan. 9	8 36 43.45		
α¹ GEMINORUM.								Mar. 1	8 13 14.38			Mar. 31	43.42		
Feb. 23	7 25 39.28			52 CAMELOPARDI.											
Mar. 17	39.36			Jan. 9	7 45 4.43			B. A. C. 2798.				ε HYDRÆ.			
31	39.33			Feb. 23	4.64			Jan. 9	8 15 13.18			Feb. 7	8 39 21.62		
				Mar. 2	4.60			Feb. 27	13.26			27	21.58		
α² GEMINORUM.								Apr. 2	13.40			Mar. 4	21.57		
Feb. 20	7 25 39.71			9 PUPPIS.								5	21.58		
23	39.69			Feb. 27	7 45 17.34			d² CANCRI.				7	21.60		
Mar. 17	39.72			Mar. 1	17.36			Mar. 1	8 17 51.17			20	21.56		
31	39.74											22	21.57		
				54 CAMELOPARDI.				i¹ CANCRI, (1st *.)				28	21.58		
ι GEMINORUM.				Jan. 9	7 51 10.10			Mar. 7	8 18 19.83			30	21.58		
Feb. 4	7 27 17.55			Feb. 23	10.31							Apr. 2	21.48		
Mar. 1	17.36			Mar. 5	10.12			i¹ CANCRI, (2d *.)				14	21.58		
2	17.42			7	10.25			Mar. 7	8 18 20.04						
				15	10.25							WEISSE VIII, 1012, (1st *.)			
70 GEMINORUM.								WEISSE (2) VIII, 408.				Mar. 15	8 39 32.26		8.5
Jan. 29	7 29 21.03			3 CANCRI.				Mar. 15	8 18 28.33		8.0				
Feb. 20	21.07			Feb. 27	7 52 45.70							B. A. C. 2991.			
Mar. 5	21.05							29 CANCRI.				Jan. 9	8 42 46.71		
				6 CANCRI.				Feb. 27	8 20 48.36			Feb. 7	46.62		
WEISSE (2) VII, 874.				Mar. 31	7 54 54.79			Mar. 5	48.39						
Jan. 25	7 29 58.87		9.0	Nov. 4	54.83			28	48.35			RUMKER 2699.			
Nov. 4	58.92		9.0					30	48.36			Apr. 14	8 48 51.77		7.0
				B. A. C. 2679				Apr. 2	48.38						
f GEMINORUM.				Mar. 2	7 55 35.31							LALANDE 17662.			
Feb. 23	7 31 23.34			5	35.32							Mar. 22	8 49 35.14		8.5
2	23.29			15	35.34		7.5					28	35.12		8.5
30	23.30														

MEAN RIGHT ASCENSIONS OF STARS FOR 1860.0

URSÆ MAJORIS.			
1860.	h. m. s.		Mag.
Feb. 7	8 49 36.18		
27	36.21		
Mar. 5	36.31		
7	36.24		
30	36.32		
31	36.23		
Apr. 2	36.35		

O. Arg. N. 9460.

Mar. 20 . . 8 49 41.29   8.5

68 CANCRI.

Mar. 5 . . 8 53 51.86

B. A. C. 3091.

Mar. 7	. .	8 56 36.21
20	. .	36.28
22	. .	36.32
Apr. 14	. .	36.22

WEISSE VIII, 1476.

Mar. 15 . . 8 58 0.53   8.5

n^1 URSÆ MAJORIS.

Apr. 2 . . 8 58 1.41

r CANCRI.

| Feb. 7 | . . | 8 59 35.12 |
| 27 | . . | 35.14 |

s CANCRI.

Mar. 20	. .	9 0 9.62
22	. .	9.66
28	. .	9.68

WEISSE VIII, 1529.

| Mar. 15 | . . | 9 0 34.52 |
| Apr. 14 | . . | 34.61 | 7.0 |

ξ CANCRI.

Mar. 30 . . 9 1 18.21

79 CANCRI.

| Mar. 4 | . . | 9 2 17.84 |
| 5 | . . | 17.93 |

36 LYNCIS.

Feb. 27 . . 9 4 37.86

B. A. C. 3138.

Feb. 7	. .	9 5 37.06
Mar. 22	. .	37.14
30	. .	37.09

(*), + 25° 14'.

Mar. 15 . . 9 8 37.22   8.5

WEISSE (2) IX, 172.

1860.	h. m. s.		Mag.
Mar. 20	. .	9 9 14.22	8.5
22	. .	14.21	8.5
28	. .	14.22	8.5

83 CANCRI.

Feb. 7	. .	9 11 9.66
27	. .	9.66
Mar. 4	. .	9.69
5	. .	9.76
20	. .	9.71
30	. .	9.76
Apr. 2	. .	9.82
13	. .	9.72

B. A. C. 3181.

| Mar. 7 | . . | 9 12 44.98 |
| 22 | . . | 44.92 |

o Arg. N. 9842.

Mar. 15 . . 9 15 9.62

o Arg. N. 9844.

| Mar. 26 | . . | 9 15 12.08 | 9.0 |
| Apr. 2 | . . | 12.33 | 8.5 |

B. A. C. 3194.

Mar. 20 . . 9 15 25.33

(*), — 38° 49'.

Apr. 14 . . 9 16 48.44   7.0

ι DRACONIS.

Mar. 30 . . 9 16 48.41

(*), — 38° 46'.

Apr. 14 . . 9 16 57.08   7.5

(*), — 38° 52'.

Apr. 14 . . 9 18 43.02   6.0

41 LYNCIS.

| Mar. 5 | . . | 9 19 28.33 |
| 7 | . . | 28.43 |

o HYDRÆ.

Mar. 4	. .	9 20 42.40
15	. .	42.41
22	. .	42.44
31	. .	42.43

24 URSÆ MAJORIS.

Mar. 30 . . 9 22 2.17

WEISSE (2) IX, 478.

| Mar. 28 | . . | 9 23 3.81 | |
| Apr. 2 | . . | 3.84 | 9.0 |

WEISSE (2) IX, 471.

1860.	h. m. s.		Mag.
Mar. 20	. .	9 23 13.51	7.0
22	. .	13.56	7.0

θ URSÆ MAJORIS.

Mar. 27 . . 9 23 28.29

ξ LEONIS.

Mar. 5 . . 9 24 23.78

9 LEONIS MINORIS.

Mar. 7 . . 9 24 54.05

(*), — 36° 11'.

Apr. 14 . . 9 25 45.33   7.0

WEISSE IX, 579.

Mar. 13 . . 9 26 48.38   9.0

LACAILLE 3918.

| Mar. 28 | . . | 9 29 22.57 | 7.0 |
| Apr. 2 | . . | 22.60 | |

12 LEONIS.

Mar. 7	. .	9 31 9.37
22	. .	9.38
27	. .	9.43

WEISSE (2) IX, 660.

Mar. 15 . . 9 31 17.63   9.0

(*), — 36° 21'.

Apr. 14 . . 9 32 8.82   6.0

WEISSE (2) IX, 686.

Mar. 30 . . 9 32 41.41   7.5

(*), — 38° 5'.

Apr. 2 . . 9 33 25.73   6.0

a LEONIS.

Feb. 7	. .	9 33 40.52
Mar. 5	. .	40.53
30	. .	40.37
Apr. 26	. .	40.61

B. A. C. 3314.

| Mar. 22 | . . | 9 34 31.18 |
| 27 | . . | 31.18 |

15 LEONIS.

Feb. 7 . . 9 36 32.40

WEISSE (2) IX, 794.

Mar. 15 . . 9 37 49.04   7.5

r LEONIS.

1860.	h. m. s.		Mag.
Mar. 5	. .	9 37 53.82
27	. .	53.87
30	. .	53.81
Apr. 26	. .	53.88
30	. .	53.65

B. A. C. 3333.

| Mar. 7 | . . | 9 38 23.01 | 6.5 |
| 22 | . . | 22.97 | 6.0 |

WEISSE IX, 868.

Mar. 20 . . 9 39 58.52   8.0

LACAILLE 4006.

| Apr. 2 | . . | 9 40 4.80 | 6.5 |
| 14 | . . | 4.99 | 6.0 |

WEISSE (2) IX, 867.

Mar. 15 . . 9 41 21.12   8.0

20 LEONIS.

Mar. 5 . . 9 41 59.58

o URSÆ MAJORIS.

| Mar. 7 | . . | 9 42 33.31 |
| 22 | . . | 33.25 |

LACAILLE 4036.

Apr. 26 . . 9 43 36.13

LACAILLE 4045.

Apr. 14 . . 9 44 17.18   7.0

μ LEONIS.

Mar. 27 . . 9 44 47.67

RUMKER 2981.

Mar. 20 . . 9 45 43.82

WEISSE IX, 996.

Mar. 15 . . 9 46 29.67

(*), — 39° 20'.

Apr. 2 . . 9 47 0.32   8.0

19 LEONIS MINORIS.

Feb. 7 . . 9 49 5.55

ι LEONIS.

| Mar. 7 | . . | 9 50 41.33 |
| 22 | . . | 41.26 |

OBSERVED WITH THE WEST TRANSIT INSTRUMENT, 1860.   45

Star / Date	h. m. s.	Mag.
B. A. C., 3409.		
1860. Mar. 27	9 51 31.20	
π Leonis.		
Feb. 7	9 52 48.74	
Mar. 7	48.80	
15	48.72	
20	48.74	
28	48.79	
Apr. 2	48.72	
26	48.79	
30	48.76	
Lacaille 4107.		
Apr. 14	9 55 21.80	6.0
B. A. C. 3427.		
Mar. 20	9 55 48.47	
22	48.44	
27	48.50	
(*), −38° 48'.		
Apr. 14	9 57 11.61	6.0
B. A. C. 3437.		
Mar. 7	9 57 35.25	
(*), +13° 13'.		
Mar. 15	9 57 57.68	9.0
B. A. C. 3448.		
Apr. 26	9 59 19.71	6.0
α Leonis.		
Feb. 7	10 0 54.75	
9	54.78	
Mar. 9	54.74	
15	54.61	
22	54.76	
27	54.80	
28	54.74	
Apr. 2	54.70	
14	54.74	
30	54.79	
B. A. C. 3466.		
Mar. 20	10 2 31.76	
B. A. C. 3468.		
Mar. 7	10 2 54.20	
Lacaille 4165.		
Apr. 26	10 3 20.42	7.0
Weisse X, 45.		
Mar. 28	10 4 5.86	8.0

Star / Date	h. m. s.	Mag.
Weisse X, 70.		
1860. Feb. 9	10 5 25.04	8.0
Mar. 20	24.98	8.0
Lacaille 4185.		
Apr. 26	10 5 36.73	7.0
B. A. C. 3497.		
Apr. 14	10 7 48.56	6.0
B. A. C. 3498.		
Apr. 14	10 7 58.56	6.0
23 Leonis Minoris.		
Feb. 7	10 8 16.64	
Mar. 5	16.69	
7	16.62	
Rumker 3113.		
Mar. 27	10 8 42.10	
Weisse X, 173.		
Apr. 30	10 10 56.12	9.0
! Leonis.		
Mar. 7	10 12 14.90	
15	14.89	
20	14.93	
22	14.92	
27	14.80	
28	14.93	
Apr. 11	14.97	
13	14.96	
14	14.91	
Lacaille 4242.		
Apr. 26	10 12 25.87	6.0
26 Leonis Minoris.		
Feb. 7	10 14 58.26	
(*), −3° 2'.		
Mar. 20	10 15 34.46	7.5
B. A. C. 3553.		
Mar. 5	10 16 27.31	
15	27.14	
Rumker 3172.		
Mar. 27	10 17 32.31	7.0
Apr. 30	32.29	8.5
29 Leonis Minoris.		
Apr. 13	10 17 39.81	
30 Leonis Minoris.		
Apr. 11	10 17 52.72	

Star / Date	h. m. s.	Mag.
45 Leonis.		
1860. Feb. 7	10 20 15.17	
Weisse (2) X, 412.		
Apr. 11	10 21 9.30	
(*), −33° 43'.		
Apr. 14	10 21 30.00	6.0
26	30.01	6.5
32 Leonis Minoris.		
Feb. 9	10 21 55.12	
Mar. 15	55.38	
Weisse X, 378.		
Mar. 27	10 21 59.35	7.0
28	59.33	8.0
Rumker 3211.		
Apr. 30	10 23 9.92	
B. A. C. 3607.		
Mar. 22	10 25 2.97	
Apr. 13	2.98	
ρ Leonis.		
Feb. 8	10 25 26.18	
9	26.16	
Mar. 5	26.21	
7	26.19	
15	26.25	
Apr. 2	26.27	
11	26.19	
26	26.19	
30	26.23	
34 Leonis Minoris.		
Mar. 20	10 25 29.91	
(*), −33° 42'.		
Apr. 14	10 25 40.40	8.0
Weisse X, 468.		
Mar. 27	10 26 56.67	9.0
28	56.65	9.0
Weisse X, 474.		
Mar. 27	10 27 27.05	8.0
28	27.06	8.0
B. A. C. 3630.		
Apr. 26	10 29 0.12	5.0
Weisse X, 538.		
Mar. 20	10 30 27.77	8.5
B. A. C. 3637		
Feb. 9	10 30 38.47	
Mar. 7	38.54	

Star / Date	h. m. s.	Mag.
Weisse X, 548.		
1860. Mar. 20	10 30 47.90	
Weisse (2) X, 660.		
Mar. 22	10 32 35.49	7.0
28	35.58	7.0
Apr. 13	35.62	
30	35.50	7.0
(*), −11° 27'.		
Mar. 27	10 34 1.54	8.5
Lacaille 4399.		
Apr. 26	10 34 28.23	5.5
Lacaille 4407.		
Apr. 26	10 35 6.71	6.0
B. A. C. 3674.		
Mar. 22	10 35 9.51	
Apr. 11	9.53	
34 Sextantis.		
Feb. 8	10 35 23.65	
9	23.62	
Mar. 7	23.61	
Apr. 2	23.69	
30	23.64	
(*), −36° 13'.		
Apr. 14	10 36 14.76	6.0
Weisse (2) X, 776.		
Apr. 13	10 38 19.88	8.0
37 Sextantis.		
Feb. 7	10 38 48.16	
Apr. 2	48.26	
Weisse X, 702.		
Mar. 20	10 39 59.60	8.0
Weisse (2) X, 830.		
Mar. 27	10 41 22.48	
ι Leonis.		
Feb. 7	10 41 53.72	
8	53.79	
Mar. 22	53.70	
26	53.71	
Apr. 2	53.71	
4	53.69	
13	53.71	
14	53.71	
26	53.69	
39 Sextantis.		
Feb. 9	10 41 56.96	
Mar. 7	56.97	

MEAN RIGHT ASCENSIONS OF STARS FOR 1860.0

	B. A. C. 3720.		
1860.	h. m. s.	Mag.
Apr. 11	10 43 42.83	
30	42.79	

	Lacaille 4496.	
Apr. 26	10 46 30.82	7.0

	B. A. C. 3732.	
Feb. 9	10 46 35.93	
Mar. 7	36.06	
22	35.96	

(*), −33° 49'.		
Apr. 14	10 47 24.07	6.5

	B. A. C. 3741.	
Feb. 7	10 47 58.39	

	Weisse X, 879.	
Mar. 27	10 48 32.56	9.0

(*), +35° 56'.		
Mar. 28	10 49 15.76	8.0

	Weisse X, 914.	
Apr. 11	10 50 52.76	8.0

	d Leonis.	
Feb. 8	10 53 19.66	
Apr. 2	19.78	

	α Ursæ Majoris.	
Mar. 7	10 55 3.40	
20	3.38	
22	3.43	
28	3.46	
Apr. 4	3.13	
13	3.41	
14	3.06	
26	3.24	

	B. A. C. 3781.	
Apr. 11	10 56 29.01	
30	28.95	7.0

(*), +34° 31'.		
Mar. 27	10 57 40.73	9.5

	χ Leonis.	
Feb. 7	10 57 47.61	
8	47.61	
Apr. 2	47.66	
27	47.52	
May 28	47.63	

(*), −32° 49'.		
Apr. 14	11 0 32.20	6.5
26	32.16	7.0

	Weisse (2) XI, 58.	
1860.	h. m. s.	Mag.
Mar. 27	11 4 31.82	8.5

	Weisse (2) XI, 90.	
Mar. 20	11 5 43.59	7.0
22	43.62	7.0

	ρ Leonis.	
Mar. 7	11 6 35.55	
Apr. 30	35.51	

	d Leonis.	
Apr. 11	11 6 39.44	
14	39.44	
20	39.40	
27	39.40	
May 28	39.46	

	Weisse (2) XI, 126.	
Mar. 27	11 7 40.03	9.0

	72 Leonis.	
Feb. 8	11 7 45.12	
9	45.01	

	B. A. C. 3846.	
Apr. 4	11 8 47.28	
13	47.49	

	9 Leonis.	
Mar. 7	11 9 32.66	

	d Crateris.	
Feb. 8	11 12 20.62	
9	20.66	
Mar. 20	20.63	
22	20.59	
27	20.59	
Apr. 4	20.61	
11	20.63	
13	20.57	
14	20.62	
26	20.65	
27	20.66	

	e Leonis.	
Apr. 30	11 15 54.96	
May 28	54.97	

	71 Leonis.	
Mar. 22	11 15 9.09	
Apr. 11	9.06	

	B. A. C. 3875.	
Apr. 26	11 16 26.26	5.0

	ι Leonis.	
Apr. 4	11 16 37.40	

	(*), +31° 49'.	
1860.	h. m. s.	Mag.
Mar. 27	11 17 3.55	9.0

	Weisse XI, 318.	
Feb. 9	11 18 51.41	7.0

	τ Leonis.	
Mar. 7	11 20 44.18	
Apr. 30	44.20	

	B. A. C. 3902.	
Mar. 20	11 20 45.63	
22	45.67	
Apr. 11	45.62	
27	45.67	

	ι Leonis.	
Feb. 9	11 23 9.68	
Apr. 4	9.73	

	56 Leonis.	
Mar. 20	11 23 10.43	

	Lacaille 4777.	
Apr. 26	11 26 1.29	6.0

	Rumker 3636.	
Mar. 27	11 26 50.98	8.0

	Weisse XI, 468.	
Apr. 13	11 27 36.85	8.0

	Weisse (2) XI, 509.	
Mar. 22	11 27 45.24	6.0
Apr. 11	45.26	7.0

	B. A. C. 3940.	
Apr. 26	11 29 22.37	

	Lacaille 4805.	
Apr. 26	11 29 44.50	7.0

	t Leonis.	
Feb. 8	11 29 46.86	
9	46.78	
Mar. 7	46.89	
20	46.82	
27	46.84	
Apr. 4	46.84	
13	46.86	
30	46.84	

	t Crateris.	
Mar. 22	11 31 33.50	
Apr. 11	33.49	

(*), +6° 51'.		
Apr. 27	11 31 51.68	7.0

	92 Leonis.	
1860.	h. m. s.	Mag.
Mar. 7	11 33 30.01	
20	29.95	

	Rumker 3697.	
Mar. 27	11 34 45.56	7.0

	B. A. C. 3973.	
Feb. 8	11 36 11.92	

	B. A. C. 3971.	
Apr. 26	11 36 29.38	6.0

	Weisse XI, 641.	
Apr. 30	11 36 57.99	8.0

	γ Ursæ Majoris.	
Mar. 20	11 38 38.68	
22	38.66	
Apr. 4	38.47	
11	38.64	
27	38.52	

	β Leonis.	
Feb. 8	11 41 54.88	
Mar. 20	54.92	
22	54.91	
27	54.95	
Apr. 4	54.92	
11	54.92	
13	54.92	
24	54.95	
26	54.91	
May 3	54.92	

	Weisse (2) XI, 638.	
Apr. 30	11 42 51.83	9.0

	β Virginis.	
May 28	11 43 24.19	
29	24.03	

	B. A. C. 4006.	
Mar. 7	11 43 52.88	

	B. A. C. 4014.	
Apr. 13	11 45 33.09	
27	33.19	7.0

	ψ Ursæ Majoris.	
Feb. 8	11 46 26.96	
9	26.75	
Mar. 22	26.95	
22	26.98	
27	26.96	
Apr. 11	26.99	
24	27.12	
30	26.83	
May 3	26.73	

OBSERVED WITH THE WEST TRANSIT INSTRUMENT, 1860.   47

	h. m. s.	Mag.
(*), −33° 18'.		
1860.		
Apr. 26 . .	11 48 21.91	
B. A. C. 4037.		
Apr. 13 . .	11 49 57.51	
27 . .	57.59	
π Virginis.		
Apr. 2 . .	11 53 41.81	
11 . .	41.81	
May 28 . .	41.87	
1 Comæ.		
Feb. 8 . .	11 54 33.79	
Apr. 30 . .	33.69	
B. A. C. 4063.		
Feb. 9 . .	11 56 25.71	
11 . .	25.77	
2 Comæ.		
Apr. 24 . .	11 57 6.28	
26 . .	6.13	
B. A. C. 4070.		
May 3 . .	11 57 36.13	
Lacaille 5015.		
Apr. 27 . .	11 58 54.56	
B. A. C. 4080.		
Feb. 9 . .	12 0 4.62	
Apr. 11 . .	4.56	
13 . .	4.51	
Weisse (2) XI, 1206.		
Apr. 30 . .	12 0 54.04	8.5
B. A. C. 4088.		
Apr. 26 .	12 1 7.27	6.0
B. A. C. 4093.		
Apr. 26 .	12 2 49.23	5.5
B. A. C. 4100.		
Feb. 8 . .	12 3 39.01	
B. A. C. 4122.		
Apr. 13 . .	12 8 25.98	
27 . .	26.08	
(*), −23° 54'.		
Apr. 24 . .	12 11 31.40	8.0

	h. m. s.	Mag
8 Comæ.		
1860.		
Apr. 24 . .	12 12 14.64	
η Virginis.		
Feb. 8 . .	12 12 44.61	
9 . .	44.60	
Apr. 11 . .	44.60	
May 3 . .	44.61	
23 . .	44.60	
28 . .	44.60	
29 . .	44.59	
B. A. C. 4153.		
Apr. 13 . .	12 13 17.06	
Weisse (2) XII, 320.		
Apr. 24 . .	12 15 32.10	7.5
B. A. C. 4171.		
May 14 . .	12 15 57.56	7.0
4 Canum Venaticorum.		
Feb. 8 . .	12 16 53.29	
Apr. 13 . .	53.15	
(*), +43° 20'.		
May 3 . .	12 17 30.62	
δ Corvi.		
Apr. 27 . .	12 22 37.45	
7 Canum Venaticorum.		
Apr. 13 . .	12 23 24.80	
Weisse XII, 409.		
May 3 . .	12 24 43.61	9.0
ψ Virginis.		
Feb. 9 . .	12 26 33.32	
May 29 . .	33.32	
J Corvi.		
May 14 . .	12 27 2.30	
B. A. C. 4241.		
Apr. 13 . .	12 28 4.81	6.0
24 . .	4.81	
27 . .	4.73	
24 Comæ.		
Apr. 13 . .	12 28 6.21	4.5
24 . .	6.23	
27 . .	6.25	
Weisse XII, 494.		
May 3 . .	12 30 7.44	8.0

	h. m. s.	Mag.
χ Virginis.		
1860.		
Apr. 24 . .	12 32 1.33	
27 . .	1.39	
May 29 . .	1.30	
Weisse XII, 549.		
May 3 . .	12 33 26.74	7.5
28 Virginis.		
Feb. 9 . .	12 34 43.35	
B. A. C. 4277.		
Apr. 13 . .	12 36 26.70	
24 . .	26.73	
Weisse XII, 665.		
May 16 . .	12 39 34.66	9.0
28 Comæ.		
Apr. 27 . .	12 41 13.62	
May 3 . .	13.47	
14 . .	13.45	
Weisse (2) XII, 877.		
Apr. 13 . .	12 43 17.34	8.0
24 . .	17.37	8.0
ψ Virginis.		
Feb. 9 . .	12 47 4.45	
May 3 . .	4.55	
29 . .	4.46	
α Canum Venaticorum.		
Mar. 9 . .	12 49 28.22	
Apr. 24 . .	28.36	
37 Comæ.		
Apr. 24 . .	12 53 34.21	
B. A. C. 4392.		
Mar. 9 . .	12 59 3.98	
Apr. 13 . .	3.97	
21 . .	4.04	
θ Virginis.		
Mar. 9 . .	13 2 42.18	
Apr. 24 . .	42.27	
May 16 . .	42.22	
22 . .	42.23	
23 . .	42.19	
29 . .	42.17	
(*), +13° 4'.		
May 14 . .	13 3 6.61	9.0
53 Virginis.		
May 3 . .	13 4 36.79	

	h. m. s.	Mag.
β Comæ.		
1860.		
Apr. 24 . .	13 5 20.16	
May 16 . .	20.16	
58 Virginis.		
Mar. 9 . .	13 10 7.25	
B. A. C. 4468.		
Apr. 24 . .	13 14 28.26	
May 16 . .	28.22	
α Virginis.		
Mar. 9 . .	13 17 49.27	
Apr. 13 . .	49.25	
27 . .	49.28	
May 14 . .	49.19	
16 . .	49.28	
22 . .	49.24	
29 . .	49.26	
June 1 . .	49.30	
B. A. C. 4519.		
June 1 . .	13 25 11.01	
75 Virginis.		
Apr. 6 . .	13 25 23.18	
ζ Virginis.		
Mar. 9 . .	13 27 33.70	
Apr. 24 . .	33.68	
May 3 . .	33.66	
16 . .	33.65	
22 . .	33.67	
June 1 . .	33.66	
B. A. C. 4536.		
May 14 . .	13 28 32.50	
B. A. C. 4553.		
Apr. 27 . .	13 31 23.71	
May 16 . .	23.74	
m Virginis.		
May 23 . .	13 34 15.92	
June 1 . .	16.04	
2 Bootis.		
Apr. 6 . .	13 34 24.95	
24 . .	24.87	
May 22 . .	24.82	
86 Virginis.		
May 23 . .	13 39 28.89	
3 Bootis.		
Apr. 24 . .	13 40 13.13	
27 . .	13.16	

MEAN RIGHT ASCENSIONS OF STARS FOR 1860.0

1860.	τ Bootis.	h. m. s.	Mag.
June 1		13 40 36.52	

84 Ursae Majoris.

| May 16 | | 13 41 21.78 | |
| 22 | | 21.82 | |

η Ursae Majoris.

| Apr. 6 | | 13 42 1.24 | |

89 Virginis.

Mar. 9		13 42 16.30	
10		16.30	
May 3		16.19	
4		16.26	

r Bootis.

| Apr. 24 | | 13 42 43.44 | |

B. A. C. 4627.

| Apr. 27 | | 13 44 53.60 | |
| June 1 | | 53.62 | |

B. A. C. 4640.

May 14		13 46 49.15	
16		49.27	
22		49.14	

η Bootis.

Mar. 10		13 48 1.10	
Apr. 6		1.08	
May 3		1.05	
4		1.05	
June 1		1.08	
2		1.05	
15		1.10	
25		1.03	

Weisse (2) XIII, 1084.

May 14		13 49 43.69	6.0
16		43.67	6.5
22		43.63	7.0

B. A. C. 4652.

| Apr. 24 | | 13 49 57.62 | |
| 27 | | 57.61 | |

τ Virginis.

Mar. 9		13 54 31.40	
Apr. 6		31.39	
24		31.36	
27		31.34	
May 3		31.41	
4		31.40	
22		31.42	
June 2		31.42	
15		31.42	
25		31.39	

Weisse XIII, 974.

| June 1 | | 13 56 32.12 | 9.0 |

B. A. C. 4682.

1860.		h. m. s.	Mag.
Apr. 27		13 57 36.60	
May 16		36.61	

B. A. C. 4694.

Apr. 24		14 0 13.62	
May 3		13.56	
4		13.69	

σ Draconis.

| Apr. 6 | | 14 0 36.05 | |

Weisse (2) XIV, 11.

| May 14 | | 14 1 50.33 | 7.0 |
| June 15 | | 50.43 | 7.0 |

(*), + 66° 16'.

| June 1 | | 14 1 56.32 | 9.0 |
| 2 | | 56.51 | 9.0 |

B. A. C. 4700.

Apr. 24		14 3 12.02	
27		12.03	
May 22		11.92	

d Bootis.

| June 25 | | 14 4 0.78 | |

κ Virginis.

May 3		14 5 25.91	
23		25.95	
June 22		25.88	

14 Bootis.

| Apr. 27 | | 14 7 21.22 | |
| May 4 | | 21.22 | |

B. A. C. 4722.

| June 25 | | 14 7 41.54 | |

Weisse XIV, 130.

| May 14 | | 14 8 32.21 | 9.0 |

α Bootis.

Mar. 9		14 9 16.55	
10		16.57	
June 22		16.54	

λ Virginis.

May 3		14 11 32.38	
4		32.23	
23		32.40	

Weisse (2) XIV, 248.

| May 16 | | 14 11 57.98 | 8.5 |
| June 1 | | 57.99 | 8.5 |

λ Bootis.

1860.		h. m. s.	Mag.
Apr. 27		14 12 4.51	
May 22		4.48	

B. A. C. 4752.

| June 2 | | 14 12 22.32 | |

18 Bootis.

| June 22 | | 14 12 29.74 | |

Lalande 26210.

| May 14 | | 14 13 4.34 | 8.0 |

B. A. C. 4776.

Apr. 6		14 17 43.43	
27		43.41	7.0
June 22		43.42	

B. A. C. 4783.

May 4		14 19 46.25	
14		46.40	
June 2		46.20	
25		46.13	

Weisse XIV, 422.

| June 1 | | 14 23 36.69 | 9.0 |

B. A. C. 4805.

Apr. 27		14 24 5.70	
June 22		5.59	
25		5.70	

ρ Bootis.

Mar. 10		14 25 47.76	
June 2		47.74	
July 25		47.60	

26 Bootis.

| Apr. 6 | | 14 26 10.66 | |

γ Bootis.

| May 4 | | 14 26 26.26 | |
| 14 | | 26.32 | |

Rumker 4737.

| May 22 | | 14 26 46.60 | 9.0 |

5 Ursae Minoris.

| May 16 | | 14 27 51.76 | |

Weisse XIV, 519.

| June 1 | | 14 28 53.39 | 8.5 |

B. A. C. 4830.

| Apr. 27 | | 14 29 43.96 | |
| June 2 | | 45.87 | |

B. A. C. 4841.

1860.		h. m. s.	Mag.
Apr. 6		14 32 57.06	
May 14		56.97	
June 20		56.84	
22		56.82	

34 Bootis.

| May 16 | | 14 37 16.08 | |
| 22 | | 16.06 | |

5 Librae.

| June 1 | | 14 38 14.91 | |

108 Virginis.

| June 20 | | 14 38 22.34 | 6.5 |
| 22 | | 22.44 | 6.5 |

σ Bootis.

| Apr. 27 | | 14 38 42.48 | |
| May 14 | | 42.56 | |

ε Bootis.

Mar. 13		14 38 52.33	
June 2		52.34	
25		52.35	
29		52.30	
July 25		52.26	

56 Hydrae.

| Apr. 6 | | 14 39 34.92 | |

B. A. C. 4838.

| May 22 | | 14 41 13.71 | 6.0 |

α Librae.

Mar. 13		14 43 8.32	
Apr. 6		8.28	
27		8.25	
May 4		8.27	
14		8.32	
16		8.29	
23		8.29	
June 1		8.30	
15		8.24	
20		8.27	
22		8.30	
29		8.29	
July 25		8.27	

B. A. C. 4902.

| June 2 | | 14 43 56.68 | |

Rumker 4840.

| May 22 | | 14 45 49.47 | 9.0 |

ξ¹ Librae.

May 23		14 49 10.64	
June 26		10.59	
29		10.49	

OBSERVED WITH THE WEST TRANSIT INSTRUMENT, 1860.   49

GROOMBRIDGE 2168.				d LIBRÆ.				B. A. C. 5091.				α SERPENTIS.			
1860.	h.	m.	s.	Mag.	1860.	h. m. s.	Mag.	1860.	h. m. s.	Mag.	1860.	h. m. s.	Mag.
May 14	.	14 50	49.54		May 4	. 15 4 14.74		June 2	. . 15 20 18.88		Mar. 13	. . 15 37 22.37	
16	.		49.35	8.5	23	. . 14.79		20	. . 18.80		June 2	. . 22.42	
June 25	.		49.54	3.5	June 1	. . 14.82		25	. . 18.83		9	. . 22.39	
					26	. . 14.87					11	. . 22.44	
					29	. . 14.78					13	. . 22.38	
GROOMBRIDGE 2169.								ζ¹ LIBRÆ.			22	. . 22.41	
June 22	. . 14 50 51.35		8.0					June 26	. . 15 20 21.99		25	. . 22.37	
					WEISSE XV, 79.			28	. . 22.08		26	. . 22.37	
β URSÆ MINORIS.					June 22	. . 15 6 3.38	7.5	29	. . 21.92		July 16	. . 22.37	
											25	. . 22.40	
Mar. 13	. . 14 51 9.54										LALANDE 28697.		
Apr. 6	. . 9.29				WEISSE XV, 91.			B. A. C. 5092.						
27	. . 9.35										June 20	. . 15 37 54.21	7.0
June 1	. . 9.44				June 2	. . 15 6 31.10		June 13	. . 15 20 35.68				
2	. . 9.07										LALANDE 28766.		
20	. . 9.46										July 16	. . 15 41 4.33	8.0
δ URSÆ MINORIS, S. P.				δ LIBRÆ.			WEISSE XV, 400.						
Jan. 16	. . 14 51 9.39			Mar. 13	. . 15 9 28.60		June 22	. . 15 22 8.54	8.5	WEISSE XV, 845.		
				Apr. 6	. . 28.58								
(*), +43 54'.				May 4	. . 28.58					June 25	. . 15 42 7.62	9.0
				16	. . 28.58		ζ LIBRÆ.						
May 22	. . 14 53 53.07		9.0	22	. . 28.56					B. A. C. 5236.		
				June 11	. . 28.63		July 10	. . 15 27 41.95				
				20	. . 28.60					Mar. 13	. . 15 42 48.30	
2 SERPENTIS.				26	. . 28.58					May 22	. . 48.26	
				29	. . 28.60		α CORONÆ BOREALIS.						
June 25	. . 14 54 38.87		6.0	July 25	. . 28.66		June 1	. . 15 28 45.58		WEISSE XV, 828.		
							11	. . 45.54					
20 LIBRÆ.				B. A. C. 5048.			13	. . 45.62		June 20	. . 15 43 18.02	8.0
May 4	. . 14 55 52.91			Mar. 13	. . 15 12 7.91		22	. . 45.52		22	. . 17.99	8.0
23	. . 52.94			June 2	. . 7.70		26	. . 45.52					
June 1	. . 52.99						29	. . 45.59		b SERPENTIS.		
26	. . 53.03			5 SERPENTIS.			July 25	. . 45.60					
28	. . 53.10									June 9	. . 15 43 58.24	5.5
29	. . 52.92			June 25	. . 15 12 10.05					11	. . 58.22	6.0
July 25	. . 52.99						τ¹ SERPENTIS.						
				WEISSE XV, 210.						ρ SERPENTIS.		
ο BOOTIS.							Mar. 13	. . 15 29 12.00					
				June 22	. . 15 12 37.03					June 1	. . 15 45 6.96	
June 2	. . 14 55 58.50									2	. . 7.02	
13	. . 58.46			φ² LUPI.			μ CORONÆ BOREALIS.						
				June 11	. . 15 14 13.08		May 22	. . 15 30 6.56		WEISSE XV, 864.		
ß BOOTIS.				20	. . 13.18		June 2	. . 6.51					
										July 14	. . 15 45 26.59	
Apr. 6	. . 14 56 40.35			WEISSE XV, 249.									
May 16	. . 40.21						LALANDE 28453.			47 LIBRÆ.		
June 20	. . 40.36			May 22	. . 15 14 49.52	9.0							
							June 20	. . 15 30 44.15	7.0	June 22	. . 15 46 55.15	7.0
WEISSE XIV, 1072.				ω LIBRÆ.									
							WEISSE XV, 585.			ρ SCORPII.		
May 22	. . 14 57 17.98		9.0	June 26	. . 15 15 13.61								
				28	. . 13.70		June 25	. . 15 31 27.32	8.0	June 1	. . 15 48 14.80	
B. A. C. 4965.				29	. . 13.50					2	. . 14.77	
June 22	. . 14 58 9.79		6.0	WEISSE XV, 265.			λ LIBRÆ.			ζ URSÆ MINORIS.		
				June 25	. . 15 15 43.66	8.0	June 29	. . 15 33 53.03		May 22	. . 15 49 8.45	
WEISSE XIV, 1118.							July 10	. . 53.12		June 13	. . 8.05	
June 25	. . 14 59 45.45	8.5	WEISSE XV, 281.							26	. . 8.05	
							B. A. C. 5184.			July 25	. . 8.00	
WEISSE XIV, 1121.				June 22	. . 15 16 18.81	8.0							
							June 22	. . 15 34 53.97		ζ URSÆ MINORIS, S. P.		
June 25	. . 14 59 54.30	8.0	τ¹ SERPENTIS.							Jan. 16	. . 15 49 8.22	
B. A. C. 4993.							λ SERPENTIS.						
				Mar. 13	. . 15 19 17.83					WEISSE XV, 939.		
Mar. 13	. . 15 2 29.57			May 22	. . 17.76		May 22	. . 15 35 12.24					
Apr. 6	. . 29.52			June 1	. . 17.82		June 1	. . 12.16		July 16	. . 15 49 44.82	9.0
June 20	. . 29.53												

7——T I & M C

MEAN RIGHT ASCENSIONS OF STARS FOR 1860.0

	2 Herculis.			Weisse XVI, 11.			O. Arg. S, 15490.			g Herculis.	
1860.	h. m. s.	Mag.	1860.	h. m. s.	Mag.	1860.	h. m. s.	Mag.	1860.	h. m. s.	Mag.
Mar. 13	15 49 57.93		June 15	16 2 16.66		June 11	16 10 23.07	9.0	Mar. 13	16 24 2.75	
June 9	57.70					July 13	23.14	9.0	June 9	2.60	
19	57.63										

	π Scorpii.			g Herculis.			O. Arg. S, 15541.			B. A. C. 5529.	
June 11	15 50 23.16		Mar. 13	16 2 27.96		June 15	16 12 26.08	8.0	July 25	16 25 12.22	8.0
						July 16	26.07	8.0			

	4 Herculis.			Weisse XVI, 19.			a Scorpii.			Lalande 30099.	
May 6	15 50 47.89		June 19	16 2 39.97	6.0	May 6	16 12 40.96		June 15	16 26 1.28	8.0
July 13	47.87					26	41.06		22	1.23	8.0
						27	40.95				
				c¹ Scorpii.			30	40.95			h Herculis.	
	Lalande 29013.		June 13	16 3 50.61	7.0	July 27	41.04		Mar. 14	16 26 3.30	
June 20	15 50 59.43	8.5							June 13	3.37	
				c² Scorpii.			B. A. C. 5452.		July 25	3.13	
	Lalande 29044.		May 6	16 3 51.69		June 19	16 13 59.78				
June 20	15 51 0.21	8.0	22	51.61						Groombridge 2356.	
			June 13	51.67			B. A. C. 5460.		June 25	16 26 52.81	7.0

	δ Scorpii.			Groombridge 2319.			June 22	16 15 7.30				
June 1	15 52 3.57		July 16	16 5 20.24						τ Scorpii.	
2	3.69						(*), +71° 10'.		May 6	16 27 10.28	
July 26	3.57			B. A. C. 5395.		June 25	16 15 42.02	8.0	June 2	10.22	
27	3.60		June 22	16 5 26.82					30	10.30	
			25	26.81			O. Arg. N, 16121.		July 14	10.38	
	Gr. C. 1315.					June 11	16 15 50.38	8.5	24	10.37	
June 9	15 54 59.13	7.0		Weisse XVI, 83.		July 25	50.88		26	10.31	
25	59.16		June 11	16 5 49.35	7.5				27	10.32	
July 16	59.19		July 13	49.23			ψ Ophiuchi.				
						June 20	16 15 54.82			32 Herculis.	
	3 Scorpii.			B. A. C. 5408.					June 19	16 28 1.61	
Mar. 13	15 57 17.94		July 25	16 6 34.77							
May 6	18.02						ξ Coronae Borealis.			B. A. C. 5549.	
22	18.00					June 13	16 16 38.60		Mar. 13	16 29 15.48	
June 1	18.03			δ Ophiuchi.							
9	18.01		Mar. 13	16 7 0.60			ι¹ Coronae Borealis.			ζ Ophiuchi.	
11	17.98		May 6	0.63		Mar. 13	16 17 12.71		June 11	16 29 27.14	
13	18.02		22	0.65							
15	18.01		June 1	0.66						Lalande 30207.	
19	18.01		2	0.62			r Ophiuchi.		June 9	16 29 56.20	8.0
20	18.05		9	0.61		July 25	16 20 13.91		22	56.32	8.0
22	18.02		15	0.62							
25	18.05		19	0.68						24 Scorpii.	
26	18.09		20	0.61			a Scorpii.		June 11	16 33 28.70	
29	18.02		26	0.65		Mar. 14	16 20 49.66		26	28.81	
July 13	18.12		29	0.64		May 6	49.68		July 14	28.70	
16	18.05		30	0.65		June 2	49.64		20	28.69	
20	18.05		July 10	0.65		15	49.61		21	28.78	
25	18.04		20	0.65		19	49.68		24	28.71	
26	18.03		26	0.64		22	49.70		26	28.75	
27	18.04		27	0.62		25	49.64				
						26	49.73			B. A. C. 5580.	
	B. A. C. 5345.			a Coronae Borealis.		29	49.66		June 15	16 33 40.05	6.5
June 20	15 59 27.82	7.0	June 13	16 9 26.14		30	40.67		July 25	40.01	6.5
			19	26.01		July 13	40.67				
	11 Scorpii.					14	49.66			42 Herculis.	
June 22	15 59 50.08	6.0		Weisse XVI, 173.		16	49.68		Mar. 13	16 34 57.02	
			June 22	16 10 0.78	7.0	20	49.65				
	κ Herculis.		25	0.76	8.0	26	49.69			B. A. C. 5598.	
Mar. 13	16 1 45.41					27	49.75		June 22	16 35 24.87	7.0
July 25	45.34			(*), -13° 7'.		Aug. 23	49.69		25	24.87	7.0
			July 25	16 10 10.18	8.0						
	B. A. C. 5368.						η Draconis.				
July 25	16 1 45.74					June 20	16 22 6.08				

OBSERVED WITH THE WEST TRANSIT INSTRUMENT, 1860.   51

ζ Herculis.			B. A. C. 5663.			(*), + 73° 7'.			Weisse XVII, 202.		
1860.	h. m. s.	Mag.	1860.	h. m. s.	Mag.	1860.	h. m. s.	Mag.	1860.	h. m. s.	Mag.
Mar. 14	16 36 0.57		July 13	16 45 9.37		July 13	16 56 25.17	8.0	June 9	17 12 30.08	7.0
June 13	0.54					16	24.81	8.5			
20	0.40										
July 10	0.40		51 Herculis.			Groombridge 2411.			B. A. C. 5846.		
Aug. 23	0.32		June 30	16 45 57.06		June 19	16 59 4.82		July 13	17 13 6.44	7.0
						July 20	4.34	7.0			
B. A. C. 5605.									θ Ophiuchi.		
May 6	16 36 24.39	6.5	22 Ophiuchi.			B. A. C. 5768.			Mar. 13	17 13 24.76	
June 19	24.34		July 16	16 46 23.33	6.5	July 26	16 59 51.19		14	24.74	
			20	23.22					May 6	24.81	
15 Ophiuchi.			25	23.34		H. A. C. 5771.			June 11	24.79	
									15	24.81	
June 22	16 36 43.56	6.5	Weisse XVI, 912.			June 15	17 0 7.		30	24.74	
25	43.46		June 15	16 48 12.82	9.0				July 10	24.82	
			22	12.91					14	24.79	
B. A. C. 5615.						ι Ursae Minoris.			16	24.75	
June 9	16 38 4.70		54 Herculis.			May 6	17 0 26.71		18	24.80	
						June 22	26.86		20	24.80	
25 Scorpii.			Mar. 13	16 49 13.01		25	27.29		21	24.78	
July 14	16 38 17.32		14	12.99		26	26.93		24	24.81	
21	17.23					30	27.19		26	24.85	
24	17.28		Lalande 30788.			July 10	26.72		27	24.78	
			June 25	16 49 20.49	8.5	18	26.84		Aug. 7	24.75	
Lalande 30479.						η Ophiuchi.			70 Herculis.		
June 15	16 39 42.37	8.0	O. Arg. S. 16158.			July 14	17 2 21.10		Aug. 23	17 15 8.21	
			July 25	16 49 49.05		21	20.90				
H. A. C. 5625.			27	49.08		24	21.01		Weisse XVII, 254.		
June 30	16 39 50.40					Aug. 23	21.05		June 19	17 15 11.97	8.5
			B. A. C. 5706.								
Lalande 30556.			June 19	16 50 17.86		B. A. C. 5788.			b Ophiuchi.		
July 25	16 41 31.52	7.5	July 16	18.01		Mar. 13	17 3 4.31		Mar. 13	17 17 49.27	
27	31.63	7.5				14	4.27		14	49.25	
			O. Arg. S. 16168.						July 10	49.31	
Weisse XVI, 792, (1st *.)			June 9	16 50 41.97	8.5	λ Ophiuchi.					
July 16	16 41 41.24	9.0	11	41.97	8.5	July 27	17 6 44.44		73 Herculis.		
20	41.16								Aug. 23	17 18 15.14	
			κ Ophiuchi.			Groombridge 2418.					
Weisse XVI, 792, (2d *.)			Mar. 13	16 51 2.46		July 13	17 7 21.23	8.0	d Ophiuchi.		
July 16	16 41 44.93	8.5	14	2.54		16	20.93	8.0	May 9	17 18 24.96	
20	44.83		May 6	2.53					June 30	24.96	
			26	2.53		α Herculis.					
20 Ophiuchi.			July 10	2.55		Mar. 14	17 8 15.85		B. A. C. 5884.		
Mar. 14	16 42 5.45		14	2.43		May 6	15.81		July 13	17 18 42.05	
June 26	5.52		18	2.53		June 9	15.86		14	42.04	
July 10	5.46		21	2.50		11	15.81				
			24	2.40		15	15.86		σ Ophiuchi.		
Lalande 30600.			26	2.56		19	15.76		June 9	17 19 34.16	
June 15	16 42 41.76	9.0	Aug. 23	2.41		22	15.82		19	34.14	
22	41.76	9.0				25	15.77		July 24	34.09	
			O. Arg. S. 16206.			30	15.80				
Lalande 30641.			July 20	16 52 36.39	8.0	July 13	15.82		B. A. C. 5892.		
June 9	16 44 8.88	8.5	27	36.45	7.5	14	15.85		July 27	17 19 38.34	7.0
25	8.84	8.5				18	15.82				
			B. A. C. 5730.			21	15.87		c Ophiuchi.		
Lalande 30671.			June 11	16 54 58.73		24	15.83		Mar. 13	17 22 52.45	
June 11	16 45 4.46	8.0	15	58.74		26	15.79		June 30	52.53	
						Aug. 23	15.83		July 10	52.55	
			B. A. C. 5742.						13	52.43	
			June 11	16 55 55.99		B. A. C. 5829.			21	52.45	
			15	55.96		July 16	17 9 28.50		Aug. 23	52.52	
						π Herculis.					
						June 19	17 10 10.17				

MEAN RIGHT ASCENSIONS OF STARS FOR 1860.

WEISSE XVII, 409.

1860.	h. m. s.	Mag.
June 9	17 23 3.25	9.0
11	3.15	7.0

λ HERCULIS.

| July 14 | 17 25 4.84 | |
| 24 | 4.76 | |

MADRAS 1165.

| June 9 | 17 26 59.51 | 8.0 |
| 11 | 59.55 | 8.0 |

ξ DRACONIS.

| June 15 | 17 27 16.33 | |

υ OPHIUCHI.

Mar. 13	17 28 26.16	
14	26.16	
June 19	26.18	
30	26.20	
July 10	26.14	
13	26.10	
16	26.15	
18	26.15	
20	26.14	
21	26.09	
24	26.12	
25	26.06	
27	26.07	
Aug. 7	26.16	
23	26.10	

B. A. C. 5966.

July 25	17 31 54.26	
Aug. 7	54.29	
16	54.41	

υ SERPENTIS.

Mar. 13	17 33 32.81	
14	32.75	
July 10	32.87	

B. A. C. 5981.

July 14	17 34 28.84	
18	28.87	7.0
25	28.97	
Aug. 16	28.99	

ε OPHIUCHI.

| July 24 | 17 36 33.29 | |
| Aug. 12 | 33.47 | |

3 SAGITTARII.

July 14	17 38 44.93	
16	44.90	
18	44.90	
Aug. 7	44.94	

μ HERCULIS.

1860.	h. m. s.	Mag.
Mar. 14	17 40 58.78	
June 11	58.67	
July 10	58.74	
24	58.71	
Aug. 12	58.77	
16	58.79	
23	58.75	

WEISSE XVII, 810.

| June 9 | 17 41 17.12 | 9.0 |
| July 27 | 17.03 | 9.0 |

WEISSE XVII, 834.

| Aug. 9 | 17 42 33.11 | 8.0 |

WEISSE XVII, 835.

| Aug. 7 | 17 42 38.33 | 9.0 |

LALANDE 32559.

| July 18 | 17 43 14.46 | 8.5 |

WEISSE XVII, 846.

| Aug. 15 | 17 43 14.81 | 8.5 |

WEISSE XVII, 857.

| Aug. 15 | 17 43 38.31 | |

B. A. C. 6044.

July 13	17 44 47.37	7.0
14	47.40	
Aug. 14	47.39	
16	47.39	
23	47.46	

B. A. C. 6063.

June 11	17 47 51.42	7.0
July 18	51.40	7.0
27	51.49	7.0

B. A. C. 6065.

| June 9 | 17 48 15.86 | |

MADRAS 1209.

| June 9 | 17 48 45.27 | 8.0 |

B. A. C. 6074.

July 13	17 50 5.76	
14	5.79	
24	5.82	
Aug. 23	5.86	
25	5.71	

(*), −15 38'.

| July 18 | 17 50 35.08 | 9.5 |

(*), −31° 13'.

| Aug. 16 | 17 50 41.93 | |

4 SAGITTARII.

1860.	h. m. s.	Mag.
Mar. 13	17 51 14.66	
July 10	14.63	

ζ DRACONIS.

Mar. 11	17 53 21.36	
June 11	21.05	
July 16	21.23	
20	21.30	
25	21.33	
Aug. 7	21.23	
9	21.30	
12	21.43	

(*), −15 38'.

| Aug. 15 | 17 53 47.90 | 9.5 |

O. ARG. S. 17533.

| July 18 | 17 55 5.14 | |
| 27 | 5.14 | 6.0 |

O. ARG. S. 17576.

July 18	17 56 31.63	8.0
27	31.68	7.0
Aug. 1	31.85	7.5

χ² SAGITTARII.

Mar. 15	17 56 48.79	
July 13	48.80	
14	48.83	
16	48.80	
24	48.79	
Aug. 25	48.63	
30	48.60	

(*), −30 25'.

| July 21 | 17 57 1.40 | |

(*), +27' 48'.

| Aug. 15 | 17 57 5.36 | 8.5 |

B. A. C. 6131.

July 21	17 59 55.60	
25	55.68	
Aug. 7	55.58	
12	55.59	7.0
30	55.56	

O. ARG. S. 17680.

| July 18 | 18 0 5.03 | 8.0 |
| 27 | 5.06 | 6.5 |

B. A. C. 6132.

| July 13 | 18 0 14.60 | 7.0 |
| 16 | 14.56 | |

O. ARG. S. 17695.

| Aug. 9 | 18 0 27.72 | 7.5 |
| 16 | 27.73 | 7.5 |

(*), −31° 9'.

1860.	h. m. s.	Mag.
July 25	18 1 18.02	
Aug. 7	18.06	8.0

B. A. C. 6166.

| Aug. 1 | 18 4 30.22 | |

η SAGITTARII.

Mar. 13	18 5 23.44	
Apr. 11	23.37	
July 10	23.40	
13	23.28	
16	23.40	
19	23.35	
21	23.40	
24	23.36	
25	23.44	
27	23.44	
30	23.35	
Aug. 7	23.42	
9	23.37	
12	23.40	
15	23.39	
22	23.45	
23	23.46	
25	23.39	
30	23.36	
Sept. 14	23.37	
21	23.36	

λ HERCULIS.

| July 20 | 18 6 38.02 | |
| Aug. 12 | 38.03 | |

B. A. C. 6187.

| July 14 | 18 8 8.93 | |

O. ARG. S. 18044.

| Aug. 9 | 18 11 24.26 | 8.5 |

ϕ SAGITTARII.

Mar. 13	18 12 1.76	
14	1.72	
21	1.73	
22	1.79	

B. A. C. 6210.

| Aug. 1 | 18 12 5.10 | |

B. A. C. 6217.

| July 14 | 18 12 54.24 | |
| Aug. 14 | 54.14 | |

B. A. C. 6222.

| June 9 | 18 13 33.50 | |

κ LYRÆ.

| Aug. 7 | 18 14 57.21 | |
| 22 | 57.18 | |

B. A. C. 6241.

| July 25 | 18 16 18.33 | |

OBSERVED WITH THE WEST TRANSIT INSTRUMENT, 1860.   53

B. A. C. 6258.			**σ Lyræ.**			**B. A. C. 6422.**			**ε Aquilæ.**		
1860.	h. m. s.	Mag.	1860.	h. m. s.	Mag.	1860.	h. m. s.	Mag.	1860.	h. m. s.	Mag.
Aug. 9	18 18 11.67		Apr. 11	18 32 11.83		Aug. 16	18 44 20.75		Apr. 11	18 53 16.06	
			July 14	11.83							
			24	11.69		**Madras 1304.**					
λ Sagittarii.			Aug. 14	11.71					**ζ Sagittarii.**		
Mar. 13	18 19 19.66		16	11.85		July 18	18 44 43.07	8.5	June 5	18 53 41.92	
Sept. 21	19.68		23	11.84					Sept. 21	42.02	
22	19.69		30	11.72		**f Lyræ.**					
						June 9	18 44 54.57				
			O. Arg. S. 18531.			11	54.61		**B. A. C. 6476.**		
B. A. C. 6264.			July 18	18 32 19.19	9.0	July 14	54.60				
Aug. 12	18 19 22.88		Aug. 15	19.27	8.5	27	54.48		Sept. 15	18 53 53.37	
						Aug. 1	54.62		25	53.24	
			B. A. C. 6358.			7	54.61				
						9	54.49				
O. Arg. S. 18234.			July 13	18 33 43.92		15	54.08		**Lalande 35468.**		
Aug. 12	18 19 24.59	8.5	Aug. 9	43.88		22	54.53		Aug. 1	18 54 0.31	7.5
						29	54.59				
			B. A. C. 6365.			30	54.58				
						Sept. 13	54.51				
B. A. C. 6271.			July 16	18 35 27.26					**O. Arg. S. 18978.**		
Aug. 15	18 20 17.24					**σ Sagittarii.**			Aug. 12	18 54 22.72	9.5
22	17.21	7.0	(*), −18° 55'.			Apr. 11	18 46 34.84				
			June 9	18 35 51.71		June 5	34.80				
						July 30	34.86		**O. Arg. S. 16979.**		
B. A. C. 6273.			**B. A. C. 6369.**			Aug. 25	34.80		July 18	18 54 24.03	8.5
July 14	18 20 43.74		July 14	18 36 13.04		Sept. 21	34.79		Aug. 12	24.04	8.5
Aug. 14	43.70		Aug. 14	13.06					15	23.96	
						σ¹ Sagittarii.					
			(*), −21° 30'.			July 13	18 49 1.14		**O. Arg. S. 16986.**		
B. A. C. 6291.			July 18	18 36 33.09	9.5	Aug. 15	1.22		Aug. 1	18 54 46.71	8.5
June 9	18 23 14.00	5.5	Aug. 29	33.26	9.5				Sept. 14	46.55	8.5
Aug. 1	14.15					**B. A. C. 6355.**					
						Aug. 7	18 49 7.07				
Lalande 34222.			**ο Sagittarii.**			Sept. 13	7.14		**Lalande 35497.**		
Aug. 29	18 24 4.37	9.0	Apr. 11	18 36 54.38					June 11	18 54 49.98	6.0
			July 24	54.32		**Coronæ Australis.**			July 13	49.83	6.5
B. A. C. 6319.			30	54.35		July 14	18 49 16.43				
Aug. 7	18 26 46.16		Aug. 12	54.42	5.0	Aug. 30	16.45		**B. A. C. 6499.**		
14	46.20		25	54.36					Aug. 7	18 55 25.38	
						B. A. C. 6457.			22	25.38	
B. A. C. 6322.			**O. Arg. S. 18636.**			Aug. 14	18 49 16.50		30	25.30	
Aug. 22	18 26 56.53		July 27	18 37 41.58		16	16.42		Sept. 13	25.29	
Lalande 34401.			**B. A. C. 6382.**			**ξ¹ Sagittarii.**			**Weisse (2) XVIII, 1790.**		
June 9	18 28 19.19	7.5	Aug. 7	18 38 47.52		Aug. 1	18 49 22.47		Aug. 9	18 57 41.94	7.0
			9	47.46		12	22.51	4.0	29	41.82	7.0
(*), −21° 49'.											
July 18	18 28 37.64		**B. A. C. 6396.**			**O. Arg. S. 18907.**			**Weisse (2) XVIII, 1806.**		
			Aug. 14	18 40 52.05		July 18	18 50 49.19	9.0	Sept. 14	18 58 11.16	8.5
			16	52.04		Aug. 29	49.35	9.0			
O. Arg. S. 18462.											
Aug. 29	18 29 6.93	9.0	**29 Sagittarii.**			**O. Arg. S. 18916.**			**τ Sagittarii.**		
			July 30	18 41 21.50		June 9	18 51 12.47		Sept. 22	18 58 11.74	
B. A. C. 6336.						Aug. 29	12.56	8.0	25	11.63	
Aug. 1	18 29 31.45		**B. A. C. 6403.**								
			July 13	18 41 57.23		**B. A. C. 6479.**					
(*), −18° 55'.						Aug. 22	18 51 49.16		(*), −21° 37'.		
			Lacaille 7874.						June 9	18 58 39.84	8.5
June 9	18 30 23.92	8.5	Aug. 12	18 41 57.94	7.5	(*), −22 2'.			11	39.82	
						Aug. 9	18 52 44.76	9.5			

MEAN RIGHT ASCENSIONS OF STARS FOR 1860.0

ζ Aquilæ.

1860.	h. m. s.	Mag.
Apr. 11	18 58 58.42	
June 5	58.40	
July 14	58.40	
24	58.41	
30	58.46	
Aug. 14	58.55	
16	58.49	
25	58.43	
Sept. 13	58.47	
15	58.50	
21	58.45	

Weisse (2) XVIII, 1834.

Aug. 1	18 58 58.72	
12	58.68	8.0
15	58.58	

B. A. C. 6536.

July 13	19 0 2.94	
18	2.95	

B. A. C. 6538.

| Aug. 7 | 19 0 11.90 | |

B. A. C. 6546.

| Sept. 25 | 19 1 1.15 | |

(*), −10° 2'.

| Aug. 9 | 19 1 23.91 | 8.0 |

π Sagittarii.

Aug. 22	19 1 26.10	
Sept. 22	26.07	

B. A. C. 6550.

| June 9 | 19 1 32.55 | 7.0 |

B. A. C. 6554.

Aug. 12	19 2 26.35	
29	26.44	
Sept. 13	26.32	
14	26.43	
15	26.39	

B. A. C. 6568.

July 13	19 5 42.99	
14	43.11	
Aug. 16	43.00	
30	43.06	
Sept. 25	42.86	

B. A. C. 6577.

| Sept. 14 | 19 7 17.75 | 7.0 |

Madras 1351.

June 9	19 8 55.73	7.5
July 18	55.64	8.0

(*), −41° 16'.

1860.	h. m. s.	Mag.
Aug. 7	19 9 38.13	7.5

ο Aquilæ.

June 5	19 11 14.61	
July 14	14.56	
30	14.63	
Aug. 1	14.53	
14	14.72	
16	14.59	
29	14.66	
Sept. 13	14.61	
14	14.69	
15	14.62	
21	14.62	
25	14.65	

B. A. C. 6609.

July 13	19 12 46.82	
27	46.77	6.5
Sept. 14	46.79	

(*), +46° 47'.

| Aug. 22 | 19 12 50.35 | |

B. A. C. 6611.

| Sept. 22 | 19 13 6.71 | |

B. A. C. 6613.

| Sept. 14 | 19 13 11.79 | |

B. A. C. 6616.

June 9	19 13 24.71	7.0
Aug. 12	24.73	7.0

Gr. C. 1719.

Aug. 1	19 14 22.96	7.0
15	23.00	6.5

B. A. C. 6627.

| Aug. 15 | 19 15 38.09 | |

d¹ Sagittarii.

July 27	19 16 45.12	
Sept. 15	45.14	

d² Sagittarii.

| Sept. 14 | 19 16 51.79 | 7.0 |

2 Sagittarii.

| Sept. 21 | 19 18 4.73 | |

δ Aquilæ.

1860.	h. m. s.	Mag.
June 9	19 18 26.29	
July 13	26.26	
14	26.31	
18	26.28	
30	26.30	
Aug. 1	26.21	
7	26.26	
9	26.26	
12	26.30	
15	26.34	
16	26.25	
22	26.26	
30	26.32	
Sept. 15	26.30	
22	26.20	
25	26.23	

4 Cygni.

| Aug. 29 | 19 20 6.48 | |

B. A. C. 6665.

| Sept. 14 | 19 20 45.53 | |

O. Arg. S. 19612.

July 27	19 21 9.20	8.5
Aug. 12	9.14	8.5

B. A. C. 6666.

Aug. 22	19 21 12.26	
Sept. 21	12.33	5.0

O. Arg. S. 19616.

| Aug. 12 | 19 21 20.65 | 8.5 |

B. A. C. 6672.

Aug. 30	19 22 42.12	
Sept. 25	41.96	

α Vulpeculæ.

June 5	19 22 52.65	
Aug. 27	52.73	

(*), −20° 42'.

| June 9 | 19 23 14.64 | 9.0 |

B. A. C. 6677.

| July 13 | 19 23 19.04 | |

Lalande 36857.

Aug. 1	19 23 30.53	
Sept. 12	30.55	7.5

O. Arg. S. 19662.

| Aug. 9 | 19 23 30.97 | 8.5 |

B. A. C. 6682.

July 18	19 23 56.41	
27	56.48	7.0
Aug. 7	56.40	
14	56.45	

B. A. C. 6685.

1860.	h. m. s.	Mag.
July 14	19 24 17.72	
Sept. 13	17.69	
15	17.68	
22	17.69	

O. Arg. S. 19685.

| Aug. 15 | 19 24 23.11 | 9.0 |

O. Arg. S. 19694.

| Aug. 15 | 19 25 17.26 | 9.0 |

h² Sagittarii.

June 5	19 28 10.99	
July 13	10.97	
14	10.94	
18	10.90	
Aug. 1	10.99	
29	11.01	
30	11.00	
Sept. 12	11.00	
13	11.02	
14	10.99	
15	10.93	
21	10.99	
22	10.95	
25	10.96	

O. Arg. S. 19758.

| July 27 | 19 28 16.91 | 8.0 |

B. A. C. 6718.

| Aug. 22 | 19 30 7.28 | |

O. Arg. S. 19830.

Aug. 12	19 31 19.25	8.5
15	19.32	8.5

O. Arg. S. 19839.

| Sept. 14 | 19 31 52.11 | 9.0 |

Madras 1417.

July 18	19 31 54.86	7.5
Sept. 12	54.90	7.5

O. Arg. S. 19845.

July 13	19 32 8.14	7.5
Aug. 1	8.05	

O. Arg. S. 19874.

| Aug. 29 | 19 33 47.86 | 8.5 |

B. A. C. 6738.

July 14	19 33 52.54	
Aug. 30	52.63	
Sept. 15	52.51	
22	52.59	

c² Sagittarii.

| Aug. 27 | 19 34 30.52 | |

OBSERVED WITH THE WEST TRANSIT INSTRUMENT, 1860.   55

O. ARG. S. 19991.				B. A. C. 6792.				O. ARG. S. 20156.				O. ARG. S. 20286.			
1860.	h. m. s.		Mag.	1860.	h. m. s.		Mag.	1860.	h. m. s.		Mag.	1860.	h. m. s.		Mag.
July 27	19 35 42.20		7.0	July 27	19 42 32.07			Aug. 9	19 53 28.29			July 27	20 3 0.88		8.5
Aug. 9	42.13		7.0	Aug. 12	32.07		7.5	15	28.36		8.0				
15	42.19							Sept. 14	28.37		8.0				

O. ARG. S. 19998.				B. A. C. 6795.				LALANDE 38140.				O. ARG. S. 20316.			
Sept. 14	19 36 15.74		8.5	Aug. 16	19 43 3.78			Sept. 12	19 53 30.93		7.5	Aug. 1	20 5 5.29		8.5
								21	30.93		7.5	7	5.15		

B. A. C. 6753.				α AQUILÆ.				ε SAGITTARII.				B. A. C. 6948.			
Sept. 25	19 36 31.98			June 5	19 43 57.01			July 27	19 54 2.60			July 14	20 7 8.27		
				July 14	57.09			Aug. 7	2.53		4.0	Aug. 29	8.26		
				30	57.04			Sept. 24	2.57			30	8.31		
O. ARG. S. 19916.				Aug. 22	57.08							Sept. 22	8.38		
July 13	19 36 36.19		8.0	27	57.03			B. A. C. 6872.							
Aug. 12	36.10			30	57.03							q¹ CAPRICORNI.			
				Sept. 12	57.05			Aug. 30	19 54 14.76			July 5	20 9 53.11		
				13	56.98			Sept. 13	14.75			Aug. 16	53.03		
O. ARG. S. 19924.				14	57.08			Oct. 9	14.69			Sept. 14	53.09		
Sept. 14	19 37 11.74			24	57.07							21	53.03		
				25	57.05			B. A. C. 6877.							
				Oct. 9	57.07										
(*), —25° 51'.								Aug. 16	16 55 26.29			a² CAPRICORNI.			
Aug. 29	19 38 5.69		7.0	O. ARG. S. 20046.								July 6	20 10 16.97		
				Aug. 12	19 45 23.20		9.0	O. ARG. S. 20185.				13	17.05		
f SAGITTARII.								Aug. 12	19 55 31.11			18	16.97		
June 5	19 38 11.50			O. ARG. S. 20051.				29	31.25		9.0	27	17.03		
				July 13	19 45 50.70		8.5	Sept. 14	31.20		9.0	Aug. 1	17.02		
LALANDE 37507.												7	16.96		
Sept. 12	19 38 12.40		8.0	B. A. C. 6816.				B. A. C. 6886.				9	16.97		
				Sept. 22	19 46 6.20							12	16.97		
(*), —25° 41'.								Sept. 22	19 56 35.82			15	16.97		
				ω SAGITTARII.								27	17.01		
July 18	19 39 5.79			July 14	19 47 15.44			B. A. C. 6888.				29	16.97		
Aug. 14	5.93											31	17.08		
16	5.79			b SAGITTARII.				July 18	19 56 39.11		7.0	Sept. 13	17.01		
				July 18	19 48 20.94			Aug. 15	39.08		7.0	14	17.02		
B. A. C. 6770.				27	21.03							21	16.92		
Aug. 7	19 39 23.23		7.5					O. ARG. S. 20217.				22	17.05		
9	23.23			β AQUILÆ.				Aug. 22	19 57 23.71		7.5	24	16.98		
				June 5	19 48 26.10			Sept. 12	23.61		7.5	Oct. 9	17.06		
γ AQUILÆ.				July 30	26.07										
Aug. 22	19 39 36.15			Aug. 7	26.08			O. ARG. S. 20234.				c CAPRICORNI.			
27	36.17			9	26.16			July 27	19 58 21.07		7.0	Aug. 22	20 11 18.70		
30	36.15			14	25.99			Aug. 7	21.06		7.0				
Sept. 21	36.11			15	26.07							B. A. C. 6982.			
24	36.11			22	26.15			B. A. C. 6899.				Sept. 12	20 11 22.13		
25	36.17			27	26.02			Aug. 30	19 58 40.82						
				29	26.08			Sept. 13	40.96			Aug. 31	20 13 8.57		
O. ARG. S. 19960.				30	26.08							Sept. 24	8.52		
Aug. 12	19 39 44.36			Sept. 12	26.07			B. A. C. 6906.							
				14	26.02							O. ARG. S. 20458.			
(*), —28° 47'.				15	26.09			Aug. 1	20 0 34.93			Aug. 9	20 15 33.34		8.5
Aug. 29	19 40 23.24		8.0	21	26.04			15	34.88		7.0	12	33.38		8.5
Sept. 12	23.24		8.5	24	26.11										
				25	26.08			B. A. C. 6920.				O. ARG. S. 20465.			
O. ARG. S. 19985.								Sept. 14	20 1 40.01			Aug. 1	20 16 2.17		7.5
July 13	19 41 22.36			A SAGITTARII.				21	40.06						
				July 13	19 50 25.03										
B. A. C. 6786.				Aug. 12	24.98			B. A. C. 6922.				B. A. C. 7012.			
July 18	19 41 46.59			16	24.95			July 14	20 1 59.49			July 13	20 16 11.62		
Aug. 15	46.63			Sept. 22	25.04			Aug. 9	59.51		5.5	Aug. 30	11.56		
Sept. 15	46.63			Oct. 9	25.16			30	59.50			Sept. 13	11.66		
22	46.70							Sept. 13	59.42			14	11.48		7.0
				B. A. C. 6854.				22	59.44			22	11.68		
				Sept. 15	19 51 55.82										

MEAN RIGHT ASCENSIONS OF STARS FOR 1860.0

O. Arg. S. 20470.

1860.	h. m. s.	Mag.
Aug. 9	20 16 22.63	8.5
12	22.70	8.5

B. A. C. 7018.

Sept. 15	20 16 52.04
25	52.06
Oct. 9	52.11

B. A. C. 7021.

| July 14 | 20 17 21.15 |

O. Arg. S. 20502.

| Sept. 21 | 20 18 45.19 | 8.5 |

B. A. C. 7030.

| Sept. 12 | 20 18 53.89 |

π Capricorni.

| July 5 | 20 19 18.23 |

B. A. C. 7032.

| Aug. 30 | 20 19 22.64 |
| Sept. 13 | 22.68 |

B. A. C. 7033.

| Sept. 25 | 20 19 29.64 |

B. A. C. 7034.

| Sept. 14 | 20 19 37.24 | 6.0 |

O. Arg. S. 20522.

| Aug. 22 | 20 19 53.33 | 8.5 |
| 29 | 53.36 | 8.5 |

B. A. C. 7040.

| Aug. 15 | 20 20 25.96 |

ρ Capricorni.

July 6	20 20 52.22
Aug. 12	52.16
27	52.18
Sept. 15	52.22
22	52.27
24	52.21

B. A. C. 7053.

| Aug. 9 | 20 21 50.57 | 7.5 |

ο Capricorni.

| Aug. 9 | 20 21 51.96 | 7.0 |
| 22 | 52.05 |

B. A. C. 7057.

| Oct. 9 | 20 22 21.91 |

B. A. C. 7063.

1860.	h. m. s.	Mag.
Sept. 21	20 23 13.46

B. A. C. 7071.

| Sept. 13 | 20 24 9.51 |
| 14 | 9.50 | 7.0 |

B. A. C. 7077.

| Sept. 15 | 20 24 31.88 |
| 22 | 31.89 |

ι Delphini.

Aug. 12	20 26 31.38
27	31.34
31	31.41
Sept. 24	31.43
28	31.35

Weisse XX, 664.

| Sept. 12 | 20 26 56.00 | 9.5 |

B. A. C. 7113.

Aug. 30	20 29 47.31
Sept. 13	47.37
15	47.41
Oct. 9	47.53

O. Arg. S. 20675.

| Aug. 29 | 20 30 12.43 | 8.5 |

B. A. C. 7123.

| Aug. 9 | 20 31 8.78 |
| Sept. 28 | 8.85 | 6.5 |

ξ Capricorni.

| Aug. 1 | 20 31 26.36 |

B. A. C. 7133.

Aug. 30	20 32 4.32
Sept. 15	4.38
22	4.40

ε Capricorni.

Aug. 12	20 32 4.41
22	4.56
27	4.56
Sept. 24	4.50

B. A. C. 7135.

| Sept. 21 | 20 32 8.54 |

B. A. C. 7139.

| Sept. 25 | 20 32 22.12 |

B. A. C. 7148.

| Sept. 14 | 20 33 5.06 | 6.5 |

Weisse XX, 860.

1860.	h. m. s.	Mag.
Aug. 31	20 34 2.01	9.5
Sept. 12	2.08	9.0

B. A. C. 7159.

| July 6 | 20 34 41.51 | 7.0 |

α Cygni.

| Sept. 28 | 20 36 39.52 |
| Oct. 9 | 39.60 |

| (*).— 21 24. |

| Aug. 9 | 20 36 43.72 | 7.5 |

O. Arg. S. 20812.

| Aug. 9 | 20 37 38.08 | 9.0 |

ο Capricorni.

| Aug. 27 | 20 37 48.01 |

ε Aquarii.

| Sept. 21 | 20 40 5.52 |

Weisse XX, 1031.

| Aug. 12 | 20 40 49.75 | 8.0 |

B. A. C. 7205.

Aug. 31	20 40 58.38	7.0
Sept. 13	58.45
14	58.42
22	58.52

Weisse XX, 1036.

| Aug. 12 | 20 40 58.99 | 8.5 |

B. A. C. 7209.

| Aug. 1 | 20 41 23.74 |
| 22 | 23.85 |

B. A. C. 7210.

| July 6 | 20 41 41.33 | 7.0 |
| Aug. 29 | 41.33 |

B. A. C. 7219.

| June 8 | 20 42 32.97 |

B. A. C. 7224.

| Oct. 9 | 20 43 10.45 |

O. Arg. S. 20903.

| Sept. 12 | 20 43 13.80 | 7.5 |

d Microscopii.

| Sept. 28 | 20 43 16.36 |

d Aquarii.

1860.	h. m. s.	Mag.
Aug. 9	20 44 0.24
22	0.24

O. Arg. S. 20921.

| Sept. 15 | 20 44 54.73 | 8.5 |

B. A. C. 7244.

| Aug. 29 | 20 45 47.61 |
| Sept. 14 | 47.38 |

19 Capricorni.

| July 6 | 20 46 52.81 |

32 Vulpeculae.

Aug. 9	20 48 35.58
12	35.60
22	35.52
27	35.54
31	35.54
Sept. 12	33.51
13	35.53
15	35.54
21	35.61
22	35.60
24	35.60
25	35.60
28	35.60
Oct. 9	35.59
12	35.61
23	35.56

B. A. C. 7268.

| Aug. 29 | 20 51 6.41 |

21 Capricorni.

| July 6 | 20 52 58.60 | 6.0 |

B. A. C. 7290.

| Sept. 12 | 20 53 18.81 |

B. A. C. 7286.

Aug. 12	20 53 27.41
30	27.58
Sept. 22	27.59

ζ Microscopii.

| Sept. 15 | 20 54 0.45 |
| Oct. 12 | 0.49 |

μ Cygni.

| Oct. 23 | 20 55 3.84 |

2-Piscis Australis.

Sept. 13	20 57 50.43
22	50.42
28	50.40

OBSERVED WITH THE WEST TRANSIT INSTRUMENT, 1860.

θ Capricorni.			
1860.	h. m. s.	Mag.
June 8	20 58 4.42	
July 5	4.31	
Aug. 29	4.40	
Sept. 25	4.40	

O. Arg. S. 21105.			
Aug. 12	20 58 43.70	6.5
30	43.66	
31	43.80	
Sept. 14	43.71	7.0
15	43.77	
Oct. 9	43.68	

B. A. C. 7327.			
Aug. 12	20 58 55.60	6.0
31	55.65	6.5
Sept. 14	55.45	7.0

61¹ Cygni.		
July 6	21 0 37.24	
Oct. 12	37.32	
Nov. 7	37.37	

61² Cygni.		
Nov. 7	21 0 38.78	

ν Aquarii.		
July 5	21 1 57.81	
Aug. 1	57.83	
29	57.88	
Sept. 25	58.01	
Oct. 23	57.84	

B. A. C. 7366.		
Aug. 12	21 6 32.77	
30	32.83	
Sept. 15	32.92	
Oct. 9	32.86	

ζ Cygni.		
Aug. 1	21 6 58.67	
Sept. 14	58.68	
28	58.69	
Oct. 10	58.60	
12	58.69	
Nov. 7	58.65	

H. A. C. 7383.		
Aug. 22	21 8 56.74	
Sept. 12	56.73	

4 Piscis Australis.			
Aug. 12	21 9 26.08	
30	26.16	
Sept. 15	26.32	
22	26.31	

Weisse (2) XXI, 226.			
Aug. 22	21 9 55.45	7.0
Sept. 12	55.46	7.0

(*), −32° 46'.			
1860.	h. m. s.	Mag.
Sept. 13	21 10 33.79	

A Cygni.

Sept. 12	21 13 14.02	

ι Capricorni.		
July 5	21 14 26.70	
Aug. 1	26.61	
29	26.83	

α Cephei.		
Aug. 31	21 15 14.14	
Sept. 14	14.19	
15	14.09	
22	14.01	
25	14.21	
28	14.19	
Oct. 10	13.91	
12	13.93	
23	14.01	
Nov. 7	14.06	

B. A. C. 7417.		
Aug. 22	21 15 22.99	

Weisse XXI, 346.		
Aug. 12	21 15 37.16	8.5

B. A. C. 7419.		
Aug. 30	21 15 47.56	
Sept. 13	47.56	

B. A. C. 7422.		
Oct. 9	21 16 6.14	

B. A. C. 7431.		
Sept. 12	21 17 8.71	

ζ Capricorni.		
July 5	21 18 40.06	
Aug. 12	39.97	

(*), −23° 51'.		
Oct. 10	21 21 52.69	8.0

(*), −23° 49'.		
Oct. 10	21 22 4.16	8.5

B. A. C. 7466.		
Oct. 9	21 22 19.88	

B. A. C. 7467.		
Aug. 30	21 22 20.30	
Sept. 15	20.38	

(*), −16° 28'.		
1860.	h. m. s.	Mag.
Sept. 14	21 23 14.55	

(*), +69° 56'.		
Sept. 29	21 23 31.31	9.0

β Aquarii.		
July 6	21 24 11.09	
Aug. 1	11.09	
12	11.12	
22	11.14	
Sept. 15	11.17	
Oct. 23	11.18	
Nov. 7	11.13	

B. A. C. 7485.		
Aug. 31	21 25 55.92	

β Cephei.		
Aug. 29	21 26 50.63	
Sept. 12	50.65	
13	50.60	
28	50.58	
29	50.57	
Oct. 12	50.44	
24	50.27	
25	50.29	

β Cephei, S. P.		
Mar. 30	21 26 50.06	

7 Piscis Australis.		
Aug. 30	21 28 23.65	
Sept. 14	23.66	6.0

ξ Aquarii.		
Sept. 25	21 30 18.03	
Oct. 23	17.72	
Nov. 7	17.74	

B. A. C. 7523.		
Aug. 12	21 30 56.34	

(*), −25° 5'.		
Aug. 30	21 32 9.38	
Oct. 10	33 9.12	

γ Capricorni.		
July 5	21 32 19.80	
6	19.57	
Aug. 1	19.55	

Rümker 9349.		
Aug. 29	21 33 48.33	7.0

B. A. C. 7549.		
Oct. 12	21 35 21.36	7.0

B. A. C. 7555.		
Aug. 12	21 36 36.94	

77 Cygni.		
1860.	h. m. s.	Mag.
Sept. 12	21 36 45.15	

ε Pegasi.		
Aug. 30	21 37 18.47	
31	18.49	
Sept. 13	18.59	
14	18.52	
28	18.54	
29	18.52	
Oct. 23	18.56	
24	18.60	
25	18.53	

H. A. C. 7565.		
Sept. 12	21 37 29.00	

δ Capricorni.		
July 5	21 39 18.46	
6	18.37	
Aug. 1	18.37	
Sept. 25	(18.80)	

δ Piscis Australis.		
Sept. 28	21 39 30.62	
29	30.54	
Oct. 9	30.44	

B. A. C. 7610.		
Aug. 12	21 44 32.58	
Sept. 12	32.37	

γ Gruis.		
Sept. 29	21 45 26.37	

μ Capricorni.		
Aug. 29	21 45 39.61	
Nov. 20	39.59	

16 Pegasi.		
Oct. 10	21 46 41.56	
12	41.59	
24	41.55	
Nov. 7	41.42	

B. A. C. 7630.		
July 6	21 47 22.20	7.0
Sept. 28	22.28	7.0

B. A. C. 7632.		
Sept. 29	21 47 56.48	
Oct. 25	56.22	

(*), −21° 23'.		
Oct. 12	21 50 30.44	9.0
24	30.28	9.0

B. A. C. 7652.		
Aug. 30	21 51 25.34	
Oct. 10	25.10	

MEAN RIGHT ASCENSIONS OF STARS FOR 1860.0

11 Piscis Australis.				
1860.	h. m. s.	Mag.		
Nov. 20	21 51 32.61			

η Piscis Australis.			
Aug. 29	21 52 47.11		
Oct. 25	46.93		

(*), −21° 25'.

Aug. 31	21 53 46.51	9.0

O. Arg. S. 21832.			
Sept. 12	21 55 39.39	9.0	
28	39.41		

Lalande 42984.			
Aug. 31	21 56 21.69	8.0	

B. A. C. 7675.			
Nov. 15	21 56 38.52		

Lalande 43040.			
Oct. 10	21 58 5.86	7.5	

a Aquarii.		
July 6	21 58 35.43	
Aug. 12	35.45	
Sept. 26	35.47	
29	35.40	
Oct. 9	35.39	
25	35.51	

ι Aquarii.		
Aug. 29	21 58 52.38	
30	52.23	
Oct. 24	52.28	
Nov. 20	52.30	

B. A. C. 7697.		
Sept. 28	21 59 50.34	

Weisse XXI, 1375.		
Sept. 12	21 59 51.93	9.0

Lalande 43106.		
Aug. 31	22 0 3.51	8.0
Nov. 7	3.57	

Weisse XXII, 13.		
Oct. 24	22 2 5.79	8.5

B. A. C. 7729.		
Aug. 29	22 3 30.92	
Sept. 29	30.74	
Nov. 15	30.82	

(*), −18° 48'.

Sept. 12	22 4 38.48	

B. A. C. 7739.		
1860.	h. m. s.	Mag.
Aug. 29	22 4 41.37	
30	41.24	
Oct. 25	41.38	

Lalande 43283.		
Aug. 31	22 4 54.15	8.5

B. A. C. 7745.		
Nov. 20	22 5 52.06	

B. A. C. 7765.		
Sept. 28	22 7 52.33	

B. A. C. 7768.		
Sept. 29	22 8 44.93	

θ Aquarii.		
July 6	22 9 26.60	
Aug. 29	26.65	
30	26.58	
31	26.57	
Sept. 12	26.59	
26	26.58	
28	26.61	
Oct. 10	26.67	
12	26.61	
24	26.64	
25	26.56	
26	26.56	
Nov. 7	26.61	
15	26.59	
20	26.60	

ρ Aquarii.		
Oct. 10	22 12 49.79	
12	49.83	
24	49.73	
26	49.70	
Nov. 7	49.72	

γ Aquarii.		
Aug. 29	22 14 25.51	
31	25.45	
Sept. 12	25.37	

B. A. C. 7803.		
Sept. 15	22 16 3.55	

O. Arg. S. 22142.		
Oct. 12	22 18 19.94	9.0

B. A. C. 7826.		
Sept. 28	22 20 25.79	
29	25.88	
Oct. 25	25.93	

(e), −16° 20'.

Aug. 29	22 21 5.28	9.0
31	5.02	9.5

B. A. C. 7829.		
1860.	h. m. s.	Mag.
Nov. 15	22 29 5.98	

Lacaille 9144.		
Nov. 7	22 21 33.90	6.5

ζ Aquarii, (1st *.)		
July 6	22 21 37.32	
Sept. 1	37.36	

56 Aquarii.		
Oct. 10	22 22 46.96	

σ Aquarii.		
Sept. 26	22 23 14.12	

O. Arg. S. 22197.		
Oct. 12	22 23 31.40	8.0

Lacaille 9175.		
Oct. 24	22 26 27.00	7.0

η Aquarii.		
July 6	22 28 9.65	
Aug. 29	9.64	
Sept. 1	9.78	
26	9.59	
28	9.61	
29	9.69 :	
Oct. 12	9.74	
25	9.68	
26	9.63	
Nov. 7	9.65	
12	9.66	
15	9.67	
20	9.66	

B. A. C. 7872.		
Oct. 10	22 28 42.01	

(*), −32° 22'.

Oct. 10	22 28 45.60	7.0

Piazzi 169.		
Sept. 12	22 29 33.43	8.0

κ Aquarii.		
Aug. 30	22 30 30.31	
Oct. 24	30.24	

Weisse XXII, 641.		
Sept. 28	22 31 1.22	6.5

Lacaille 9199.		
Nov. 7	22 30 56.88	6.5

ε Piscis Australis.		
Sept. 29	22 32 54.26	
Oct. 10	54.27	

30 Cephei.		
1860.	h. m. s.	Mag.
Nov. 15	22 33 41.20	

ζ Pegasi.		
Sept. 12	22 34 28.80	
26	28.78	
28	28.81	
Oct. 26	28.77	
Nov. 12	28.81	
20	28.71	

(*), −21° 38'.

Oct. 12	22 35 2.06	8.0

(*), −21° 41'.

Oct. 12	22 36 27.50	

20 Piscis Australis.		
Sept. 29	22 37 51.12	
Oct. 10	51.12	
25	51.17	

(*), −21° 35'.

Oct. 12	22 38 9.41	

Weisse XXII, 815.		
Sept. 12	22 38 47.88	
28	47.77	9.0

B. A. C. 7951.		
Nov. 15	22 40 36.68	

(*), +6° 20'.

Nov. 12	22 41 17.93	

Rümker 10641.		
Nov. 7	22 41 52.07	9.0

τ² Aquarii.		
Oct. 26	22 42 10.56	

(*), −6° 20'.

Nov. 12	22 42 47.42	

Weisse XXII, 897.		
Nov. 12	22 42 58.34	

B. A. C. 7957.		
Sept. 29	22 43 3.18	
Oct. 10	3.28	

λ Aquarii.		
Aug. 30	22 45 18.64	
31	18.50	
Sept. 26	18.46	

OBSERVED WITH THE WEST TRANSIT INSTRUMENT, 1860. 59

Weisse XXII, 951.			**(*), −4° 15′.**			**Lalande 45473.**			**B. A. C. 8184.**		
1860.	h. m. s.	Mag.	1860.	h. m. s.	Mag.	1860.	h. m. s.	Mag.	1860.	h. m. s.	Mag.
Nov. 7	22 45 55.56	9.0	Sept. 28	22 57 24.96	9.0	Oct. 10	23 7 7.80	8.5	Nov. 14	23 22 17.83	
12	55.61		Oct. 26	24.98		26	7.69	8.5			
			Nov. 7	24.93	9.0				**Santini 1635.**		
Weisse XXII, 957.			12	25.11	9.0				Nov. 7	23 22 24.64	8.5
Oct. 12	22 46 9.41					**Weisse XXIII, 136.**					
Nov. 7	9.41		**α Pegasi.**			Dec. 11	23 8 6.75		**Weisse XXIII, 463.**		
12	9.35		Aug. 5	22 57 47.32					Sept. 28	23 23 36.29	9.0
Weisse XXII, 962.			Sept. 12	47.29		**B. A. C. 8104.**					
Sept. 12	22 46 21.27	9.0	Oct. 12	47.24		Nov. 14	23 9 39.23		**Santini 1636.**		
28	21.15	8.5							Aug. 31	23 25 5.69	
			Weisse XXII, 1272.			**Weisse XXIII, 177.**					
D. A. C. 7986.			Oct. 10	23 0 40.37	9.0	Nov. 12	23 9 52.72		**b¹ Aquarii.**		
Oct. 24	22 47 55.25	6.7							Nov. 15	23 25 56.81	
			B. A. C. 8053.			**γ Piscium.**					
Lalande 44823.			Sept. 1	23 0 46.24		Aug. 5	23 9 54.49		**Weisse XXIII, 534.**		
Oct. 26	22 47 59.35	7.0				Sept. 28	54.43		Oct. 10	23 26 44.20	9.0
			Weisse XXII, 1283.			Oct. 26	54.48				
Lalande 44860.			Oct. 10	23 1 24.79	9.0	Nov. 7	54.49		**16 Piscium.**		
Sept. 12	22 49 35.87	7.5				15	54.44		Oct. 25	23 29 14.66	
			A Piscium.						26	14.58	
α Piscis Australis.			Oct. 24	23 1 30.62		**Weisse XXIII, 183.**					
Aug. 31	22 49 54.38		25	30.66		Nov. 12	23 10 40.97		**B. A. C. 8223.**		
Sept. 1	54.35								Nov. 14	23 30 42.00	
Oct. 10	54.44		**Weisse XXIII, 9.**			**ψ² Aquarii.**					
25	54.32		Oct. 26	23 2 6.55		Oct. 10	23 10 37.55		**ι Piscium.**		
Nov. 15	54.38					Nov. 7	37.52		Aug. 31	23 32 45.06	
Dec. 11	54.36		**Weisse XXIII, 12.**						Sept. 1	44.99	
			Nov. 12	23 2 18.91	9.0	**b Piscium.**			28	44.99	
B. A. C. 7993.						Sept. 28	23 13 12.63	6.0	Oct. 24	45.05	
Oct. 24	22 50 2.25	7.0	**Weisse XXIII, 14.**						25	45.03	
			Nov. 7	23 2 25.30		**b¹ Aquarii.**			26	44.90	
Weisse XXII, 1087.			12	25.25		Sept. 1	23 15 36.92		Nov. 7	44.99	
Sept. 28	22 52 26.17	9.0				Nov. 15	36.86		14	45.02	
			58 Pegasi.			Dec. 11	36.82		15	44.94	
Weisse XXII, 1088.			Nov. 15	23 2 56.43					20	45.04	
Sept. 28	22 52 26.75	8.5				**Lalande 45804.**			22	44.99	
Nov. 7	26.66	8.0	**Weisse XXIII, 45.**			Nov. 12	23 16 31.56				
12	26.81	8.0	Dec. 11	23 4 2.87					**γ Cephei.**		
						Lalande 45838.			Oct. 10	23 33 37.79	
Weisse XXII, 1149.			**Weisse XXIII, 85.**			Oct. 10	23 17 51.12	9.0			
Oct. 10	22 55 2.67	9.0	Sept. 28	23 6 11.75	9.0	26	51.02	8.5	**Weisse XXIII, 710.**		
									Nov. 12	23 34 48.81	6.0
Weisse XXII, 1156.			**Weisse XXIII, 111.**			**Weisse XXIII, 377.**					
Oct. 10	22 55 12.09	8.0	Nov. 12	23 6 53.35		Oct. 26	23 19 20.20	8.5	**λ Piscium.**		
						Nov. 12	20.29	8.5	Aug. 31	23 34 54.27	
82 Aquarii.			**B. A. C. 8084.**								
Sept. 1	22 55 16.44		Aug. 5	23 6 54.17		**κ Piscium.**			Dec. 11	23 38 44.35	
						Aug. 5	23 19 45.29				
Rumker 10800.			**φ Aquarii.**			Sept. 1	45.32		**Weisse XXIII, 817.**		
Sept. 28	22 55 17.74	9.0	Oct. 24	23 7 4.19		28	45.30		Oct. 10	23 40 31.64	8.0
			25	4.11		Oct. 24	45.28		26	31.56	8.5
η Andromedæ.						25	45.32				
Nov. 15	22 55 29.05					Nov. 7	45.31		**Weisse XXIII, 828.**		
						14	45.35		Nov. 12	23 40 58.42	9.0
						15	45.36				
						Dec. 11	45.33				

Weisse XXIII, 830.			26 Piscium.			Weisse XXIII, 1039.			Weisse XXIII, 1142.		
1860.	h. m. s.	Mag.	1860.	h. m. s.	Mag.	1860.	h. m. s.	Mag.	1860.	h. m. s.	Mag.
Oct. 26 . .	23 41 1.54	8.5	Sept. 28 . .	23 47 58.12		Oct. 10 . .	23 50 54.65	9.0	Oct. 26 . .	23 55 35.15	8.5
						26 . .	54.56	9.0			
B. A. C. 8272.			B. A. C. 8314.			ν Piscium.			Weisse XXIII, 1205.		
Nov. 14 . .	23 41 3.26	7.0	Nov. 14 . .	23 48 3.34		Sept. 28 . .	23 52 7.41		Dec. 21 . .	23 58 57.74	8.5
						Oct. 10 . .	7.39		22 . .	57.66	8.5
d Sculptoris.			Weisse XXIII, 994.			24 . .	7.44				
Sept. 1 . .	23 41 37.71		Oct. 26 . .	23 49 7.55	9.0	Nov. 13 . .	7.40		B. A. C. 8372.		
Oct. 24 . .	37.59		Nov. 12 . .	7.60	9.0	14 . .	7.39				
Nov. 13 . .	37.75					15 . .	7.45		Oct. 24 . .	23 58 57.61	
						Dec. 11 . .	7.33				
*B. A. C. 8287.			Rumker 11777.			20 . .	7.40				
						21 . .	7.41		Weisse XXIII, 1218.		
Oct. 24 . .	23 43 19.46	7.0	Nov. 12 . .	23 49 37.08	7.0						
			Dec. 22 . .	37.04	7.5	Weisse XXIII, 1110.			Nov. 14 . .	23 59 41.38	9.0
Weisse XXIII, 916.						Dec. 22 . .	23 54 25.70	9.0			
Oct. 10 . .	23 45 32.30	9.0	ψ Pegasi.								
			Oct. 24 . .	23 50 37.78		B. A. C. 8351.			Weisse XXIII, 1222.		
25 Piscium.						Nov. 13 . .	23 54 52.09				
Nov. 13 . .	23 45 54.67		Weisse XXIII, 1032.						Oct. 10 . .	23 59 53.87	8.0
15 . .	54.67					e^1 Piscium.			Nov. 12 . .	53.83	8.0
Dec. 11 . .	54.63		Dec. 21 . .	23 50 37.91	9.0	Nov. 12 . .	23 55 14.02	7.0			

MEAN DECLINATIONS OF STARS FOR 1850.0.

MURAL CIRCLE.

α ANDROMEDÆ, $0^h\ 0^m\ 38^s$.

1853.		° ′ ″
March 3	. .	+28 15 42.92

B. A. C. 18, $0^h\ 2^m\ 44^s$.

| November 1 | . . | +58 50 20.36 |
| 2 | . . | 19.89 |

B. A. C. 25, $0^h\ 4^m\ 23^s$.

| October 6 | . . | −45 0 21.09 |
| 8 | . . | 21.09 |

B. A. C. 28, $0^h\ 5^m\ 44^s$.

| November 4 | . . | +40 12 24.55 |
| 5 | . . | 25.02 |

B. A. C. 39, $0^h\ 7^m\ 49^s$.

| November 26 | . . | +76 7 2.08 |
| 30 | . . | 1.55 |

B. A. C. 49, $0^h\ 9^m\ 9^s$.

| October 15 | . . | −33 31 18.00 |
| November 14 | . . | 16.02 |

B. A. C. 83, $0^h\ 17^m\ 1^s$.

November 1	. .	+52 12 55.67
2	. .	55.11
4	. .	55.40

B. A. C. 91, $0^h\ 18^m\ 16^s$.

| November 14 | . . | +19 18 56.59 |
| 26 | . . | 55.86 |

B. A. C. 92, $0^h\ 18^m\ 28^s$.

September 26	. .	+55 48 36.85
October 6	. .	36.33
15	. .	38.09

B. A. C. 109, $0^h\ 22^m\ 13^s$.

September 26	. .	+28 55 25.94
October 6	. .	26.83
8	. .	26.84

B. A. C. 133, $0^h\ 25^m\ 49^s$.

November 1	. .	+19 36 19.23
2	. .	19.09
4	. .	19.37

B. A. C. 147, $0^h\ 27^m\ 51^s$.

| November 5 | . . | −1 13 47.55 |
| 14 | . . | 47.61 |

B. A. C. 149, $0^h\ 28^m\ 10^s$.

1853.		° ′ ″
November 26	. .	+12 23 14.61
December 7	. .	14.78

B. A. C. 158, $0^h\ 29^m\ 20^s$.

September 26	. .	+34 34 23.94
October 6	. .	24.10
8	. .	23.69
15	. .	24.19

α CASSIOPEÆ, $0^h\ 32^m\ 2^s$.

| March 3 | . . | +55 42 49.69 |
| 16 | . . | 50.63 |

β CETI, $0^h\ 36^m\ 3^s$.

November 26	. .	−18 48 38.75
30	. .	38.07
December 7	. .	37.94
8	. .	37.86
10	. .	37.66
13	. .	37.87
15	. .	38.53

B. A. C. 197, $0^h\ 36^m\ 7^s$.

November 1	. .	+47 2 28.41
2	. .	28.72
4	. .	27.92

B. A. C. 219, $0^h\ 40^m\ 22^s$.

September 26	. .	+50 8 56.47
October 6	. .	56.11
8	. .	56.58

H. A. C. 224, $0^h\ 41^m\ 7^s$.

| November 5 | . . | +27 54 4.00 |
| 14 | . . | 3.93 |

B. A. C. 239, $0^h\ 44^m\ 9^s$.

| November 26 | . . | +60 18 2.78 |
| 30 | . . | 1.88 |

B. A. C. 244, $0^h\ 46^m\ 8^s$.

| December 8 | . . | +58 9 34.45 |
| 10 | . . | 35.23 |

B. A. C. 260, $0^h\ 48^m\ 30^s$.

| December 13 | . . | −12 4 46.88 |

B. A. C. 263, $0^h\ 49^m\ 10^s$.

November 5	. .	+26 11 12.64
14	. .	12.98
December 7	. .	13.04

B. A. C. 281, $0^h\ 54^m\ 19^s$.

1853.		° ′ ″
November 5	. .	+7 7 49.95
26	. .	50.24
December 30	. .	50.33

B. A. C. 284, $0^h\ 54^m\ 34^s$.

| December 13 | . . | −39 1 11.71 |
| 14 | . . | 10.89 |

B. A. C. 290, $0^h\ 55^m\ 27^s$.

December 8	. .	+53 24 0.31
10	. .	1.35
12	. .	0.04

POLARIS, $1^h\ 5^m\ 1^s$.

February 25	. .	+88 30 (32.17)
March 3	. .	34.34
10	. .	35.81
16	. .	34.88
25	. .	34.74
November 1	. .	33.98
2	. .	33.95
4	. .	34.09
5	. .	34.02
14	. .	34.04
26	. .	35.15
30	. .	34.43
December 7	. .	35.30
8	. .	34.94
10	. .	35.25
12	. .	34.46
13	. .	34.39
14	. .	34.44
15	. .	34.71
20	. .	34.11

POLARIS, S. P.

| April 5 | . . | +88 30 36.01 |
| 22 | . . | 33.02 |

(*), $1^h\ 14^m\ 56^s$.

| October 6 | . . | −1 14 8.22 |
| 8 | . . | 8.65 |

θ^1 CETI, $1^h\ 16^m\ 32^s$.

November 1	. .	−8 57 32.84
2	. .	32.54
4	. .	31.51
5	. .	32.06
14	. .	31.67
26	. .	31.89
30	. .	30.97
December 7	. .	31.01
8	. .	30.29
10	. .	31.01
12	. .	32.45
13	. .	31.17
14	. .	31.26
15	. .	32.16
20	. .	31.81

B. A. C. 472, $1^h\ 27^m\ 5^s$.

1853.		° ′ ″
November 2	. .	+0 11 6.81
26	. .	8.17
30	. .	8.58

H. A. C. 482, $1^h\ 28^m\ 22^s$.

December 12	. .	+57 12 52.54
13	. .	54.21
15	. .	54.18

O. ARG. N. 1812, $1^h\ 31^m\ 17^s$.

| December 8 | . . | +67 16 53.38 |
| 10 | . . | 53.66 |

B. A. C. 524, $1^h\ 34^m\ 22^s$.

| November 1 | . . | +15 1 8.60 |
| 2 | . . | 8.60 |

B. A. C. 547, $1^h\ 40^m\ 9^s$.

November 30	. .	+47 8 50.82
December 10	. .	52.17
24	. .	51.51
27	. .	51.25

B. A. C. 549, $1^h\ 40^m\ 14^s$.

December 12	. .	+16 16 14.23
13	. .	14.99
15	. .	13.75

B. A. C. 562, $1^h\ 43^m\ 17^s$.

| November 2 | . . | +50 44 51.49 |
| 4 | . . | 52.02 |

WEISSE I, 647, $1^h\ 47^m\ 2^s$.

| December 24 | . . | +2 39 15.24 |
| 27 | . . | 15.94 |

B. A. C. 594, $1^h\ 49^m\ 39^s$.

| December 13 | . . | −23 15 38.96 |
| 15 | . . | 40.22 |

B. A. C. 598, $1^h\ 50^m\ 22^s$.

November 30	. .	−2 47 34.85
December 7	. .	34.39
8	. .	35.16
10	. .	34.26
12	. .	34.97

B. A. C. 613, $1^h\ 52^m\ 12^s$.

November 2	. .	−41 54 7.03
5	. .	7.03
20	. .	5.69

MEAN DECLINATIONS OF STARS FOR 1850.0

α Arietis, 1ʰ 58ᵐ 44ˢ.

1853.	° ′ ″
January 6	+22 45 4.13
March 29	1.04
December 12	2.47
13	3.15
15	1.96
20	1.57
24	2.45
27	2.30

B. A. C. 662, 2ʰ 1ᵐ 49ˢ.

November 2	+38 19 57.01
4	58.68
5	57.99

B. A. C. 667, 2ʰ 2ᵐ 40ˢ.

| November 30 | +30 49 1.23 |
| December 8 | 1.33 |

B. A. C. 702, 2ʰ 8ᵐ 45ˢ.

December 10	+63 38 28.62
12	29.89
13	30.10

67 Ceti, 2ʰ 9ᵐ 30ˢ.

December 14	— 7 6 55.46
15	57.00
20	56.30

B. A. C. 718, 2ʰ 11ᵐ 21ˢ.

November 2	+56 33 7.93
5	7.94
26	8.29

B. A. C. 725, 2ʰ 12ᵐ 37ˢ.

| December 24 | +56 41 54.26 |

O. Arg. N. 2729, 2ʰ 15ᵐ 41ˢ.

November 5	+56 32 47.98
26	47.94
December 8	47.59

B. A. C. 745, 2ʰ 16ᵐ 47ˢ.

| January 6 | + 9 55 46.02 |

Lalande 4460, 2ʰ 17ᵐ 17ˢ.

| January 5 | +18 52 25.41 |

B. A. C. 755, 2ʰ 19ᵐ 25ˢ.

December 14	+ 9 31 49.80
15	48.39
20	48.62

B. A. C. 764, 2ʰ 21ᵐ 35ˢ.

| November 2 | + 8 53 36.06 |
| 5 | 35.78 |

B. A. C. 768, 2ʰ 22ᵐ 8ˢ.

December 10	—31 46 26.22
12	27.09
13	25.35

B. A. C. 776, 2ʰ 23ᵐ 45ˢ.

1853.	° ′ ″
December 24	+ 1 35 59.20

Rumker 654, 2ʰ 25ᵐ 4ˢ.

| January 4 | +19 46 31.16 |

B. A. C. 807, 2ʰ 30ᵐ 9ˢ.

| November 26 | — 4 2 52.57 |

B. A. C. 809, 2ʰ 30ᵐ 45ˢ.

| November 2 | —35 13 18.83 |
| 5 | 19.53 |

ξ Ceti, 2ʰ 35ᵐ 32ˢ.

January 6	+ 2 36 (5.16)
8	4.51
11	4.82
29	3.64
February 3	(2.06)
10	3.47
December 12	4.36
13	4.31
14	4.60
15	3.43
20	3.32
24	4.03
27	4.05

B. A. C. 857, 2ʰ 38ᵐ 13ˢ.

| November 26 | +56 24 11.49 |
| December 10 | 10.50 |

B. A. C. 858, 2ʰ 38ᵐ 29ˢ.

December 12	+56 27 16.57
13	15.35
14	15.34

B. A. C. 880, 2ʰ 43ᵐ 12ˢ.

| November 2 | —25 10 47.06 |
| 5 | 46.72 |

Rumker 742, 2ʰ 46ᵐ 52ˢ.

| January 5 | +22 19 16.39 |

B. A. C. 920, 2ʰ 50ᵐ 18ˢ.

| November 26 | +21 0 52.12 |

B. A. C. 922, 2ʰ 50ᵐ 44ˢ.

| January 6 | —24 27 57.15 |
| 11 | 57.59 |

(*), 2ʰ 51ᵐ 4ˢ.

| December 15 | +14 36 12.63 |

B. A. C. 944, 2ʰ 53ᵐ 27ˢ.

| November 2 | —33 6 27.21 |
| 5 | 27.05 |

α Ceti, 2ʰ 54ᵐ 27ˢ.

1853.	° ′ ″
January 4	+ 3 29 55.93
6	55.04
8	55.26
11	55.36
29	53.37
February 3	52.26
December 10	54.24
12	54.07
14	55.46

B. A. C. 960, 2ʰ 57ᵐ 40ˢ.

| November 26 | +64 21 54.48 |
| 27 | 54.25 |

B. A. C. 980, 3ʰ 1ᵐ 33ˢ.

December 10	+26 19 8.47
12	9.08
13	8.50

B. A. C. 1019, 3ʰ 10ᵐ 1ˢ.

November 26	—31 22 58.10
December 15	59.89
27	62.14

Weisse III, 172, 3ʰ 10ᵐ 1ˢ.

| January 5 | +12 16 16.35 |

α Persei, 3ʰ 13ᵐ 38ˢ.

January 4	+49 19 23.61
6	21.54
8	22.31
10	22.14
11	23.54
29	21.67
February 3	21.43
December 10	22.58
12	23.18
13	22.30
14	23.20
15	21.65

B. A. C. 1057, 3ʰ 16ᵐ 45ˢ.

| January 19 | + 6 29 49.21 |

B. A. C. 1063, 3ʰ 18ᵐ 9ˢ.

| January 29 | +49 19 21.05 |

(*), 3ʰ 21ᵐ.

| January 5 | + 9 26 8.43 |

B. A. C. 1097, 3ʰ 25ᵐ 41ˢ.

| December 14 | +31 30 40.45 |
| 15 | 39.80 |

B. A. C. 1101, 3ʰ 26ᵐ 18ˢ.

November 26	+31 10 29.32
December 10	29.56
13	29.79

B. A. C. 1130, 3ʰ 32ᵐ 33ˢ.

| December 20 | —28 26 10.58 |
| 24 | 10.12 |

η Tauri, 3ʰ 39ᵐ 35ˢ.

1853.	° ′ ″
January 8	+23 38 15.10
11	14.40
December 10	14.73
12	14.36
13	15.59
14	14.50
15	14.57
20	15.02
27	13.42

B. A. C. 1171, 3ʰ 39ᵐ 35ˢ.

| November 26 | +23 52 47.03 |
| 27 | 49.22 |

B. A. C. 1205, 3ʰ 44ᵐ 32ˢ.

| December 15 | — 1 36 6.23 |
| 24 | 6.1 |

γ¹ Eridani, 3ʰ 51ᵐ 2ˢ.

January 4	—13 56 16.32
5	16.32
6	19.46
February 3	18.84
17	18.80
December 10	18.99
12	18.01
13	19.63
14	19.04
27	19.55

(*), 2ʰ 51ᵐ.

| December 15 | +14 36 12.63 |

B. A. C. 1244, 3ʰ 53ᵐ 36ˢ.

| November 26 | + 9 34 25.19 |
| December 14 | 24.78 |

B. A. C. 1282, 4ʰ 2ᵐ 37ˢ.

| December 10 | +48 42 11.48 |
| 12 | 11.33 |

(³), 4ʰ 4ᵐ.

| January 4 | +28 2 33.66 |

B. A. C. 1330, 4ʰ 11ᵐ 31ˢ.

| January 6 | +13 40 10.11 |
| 10 | 8.75 |

B. A. C. 1351, 4ʰ 14ᵐ 53ˢ.

| December 10 | +16 16 28.59 |
| 11 | 28.08 |

τ Tauri, 4ʰ 19ᵐ 52ˢ.

| January 19 | +18 50 32.73 |

Weisse (2) IV, 458, 4ʰ 21ᵐ 0ˢ.

| January 29 | +27 47 45.02 |
| February 3 | 44.48 |

OBSERVED WITH THE MURAL CIRCLE, 1853.

B. A. C. 1408, $4^h 25^m 15^s$.

1853.
February 17 . . +28 38 33.11

a Tauri, $4^h 27^m 19^s$.

January 4 . . +16 12 13.39
        8 . .   12.21
       11 . .   13.10
       19 . .   (9.15)

B. A. C. 1422, $4^h 27^m 38^s$.

December 14 . . −30 4 23.48
          15 . .   23.27

Weisse (2) IV, 606, $4^h 27^m 51^s$.

January 6 . . +27 36 56.10
       10 . .   55.66
February 3 . .   54.18

Weisse (2) IV, 610, $4^h 28^m 1^s$.

February 17 . . +29 4 47.49

B. A. C. 1427, $4^h 28^m 32^s$.

December 27 . . − 3 55 23.94

B. A. C. 1459, $4^h 35^m 50^s$.

December 14 . . +55 19 40.58
          15 . .   40.22

B. A. C. 1463, $4^h 36^m 39^s$.

December 27 . . +23 20 49.95

Weisse (2) IV, 986, $4^h 43^m 42^s$.

January 6 . . +26 31 23.56
       10 . .   23.49
       29 . .   21.31
February 3 . .   21.59

B. A. C. 1518, $4^h 47^m 8^s$.

December 15 . . +24 20 51.42
          27 . .   51.88

ι Tauri, $4^h 54^m 8^s$.

January 21 . . +21 22 10.49

B. A. C. 1591, $5^h 1^m 7^s$.

January 21 . . +15 23 57.63

a Aurigæ, $5^h 5^m 37^s$.

January 4 . . +45 50 22.20
        8 . .   21.66
       11 . .   21.63
       29 . .   20.68
February 3 . .   21.55

β Orionis, $5^h 7^m 20^s$.

1853.
January 6 . . − 8 22 42.04
       10 . .   43.34
February 10 . .   44.58
          12 . .   44.34
          17 . .   43.85

β Tauri, $5^h 16^m 49^s$.

January 4 . . +28 28 (33.36)
       6 . .   31.76
       8 . .   31.83
      10 . .   31.56
      11 . .   32.10
      29 . .   30.53
February 10 . .   31.31
          12 . .   30.85
          17 . .   32.39

δ Orionis, $5^h 24^m 21^s$.

January 8 . . − 0 24 51.82
      29 . .   52.34
February 12 . .   51.82

a Leporis, $5^h 26^m 7^s$.

January 4 . . −17 55 57.87
      11 . .   58.68

ε Orionis, $5^h 28^m 36^s$.

February 24 . . − 1 13 5.81

a Columbæ, $5^h 34^m 13^s$.

January 4 . . −34 9 24.08
      6 . .   (22.28)
      29 . .   27.06

a Orionis, $5^h 47^m 3^s$.

January 4 . . + 7 22 29.58
      10 . .   29.27
      11 . .   28.97
      29 . .   28.80
February 11 . .   26.23
          12 . .   26.42
          17 . .   26.77
          24 . .   27.62
          26 . .   28.14

β Geminorum, $6^h 13^m 53^s$.

January 4 . . +22 35 9.83
      6 . .   9.40
      11 . .   8.42
February 10 . .   7.05
          11 . .   7.62

51 Cephei, $6^h 28^m 34^s$.

January 4 . . +87 15 21.60
      6 . .   21.52
      10 . .   21.37
      29 . .   22.35
February 11 . .   22.29
          17 . .   21.30
          24 . .   19.32
          25 . .   19.16
          26 . .   21.25
          28 . .   22.23
March 7 . .   (23.37)

a Canis Majoris, $6^h 38^m 32^s$.

1853.
February 10 . . −16 30 50.90
          21 . .   50.96

ε Canis Majoris, $6^h 52^m 44^s$.

January 10 . . −28 46 15.65
      29 . .   17.04
February 10 . .   16.52
          12 . .   15.47
          21 . .   15.21
          25 . .   16.36
          26 . .   16.71
March 11 . .   15.37

D. A. C. 2305, $6^h 55^m 13^s$.

March 19 . . +20 47 6.19

δ Geminorum, $7^h 11^m 10^s$.

January 6 . . +22 15 14.00
      10 . .   14.08
      29 . .   12.43
February 10 . .   12.31
          12 . .   12.43
          24 . .   12.44
          26 . .   12.50
          28 . .   12.42
March 11 . .   15.26
        19 . .   13.07
        21 . .   14.38

B. A. C. 2469, $7^h 20^m 29^s$.

February 11 . . +28 13 14.26
          17 . .   12.93
          21 . .   12.48
          25 . .   11.96
          26 . .   13.86
          28 . .   13.90
March 21 . .   14.26

a^2 Geminorum, $7^h 25^m 1^s$.

January 6 . . +32 12 44.99
      29 . .   43.72
February 10 . .   42.71
                    44.46

D. A. C. 2504, $7^h 28^m 42^s$.

February 17 . . +35 22 45.82
          25 . .   44.27
          26 . .   45.87
          28 . .   45.57
March 21 . .   45.40

a Canis Minoris, $7^h 31^m 27^s$.

January 10 . . + 5 36 20.60
      29 . .   18.82
February 10 . .   20.38

B. A. C. 2605, $7^h 43^m 13^s$.

February 24 . . +19 42 15.60
          25 . .   13.85
          26 . .   16.53
          28 . .   15.12
March 29 . .   17.98

B. A. C. 2691, $7^h 56^m 45^s$.

1853.
February 16 . . +43 41 7.78
          24 . .   7.52
          25 . .   7.61
March 11 . .   8.07
        16 . .   7.29
        25 . .   8.34
        29 . .   8.82

ρ Argus, $8^h 1^m 9^s$.

February 10 . . −23 52 29.65
          17 . .   28.93
March 15 . .   29.18

B. A. C. 2788, $8^h 11^m 36^s$.

February 10 . . +21 13 61.31
          16 . .   59.44
          24 . .   59.74
March 11 . .   59.67

D. A. C. 2798, $8^h 14^m 32^s$.

March 16 . . +42 28 57.44
       25 . .   58.38
       29 . .   58.56

D. A. C. 2818, $8^h 17^m 44^s$.

February 24 . . +25 1 23.45
          26 . .   23.78
March 16 . .   24.32

B. A. C. 2855, $8^h 23^m 9^s$.

February 10 . . +38 31 34.49
          16 . .   32.09
          24 . .   32.43
March 15 . .   34.74
       29 . .   35.48

B. A. C. 2912, $8^h 31^m 0^s$.

March 15 . . +32 28 3.62
       16 . .   3.99
       29 . .   5.06
April 5 . .   3.63

B. A. C. 2952, $8^h 36^m 9^s$.

February 10 . . +31 14 14.45
          16 . .   12.91
          24 . .   13.45
          26 . .   14.24
March 7 . .   13.42
       16 . .   10.55
       29 . .   13.54
April 8 . .   11.49

ε Hydræ, $8^h 38^m 50^s$.

April 2 . . + 6 57 55.57
     10 . .   56.59

Lalande 17647, $8^h 49^m$.

April 10 . . −13 28 11.73

MEAN DECLINATIONS OF STARS FOR 1850.0

B. A. C. 3033, $8^h\ 47^m\ 41^s$.

1853.	°	′	″
February 10	+33	28	60.97
16			59.66
24			59.34
26			60.96
March 2			(65.05)
7			61.56
15			60.90
16			59.72
23			60.86
29			61.43

LALANDE 17662, $8^h\ 49^m$.

April 11	−13	19	59.43

B. A. C. 3109, $8^h\ 58^m\ 59^s$.

February 10	+30	15	14.53
16			13.43
24			13.78
26			14.82
March 2			15.36
7			14.42
15			12.31
16			13.21
19			13.41
23			13.61
29			13.92

WEISSE VIII, 1529, $9^h\ 0^m\ 5^s$.

April 10	−12	42	27.57

B. A. C. 3131, $9^h\ 3^m\ 59^s$.

March 16	+43	49	56.26
23			56.05
25			57.15
29			57.47
April 2			55.70
8			55.57

B. A. C. 3181, $9^h\ 12^m\ 11^s$.

March 16	+19	43	20.80
19			21.08
23			21.46
25			21.62
29			21.93
April 10			21.64

B. A. C. 3201, $9^h\ 15^m\ 23^s$.

February 10	+26	33	33.67
16			32.46
24			32.52
26			34.63
March 2			33.97
7			35.82
April 2			32.52

WEISSE IX, 488, $9^h\ 22^m\ 36^s$.

April 10	−12	4	48.30
11			48.71

B. A. C. 3252, $9^h\ 24^m\ 17^s$.

February 24	+37	8	53.37
26			55.12
March 2			54.66
7			56.74
23			54.91
25			55.79
29			55.89
April 2			(52.60)

B. A. C. 3261, $9^h\ 25^m\ 1^s$.

1853.	°	′	″
April 5	+37	3	36.05
8			36.12
15			36.80
18			36.23

ε LEONIS, $9^h\ 37^m\ 20^s$.

February 16	+24	27	42.43

WEISSE IX, 868, $9^h\ 39^m\ 30^s$.

April 10	−11	14	49.06
11			48.87

B. A. C. 3355, $9^h\ 41^m\ 26^s$.

February 26	+21	52	32.90
March 7			34.32
23			33.46
25			33.74
April 2			32.31
5			32.13

B. A. C. 3399, $9^h\ 48^m\ 29^s$.

April 2	+41	46	0.41
5			1.94
15			2.07
18			2.47

B. A. C. 3409, $9^h\ 50^m\ 57^s$.

February 26	+30	21	41.36
March 7			42.69
16			42.00
23			41.75
25			42.08

B. A. C. 3427, $9^h\ 55^m\ 14^s$.

March 7	+33	22	9.79
16			8.15
19			10.35
23			8.45
29			8.35
April 5			7.50

α LEONIS, $10^h\ 0^m\ 23^s$.

April 11	+12	41	52.92

B. A. C. 3466, $10^h\ 1^m\ 36^s$.

April 27	+41	23	46.50
28			45.53
30			47.96

B. A. C. 3500, $10^h\ 7^m\ 42^s$.

April 27	+30	3	20.59
28			(18.60)
30			21.44

B. A. C. 3539, $10^h\ 14^m\ 24^s$.

April 27	+35	58	22.64
28			(20.81)
30			23.78

B. A. C. 3584, $10^h\ 21^m\ 20^s$.

1853.	°	′	″
February 24	+39	41	25.74
March 7			28.09
16			26.48
19			28.85
25			26.67
29			26.63
April 5			25.81
11			28.14

B. A. C. 3610, $10^h\ 24^m\ 56^s$.

April 27	+35	45	33.28
28			32.02
30			34.33

B. A. C. 3671, $10^h\ 35^m\ 15^s$.

February 24	+23	58	20.49
March 7			19.66
16			17.78
19			20.71
23			18.64
25			19.23
29			20.06
April 2			18.81
5			18.01
8			18.31
10			18.89
11			18.89

B. A. C. 3710, $10^h\ 41^m\ 38^s$.

February 24	+28	45	51.53
March 7			53.34
16			52.01
19			52.06
23			52.45
29			53.17
April 2			50.96
5			52.05
8			51.83
10			51.67

B. A. C. 3736, $10^h\ 46^m\ 37^s$.

March 25	+34	50	4.01
April 18			2.75
20			2.79
21			(1.44)

B. A. C. 3741, $10^h\ 47^m\ 25^s$.

April 27	+34	18	22.52
28			(20.87)
30			24.00

B. A. C. 3781, $10^h\ 55^m\ 56^s$.

March 7	+39	40	30.81
16			29.44
19			31.83
23			31.60
25			30.27
April 5			29.44
8			29.51
10			29.64

B. A. C. 3811, $11^h\ 1^m\ 4^s$.

April 27	+37	7	18.78
30			19.78
May 2			18.28

δ LEONIS, $11^h\ 6^m\ 7^s$.

1853.	°	′	″
April 10	+21	20	40.99
18			40.61
22			41.02
27			40.17
28			39.04

B. A. C. 3842, $11^h\ 7^m\ 13^s$.

March 16	+23	54	43.51
19			45.30
23			44.38
25			43.88
April 5			42.85
8			43.09
21			(41.07)

B. A. C. 3846, $11^h\ 8^m\ 14^s$.

April 30	+50	17	38.42
May 2			37.43
9			35.94

δ CRATERIS, $11^h\ 11^m\ 51^s$.

April 8	−13	58	3.96
10			2.45
18			2.06
22			3.18

WEISSE XI, 509, $11^h\ 27^m\ 14^s$.

April 28	+21	16	11.19

WEISSE XI, 618, $11^h\ 35^m\ 10^s$.

April 22	−5	35	4.20
27			4.84

B. A. C. 3973, $11^h\ 35^m\ 39^s$.

March 16	+42	33	17.30
23			17.63
25			17.18
April 5			16.38
18			17.77

B. A. C. 3981, $11^h\ 38^m\ 7^s$.

April 30	+48	36	39.86
May 2			38.18
9			38.17

β LEONIS, $11^h\ 41^m\ 24^s$.

May 9	+15	24	34.72

B. A. C. 4014, $11^h\ 45^m\ 3^s$.

March 16	+16	16	22.20
23			23.82
25			22.15
April 5			21.73
18			23.42

B. A. C. 4026, $11^h\ 47^m\ 17^s$.

April 21	+47	18	38.78

B. A. C. 4028, $11^h\ 47^m\ 22^s$.

April 21	+47	18	14.14

OBSERVED WITH THE MURAL CIRCLE, 1853.

B. A. C. 4056, $11^h 54^m 3^s$.	B. A. C. 4360, $12^h 53^m 6^s$.	LALANDE 26054, $14^h 6^m 19^s$.	B. A. C. 4958, $14^h 56^m 18^s$.
1853.	1853.	1853.	1853.
April 28 . . +22 55 45.42	April 26 . . +31 35 41.76	May 9 . . −16 45 34.62	April 22 . . +40 59 5.70
May 2 . . 47.26	27 . . 41.82		27 . . 5.30
9 . . 47.00	May 2 . . 40.54	B. A. C. 4731, $14^h 9^m 1^s$.	May 4 . . 5.61
	9 . . 41.45	April 27 . . +19 36 44.45	
B. A. C. 4066, $11^h 56^m 35^s$.		May 2 . . 43.31	B. A. C. 4993, $15^h 2^m 3^s$.
March 16 . . +22 17 39.68	(*), $13^h 2^m 0^s$.	June 3 . . 44.48	April 18 . . +25 41 6.91
23 . . 40.37	April 15 . . +13 7 17.81		22 . . 8.45
25 . . 40.91	18 . . 16.72	B. A. C. 4747, $14^h 11 39^s$.	27 . . 8.37
April 5 . . 39.74	20 . . 15.89	April 15 . . +36 12 13.48	May 2 . . 7.71
18 . . 40.26		18 . . 13.16	
	B. A. C. 4121, $13^h 4^m 52^s$.	20 . . 13.65	β LIBRÆ, $15^h 8^m 56^s$.
B. A. C. 4100, $12^h 3^m 9^s$.	April 26 . . +23 38 21.30	21 . . (12.06)	May 11 . . − 8 49 33.97
April 26 . . +28 6 60.03	27 . . 21.77	22 . . 14.26	
23 . . (57.80)	May 2 . . 21.11		B. A. C. 5048, $15^h 11^m 41^s$.
30 . . 60.66	9 . . 22.15	B. A. C. 4752, $14^h 12^m 1^s$.	April 18 . . +21 7 25.85
May 2 . . 59.73		June 4 . . +52 0 9.17	22 . . 27.39
9 . . 59.27	(*) $13^h 20^m 0^s$.	5 . . 9.39	May 9 . . 25.78
	April 18 . . + 7 41 17.65	24 . . 7.71	
B. A. C. 4177, $12^h 16^m 23^s$.	20 . . 17.64		B. A. C. 5061, $15^h 13^m 56^s$.
April 26 . . +43 22 26.42		B. A. C. 4783, $14^h 19^m 22^s$.	June 4 . . +30 9 47.38
27 . . 28.15	B. A. C. 4519, $13^h 24^m 45^s$.	April 18 . . +39 4 22.98	5 . . 47.27
28 . . (25.77)	April 26 . . +42 52 45.64	20 . . 22.69	24 . . 46.31
30 . . 27.57	27 . . 45.58		
May 2 . . 27.82	May 2 . . 44.27	B. A. C. 4805, $14^h 23^m 41^s$.	B. A. C. 5072, $15^h 15^m 48^s$.
	9 . . 44.20	June 4 . . +42 28 29.46	May 2 . . +33 28 22.60
WEISSE (2) XII, 424, $12^h 20^m 4^s$.		5 . . 28.23	11 . . 23.18
April 18 . . +25 3 29.43	B. A. C. 4594, $13^h 39^m 45^s$.	24 . . 28.18	June 4 . . 21.75
20 . . 30.14	April 15 . . +26 27 24.22		
	18 . . 23.66	B. A. C. 4810, $14^h 25^m 43^s$,	B. A. C. 5084, $15^h 18^m 50^s$.
WEISSE (2) XII, 478, $12^h 22^m 36^s$.	20 . . 24.19	April 15 . . +22 55 22.49	April 20 . . +37 54 20.48
April 18 . . +25 10 11.05	22 . . 23.95	18 . . 21.70	22 . . 21.54
20 . . 12.16		May 2 . . 21.49	May 9 . . 20.42
	B. A. C. 4605, $13^h 41^m 0^s$.		
B. A. C. 4217, $12^h 22^m 56^s$.	April 27 . . +55 11 1.56	B. A. C. 4814, $14^h 26^m 25^s$.	B. A. C. 5092, $15^h 20^m 16^s$.
April 26 . . +52 21 50.15	May 2 . . 0.89	April 20 . . −19 46 41.07	May 11 . . +47 35 29.79
27 . . 50.55	9 . . 2.39	22 . . 41.45	June 3 . . 29.21
May 2 . . 50.31		27 . . 41.32	5 . . 28.95
9 . . 50.50	B. A. C. 4615, $13^h 42^m 15^s$.		
	May 11 . . +16 32 38.83	B. A. C. 4841, $14^h 32^m 35^s$.	B. A. C. 5130, $15^h 26^m 25^s$.
B. A. C. 4242, $12^h 27^m 36^s$.	June 3 . . 37.77	April 15 . . +44 17 29.03	June 4 . . +41 24 38.13
May 2 . . +19 12 13.00	4 . . 38.10	18 . . 28.45	24 . . 37.68
9 . . 12.43		May 2 . . 29.32	25 . . 38.78
	B. A. C. 4627, $13^h 44^m 27^s$.		
WEISSE (2) XII, 599, $12^h 27^m 38^s$.	April 18 . . +35 31 2.47	B. A. C. 4873, $14^h 38^m 15^s$.	B. A. C. 5146, $15^h 28^m 45^s$.
April 20 . . +22 42 34.69	20 . . 3.59	April 20 . . +17 36 8.26	April 18 . . +18 9 29.40
	22 . . 2.85	22 . . 8.38	20 . . 29.30
B. A. C. 4285, $12^h 37^m 53^s$.		27 . . 7.99	May 2 . . 29.70
April 20 . . +40 5 39.75	η BOOTIS, $13^h 47^m 33^s$.		9 . . 28.66
27 . . 40.95	May 11 . . +19 9 6.88	ε BOOTIS, $14^h 38^m 26^s$.	
28 . . 39.56		June 3 . . +27 42 33.31	B. A. C. 5168, $15^h 32^m 26^s$.
May 2 . . 40.75	B. A. C. 4700, $14^h 2^m 39^s$.	4 . . 33.44	April 18 . . +40 50 38.60
9 . . 40.56	June 3 . . −15 35 28.05	5 . . 31.77	20 . . 39.02
	4 . . 26.66		May 2 . . 39.60
	5 . . 26.24	a^2 LIBRÆ, $14^h 42^m 35^s$.	11 . . 39.08
		April 26 . . −15 24 55.35	
	B. A. C. 4706, $14^h 3^m 33^s$.		
WEISSE (2) XII, 877, $12^h 42^m 8^s$.	April 20 . . +25 48 16.77	B. A. C. 4902, $14^h 43^m 31^s$.	B. A. C. 5223, $15^h 40^m 20^s$.
April 18 . . +18 28 16.41	20 . . 16.92	June 3 . . +29 14 22.28	April 18 . . +14 34 52.45
20 . . 17.07	21 . . (14.83)	4 . . 22.24	21 . . 53.24
22 . . 16.01	22 . . 16.36	5 . . 21.94	May 2 . . 53.48

9——T I & M C

MEAN DECLINATIONS OF STARS FOR 1850.0

B. A. C. 5234, 15ʰ 42ᵐ 0ˢ.

1853.		°	′	″
May	9	+78	36	28.63
"	11			29.21
June	3			28.97

B. A. C. 5236, 15ʰ 42ᵐ 24ˢ.

June	4	+28	37	11.08
"	24			9.32
"	25			9.78

B. A. C. 5271, 15ʰ 47ᵐ 29ˢ.

June	24	+42	52	24.57
"	25			24.26
"	28			25.39

B. A. C. 5273, 15ʰ 47ᵐ 58ˢ.

April	18	+20	45	12.78
"	20			13.64
May	2			14.29

B. A. C. 5287, 15ʰ 49ᵐ 38ˢ.

May	9	+43	34	38.78
"	11			40.26
June	3			39.88

B. A. C. 5295, 15ʰ 50ᵐ 20ˢ.

June	4	+38	22	59.47
July	4			57.95
"	5			58.75

B. A. C. 5298, 15ʰ 50ᵐ 28ˢ.

July	6	+43	0	18.48
"	7			17.25
"	9			17.92

B. A. C. 5315, 15ʰ 54ᵐ 30ˢ.

June	28	+18	14	9.72
July	4			9.16
"	6			10.44

β¹ Scorpii, 15ʰ 56ᵐ 43ˢ.

April	20	−19	23	24.71

B. A. C. 5341, 15ʰ 58ᵐ 16ˢ.

June	4	+53	20	3.21
"	24			2.06
"	25			2.62

δ Ophiuchi, 16ʰ 6ᵐ 29ˢ.

June	25	−3	18	15.48
"	28			16.05

B. A. C. 5426, 16ʰ 8ᵐ 50ˢ.

April	18	+19	11	23.89
"	20			24.59
May	2			25.25
"	11			24.46

B. A. C. 5460, 16ʰ 14ᵐ 47ˢ.

1853.		°	′	″
April	20	+40	4	12.99
May	2			13.13
July	9			12.15
"	23			12.27

B. A. C. 5473, 16ʰ 16ᵐ 15ˢ.

April	18	+31	14	34.47
May	11			34.73
June	3			35.46

B. A. C. 5527, 16ʰ 24ᵐ 1ˢ.

April	20	+20	48	37.79
May	2			38.62
"	9			36.94

B. A. C. 5541, 16ʰ 27ᵐ 39ˢ.

May	11	+30	49	1.17
June	4			0.79
"	28			0.13

B. A. C. 5546, 16ʰ 28ᵐ 28ˢ.

June	28	+38	24	12.95
July	5			13.13
"	7			12.07

B. A. C. 5549, 16ʰ 28ᵐ 59ˢ.

July	8	+50	27	32.77
"	9			33.50
"	23			33.00

B. A. C. 5597, 16ʰ 34ᵐ 48ˢ.

May	11	+25	9	4.72
June	3			5.10
"	4			5.12

B. A. C. 5615, 16ʰ 37ᵐ 41ˢ.

June	25	+36	47	36.08
"	28			36.66
July	4			36.80

B. A. C. 5619, 16ʰ 38ᵐ 20ˢ.

July	5	+34	19	4.85
"	7			3.80
"	8			4.80
"	9			5.43

B. A. C. 5652, 16ʰ 43ᵐ 25ˢ.

May	11	+30	13	30.13
June	3			31.61
"	4			30.88

B. A. C. 5677, 16ʰ 45ᵐ 32ˢ.

June	25	+24	54	42.78
"	28			43.18
July	4			43.42

B. A. C. 5693, 16ʰ 47ᵐ 17ˢ.

July	6	+31	57	10.78
"	7			10.21
"	8			10.72
"	9			11.08

B. A. C. 5706, 16ʰ 50ᵐ 1ˢ.

1853.		°	′	″
June	28	+46	47	1.06
July	4			1.00
"	5			1.81

B. A. C. 5732, 16ʰ 54ᵐ 44ˢ.

May	11	+15	10	20.80
June	3			20.80
"	4			20.45

B. A. C. 5775, 17ʰ 0ᵐ 31ˢ.

June	7	+44	1	5.66
"	9			6.65
"	23			5.64

B. A. C. 5788, 17ʰ 2ᵐ 43ˢ.

May	11	+36	7	59.15
June	3			58.82
"	4			57.44

B. A. C. 5790, 17ʰ 2ᵐ 53ˢ.

July	29	+40	42	53.03
"	30			52.98
August	6			53.17

B. A. C. 5795, 17ʰ 4ᵐ 37ˢ.

June	25	+51	2	1.36
"	28			2.73
July	4			2.65
"	9			3.22

B. A. C. 5828, 17ʰ 8ᵐ 52ˢ.

June	28	+25	1	9.52
July	4			9.40
"	6			10.16
"	7			9.62

B. A. C. 5841, 17ʰ 11ᵐ 34ˢ.

May	11	+11	51	51.64
June	3			51.75
"	4			51.51
July	23			52.15

B. A. C. 5860, 17ʰ 14ᵐ 44ˢ.

June	25	+24	39	6.33
July	6			7.85
"	7			7.28

B. A. C. 5883, 17ʰ 17ᵐ 50ˢ.

May	11	+23	6	12.03
"	28			10.73
July	4			11.83

B. A. C. 5886, 17ʰ 18ᵐ 31ˢ.

July	8	+37	17	12.21
"	9			12.21
"	23			11.51

B. A. C. 5900, 17ʰ 20ᵐ 21ˢ.

July	28	+20	12	44.11
"	30			44.46
August	6			44.92

B. A. C. 5927, 17ʰ 25ᵐ 15ˢ.

1853.		°	′	″
June	6	+31	16	24.48
"	7			24.43
"	8			24.16

B. A. C. 5929, 17ʰ 25ᵐ 40ˢ.

July	9	+38	59	49.51
"	28			48.90
"	30			49.93

B. A. C. 5962, 17ʰ 30ᵐ 54ˢ.

June	4	+30	52	50.94
"	6			50.77
"	7			50.23
"	23			50.24

B. A. C. 5986, 17ʰ 34ᵐ 15ˢ.

July	8	+31	17	6.08
"	9			6.61
"	15			6.52
"	28			6.54

μ Herculis, 17ʰ 40ᵐ 35ˢ.

June	28	+27	43	41.73
July	4			42.43
"	6			41.94
"	7			42.22

B. A. C. 6032, 17ʰ 42ᵐ 41ˢ.

August	9	−31	16	53.72
"	10			53.90
"	29			52.58

B. A. C. 6087, 17ʰ 52ᵐ 46ˢ.

May	11	+30	12	18.67
June	3			18.94
"	4			18.24
"	5			18.27

γ Draconis, 17ʰ 53ᵐ 7ˢ.

June	28	+51	30	28.87
July	4			30.72
"	6			30.37
"	7			30.71
"	9			29.51
"	23			30.59
"	28			30.91
August	8			31.16

B. A. C. 6113, 17ʰ 56ᵐ 7ˢ.

August	9	−29	16	44.44
"	10			44.47
"	19			43.05

B. A. C. 6130, 17ʰ 59ᵐ 18ˢ.

August	8	−30	0	28.73
"	12			28.49

B. A. C. 6147, 18ʰ 1ᵐ 20ˢ.

May	11	+30	32	37.75
June	3			37.64
"	4			35.92
"	23			36.58

OBSERVED WITH THE MURAL CIRCLE, 1853. 67

B. A. C. 6150, 18ʰ 1ᵐ 42ˢ.			B. A. C. 6295, 18ʰ 22ᵐ 40ˢ.			B. A. C. 6391, 18ʰ 39ᵐ 25ˢ.			(ᵉ), 19ʰ 9ᵐ.		
1853.		° ″	1853.		° ″	1853.		° ″	1853.		° ″
June	28	+23 44 41.42	August	23	−29 17 25.92	July	6	+39 27 30.03	June	4	−41 16 31.42
July	4	42.09		31	26.85		8	29.74	August	6	30.06
	6	42.33					23	30.90			
	8	41.68	B. A. C. 6322, 18ʰ 26ᵐ 32ˢ.				28	29.54	B. A. C. 6589, 19ʰ 9ᵐ 46ˢ.		
B. A. C. 6166, 18ʰ 3ᵐ 52ˢ.			May	11	+23 30 31.15	BRISBANE 6501, 18ʰ 40ᵐ.			June	28	+21 7 44.23
			June	3	31.09				July	4	45.05
August	9	−31 59 55.98		4	30.28	August	6	−44 38 20.15		6	44.68
	10	55.92		28	30.92		11	18.90			
									D. A. C. 6594, 19ʰ 10ᵐ 47ˢ.		
B. A. C. 6178, 18ʰ 6ᵐ 16ˢ.			B. A. C. 6349, 18ʰ 30ᵐ 20ˢ.			(ᶜ), 18ʰ 42ᵐ.			August	11	−32 5 18.74
May	11	+31 22 16.61	June	28	+38 46 31.16	August	6	−44 42 17.66		12	19.58
June	3	17.37	July	4	31.61		11	17.72			
	4	15.32		6	32.16				B. A. C. 6599, 19ʰ 11ᵐ 10ˢ.		
	28	16.63		8	32.59	B. A. C. 6426, 18ʰ 44ᵐ 11ˢ.			July	8	+37 52 9.58
						August	9	+32 33 34.62		23	10.11
B. A. C. 6202, 18ʰ 10ᵐ 46ˢ.			α LYRÆ, 18ʰ 31ᵐ 52ˢ.				12	34.67		28	10.00
August	23	−31 22 28.25	January	6	+38 33 49.14		13	35.56		30	9.76
	26	27.05		9	43.36				B. A. C. 6602, 19ʰ 11ᵐ 23ˢ.		
				16	49.09	B. A. C. 6152, 18ʰ 46ᵐ 13ˢ.			August	26	+22 45 31.88
B. A. C. 6212, 18ʰ 11ᵐ 41ˢ.				17	49.23	July	30	+52 46 58.85		30	32.80
August	9	−32 14 29.48		20	47.17	August	8	58.06			
	10	29.04		26	49.49		9	59.94	B. A. C. 6609, 19ʰ 12ᵐ 8ˢ.		
				27	50.42		10	61.08	August	13	−29 52 49.38
B. A. C. 6235, 18ʰ 14ᵐ 36ˢ.				28	49.85					19	49.44
				31	50.34	B. A. C. 6453, 18ʰ 46ᵐ 25ˢ.				20	49.72
June	28	+35 59 58.46	May	11	47.53	June	3	+22 27 30.71			
July	4	59.75	June	3	48.55		4	29.23	B. A. C. 6627, 19ʰ 15ᵐ 1ˢ.		
	6	59.73	July	4	(46.56)		28	29.35	September	7	−31 4 59.17
	30	59.72		15	48.82					13	58.89
				23	48.93	B. A. C. 6465, 18ʰ 49ᵐ 9ˢ.					
B. A. C. 6241, 18ʰ 15ᵐ 53ˢ.				28	48.59	August	6	−25 4 15.68	B. A. C. 6631, 19ʰ 15ᵐ 37ˢ.		
July	8	+23 12 44.27	August	30	46.67		7	15.89	September	5	−29 35 58.63
	15	45.07		6	50.67		8	15.43		6	39.34
	23	45.63		8	47.34						
	28	45.74		9	49.47	B. A. C. 6466, 18ʰ 49ᵐ 16ˢ.			d AQUILÆ, 19ʰ 17ᵐ 56ˢ.		
				10	49.44	July	4	+36 42 39.01	August	8	+2 49 12.37
B. A. C. 6261, 18ʰ 18ᵐ 23ˢ.				11	49.86		6	38.78		9	11.79
August	8	−26 43 2.86		12	48.81		8	38.22		10	13.08
	12	2.41		13	49.30		23	39.75	September	6	11.40
	19	2.50		19	48.27				October	7	12.09
				20	47.88	B. A. C. 6497, 18ʰ 54ᵐ 21ˢ.				8	10.60
B. A. C. 6264, 18ʰ 18ᵐ 45ˢ.				22	48.57	July	28	+31 56 20.43			
August	26	−26 50 28.49		23	48.88		30	19.06	Hᵖ A. C. 6648, 19ʰ 18ᵐ 13ˢ.		
	29	27.84		26	47.97	August	6	21.50	July	4	+29 19 52.24
				29	47.88		8	16.89		6	52.31
D. A. C. 6272, 18ʰ 36ᵐ 26ˢ.				30	49.16		9	20.24		8	51.40
August	10	+52 3 25.70		31	46.79						
	12	24.83				ζ AQUILÆ, 18ʰ 58ᵐ 31ˢ.			B. A. C. 6665, 19ʰ 20ᵐ 8ˢ.		
B. A. C. 6270, 19ʰ 19ᵐ 31ˢ.				13	25.19	July	4	+13 38 39.23			
August	8	−26 40 12.91	B. A. C. 6382, 18ʰ 38ᵐ 10ˢ.				6	39.53	August	11	−31 5 22.43
	10	12.51	August	30	−23 26 6.99		8	39.55		12	22.98
			September	8	5.19		23	41.11			
B. A. C. 6271, 18ʰ 19ᵐ 35ˢ.							23	40.46	B. A. C. 6672, 19ʰ 22ᵐ 5ˢ.		
August	13	−29 20 50.17	B. A. C. 6387, 18ʰ 39ᵐ 25ˢ.			August	6	41.17	August	13	−26 2 36.46
	23	47.93	June	3	+20 24 23.53		8	39.17		10	35.27
				4	22.47		9	40.57			
d URSÆ MINORIS, S. P., 18ʰ 20ᵐ 44ˢ.				28	22.81		10	41.51	B. A. C. 6673, 19ʰ 22ᵐ 18ˢ.		
February	12	+86 35 50.67					12	40.30			
	17	51.42	B. A. C. 6390, 18ʰ 39ᵐ 22ˢ.				13	40.51	July	23	+29 8 51.44
	24	52.19				September	9	39.67		23	51.76
	25	(53.61)	July	6	+39 30 57.33	B. A. C. 6549, 19ʰ 0ᵐ 54ˢ.				30	51.89
	26	50.45		7	57.05	August	20	−30 14 28.13			
	28	49.61		23	58.54		22	26.72			
				28	57.26	September	6	27.05			

MEAN DECLINATIONS OF STARS FOR 1850.0

B. A. C. 6677, 19ʰ 22ᵐ 42ˢ.

1853.
August 29 . . −28 31 22.90
30 . . 23.27

B. A. C. 6680, 19ʰ 22ᵐ 56ˢ.

August 20 . . −31 10 50.49
22 . . 49.38
26 . . 50.01

B. A. C. 6714, 19ʰ 28ᵐ 54ˢ.

July 6 . . +29 8 10.58
8 . . 9.91
23 . . 9.65
28 . . 10.51
September 7 . . 10.52
8 . . 10.74

B. A. C. 6716, 19ʰ 29ᵐ 33ˢ.

August 13 . . −28 56 27.99
19 . . 27.00

B. A. C. 6728, 19ʰ 31ᵐ 46ˢ.

July 30 . . +43 22 20.89
August 9 . . 22.20
10 . . 22.60
11 . . 22.15

B. A. C. 6738, 19ʰ 33ᵐ 17ˢ.

August 22 . . −25 12 15.59
26 . . 15.70

B. A. C. 6740, 19ʰ 33ᵐ 27ˢ.

July 6 . . +29 48 38.30
8 . . 37.69
23 . . 36.11
28 . . 39.03

B. A. C. 6744, 19ʰ 34ᵐ 19ˢ.

September 26 . . +17 7 55.07
October 8 . . 54.87
14 . . 55.90

B. A. C. 6745, 19ʰ 34ᵐ 34ˢ.

September 27 . . +42 28 25.85
29 . . 25.30
October 6 . . 25.38
7 . . 25.66

B. A. C. 6768, 19ʰ 38ᵐ 30ˢ.

September 16 . . −29 31 27.21
17 . . 27.06

B. A. C. 6769, 19ʰ 38ᵐ 45ˢ.

August 12 . . +41 24 57.64
13 . . 57.78
19 . . 57.20
29 . . 56.25

γ AQUILÆ, 19ʰ 39ᵐ 8ˢ.

September 26 . . +10 15 4.72
27 . . 5.60

(³), 19ʰ 39ᵐ 46ˢ.

1853.
September 5 . . −28 46 40.50
8 . . 41.24

B. A. C. 6777, 19ʰ 40ᵐ 16ˢ.

September 29 . . +34 38 59.80
October 6 . . 59.58
7 . . 59.66

δ CYGNI, 19ʰ 40ᵐ 17ˢ.

October 8 . . +44 46 1.47
14 . . 1.91
17 . . 1.56

B. A. C. 6794, 19ʰ 42ᵐ 19ˢ.

July 30 . . +18 46 8.86
August 10 . . 10.28
11 . . 9.37

α AQUILÆ, 19ʰ 43ᵐ 28ˢ.

January 27 . . + 8 28 34.42
February 10 . . 34.27

B. A. C. 6817, 19ʰ 45ᵐ 28ˢ.

July 6 . . +40 13 14.62
8 . . 14.13
28 . . 13.89

B. A. C. 6829, 19ʰ 47ᵐ 23ˢ.

August 30 . . −30 57 44.90
September 5 . . 44.90
6 . . 44.94

B. A. C. 6831, 19ʰ 47ᵐ 44ˢ.

September 13 . . −23 27 25.43
15 . . 26.91

B. A. C. 6841, 19ʰ 49ᵐ 29ˢ.

August 20 . . −30 56 9.03
22 . . 6.29
30 . . 7.61
September 5 . . 6.37
6 . . 7.40

B. A. C. 6851, 19ʰ 50ᵐ 41ˢ.

July 30 . . +34 41 15.67
August 6 . . 15.90
10 . . 16.08
11 . . 15.21
September 26 . . 14.92

B. A. C. 6854, 19ʰ 51ᵐ 17ˢ.

September 17 . . −28 59 29.26
19 . . 29.64

B. A. C. 6861, 19ʰ 52ᵐ 16ˢ.

August 12 . . +60 25 37.18
13 . . 36.70
19 . . 35.99
29 . . 36.42

B. A. C. 6868, 19ʰ 53ᵐ 17ˢ.

1853.
September 27 . . +17 6 35.24
29 . . 34.79
October 6 . . 35.32
7 . . 35.16

B. A. C. 6882, 19ʰ 55ᵐ 23ˢ.

July 6 . . +24 23 14.21
8 . . 14.00
28 . . 13.89

B. A. C. 6883, 19ʰ 55ᵐ 40ˢ.

July 30 . . +24 31 16.11
August 6 . . 16.21
10 . . 16.75
11 . . 16.50

B. A. C. 6899, 19ʰ 58ᵐ 4ˢ.

August 30 . . −30 8 54.42
September 8 . . 55.51

RUMKER 7943, 19ʰ 57ᵐ 10ˢ.

October 8 . . +16 17 27.35
14 . . 28.64

B. A. C. 6906, 19ʰ 59ᵐ 58ˢ.

September 5 . . −26 39 11.40
13 . . 11.51

B. A. C. 6908, 20ʰ 0ᵐ 3ˢ.

September 23 . . −28 52 15.07
24 . . 15.78

B. A. C. 6912, 20ʰ 0ᵐ 26ˢ.

August 12 . . +23 11 7.65
13 . . 6.19
19 . . 6.56
29 . . 5.90

B. A. C. 6932, 20ʰ 3ᵐ 6ˢ.

August 20 . . +61 33 39.80
30 . . 41.23
September 6 . . 41.08

GR. C. 1805, 20ʰ 3ᵐ 52ˢ.

September 26 . . +36 24 1.66
27 . . 1.28
29 . . 1.58

B. A. C. 6941, 20ʰ 4ᵐ 27ˢ.

September 16 . . +20 41 27.87
17 . . 29.03

(³), 20ʰ 7ᵐ 9ˢ.

October 6 . . +16 16 32.63
14 . . 33.67

(³), 20ʰ 8ᵐ 18ˢ.

September 29 . . +16 17 42.58
October 6 . . 41.91

GR. C. 1809, 20ʰ 8ᵐ.

1853.
October 6 . . +16 17 39.78
8 . . 39.78
17 . . 39.98

GR. C. 1810, 20ʰ 8ᵐ.

October 7 . . +16 19 14.10
8 . . 14.07
14 . . 14.71
17 . . 13.81

O. ARG. N. 20223, 20ʰ 8ᵐ 41ˢ.

August 29 . . +48 44 11.08

B. A. C. 6973, 20ʰ 9ᵐ 33ˢ.

July 6 . . +27 21 24.64
8 . . 24.46
28 . . 25.14

B. A. C. 6977, 20ʰ 10ᵐ 7ˢ.

September 5 . . −30 5 14.46
6 . . 15.37

RUMKER 8156, 20ʰ 10ᵐ 4ˢ.

September 26 . . +16 18 24.11
27 . . 23.84
October 8 . . 24.01

B. A. C. 6978, 20ʰ 10ᵐ 14ˢ.

July 30 . . +27 18 60.57
August 6 . . 61.95
10 . . 61.35
11 . . 61.57
September 23 . . 61.01
24 . . 59.87

B. A. C. 6982, 20ʰ 10ᵐ 48ˢ.

September 13 . . −25 41 15.17
16 . . 15.85
19 . . 15.28

B. A. C. 7011, 20ʰ 15ᵐ 29ˢ.

August 20 . . −29 33 19.32
22 . . 19.02

B. A. C. 7018, 20ʰ 16ᵐ 15ˢ.

August 20 . . −29 8 44.09
September 6 . . 43.25

B. A. C. 7021, 20ʰ 16ᵐ 45ˢ.

September 8 . . −27 2 21.05
10 . . 20.09

B. A. C. 7029, 20ʰ 17ᵐ 52ˢ.

July 6 . . +31 42 30.26
8 . . 29.91
28 . . 30.32

O. ARG.'S. 20521, 20ʰ 18ᵐ.

August 11 . . −23 30 15.78
12 . . 15.78
13 . . 16.36

OBSERVED WITH THE MURAL CIRCLE, 1853.   69

B. A. C. 7040, $20^h\,19^m\,51^s$.	**α CYGNI, $20^h\,36^m\,19^s$.**	**B. A. C. 7274, $20^h\,51^m\,31^s$.**	**14 AQUARII, $21^h\,8^m\,27^s$.**
1853. ° ′ ″	1853. ° ′ ″	1853. ° ′ ″	1853. ° ′ ″
September 24 . . −24 28 25.57	February 9 . . +44 44 47.11	September 10 . . +48 37 13.59	September 23 . . −9 50 10.09
October 14 . . 22.92	10 . . 48.15	17 . . 14.30	24 . . 11.42
17 . . 24.43	October 17 . . 47.79	23 . . 13.75	
	19 . . 47.25	October 7 . . 13.72	
	28 . . 47.81		**B. A. C. 7383, $21^h\,8^m\,34^s$.**
B. A. C. 7057, $20^h\,21^m\,44^s$.			September 29 . . +40 31 35.40
September 13 . . −29 36 38.20	(*), $20^h\,36^m\,9^s$.	**B. A. C. 7285, $20^h\,52^m\,41^s$.**	October 6 . . 35.79
16 . . 39.13	August 10 . . −21 25 47.39	September 8 . . +6 56 4.75	7 . . 35.79
19 . . 38.61	11 . . 47.61	15 . . 4.02	
B. A. C. 7073, $20^h\,23^m\,37^s$.	**B. A. C. 7188, $20^h\,38^m\,23^s$.**	**B. A. C. 7290, $20^h\,52^m\,58^s$.**	**WEISSE (2) XXI, 226, $21^h\,9^m\,30^s$.**
July 30 . . +35 57 23.12	August 6 . . +24 44 12.21	October 8 . . +43 53 22.06	September 26 . . +40 35 14.47
August 6 . . 23.76	20 . . 13.10	14 . . 23.41	October 14 . . 15.36
9 . . 24.12	22 . . 11.25		28 . . 15.73
B. A. C. 7091, $20^h\,26^m\,41^s$.	**B. A. C. 7193, $20^h\,39^m\,27^s$.**	**B. A. C. 7297, $20^h\,54^m\,11^s$.**	**B. A. C. 7401, $21^h\,12^m\,45^s$.**
August 20 . . +48 42 57.87	September 5 . . +60 3 45.48	August 11 . . +39 40 3.13	August 30 . . +55 10 10.90
29 . . 57.80	6 . . 44.72	12 . . 2.51	31 . . 10.51
30 . . 58.36	8 . . 43.61	13 . . 2.82	September 5 . . 10.62
		20 . . 1.42	
B. A. C. 7093, $20^h\,26^m\,51^s$.	**B. A. C. 7202, $20^h\,39^m\,53^s$.**		
September 6 . . −27 17 13.07	September 10 . . −18 44 58.96	**61^1 CYGNI, $21^h\,0^m\,10^s$.**	**B. A. C. 7402, $21^h\,12^m\,52^s$.**
8 . . 12.14	15 . . 60.97	August 11 . . +38 0 53.03	October 17 . . +43 19 0.47
		12 . . 52.75	19 . . 0.62
B. A. C. 7108, $20^h\,28^m\,55^s$.	**B. A. C. 7210, $20^h\,41^m\,5^s$.**	13 . . 52.04	
September 8 . . −25 37 37.96	September 17 . . −27 55 8.50	20 . . 51.87	**α CEPHEI, $21^h\,15^m\,0^s$.**
19 . . 37.94	19 . . 8.25	29 . . 51.87	February 10 . . +61 57 4.53
		30 . . 52.43	March 2 . . 4.97
B. A. C. 7111, $20^h\,28^m\,57^s$.	**B. A. C. 7216, $20^h\,41^m\,40^s$.**	31 . . 52.14	August 20 . . 4.44
September 24 . . −22 57 42.69	September 13 . . −25 31 55.87	September 5 . . 53.30	29 . . 3.56
October 14 . . 41.22	October 6 . . 56.32	6 . . 52.45	September 17 . . 3.28
	7 . . 56.04	8 . . 51.78	19 . . 4.55
B. A. C. 7112, $20^h\,29^m\,0^s$.		10 . . 51.96	
August 6 . . +46 10 53.55	**B. A. C. 7219, $20^h\,42^m\,12^s$.**	13 . . 52.46	**B. A. C. 7417, $21^h\,15^m\,5^s$.**
10 . . 53.24	August 9 . . +45 1 51.40	15 . . 51.82	October 8 . . +52 59 25.63
22 . . 52.34	22 . . 51.23	16 . . 51.35	31 . . 26.54
	29 . . 49.68	23 . . 52.18	
D. A. C. 7126, $20^h\,31^m\,12^s$.		24 . . 51.52	**B. A. C. 7431, $21^h\,16^m\,48^s$.**
September 13 . . −24 19 2.87	**B. A. C. 7222, $20^h\,42^m\,28^s$.**	26 . . 51.95	August 11 . . +48 44 54.46
16 . . 2.39	September 26 . . +7 18 34.36	27 . . 51.02	12 . . 54.42
	27 . . 34.35	29 . . 51.40	13 . . 53.94
B. A. C. 7146, $20^h\,32^m\,7^s$.	29 . . 35.05	October 6 . . 52.29	
September 27 . . +15 18 50.21		7 . . 51.88	**B. A. C. 7436, $21^h\,17^m\,10^s$.**
29 . . 51.03	**B. A. C. 7224, $20^h\,42^m\,33^s$.**	8 . . 52.73	September 6 . . −24 27 53.97
October 6 . . 50.29	October 8 . . −28 33 9.04	14 . . 51.89	13 . . 54.63
	14 . . 7.36	15 . . 52.44	
α DELPHINI, $20^h\,32^m\,40^s$.		17 . . 52.27	**B. A. C. 7450, $21^h\,19^m\,29^s$.**
October 7 . . +15 23 9.32	**B. A. C. 7248, $20^h\,46^m\,13^s$.**	19 . . 51.86	September 16 . . +18 43 40.89
8 . . 9.05	August 30 . . −19 21 32.58	28 . . 53.04	28 . . 42.05
14 . . 10.84	31 . . 33.09	31 . . 52.89	
			B. A. C. 7453, $21^h\,19^m\,39^s$.
B. A. C. 7158, $20^h\,34^m\,4^s$.	**B. A. C. 7254, $20^h\,48^m\,4^s$.**	**D. A. C. 7366, $21^h\,5^m\,57^s$.**	August 30 . . +36 1 18.26
October 17 . . +40 3 5.01	September 26 . . +44 36 55.66	September 6 . . −26 31 41.59	31 . . 18.13
19 . . 5.05	27 . . 56.37	10 . . 40.54	September 5 . . 19.38
28 . . 5.78	October 6 . . 56.49		
	19 . . 55.39	**ζ CYGNI, $21^h\,6^m\,23^s$.**	
B. A. C. 7167, $20^h\,35^m\,23^s$.	28 . . 56.76	August 11 . . +29 36 51.08	
August 9 . . +38 33 1.94	**B. A. C. 7262, $20^h\,49^m\,2^s$.**	12 . . 50.75	
29 . . 0.06	September 5 . . +53 56 37.28	13 . . 50.66	
30 . . 1.83	6 . . 30.60		

MEAN DECLINATIONS OF STARS FOR 1850.0

β Aquarii, 21ʰ 23ᵐ 39ˢ.

1853.	°	′	″
August 20	− 6	13	42.70
29			42.64
September 10			41.55
17			42.57
19			43.68
23			42.26
24			42.97
26			42.66
27			42.88
29			41.63
October 6			40.15
14			40.11
17			42.39
19			40.17
28			40.50
31			41.75
November 25			40.54

B. A. C. 7503, 21ʰ 28ᵐ 21ˢ.

September 5	+ 44	55	50.00
6			47.44
8			51.19
13			48.95

O. Arg. S. 21515, 21ʰ 28ᵐ 59ˢ.

October 8	− 25	7	15.93
14			14.51
15			14.89

B. A. C. 7515, 21ʰ 29ᵐ 52ˢ.

September 15	− 1	3	37.30
16			38.03

O. Arg. S. 21534, 21ʰ 30ᵐ 24ˢ.

September 23	− 25	7	15.86
24			17.26
October 8			17.22
11			15.31
15			17.03

B. A. C. 7521, 21ʰ 30ᵐ 56ˢ.

August 29	+ 39	44	29.92
30			31.20
31			30.27

B. A. C. 7528, 21ʰ 32ᵐ 1ˢ.

October 17	+ 19	35	26.56
19			26.81

B. A. C. 7549, 21ʰ 34ᵐ 48ˢ.

September 19	− 24	49	23.66
25			23.19

B. A. C. 7558, 21ʰ 36ᵐ 4ˢ.

October 17	− 16	39	16.31
November 14			15.69

B. A. C. 7559, 21ʰ 36ᵐ 21ˢ.

September 26	+ 40	23	39.13
October 12			38.24
28			39.66
31			39.24

B. A. C. 7565, 21ʰ 37ᵐ 4ˢ.

1853.	°	′	″
October 8	+ 40	28	16.53
14			16.98
15			16.74

B. A. C. 7569, 21ʰ 37ᵐ 26ˢ.

September 10	+ 28	4	0.61
13			0.99

B. A. C. 7584, 21ʰ 39ᵐ 9ˢ.

September 16	+ 24	53	38.32
17			38.92

(⁸), 21 37ᵐ.

September 29	+ 40	21	50.98
October 6			51.88

B. A. C. 7590, 21ʰ 39ᵐ 57ˢ.

August 31	+ 16	30	10.70
September 6			11.30

B. A. C. 7610, 21ʰ 44ᵐ 22ˢ.

September 15	+ 69	27	21.25
19			22.17

O. Arg. N. 22961, 21ʰ 45ᵐ 33ˢ.

September 17	+ 69	29	1.58

B. A. C. 7620, 21ʰ 45ᵐ 35ˢ.

October 19	− 11	0	55.28
23			54.67
November 14			54.92

B. A. C. 7631, 21ʰ 47ᵐ 6ˢ.

September 16	+ 55	5	36.42
23			36.98

B. A. C. 7641, 21ʰ 49ᵐ 38ˢ.

September 26	+ 11	21	58.48
29			58.95
October 6			59.06

B. A. C. 7643, 21ʰ 50ᵐ 7ˢ.

September 10	+ 71	46	58.24
13			58.52

B. A. C. 7677, 21ʰ 56ᵐ 23ˢ.

September 23	+ 74	16	44.79
October 6			45.61

B. A. C. 7680, 21ʰ 56ᵐ 45ˢ.

September 16	− 5	33	52.64
17			52.08

α Aquarii, 21ʰ 58ᵐ 5ˢ.

1853.	°	′	″
August 31	− 1	2	47.81
September 5			46.87
6			47.17
8			46.72
13			47.43
19			47.40
24			47.81
26			47.12
October 8			47.51
12			47.74
15			46.31
November 14			47.38
25			46.43

B. A. C. 7697, 21ʰ 59ᵐ 19ˢ.

October 17	− 11	10	33.86
19			33.28

B. A. C. 7752, 22ʰ 6ᵐ 3ˢ.

October 17	− 5	11	29.99
19			28.69
31			30.00
November 25			29.20

B. A. C. 7754, 22ʰ 6ᵐ 24ˢ.

September 16	+ 56	5	40.87
17			41.69

B. A. C. 7759, 22ʰ 7ᵐ 4ˢ.

September 8	+ 60	1	6.57
10			6.84

B. A. C. 7765, 22ʰ 7ᵐ 27ˢ.

August 30	+ 38	58	21.87
31			21.73
September 5			22.44
6			21.94

B. A. C. 7775, 22ʰ 9ᵐ 7ˢ.

September 23	+ 62	25	8.18
24			8.35

B. A. C. 7796, 22ʰ 14ᵐ 8ˢ.

September 26	+ 11	27	3.98
October 6			3.68
8			3.63

B. A. C. 7800, 22ʰ 14ᵐ 50ˢ.

August 30	+ 45	46	57.32
31			57.14
September 5			58.13
6			57.18

B. A. C. 7803, 22ʰ 15ᵐ 39ˢ.

October 17	+ 42	59	27.50
19			28.11
31			26.96

B. A. C. 7806, 22ʰ 16ᵐ 25ˢ.

September 15	− 14	17	16.22
16			17.23
17			16.95

B. A. C. 7807, 22ʰ 16ᵐ 27ˢ.

1853.	°	′	″
September 8	+ 20	5	30.06
13			30.57

B. A. C. 7812, 22ʰ 17ᵐ 28ˢ.

September 24	+ 56	31	38.61
October 14			38.61

B. A. C. 7835, 22ʰ 22ᵐ 0ˢ.

October 19	− 13	40	51.06
29			52.53
31			51.34

B. A. C. 7840, 22ʰ 22ᵐ 42ˢ.

November 1	− 11	26	37.84
2			38.24

B. A. C. 7846, 22ʰ 23ᵐ 30ˢ.

September 23	+ 53	23	45.04
October 14			45.07
November 14			46.35

B. A. C. 7853, 22ʰ 25ᵐ 49ˢ.

September 26	+ 33	0	31.12
October 6			35.27
17			34.47

B. A. C. 7866, 22ʰ 27ᵐ 21ˢ.

September 6	− 24	45	53.78
13			52.69
24			53.36
October 8			53.38
			54.17

B. A. C. 7879, 22ʰ 29ᵐ 11ˢ.

September 16	+ 38	51	13.04
17			12.93

Piazzi XXII, 163, 22ʰ 29ᵐ.

December 12	+ 3	45	6.55

B. A. C. 7907, 22ʰ 33ᵐ 58ˢ.

September 19	+ 74	35	32.18
23			31.25
October 15			32.03

ζ Pegasi, 22ʰ 33ᵐ 59ˢ.

November 1	+ 10	2	58.90
2			59.24
14			59.31
25			59.17

Weisse XXII, 772, 22 56.

December 12	+ 3	5	19.23
13			21.47

B. A. C. 7932, 22ʰ 37ᵐ 25ˢ.

September 6	+ 41	1	59.69
8			58.64
13			59.60

OBSERVED WITH THE MURAL CIRCLE, 1853 AND 1854.

B. A. C. 7913, 22ʰ 39ᵐ 12ˢ.		
1853.		
September 26	+11 24	16.43
October 6		17.52
8		17.33

B. A. C. 7948, 22ʰ 39ᵐ 31ˢ.		
September 15	+43 45	23.52
16		23.74
17		23.22
November 4		22.64
5		23.60

B. A. C. 7950, 22ʰ 39ᵐ 48ˢ.		
October 17	+45 25	38.02
19		38.57
31		39.09

B. A. C. 7953, 22ʰ 41ᵐ 26ˢ.		
September 24	+57 41	34.44
October 13		34.52

B. A. C. 7960, 22ʰ 43ᵐ 4ˢ.		
September 19	−30 19	47.21
23		47.58
October 15		46.15

B. A. C. 7978, 22ʰ 46ᵐ 20ˢ.		
October 17	+39 22	17.65
19		17.68
31		17.57

B. A. C. 7983, 22ʰ 46ᵐ 59ˢ.		
August 31	+43 57	8.90
September 6		9.05
8		7.92

B. A. C. 7994, 22ʰ 49ᵐ 33ˢ.		
September 15	+40 48	15.79
16		15.83
17		15.80

Rumker 10753, 22ʰ 49ᵐ 35ˢ.		
September 26	+56 34	35.71
November 1		35.98

α Piscis Australis, 22ʰ 49ᵐ 21ˢ.		
October 6	−30 24	57.64
November 2		58.92
4		57.46
5		58.30

B. A. C. 8016, 22ʰ 53ᵐ 36ˢ.		
November 1	−7 51	54.76
2		55.06

B. A. C. 8029, 22ʰ 55ᵐ 42ˢ.		
September 8	+41 57	6.74
15		7.06
16		7.15

Weisse XXII, 1221, 22ʰ 57ᵐ 40ˢ.		
1853.		
September 13	−7 58	16.24
26		16.54

B. A. C. 8054, 23ʰ 0ᵐ 18ˢ.		
October 17	+58 36	36.22
19		35.91
31		35.42

B. A. C. 8056, 23ʰ 0ᵐ 26ˢ.		
November 5	+45 15	28.93
14		30.39

B. A. C. 8076, 23ʰ 3ᵐ 32ˢ.		
September 8	+42 44	20.86
15		21.60
16		21.68

B. A. C. 8079, 23ʰ 4ᵐ 33ˢ.		
October 17	+26 2	16.48
19		17.27
31		16.18

B. A. C. 8091, 23ʰ 7ᵐ 39ˢ.		
November 1	+27 15	18.95
2		18.63

B. A. C. 8094, 23ʰ 7ᵐ 51ˢ.		
November 4	−4 18	45.32
5		45.48

B. A. C. 8104, 23ʰ 9ᵐ 17ˢ.		
November 14	+73 24	52.21
December 7		52.14

B. A. C. 8123, 23ʰ 12ᵐ 28ˢ.		
September 26	−4 44	6.35
October 6		5.96

B. A. C. 8158, 23ʰ 17ᵐ 19ˢ.		
September 24	+56 42	45.94
October 6		46.11

B. A. C. 8173, 23ʰ 19ᵐ 59ˢ.		
October 31	+69 51	36.33
November 2		36.91

B. A. C. 8184, 23ʰ 21ᵐ 47ˢ.		
November 5	−5 20	55.08
December 7		54.86

Weisse XXIII, 463, 23ʰ 23ᵐ 4ˢ.		
September 8	−10 58	57.62
November 1		55.47

B. A. C. 8187, 23ʰ 23ᵐ 7ˢ.		
October 15	+74 23	58.02
November 14		57.78

B. A. C. 8204, 23ʰ 26ᵐ 9ˢ.		
1853.		
October 31	+71 10	27.36
November 2		27.43

B. A. C. 8217, 23ʰ 29ᵐ 30ˢ.		
September 26	+70 48	48.67
October 8		49.67

B. A. C. 8223, 23ʰ 30ᵐ 13ˢ.		
September 19	+43 35	59.29
23		58.17

ι Piscium, 23ʰ 32ᵐ 14ˢ.		
November 5	+4 48	50.14
26		49.38
December 7		50.64

B. A. C. 8246, 23ʰ 34ᵐ 57ˢ.		
October 17	−15 22	26.81
19		26.30

B. A. C. 8247, 23ʰ 34ᵐ 57ˢ.		
November 1	+17 50	9.34
2		9.62
4		9.27

B. A. C. 8252, 23ʰ 35ᵐ 48ˢ.		
September 24	+52 19	13.78
26		14.33

B. A. C. 8269, 23ʰ 40ᵐ 5ˢ.		
November 5	+3 23	49.27
14		49.71

B. A. C. 8280, 23ʰ 41ᵐ 34ˢ.		
October 8	+59 8	42.38
15		42.21

B. A. C. 8284, 23ʰ 42ᵐ 4ˢ.		
September 15	+28 0	26.83
19		27.63
23		26.97

B. A. C. 8287, 23ʰ 42ᵐ 48ˢ.		
November 1	−21 3	58.69
2		58.80
4		57.57
26		58.57

B. A. C. 8310, 23ʰ 46ᵐ 54ˢ.		
September 15	+56 39	54.45
23		53.11
24		53.69

B. A. C. 8315, 23ʰ 47ᵐ 58ˢ.		
October 17	+7 23	19.78
19		20.33

B. A. C. 8317, 23ʰ 48ᵐ 4ˢ.		
1853.		
September 19	+56 34	39.77
November 14		40.34

B. A. C. 8324, 23ʰ 50ᵐ 8ˢ.		
September 26	+24 18	26.41
October 6		27.77
8		27.71

B. A. C. 8336, 23ʰ 52ᵐ 34ˢ.		
November 4	+85 52	16.20
5		18.27
26		18.16

B. A. C. 8338, 23ʰ 53ᵐ 7ˢ.		
November 1	+61 20	33.62
2		34.05

B. A. C. 8344, 23ʰ 53ᵐ 59ˢ.		
September 15	+60 23	15.39
23		14.04
24		14.24

B. A. C. 8355, 23ʰ 54ᵐ 57ˢ.		
October 15	+65 15	49.63
November 14		51.16

B. A. C. 8360, 23ʰ 56ᵐ 38ˢ.		
October 17	−17 21	42.43
19		43.28

B. A. C. 8372, 23ʰ 58ᵐ 25ˢ.		
November 30	+57 36	2.25

ι Piscium, 23ʰ 32ᵐ 14ˢ.		
1854.		
September 21	+4 48	50.21
29		49.55
30		49.62
October 6		49.38
17		49.98
23		49.35
25		50.30
November 28		49.71

γ Cephei, 23ʰ 33ᵐ 14ˢ.		
October 7	+76 47	42.27
November 9		42.28
December 1		41.81

Santini 1649, 23ʰ 34ᵐ 17ˢ.		
October 24	+6 25	14.44
November 23		13.65

Weisse XXIII, 803, 23ʰ 39ᵐ 22ˢ.		
October 11	+4 25	2.62
19		3.19

MEAN DECLINATIONS OF STARS FOR 1850.0

Weisse XXIII, 817, 23ʰ 40ᵐ 0ˢ.
1854.
October   5 . . − 1 35 39.58
          9 . .   41.22
         23 . .   40.89

Weisse XXIII, 830, 23ʰ 40ᵐ 30ˢ.
November 8 . . − 1 36 27.65
          9 . .   27.62

B. A. C. 8272, 23ʰ 40ᵐ 33ˢ.
November 23 . . + 7 24 47.18
         28 . .   48.50
December 20 . .   46.85

Lalande 46632, 23ʰ 40ᵐ 39ˢ.
September 28 . . + 7 21 18.76

Weisse XXIII, 934, 23ʰ 45ᵇ 32ˢ.
October 25 . . + 4 19 24.56
December 1 . .   24.36

(*), 50 W., 23ʰ 47ᵐ 11ˢ.
October   1 . . − 1 6 54.55
         17 . .   52.92

Santini 1664, 23ʰ 47ᵐ 58ˢ.
October   5 . . + 7 23 20.56
          9 . .   18.22
November 28 . .   19.96

Weisse XXIII, 994, 23ʰ 48ᵐ 3ˢ.
October 11 . . + 3 47 34.33
         21 . .   33.45

Weisse XXIII, 1006, 23ʰ 49ᵐ 6ˢ.
November 8 . . + 3 63 24.29
          9 . .   23 33

Weisse XXIII, 1032, 23ʰ 50ᵐ 7ˢ.
November 23 . . + 4 34 11.18

B. A. C. 6327, 23ʰ 50ᵐ 38ˢ.
September 28 . . −16 40 56.61
December 12 . .   56.00

Weisse XXIII, 1058, 23ʰ 51ᵐ 59ˢ.
November 9 . . + 3 53 19.58
December 20 . .   21.00

Weisse XXIII, 1110, 23ʰ 53ᵐ 54ˢ.
October 19 . . + 4 13 12.01
         25 . .   11.35

B. A. C. 8353, 23ʰ 54ᵐ 43ˢ.
November 27 . . + 8 7 19.00

Weisse XXIII, 1142, 23ʰ 55ᵐ 4ˢ.
November 8 . . + 5 11 59.17
December 1 . .   59.33

Weisse XXIII, 1178, 23ʰ 57ᵐ 1ˢ.
1854.
October   7 . . + 5 41 21.70
          9 . .   21.35

Weisse XXIII, 1180, 23ʰ 57ᵐ 9ˢ.
October 11 . . + 5 34 54.67
         17 . .   56.00

B. A. C. 8370, 23ʰ 58ᵐ 0ˢ.
September 28 . . +12 33 40.49
December 12 . .   40.62

Weisse XXIII, 1205, 23ʰ 58ᵐ 26ˢ.
October 21 . . − 0 42 47.15
         23 . .   47.55

Weisse XXIII, 1222, 23ʰ 59ᵐ 23ˢ.
November 9 . . + 6 2 28.05
         23 . .   28.70

α Andromedæ, 0ʰ 0ᵐ 39ˢ.
October   5 . . +28 15 44.21

Weisse XXIII, 1251, 0ʰ 0ᵐ 43ˢ.
November 27 . . + 5 46 54.93
December 1 . .   54.27

Santini O, 8, 0ʰ 4ᵐ 6ˢ.
December 12 . . + 9 18 21.61

Weisse O, 83, 0ʰ 5ᵐ 5ˢ.
November 23 . . + 5 20 31.42
December 11 . .   32.76

) Pegasi, 0ʰ 5ᵐ 31ˢ.
September 28 . . +14 20 57.42
October 11 . .   57.68
         23 . .   57.67
         25 . .   57.92
November 8 . .   56.94

Weisse O, 192, 0ʰ 11ᵐ 24ˢ.
December 1 . . + 6 26 55.24

B. A. C. 66, 0ʰ 12ᵐ 53ˢ.
November 28 . . + 7 21 24.97
December 12 . .   24.34

Weisse O, 229, 0ʰ 13ᵐ 16ˢ.
November 27 . . +11 56 19.85
December 11 . .   20.29

B. A. C. 72, 0ʰ 13ᵐ 59ˢ.
October 25 . . −29 48 40.01
November 8 . .   41.43
          9 . .   41.89

B. A. C. 75, 0ʰ 15ᵐ 10ˢ.
1854.
September 28 . . −13 2 40.45
October 11 . .   40.72
         21 . .   40.27

O. Arg. S. 163, 0ʰ 16ᵐ 43ˢ.
November 9 . . −29 48 47.19
December 12 . .   46.10

B. A. C. 96, 0ʰ 19ᵐ 26ˢ.
October 23 . . − 5 50 0.45
November 8 . .   1.32
         30 . .   1.05

B. A. C. 113, 0ʰ 22ᵐ 26ˢ.
October 21 . . + 4 1 47.47
         25 . .   46.73

B. A. C. 129, 0ʰ 24ᵐ 40ˢ.
November 9 . . + 6 7 34.42
         23 . .   33.90
         27 . .   34.76
         28 . .   36.10
December 14 . .   34.46

B. A. C. 130, 0ʰ 24ᵐ 44ˢ.
September 28 . . +19 28 3.27
October   9 . .   1.88
         11 . .   3.39

Weisse O, 436, 0ʰ 25ᵐ 43ˢ.
December 1 . . + 8 56 33.18
         11 . .   33.16

B. A. C. 137, 0ʰ 26ᵐ 25ˢ.
December 12 . . + 9 28 40.70
         20 . .   39.83

B. A. C. 147, 0ʰ 27ᵐ 51ˢ.
December 30 . . − 1 19 47.97

Weisse O, 491, 0ʰ 28ᵐ 39ˢ.
November 23 . . + 8 2 53.68
         27 . .   54.11

Weisse O, 572, 0ʰ 33ᵐ 15ˢ.
October 21 . . + 6 26 29.39
         23 . .   28.91

α Cassiopeæ, 0ʰ 32ᵐ 2ˢ.
September 28 . . +55 42 50.58
October   9 . .   49.16
         11 . .   51.36
         25 . .   50.06
November 8 . .   49.75

B. A. C. 177, 0ʰ 33ᵐ 27ˢ.
November 28 . . + 8 32 6.35
December 1 . .   6.81
         14 . .   6.40

β Ceti, 0ʰ 36ᵐ 3ˢ.
1854.
November 9 . . −19 48 39.24

Weisse O, 635, 0ʰ 36ᵐ 34ˢ.
December 12 . . + 6 57 3.34
         30 . .   3.90

Weisse O, 647, 0ʰ 37ᵐ 21ˢ.
November 23 . . + 4 21 34.77
         27 . .   35.84

Weisse O, 657, 0ʰ 37ᵐ 55ˢ.
November 28 . . + 7 1 24.71
December 30 . .   23.55

Weisse O, 711, 0ʰ 40ᵐ 38ˢ.
December 20 . . + 3 19 24.61

Weisse O, 712, 0ʰ 10ᵐ 41ˢ.
December 1 . . − 1 18 25.57
         11 . .   26.66

Weisse O, 732, 0ʰ 42ᵐ 15ˢ.
December 14 . . − 1 2 32.81

B. A. C. 233, 0ʰ 42ᵐ 37ˢ.
September 28 . . −11 27 10.58
October   9 . .   11.23
         11 . .   10.47

B. A. C. 237, 0ʰ 43ᵐ 35ˢ.
November 8 . . + 2 34 12.45
          9 . .   13.02

B. A. C. 242, 0ʰ 45ᵐ 21ˢ.
November 23 . . − 1 57 35.15
         27 . .   31.99

Weisse O, 806, 0ʰ 45ᵐ 57ˢ.
December 20 . . + 1 5 41.23

B. A. C. 244, 0ʰ 46ᵐ 8ˢ.
October 21 . . +58 9.33.05
         25 . .   33.69
November 8 . .   34.38

Weisse O, 815, 0ʰ 46ᵐ 34ˢ.
November 28 . . − 2 19 0.58
December 1 . .   2.52

B. A. C. 271, 0ʰ 51ᵐ 13ˢ.
September 28 . . −12 11 25.93
October   9 . .   27.24
         11 . .   26.10

OBSERVED WITH THE MURAL CIRCLE, 1854.

WEISSE O, 893, 0^h 51^m 19^s.	B. A. C. 400, 1^h 12^m 8^s.	WEISSE I, 497, 1^h 26^m 41^s.	WEISSE I, 806, 1^h 44^m 58^s.
1854.	1854.	1854.	1854.
December 30 . . + 1 50 54.78	December 1 . . − 1 17 53.56	December 1 . . + 3 1 4.77	September 28 . . − 2 46 (12.65
	20 . . 53.31	11 . . 6.00	October 9 . . 16.08
			November 8 . . 15.90
WEISSE O, 908, 0^h 51^m 56^s.	WEISSE I, 202, 1^h 12^m 58^s.	π PISCIUM, 1^h 29^m 7^s.	WEISSE I, 821, 1^h 45^m 37^s.
November 27 . . − 2 8 12.77	December 22 . . − 4 2 9.11	December 22 . . +11 22 21.01	October 21 . . − 2 54 42.40
December 12 . . 13.36	30 . . 8.17	30 . . 21.47	25 . . 42.60
			November 9 . . 43.69
WEISSE O, 918, 0^h 52^m 23^s.	WEISSE I, 206, 1^h 13^m 14^s.	WEISSE I, 562, 1^h 31^m 58^s.	
December 30 . . + 1 49 23.61	October 23 . . − 2 5 55.77	November 23 . . + 2 41 30.66	WEISSE I, 847, 1^h 47^m 1^s.
	25 . . 55.73	December 20 . . 31.19	December 14 . . + 2 39 14.16
WEISSE O, 965, 0^h 54^m 53^s.		WEISSE I, 582, 1^h 32^m 49^s.	
October 21 . . + 8 19 33.26	θ¹ CETI, 1^h 16^m 32^s.	November 9 . . − 2 21 48.91	WEISSE I, 855, 1^h 47^m 36^s.
23 . . 33.08	September 28 . . − 8 57 31.72	December 12 . . 48.53	December 12 . . +11 50 8.43
November 23 . . 33.10	October 9 . . 32.16		
December 14 . . 34.02	November 9 . . 32.40	WEISSE I, 646, 1^h 35^m 13^s.	B. A. C. 598, 1^h 50^m 22^s.
	23 . . 32.71	November 28 . . +12 11 53.25	December 12 . . − 2 47 35.54
WEISSE O, 1033, 0^h 58^m 25^s.	December 12 . . 31.86	December 30 . . 53.81	30 . . 36.05
November 8 . . − 1 4 11.06			
9 . . 11.00	WEISSE I, 280, 1^h 17^m 13^s.	(*), 1^h 35^m 4^s.	WEISSE I, 896, 1^h 50^m 25^s.
December 12 . . 10.63	October 21 . . − 3 37 50.24	November 8 . . + 4 58 37.98	November 27 . . +15 11 49.57
	November 8 . . 51.82		23 . . 49.45
LAMONT 187, 1^h 3^m 17^s.	27 . . 51.37		
November 27 . . − 1 47 31.31	28 . . 49.97	WEISSE I, 655, 1^h 35^m 49^s.	WEISSE I, 973, 1^h 54^m 29^s.
December 12 . . 32.11		November 8 . . + 4 59 16.36	December 14 . . +12 45 3.59
	WEISSE I, 299, 1^h 18^m 4^s.		30 . . 4.02
POLARIS, 1^h 5^m 1^s.	December 11 . . + 9 37 29.63	WEISSE I, 675, 1^h 36^m 37^s.	
September 28 . . +58 30 33.16	22 . . 28.92	December 1 . . + 1 51 36.57	WEISSE I, 984, 1^h 54^m 54^s.
October 9 . . 33.33		22 . . 38.51	December 12 . . + 3 7 18.09
25 . . 33.01	WEISSE I, 336, 1^h 19^m 53^s.		
November 9 . . 34.54	December 1 . . + 7 59 59.14	LALANDE 3237, 1^h 35^m 52^s.	WEISSE (2) I, 1411, 1^h 58^m 25^s.
		September 28 . . − 1 40 46.32	November 27 . . +16 21 57.89
POLARIS, S. P., 1^h 5^m 1^s.	WEISSE I, 382, 1^h 22^m 23^s.	October 9 . . 46.35	28 . . 57.88
April 24 . . +58 30 34.98	November 23 . . +10 18 50.48	11 . . 46.22	
May 1 . . 35.89	28 . . 50.83	25 . . 46.99	α ARIETIS, 1^h 58^m 44^s.
4 . . 35.35			October 9 . . +22 45 3.31
5 . . 35.81		WEISSE I, 732, 1^h 40^m 33^s.	December 11 . . 2.25
8 . . 35.74		December 12 . . +13 18 52.86	20 . . 1.94
20 . . 36.76	WEISSE I, 410, 1^h 23^m 59^s.		
22 . . 36.10	December 20 . . + 9 12 51.67	B. A. C. 551, 1^h 40^m 40^s.	WEISSE II, 7, 2^h 1^m 50^s.
June 1 . . 35.95	30 . . 52.40	December 11 . . + 2 56 6.51	December 22 . . + 3 31 11.88
5 . . 35.65		14 . . 5.06	30 . . 12.68
WEISSE I, 100, 1^h 7^m 0^s.	B. A. C. 460, 1^h 24^m 47^s.		
November 28 . . + 8 56 47.18	September 28 . . −31 3 17.31		O. ARG. N. 2443, 2^h 2^m 11^s.
December 1 . . 46.19	October 9 . . 16.10	WEISSE I, 767, 1^h 42^m 52^s.	December 12 . . +48 53 16.82
		November 27 . . +10 17 54.43	
B. A. C. 374, 1^h 7^m 10^s.	WEISSE I, 432, 1^h 25^m 5^s.	28 . . 55.60	
October 21 . . − 1 46 39.20	October 25 . . − 2 25 33.57		O. ARG. N. 2511, 2^h 4^m 43^s.
23 . . 38.81	November 8 . . 33.42	WEISSE I, 773, 1^h 43^m 1^s.	December 14 . . +53 49 37.33
November 8 . . 38.89	9 . . 33.71	September 28 . . − 2 48 29.70	
23 . . 39.09		October 9 . . 30.30	
27 . . 38.82	WEISSE I, 441, 1^h 25^m 31^s.	11 . . 28.80	WEISSE II, 102, 2^h 7^m 8^s.
	November 27 . . − 2 33 48.09	November 23 . . 30.56	November 27 . . + 4 10 3.42
WEISSE I, 113, 1^h 7^m 56^s.	December 12 . . 47.43		December 11 . . 4.29
December 11 . . + 8 59 20.72			
20 . . 20.39	WEISSE I, 450, 1^h 26^m 0^s.	WEISSE I, 790, 1^h 44^m 1^s.	LALANDE 4238, 2^h 9^m 28^s.
	October 11 . . − 2 36 14.42	December 1 . . − 3 22 53.40	December 22 . . +17 45 24.32
B. A. C. 389, 1^h 10^m 11^s.	21 . . 13.46	30 . . 52.32	30 . . 25.07
October 11 . . − 8 27 10.33			
December 14 . . 11.05			

10—T I & M C

MEAN DECLINATIONS OF STARS FOR 1850.0

WEISSE II, 143, 2ʰ 9ᵐ 52ˢ.
1854.
November 23 . . +13 46 15.12

WEISSE II, 158, 2ʰ 10ᵐ 45ˢ.
November 28 . . + 7 29 8.09
December 1 . . 7.50

WEISSE II, 235, 2ʰ 14ᵐ 58ˢ.
December 11 . . + 7 51 33.85
14 . . 33.70

B. A. C. 741, 2ʰ 16ᵐ 30ˢ.
November 27 . . + 9 1 58.77

LALANDE 4460, 2ʰ 16ᵐ 17ˢ.
November 23 . . +18 52 26.18
December 22 . . 26.34

WEISSE II, 278, 2ʰ 17ᵐ 13ˢ.
December 14 . . + 7 52 10.30

WEISSE II, 305, 2ʰ 18ᵐ 41ˢ.
December 1 . . + 9 53 14.67

B. A. C. 771, 2ʰ 22ᵐ 36ˢ.
November 28 . . +17 2 15.19
December 11 . . 15.16
30 . . 15.96

RUMKER 654, 2ʰ 25ᵐ 4ˢ.
November 23 . . +19 46 28.12
27 . . 28.12
December 12 . . 29.22

B. A. C. 789, 2ʰ 27ᵐ 8ˢ.
December 1 . . + 6 48 55.34
14 . . 56.47
22 . . 56.21

B. A. C. 807, 2ʰ 30ᵐ 9ˢ.
January 4 . . − 4 2 53.02

WEISSE II, 569, 2ʰ 32ᵐ 55ˢ.
November 23 . . +15 23 38.12
December 11 . . 38.56

γ CETI, 2ʰ 35ᵐ 32ˢ.
January 4 . . + 2 36 3.62
27 . . 3.17
November 27 . . 3.57
28 . . 3.10
December 1 . . 2.81
12 . . 3.57
22 . . 3.96
30 . . 3.70

(*68) W., 2ʰ 48ᵐ.
January 4 . . +14 45 17.09

WEISSE II, 742, 2ʰ 42ᵐ 58ˢ.
1854.
December 12 . . − 7 25 45.28
14 . . 45.70

WEISSE II, 741, 2ʰ 43ᵐ 0ˢ.
November 23 . . − 7 23 24.49
December 11 . . 23.25

WEISSE II, 799, 2ʰ 45ᵐ 41ˢ.
December 22 . . + 8 43 13.78
30 . . 14.50

B. A. C. 905, 2ʰ 48ᵐ 13ˢ.
November 28 . . + 7 46 29.36
December 30 . . 30.41

WEISSE II, 880, 2ʰ 50ᵐ 17ˢ.
December 11 . . + 9 35 58.46
14 . . 58.36

WEISSE II, 893, 2ʰ 51ᵐ 10ˢ.
November 23 . . + 9 36 27.34
December 22 . . 28.22

RUMKER, 767, 2ʰ 52ᵐ 44ˢ.
December 14 . . + 9 38 44.14

α CETI, 2ʰ 54ᵐ 27ˢ.
November 28 . . + 3 29 52.81
December 12 . . 53.29

RUMKER 755, 2ʰ 49ᵐ 56ˢ.
January 27 . . +15 23 19.45
February 3 . . 20.82

WEISSE II, 1037, 2ʰ 58ᵐ 20ˢ.
November 23 . . +14 11 24.93

B. A. C. 973, 3ʰ 0ᵐ 37ˢ.
December 22 . . + 7 53 21.00
30 . . 22.22

WEISSE (2) III, 45, 3ʰ 2ᵐ 38ˢ.
December 14 . . +16 43 51.67

WEISSE III, 114, 3ʰ 6ᵐ 44ˢ.
December 11 . . +11 52 15.57

LALANDE 6167, 3ʰ 12ᵐ 28ˢ.
December 14 . . + 8 29 21.96
30 . . 23.66

α PERSEI, 3ʰ 13ᵐ 38ˢ.
January 3 . . +49 19 21.85
4 . . 22.58
November 23 . . 20.36

64 ARIETIS, 3ʰ 15ᵐ 27ˢ.
1854.
December 11 . . +24 11 19.92

RUMKER 870, 3ʰ 21ᵐ 14ˢ.
December 14 . . +18 15 8.43

B. A. C. 1105, 3ʰ 27ᵐ 52ˢ.
January 3 . . +42 5 2.21
4 . . 3.26

B. A. C. 1110, 3ʰ 29ᵐ 6ˢ.
January 27 . . + 0 5 41.05
February 3 . . 40.70

WEISSE (2) III, 639, 3ʰ 29ᵐ 34ˢ.
December 14 . . +18 51 49.70

WEISSE (2) III, 721, 3ʰ 32ᵐ 51ˢ.
December 14 . . +18 54 3.62

η TAURI, 3ʰ 38ᵐ 35ˢ.
January 3 . . +23 38 13.69
4 . . 14.95
December 11 . . 14.28
14 . . 12.35
21 . . 14.45

WEISSE (2) III, 887, 3ʰ 39ᵐ 29ˢ.
January 23 . . +16 29 43.66
27 . . 43.77
February 3 . . 44.65

RUMKER 1023, 3ʰ 45ᵐ 55ˢ.
January 23 . . +16 10 31.61
27 . . 31.52
February 3 . . 31.98
December 22 . . 31.41

WEISSE (2) III, 1030, 3ʰ 47ᵐ 1ˢ.
December 21 . . +35 53 40.32

γ¹ ERIDANI, 3ʰ 51ᵐ 2ˢ.
January 3 . . −13 56 19.69
4 . . 19.78
February 3 . . 19.01
December 22 . . 18.93

WEISSE (2) III, 1212, 3ʰ 56ᵐ 10ˢ.
December 21 . . +20 26 33.64

B. A. C. 1272, 3ʰ 59ᵐ 24ˢ.
January 4 . . +16 56 6.44
February 3 . . 4.03

B. A. C. 1307, 4ʰ 7ᵐ 58ˢ.
January 3 . . +49 40 39.04
4 . . 40.05

B. A. C. 1314, 4ʰ 8ᵐ 51ˢ.
1854.
January 27 . . +50 33 1.70
February 2 . . 0.09
3 . . 1.23

B. A. C. 1334, 4ʰ 12ᵐ 14ˢ.
January 27 . . −23 20 24.36
February 2 . . 24.46

B. A. C. 1374, 4ʰ 19ᵐ 26ˢ.
January 3 . . −35 5 57.24
4 . . 57.98

LALANDE 8479, 4ʰ 21ᵐ 49ˢ.
December 21 . . −11 23 26.11

B. A. C. 1415, 4ʰ 26ᵐ 36ˢ.
January 4 . . +56 19 43.08
27 . . 43.14

B. A. C. 1427, 4ʰ 28ᵐ 32ˢ.
February 4 . . − 3 55 23.35

B. A. C. 1463, 4ʰ 36ᵐ 39ˢ.
January 3 . . +23 20 49.60
4 . . 50.28
February 2 . . 49.71
4 . . 50.56

WEISSE IV, 606, 4ʰ 36ᵐ 53ˢ.
December 21 . . + 2 55 31.49

B. A. C. 1485, 4ʰ 41ᵐ 9ˢ.
February 6 . . +15 38 17.33
March 1 . . 16.46

WEISSE (2) IV, 1098, 4ʰ 48ᵐ 30ˢ.
December 21 . . +29 55 11.66

B. A. C. 1518, 4ʰ 47ᵐ 8ˢ.
February 2 . . +24 20 50.78

B. A. C. 1531, 4ʰ 49ᵐ 22ˢ.
January 3 . . −25 58 16.69
4 . . 15.86
23 . . 12.44

B. A. C. 1555, 4ʰ 55ᵐ 25ˢ.
February 2 . . +21 3 44.17
4 . . 44.92
6 . . 45.09

B. A. C. 1540, 4ʰ 51ᵐ 13ˢ.
February 4 . . +43 35 41.65
6 . . 41.84
21 . . 43.41
March 1 . . 42.44

OBSERVED WITH THE MURAL CIRCLE, 1854.

B. A. C. 1561, 4ʰ 56ᵐ 35ˢ.	B. A. C. 1827, 5ʰ 35ᵐ 41ˢ.	B. A. C. 2081, 6ʰ 18ᵐ 50ˢ.	B. A. C. 2313, 6ʰ 56ᵐ 16ˢ.
1854.	1854.	1854.	1854.
January 4 . . −39 56 22.53	February 2 . . +14 25 40.01	January 31 . . +46 46 28.96	February 4 . . +22 51 24.63
23 . . 21.76	4 . . 40.05	February 2 . . 27.58	6 . . 24.57
	6 . . 41.21	4 . . 27.65	21 . . 24.59
	21 . . 41.00	6 . . 28.29	27 . . 24.34
B. A. C. 1582, 4ʰ 59ᵐ 33ˢ.		B. A. C. 2155, 6ʰ 28ᵐ 16ˢ.	
February 21 . . +46 46 12.65	B. A. C. 1867, 5ʰ 44ᵐ 24ˢ.	February 21 . . +39 31 0.39	RUMKER 2086, S. P., 6ʰ 56ᵐ 17ˢ.
March 1 . . 12.71	February 27 . . +20 15 31.21	27 . . 0.28	June 30 . + 60 58 18.92
	March 1 . . 31.76		
B. A. C. 1609, 5ʰ 5ᵐ 21ˢ.		51 CEPHEI, 6ʰ 23ᵐ 33ˢ.	B. A. C. 2341, 7ʰ 1ᵐ 41ˢ.
February 2 . . +46 14 19.88	B. A. C. 1876, 5ʰ 45ᵐ 30ˢ.	January 4 . . +87 15 22.95	February 21 . . +51 40 14.26
4 . . 19.76	February 6 . . +20 14 35.08	23 . . 22.49	27 . . 14.86
6 . . 19.87	21 . . 35.00	31 . . 23.39	March 1 . . 14.48
	27 . . 34.86	February 2 . . 22.89	
α AURIGÆ, 5ʰ 5ᵐ 37ˢ.	March 1 . . 34.03	4 . . 22.03	
January 3 . . +45 50 20.81		6 . . 21.63	B. A. C. 2362, 7ʰ 4ᵐ 45ˢ.
4 . . 21.03	α ORIONIS, 5ʰ 47ᵐ 3ˢ.		January 31 . . +16 24 31.45
23 . . 21.08	January 4 . . + 7 22 28.02	51 CEPHEI, S. P., 6ʰ 28ᵐ 33ˢ.	February 4 . . 31.20
27 . . 21.30	23 . . 29.30	July 1 . . +87 15 23.47	6 . . 31.37
		11 . . 23.41	March 4 . . 30.95
B. A. C. 1637, 5ʰ 10ᵐ 16ˢ.	B. A. C. 1902, 5ʰ 49ᵐ 36ˢ.	12 . . 24.40	
February 2 . . +21 56 8.94	February 2 . . +47 53 9.62		δ GEMINORUM, 7ʰ 11ᵐ 10ˢ.
4 . . 9.88	27 . . 7.82	B. A. C. 2170, 6ʰ 30ᵐ 5ˢ.	January 31 . . +22 15 13.70
21 . . 10.09	March 1 . . 8.48	March 1 . . +28 23 24.16	February 2 . . 11.92
		8 . . 23.52	4 . . 12.16
β TAURI, 5ʰ 16ᵐ 49ˢ.	B. A. C. 1930, 5ʰ 54ᵐ 13ˢ.		6 . . 11.60
January 3 . . +28 28 29.89	January 28 . . +17 39 39.02	(³)₁ S. P., 6ʰ 24ᵐ 49ˢ.	
4 . . 29.89		June 30 . . +61 8 34.88	B. A. C. 2432, 7ʰ 14ᵐ 22ˢ.
27 . . 31.00	B. A. C. 1942, 5ʰ 56ᵐ 14ˢ.	July 14 . . 32.83	February 21 . . +18 33 23.89
	February 2 . . +38 29 23.21	15 . . 32.89	27 . . 23.88
B. A. C. 1711, 5ʰ 21ᵐ 20ˢ.	6 . . 24.58		
February 2 . . +20 25 40.58	21 . . 23.62	B. A. C. 2197, 6ʰ 35ᵐ 16ˢ.	B. A. C. 2441, 7ʰ 15ᵐ 23ˢ.
4 . . 40.90	27 . . 23.58	February 21 . . +29 7 1.35	March 1 . . +49 30 10.58
21 . . 41.61		27 . . 0.81	4 . . 9.55
	B. A. C. 1994, 6ʰ 4ᵐ 33ˢ.	March 1 . . 0.89	8 . . 10.26
δ ORIONIS, 5ʰ 24ᵐ 21ˢ.	January 28 . . − 6 31 12.54		
January 27 . . − 0 24 51.49	March 1 . . 13.10	α CANIS MAJORIS, 6ʰ 36ᵐ 32ˢ.	B. A. C. 2459, 7ʰ 18ᵐ 31ˢ.
		March 8 . . −16 30 50.94	January 28 . . +49 58 (35.38)
B. A. C. 1736, 5ʰ 24ᵐ 56ˢ.	B. A. C. 2001, 6ʰ 5ᵐ 49ˢ.		February 2 . . 33.58
February 21 . . +47 36 32.92	January 31 . . +29 32 52.31	B. A. C. 2235, 6ʰ 42ᵐ 42ˢ.	4 . . 33.36
27 . . 33.34	February 2 . . 49.73	February 4 . . +39 2 31.65	March 4 . . 32.86
March 1 . . 32.92	6 . . 50.55	6 . . 31.45	
	21 . . 50.92	27 . . 31.37	α² GEMINORUM, 7ʰ 25ᵐ 1ˢ.
α LEPORIS, 5ʰ 26ᵐ 7ˢ.			January 31 . . +32 12 44.05
January 4 . . −17 56 1.66	B. A. C. 2038, 6ʰ 12ᵐ 16ˢ.	B. C. A. 2261, 6ʰ 46ᵐ 40ˢ.	February 6 . . 43.55
	February 4 . . +21 11 35.46	February 6 . . +45 16 57.94	March 8 . . 41.75
ε ORIONIS, 5ʰ 28ᵐ 36ˢ.	March 1 . . 35.74	21 . . 57.14	
January 28 . . − 1 18 7.96		March 1 . . 56.59	B. A. C. 2519, 7ʰ 30ᵐ 49ˢ.
	B. A. C. 2039, 6ʰ 12ᵐ 24ˢ.	8 . . 56.97	February 2 . . +18 0 42.15
B. A. C. 1769, 5ʰ 29ᵐ 11ˢ.	February 2 . . +21 15 41.66		6 . . 41.64
February 2 . . +53 24 44.40	6 . . 41.43	O. ARG. N. 7442, S. P., 6ʰ 49ᵐ 52ˢ.	27 . . 41.19
4 . . 44.30	21 . . 42.10	June 30 . . +60 48 35.53	
27 . . 43.77			α CANIS MINORIS, 7ʰ 31ᵐ 27ˢ.
	μ GEMINORUM, 6ʰ 13ᵐ 53ˢ.	ε CANIS MAJORIS, 6ʰ 52ᵐ 44ˢ.	March 1 . . + 5 36 19.23
α COLUMBÆ, 5ʰ 34ᵐ 13ˢ.	January 4 . . +22 35 9.03	March 1 . . −28 46 16.29	8 . . 18.01
January 4 . . −34 9 28.22	23 . . 9.34		
23 . . 25.54	February 21 . . 7.26		β GEMINORUM, 7ʰ 36ᵐ 8ˢ.
28 . . 25.67			January 31 . . +28 23 1.95
March 1 . . 27.64			

MEAN DECLINATIONS OF STARS FOR 1850.0

B. A. C. 2564, 7ʰ 58ᵐ 1ˢ.
```
1854.            °   '    "
February 27  . . +11  7 45.07
March    1   . .      45.00
         4   . .      44.93
```

B. A. C. 2616, 7ʰ 44ᵐ 16ˢ.
```
January  31  . . +56 53 34.26
February  4  . .        33.44
         27  . .        31.41
```

B. A. C. 2622, 7ʰ 44ᵐ 50ˢ.
```
March     8  . . −13 30 14.48
```

B. A. C. 2650, 7ʰ 50ᵐ 21ˢ.
```
February  4  . . +57 40 57.29
March     1  . .        57.16
          4  . .        57.66
```

B. A. C. 2679, 7ʰ 55ᵐ 3ˢ.
```
January  31  . . +10 21 30.45
February 27  . .        29.18
March     1  . .        29.69
```

ρ Argus, 8ʰ 1ᵐ 9ˢ.
```
January  31  . . −23 52 30.77
February  6  . .        29.32
March     8  . .        31.59
```

B. A. C. 2732, 8ʰ 1ᵐ 51ˢ.
```
February 27  . . +56 53 44.94
March     1  . .        44.61
          4  . .        44.80
```

B. A. C. 2806, 8ʰ 11ᵐ 43ˢ.
```
January  31  . . +11  6 42.97
February  6  . .        42.17
                        41.66
```

B. A. C. 2836, 8ʰ 20ᵐ 15ˢ.
```
January  31  . . +14 42 13.33
February  6  . .        12.84
March     4  . .        12.20
```

Weisse VIII, 618, 8ʰ 23ᵐ 54ˢ.
```
February 24  . . +13 18 21.10
         27  . .        20.52
```

B. A. C. 2892, 8ʰ 28ᵐ 9ˢ.
```
January  31  . . +53 13 56.03
March     4  . .        55.54
          8  . .        55.04
```

Weisse VIII, 736, 8ʰ 28ᵐ 15ˢ.
```
February 24  . . +12 22 15.85
         27  . .        16.12
```

ε Hydræ, 8ʰ 38ᵐ 50ˢ.
```
January  31  . . + 6 57 56.24
February 24  . .        56.56
         27  . .        55.99
April    21  . .        55.16
```

B. A. C. 2991, 8ʰ 42ᵐ 12ˢ.
```
1854.            °   '    "
March     4  . . +19 23 16.14
          8  . .       (19.49)
April    13  . .        15.48
         18  . .        15.57
```

ι Ursæ Majoris, 8ʰ 48ᵐ 55ˢ.
```
April    13  . . +48 37 34.32
         18  . .        34.34
         21  . .        35.23
```

B. A. C. 3074, 8ʰ 53ᵐ 18ˢ.
```
March     4  . . +17 39 56.52
April    18  . .        56.30
```

B. A. C. 3091, 8ʰ 55ᵐ 54ˢ.
```
March     4  . . +50 12 18.30
April    13  . .        17.74
         18  . .        17.78
```

B. A. C. 3138, 9ʰ 5ᵐ 3ˢ.
```
February 24  . . +21 53 52.05
March     4  . .        52.39
April    18  . .        51.99
```

B. A. C. 3218, 9ʰ 18ᵐ 49ˢ.
```
February 24  . . +46 15 20.27
March     4  . .        20.38
April    18  . .        19.21
```

α Hydræ, 9ʰ 20ᵐ 13ˢ.
```
April    21  . . − 8  0 40.42
```

B. A. C. 3252, 9ʰ 24ᵐ 17ˢ.
```
February 24  . . +37  8 54.43
March     4  . .        54.58
April    13  . .        53.81
```

B. A. C. 3294, 9ʰ 30ᵐ 35ˢ.
```
April    21  . . +26  2 23.70
```

B. A. C. 3314, 9ʰ 33ᵐ 56ˢ.
```
February 24  . . +30 47 31.97
March     4  . .        31.73
April    13  . .        30.83
```

B. A. C. 3333, 9ʰ 37ᵐ 50ˢ.
```
April    18  . . +21 10 37.16
         21  . .        37.98
         24  . .        37.84
```

B. A. C. 3341, 9ʰ 38ᵐ 53ˢ.
```
April    13  . . +46 42 57.70
         25  . .       43 0.59
```

B. A. C. 3358, 9ʰ 41ᵐ 52ˢ.
```
April    24  . . +54 45 44.29
         25  . .        43.97
May       5  . .        43.57
```

B. A. C. 3406, 9ʰ 50ᵐ 9ˢ.
```
1854.            °   '    "
April    13  . . +13  9 28.38
         18  . .        28.92
         21  . .        28.02
```

Weisse IX, 687, 9ʰ 40ᵐ 18ˢ.
```
February 24  . . +11 15  9.28
March     4  . .         8.51
```

B. A. C. 3420, 9ʰ 53ᵐ 21ˢ.
```
April    24  . . +32 15  8.01
         25  . .         7.95
```

B. A. C. 3439, 9ʰ 56ᵐ 57ˢ.
```
April    13  . . +35 43 45.87
         18  . .        45.88
         21  . .        45.70
```

B. A. C. 3468, 10ʰ 2ᵐ 19ˢ.
```
April    24  . . +38  8 17.79
         25  . .        18.01
May       5  . .        17.47
```

Weisse X, 70, 10ʰ 5ᵐ 0ˢ.
```
May       1  . . −10 23 55.37
```

B. A. C. 3500, 10ʰ 7ᵐ 42ˢ.
```
April    13  . . +30  3 20.32
         18  . .        20.78
         21  . .        11.15
```

B. A. C. 3553, 10ʰ 15ᵐ 57ˢ.
```
April    18  . . − 2 59  9.11
May       1  . .        10.96
```

B. A. C. 3607, 10ʰ 24ᵐ 28ˢ.
```
May       1  . . +41 11 43.56
          5  . .        43.97
```

B. A. C. 3637, 10ʰ 30ᵐ 8ˢ.
```
April    13  . . −12 36 22.81
         18  . .       (20.22)
         25  . .        23.01
```

B. A. C. 3667, 10ʰ 34ᵐ 53ˢ.
```
May       8  . . + 4 21 54.40
```

B. A. C. 3674, 10ʰ 35ᵐ 42ˢ.
```
April    25  . . −22 45 55.75
May       1  . .        55.27
```

B. A. C. 3709, 10ʰ 41ᵐ 27ˢ.
```
April    13  . . − 8 19 29.17
         18  . .        28.11
         24  . .        29.66
```

B. A. C. 3720, 10ʰ 43ᵐ 12ˢ.
```
April    25  . . + 4 23  2.35
May       5  . .         2.84
          8  . .         2.34
```

B. A. C. 3732, 10ʰ 46ᵐ 6ˢ.
```
1854.            °   '    "
April    13  . . − 1 20  0.54
         18  . .       19 59.67
         21  . .       20  0.17
         24  . .         0.72
```

α Ursæ Majoris, 10ʰ 54ᵐ 26ˢ.
```
April    13  . . +62 33 32.63
         18  . .        34.48
         24  . .        31.08
         25  . .        33.63
May       5  . .        33.28
          8  . .        32.96
         13  . .        33.30
```

δ Leonis, 11ʰ 6ᵐ 7ˢ.
```
April    13  . . +21 20 40.92
         18  . .        42.07
May       8  . .        40.35
         13  . .        41.19
```

δ Crateris, 11ʰ 11ᵐ 51ˢ.
```
April    13  . . −13 58  2.97
May       5  . .         3.19
          8  . .         3.50
         13  . .         3.92
```

B. A. C. 3869, 11ʰ 14ᵐ 38ˢ.
```
May       1  . . +18 15 33.04
          5  . .        33.53
```

B. A. C. 3902, 11ʰ 20ᵐ 14ˢ.
```
April    24  . . +12 47 56.65
May       5  . .        56.51
         13  . .        56.10
```

B. A. C. 3940, 11ʰ 28ᵐ 52ˢ.
```
April    13  . . + 6 56 24.46
         18  . .        25.70
May       1  . .        25.20
```

B. A. C. 3956, 11ʰ 31ᵐ 3ˢ.
```
April    24  . . −12 22 36.26
May       5  . .        35.10
         13  . .        36.31
```

Weisse (?) XI, 548, 11ʰ 31ᵐ 22ˢ.
```
April    13  . . + 6 53 34.56
         18  . .        35.10
May       1  . .        34.51
```

B. A. C. 3964, 11ʰ 32ᵐ 59ˢ.
```
May      22  . . +22 11  5.46
```

δ Leonis, 11ʰ 41ᵐ 24ˢ.
```
April    13  . . +15 24 36.08
         24  . .        37.35
May       1  . .        36.15
          5  . .        36.96
          8  . .        36.61
```

OBSERVED WITH THE MURAL CIRCLE, 1854.   77

Weisse (2) XI, 889, 11ʰ 45ᵐ 27ˢ.			**β Corvi, 12ʰ 26ᵐ 31ˢ.**			**B. A. C. 4468, 13ʰ 13ᵐ 58ˢ.**			**B. A. C. 4682, 13ʰ 57ᵐ 3ˢ.**		
1854.		′ ″	1854.		′ ″	1854.		′ ″	1854.		′ ″
May	19	+17 41 2.66	April	24	−22 34 0.05	May	13	+14 56 15.68	May	4	−15 36 52.39
	20	1.44	May	1	34 0.98		16	15.33		8	52.70
	22	2.03		4	33 58.91		19	15.86		20	54.00
				5	34 0.28						
γ Ursæ Majoris, 11ʰ 45ᵐ 55ˢ.				8	0.30	**B. A. C. 4479, 13ʰ 17ᵐ 5ˢ.**			**B. A. C. 4694, 13ʰ 59ᵐ 47ˢ.**		
April	13	+54 31 42.93		13	0.02	May	13	+37 49 6.05	June	1	+31 34 9.55
	24	43.37		19	0.66		16	5.72		3	9.59
May	1	43.13		20	0.68		19	5.86		5	10.15
			B. A. C. 4257, 12ʰ 31ᵐ 31ˢ.								
			May	8	−7 10 9.85	**α Virginis, 13ʰ 17ᵐ 18ˢ.**			**B. A. C. 4721, 14ʰ 6ᵐ 52ˢ.**		
B. A. C. 4037, 11ʰ 49ᵐ 27ˢ.				22	10.13	April	24	−10 22 36.25	May	8	+13 39 55.24
May	8	−32 28 41.03				May	20	36.92		19	54.61
	19	43.93	**B. A. C. 4277, 12ʰ 35ᵐ 55ˢ.**				22	35.39	June	4	55.41
	20	43.75	April	24	−0 45 3.86	June	1	35.69			
	22	42.18	May	1	4.23		3	35.87			
				5	4.59				**α Boötis, 14ʰ 8ᵐ 49ˢ.**		
B. A. C. 4063, 11ʰ 55ᵐ 56ˢ.						**B. A. C. 4519, 13ʰ 24ᵐ 45ˢ.**			May	16	+19 57 55.44
April	24	−4 38 37.12	**B. A. C. 4285, 12ʰ 37ᵐ 53ˢ.**			May	22	+42 52 45.43		20	55.00
May	1	37.31	May	4	+40 5 41.38	June	1	45.80		26	55.77
	5	36.75		13	40.91				June	1	(54.72)
				16	40.79	**B. A. C. 4536, 13ʰ 28ᵐ 6ˢ.**				3	54.59
B. A. C. 4080, 11ʰ 59ᵐ 35ˢ.				19	40.46	May	16	+37 57 8.58		5	55.15
May	8	−5 55 51.29					19	8.72			55.67
	16	51.43	**(*), 12ʰ 41ᵐ 16ˢ.**				20	8.61			
	22	51.60	May	22	+14 23 35.83				**B. A. C. 4751, 14ʰ 12ᵐ 1ˢ.**		
						B. A. C. 4553, 13ʰ 30ᵐ 56ˢ.			May	19	+13 41 55.37
B. A. C. 4281, 11ʰ 59ᵐ 56ˢ.			**B. A. C. 4299, 12ʰ 40ᵐ 43ˢ.**			May	5	+23 17 46.29		20	54.54
May	13	+14 21 8.04	June	1	+14 22 25.18		8	45.73		22	54.68
	19	7.73		5	25.56		16	46.15			
	20	7.05				June	5	46.35	**B. A. C. 4776, 14ʰ 17ᵐ 10ˢ.**		
			α Canum Venaticorum, 12ʰ 49ᵐ 0ˢ.						June	3	−26 10 8.06
B. A. C. 4122, 12ʰ 7ᵐ 57ˢ.			April	24	+39 7 47.19	**B. A. C. 4566, 13ʰ 33ᵐ 56ˢ.**				5	8.61
April	24	+71 2 8.20	May	1	45.85	May	4	+23 15 26.82		15	8.64
May	1	7.26		4	44.97		5	27.16			
	5	7.71		5	46.11		19	26.92	**B. A. C. 4783, 14ʰ 19ᵐ 22ˢ.**		
				8	46.14		20	26.66	May	4	+39 4 23.00
B. A. C. 4141, 12ʰ 11ᵐ 44ˢ.				13	45.82		22	27.02		8	22.19
May	13	+23 52 5.82		16	46.42					16	21.71
	22	4.82		19	46.57	**η Ursæ Majoris, 13ʰ 41ᵐ 37ˢ.**					
June	1	5.64		20	(44.56)	May	22	+50 3 48.17	**B. A. C. 4808, 14ʰ 23ᵐ 41ˢ.**		
				22	45.58	June	1	47.98	May	22	+42 23 28.56
(*), 12ʰ 11ᵐ 51ˢ.			June	1	46.22		5	48.02	June	15	28.60
May	20	+23 57 14.19		5	45.67		15	47.55			
									B. A. C. 4812, 14ʰ 26ᵐ 2ˢ.		
B. A. C. 4153, 12ʰ 12ᵐ 47ˢ.			**B. A. C. 4367, 12ʰ 54ᵐ 43ˢ.**			**B. A. C. 4640, 13ʰ 46ᵐ 22ˢ.**			May	8	+38 57 59.01
May	8	+27 27 23.59	May	4	+11 45 59.87	May	4	+29 23 17.52		16	58.41
	16	24.64		5	60.47		5	17.36			59.41
	19	24.94		8	60.47		8	17.27			
				16	59.45		19	17.64	**B. A. C. 4830, 14ʰ 29ᵐ 25ˢ.**		
Weisse (2) XII, 320, 12ʰ 15ᵐ 3ˢ.									June	1	+50 1 27.50
May	16	+27 27 17.25	**B. A. C. 4373, 12ʰ 56ᵐ 11ˢ.**			**ζ Boötis, 13ʰ 47ᵐ 33ˢ.**				3	28.26
	19	17.48	June	1	−2 51 17.54	June	3	+19 9 6.19		5	27.26
				5	17.64		5	6.66			
B. A. C. 4171, 12ʰ 15ᵐ 27ˢ.							8	6.11	**B. A. C. 4864, 14ʰ 36ᵐ 50ˢ.**		
April	24	−6 28 1.31	**B. A. C. 4352, 12ʰ 58ᵐ 32ˢ.**						May	4	+27 10 4.69
May	1	1.47	May	19	−14 6 43.83	**B. A. C. 4652, 13ʰ 49ᵐ 2ˢ.**				8	4.36
	5	1.15		20	44.70	May	20	+32 45 59.01		16	4.69
				22	43.71		22	59.19			
						June	1	58.86			
			B. A. C. 4433, 13ʰ 6ᵐ 54ˢ.								
			May	13	+40 56 55.62	**Weisse (2) XIII, 1083, 13ʰ 49ᵐ 11ˢ.**					
				16	55.44	May	4	+29 24 30.22			
				19	55.91		8	29.54			
							19	29.93			

MEAN DECLINATIONS OF STARS FOR 1850.0

ε BOOTIS, 14ʰ 38ᵐ 26ˢ.

1854.		°	′	″
May	10	+27	42	32.76
	22			32.99
	26			32.67
	27			32.96
June	1			32.63
	5			32.96
	15			33.29
	20			32.14

α² LIBRÆ, 14ʰ 42ᵐ 35ˢ.

May	8	−15	24	54.55
	22			54.36
	26			53.99
	27			54.61
June	1			54.79
	5			54.25
	15			54.79
	20			53.98

β URSÆ MINORIS, 14ʰ 51ᵐ 12ˢ.

May	22	+74	46	5.14
	27			5.61
June	1			5.78
	3			6.16
	5			6.29
	15			4.65
	20			5.69

B. A. C. 4953, 14ʰ 55ᵐ 32ˢ.

May	4	+25	36	13.22
	16			13.30
	19			12.93

B. A. C. 4993, 15ʰ 2ᵐ 3ˢ.

May	4	+25	41	6.76
	16			6.99
	19			7.00
	22			6.36

ι LIBRÆ, 15ʰ 5ᵐ 50ˢ.

May	16	−8	49	34.07
	19			32.84
	22			33.17
	27			33.98
June	1			34.07
	3			33.54
	5			33.44
	15			33.18
	20			33.27
	27			34.98
July	1			33.41

B. A. C. 5047, 15ʰ 11ᵐ 39ˢ.

June		+2	20	10.48
	3			10.92
	5			10.73

B. A. C. 5060, 15ʰ 13ᵐ 35ˢ.

June	15	−36	18	59.44
July	1			58.48

B. A. C. 5085, 15ʰ 18ᵐ 50ˢ.

May	19	+15	57	31.05
July	11			30.18

B. A. C. 5091, 15ʰ 20ᵐ 10ˢ.

1854.		°	′	″
June	1	+63	52	40.95
	3			41.08
	5			41.00

α CORONÆ BOREALIS, 15ʰ 28ᵐ 20ˢ.

May	22	+27	13	21.15
	27			20.49
June	1			20.76
	3			21.13
	5			20.50
	15			21.06
	20			20.56
July	1			19.99
	15			21.26

B. A. C. 5155, 15ʰ 29ᵐ 45ˢ.

May	4	+39	30	39.82
	16			38.92
	19			39.16

B. A. C. 5185, 15ʰ 34ᵐ 44ˢ.

May	4	+13	19	55.29
	16			54.96
	19			55.54

α SERPENTIS, 15ʰ 36ᵐ 53ˢ.

May	22	+6	54	4.09
	27			3.99
June	1			4.20
	3			4.15
	5			3.82
	15			4.00
	20			3.53
	27			3.24
July	1			4.03
	15			3.71
	18			3.81

B. A. C. 5252, 15ʰ 44ᵐ 11ˢ.

May	4	+21	25	55.30
	16			55.17
	19			55.87

ζ URSÆ MINORIS, 15ʰ 49ᵐ 32ˢ.

May	22	+78	15	11.05
	27			11.20
June	1			11.85
	3			11.23
	5			10.70
	15			10.28
	20			11.05
	27			10.23
July	11			10.37
	15			11.15
	18			(9.82)

β SCORPII, 15ʰ 56ᵐ 43ˢ.

June	3	−19	23	25.70
	5			25.47
	15			26.04
	20			25.98
	27			25.86
	30			24.86
July	11			25.83
	17			26.11

B. A. C. 5367, 16ʰ 1ᵐ 18ˢ.

1854.		°	′	″
May	22	+17	26	59.34
	27			59.39
June	1			59.88

B. A. C. 5376, 16ʰ 2ᵐ 1ˢ.

June	16	+17	36	24.88
July	11			25.88
	15			26.03

B. A. C. 5382, 16ʰ 3ᵐ 17ˢ.

July	18	−19	3	59.76
	20			59.28

δ OPHIUCHI, 16ʰ 6ᵐ 29ˢ.

June	5	−3	18	15.65
	15			15.74
	20			15.63
	27			15.68
	30			13.95
July	1			14.82

B. A. C. 5432, 16ʰ 9ᵐ 4ˢ.

May	22	+34	14	27.80
	27			27.28
June	1			28.22

B. A. C. 5452, 16ʰ 13ᵐ 34ˢ.

June	3	+21	29	53.48
	5			52.91
	15			52.94
	16			53.25

B. A. C. 5460, 16ʰ 14ᵐ 47ˢ.

July	1	+40	4	13.04
	11			12.70
	15			11.94

WEISSE (2) XVI, 457, 16ʰ 15ᵐ 10ˢ.

June	27	+40	37	11.64
July	18			12.40

B. A. C. 5473, 16ʰ 16ᵐ 15ˢ.

May	22	+31	14	34.39
	27			35.07
June	1			35.50

B. A. C. 5479, 16ʰ 16ᵐ 43ˢ.

June	3	+31	9	18.57
	5			18.26
	15			18.44

B. A. C. 5480, 16ʰ 16ᵐ 50ˢ.

June	16	+34	3	19.03
	20			19.13
	30			19.46

B. A. C. 5495, 16ʰ 19ᵐ 42ˢ.

July	18	−8	1	54.18
	20			54.07

B. A. C. 5523, 16ʰ 23ᵐ 43ˢ.

1854.		°	′	″
May	22	+42	12	50.89
	27			50.32
June	1			51.19

B. A. C. 5529, 16ʰ 24ᵐ 44ˢ.

July	11	+11	44	59.95
	20			45 0.48

B. A. C. 5532, 16ʰ 25ᵐ 35ˢ.

June	15	+11	48	49.73
	16			49.63
	19			50.60
	20			51.07

B. A. C. 5588, 16ʰ 34ᵐ 1ˢ.

July	11	−31	48	54.30
	15			55.33

B. A. C. 5596, 16ʰ 34ᵐ 41ˢ.

May	22	+49	13	26.20
	27			26.07
June	1			26.88
	19			25.06

B. A. C. 5605, 16ʰ 35ᵐ 47ˢ.

June	20	−30	31	24.79
	27			26.17
July	1			25.31

B. A. C. 5625, 16ʰ 39ᵐ 20ˢ.

June	3	+2	30	57.69
	5			57.97
	15			58.09

B. A. C. 5686, 16ʰ 46ᵐ 33ˢ.

June	30	+15	39	32.62
July	1			32.55
	11			32.64
August	5			32.63

B. A. C. 5692, 16ʰ 46ᵐ 55ˢ.

June	16	+10	24	58.45
	20			58.26
	27			57.95

B. A. C. 5702, 16ʰ 48ᵐ 47ˢ.

June	3	+18	40	35.30
	15			35.00
				35.38

WEISSE (2) XVI, 1533, 16ʰ 49ᵐ 24ˢ.

July	11	+15	37	30.32
	15			30.27
	18			29.35

B. A. C. 5716, 16ʰ 51ᵐ 51ˢ.

June	15	+15	40	53.26
	16			53.45
	30			54.18
July	1			53.34

OBSERVED WITH THE MURAL CIRCLE, 1854.   79

B. A. C. 5767, 16ʰ 58ᵐ 43ˢ.
1854.
June   27 . . −24 47 38.92
       30 . .   38.05
July   18 . .   37.37

e Ursæ Minoris, 17ʰ 1ᵐ 30ˢ.
June   19 . . +82 16 31.97
       20 . .   31.00
July   15 . .   31.11
       17 . .   30.14
       20 . .   31.01
August 1 . .   31.15
        5 . .   31.06
        8 . .   30.53

B. A. C. 5788, 17ʰ 2ᵐ 43ˢ.
June   5 . . +36 7 58.33
       15 . .   58.81
       16 . .   58.52

a Herculis, 17ʰ 7ᵐ 49ˢ.
June   5 . . +14 33 54.32
       15 . .   53.73
       16 . .   53.63
       19 . .   54.65
July   15 . .   54.02
       17 . .   54.73
       20 . .   54.13
August 1 . .   53.68
        5 . .   53.91
       10 . .   54.36

B. A. C. 5834, 17ʰ 9ᵐ 50ˢ.
June   27 . . +36 58 51.59
       30 . .   52.34
July   1 . .   52.32
       18 . .   51.44

B. A. C. 5845, 17ʰ 12ᵐ 24ˢ.
August 8 . . −12 41 21.48

B. A. C. 5886, 17ʰ 16ᵐ 31ˢ.
June   16 . . +37 17 11.36
       19 . .   12.02
       27 . .   11.63
August 1 . .   12.56

Lalande 31762, 17ʰ 18ᵐ 59ˢ.
June   30 . . +37 3 41.42
July   1 . .   40.99

• B. A. C. 5894, 17ʰ 19ᵐ 4ˢ.
August 10 . . + 7 43 52.45
       14 . .   52.45

B. A. C. 5895, 17ʰ 19ᵐ 15ˢ.
July   11 . . +37 5 17.30
       14 . .   17.52
       15 . .   17.94

B. A. C. 5901, 17ʰ 20ᵐ 34ˢ.
July   18 . . −37 10 14.38
       20 . .   13.07
August 8 . .   11.72

B. A. C. 5929, 17ʰ 25ᵐ 40ˢ.
1854.
June   16 . . +38 59 49.34
       20 . .   49.54
       27 . .   50.15

a Ophiuchi, 17ʰ 27ᵐ 58ˢ.
June   30 . . +12 40 24.64
July   1 . .   24.13
       11 . .   23.65
       14 . .   24.11
       15 . .   24.24
August 1 . .   23.73
        5 . .   23.79

(*), 17ʰ 30ᵐ.
August 14 . . −28 19 53.94

β Draconis, 17ʰ 27ᵐ 3ˢ.
August 10 . . +52 24 49.98

B. A. C. 5956, 17ʰ 29ᵐ 50ˢ.
July   18 . . −29 52 3.43
       20 . .   3.70
August 8 . .   3.14

B. A. C. 6005, 17ʰ 37ᵐ 12ˢ.
June   30 . . +24 23 47.29
July   1 . .   46.67
       11 . .   46.73

B. A. C. 6018, 17ʰ 39ᵐ 39ˢ.
July   15 . . −36 59 22.64
       18 . .   21.91
       20 . .   23.13

B. A. C. 6020, 17ʰ 40ᵐ 22ˢ.
August 5 . . + 2 46 5.77
       10 . .   4.91
       14 . .   5.27

B. A. C. 6032, 17ʰ 42ᵐ 41ˢ.
August 17 . . −31 16 55.36

B. A. C. 6033, 17ʰ 42ᵐ 44ˢ.
June   15 . . +25 40 32.73
       16 . .   33.19
       20 . .   32.70

B. A. C. 6059, 17ʰ 47ᵐ 4ˢ.
August 24 . . −26 44 25.92

B. A. C. 6062, 17ʰ 47ᵐ 12ˢ.
June   30 . . +40 1 3.60
July   1 . .   3.48
       11 . .   3.38

B. A. C. 6068, 17ʰ 48ᵐ 24ˢ.
July   15 . . +40 2 20.65
       18 . .   20.72
       20 . .   20.57

B. A. C. 6073, 17ʰ 49ᵐ 23ˢ.
1854.
June   15 . . +26 4 38.99
       16 . .   37.84
       27 . .   38.98
August 5 . .   38.56

B. A. C. 6087, 17ʰ 52ᵐ 46ˢ.
June   30 . . +30 12 17.82
July   1 . .   18.33
       11 . .   17.63

; Draconis, 17ʰ 53ᵐ 8ˢ.
August 14 . . +51 30 29.19

B. A. C. 6094, 17ʰ 53ᵐ 23ˢ.
July   12 . . +16 45 47.07
       14 . .   46.62
       15 . .   47.36

B. A. C. 6106, 17ʰ 55ᵐ 8ˢ.
June   15 . . +21 36 0.26
       16 . .   35 59.00
       27 . .   36 0.10

B. A. C. 6113, 17ʰ 56ᵐ 7ˢ.
August 17 . . −29 16 45.08
       23 . .   46.33
       26 . .   45.17

B. A. C. 6130, 17ʰ 59ᵐ 18ˢ.
August 30 . . −30 0 28.10

B. A. C. 6132, 17ʰ 59ᵐ 39ˢ.
July   18 . . −25 29 18.61
August 5 . .   18.92
        8 . .   19.03

B. A. C. 6150, 18ʰ 1ᵐ 42ˢ.
June   30 . . +28 44 42.86
July   11 . .   41.72
       12 . .   43.11
       14 . .   42.01

μ¹ Sagittarii, 18ʰ 4ᵐ 48ˢ.
June   27 . . −21 5 33.68
July   15 . .   33.45
August 10 . .   33.10
       17 . .   34.01
       26 . .   32.59

B. A. C. 6186, 18ʰ 7ᵐ 29ˢ.
July   18 . . −36 48 1.75
August 5 . .   2.46

B. A. C. 6202, 18ʰ 10ᵐ 46ˢ.
August 10 . . −31 22 27.44
       24 . .   28.31

B. A. C. 6210, 18ʰ 11ᵐ 31ˢ.
July   11 . . −15 53 16.16
August 8 . .   16.97

B. A. C. 6212, 18ʰ 11ᵐ 41ˢ.
1854.
August 26 . . −32 14 29.63

B. A. C. 6233, 18ʰ 14ᵐ 13ˢ.
July   18 . . −34 26 59.02
August 5 . .   59.08

B. A. C. 6235, 18ʰ 14ᵐ 36ˢ.
June   30 . . +35 59 59.67
July   14 . .   59 59.78
       15 . .   36 0 0.15

B. A. C. 6241, 18ʰ 15ᵐ 53ˢ.
June   16 . . +23 12 44.42
August 30 . .   46.33
September 2 . .   44.69

B. A. C. 6258, 18ʰ 17ᵐ 57ˢ.
August 8 . . +51 13 47.32
       14 . .   47.80
       30 . .   48.78

B. A. C. 6261, 18ʰ 18ᵐ 23ˢ.
September 2 . . −26 43 3.91

B. A. C. 6264, 18ʰ 18ᵐ 45ˢ.
August 10 . . −26 50 27.68
       24 . .   29.18

B. A. C. 6271, 18ʰ 19ᵐ 38ˢ.
August 26 . . −29 20 47.89

d Ursæ Minoris, 18ʰ 20ᵐ 44ˢ.
July   1 . . +86 35 48.26
       11 . .   48.55

B. A. C. 6295, 18ʰ 22ᵐ 40ˢ.
August 14 . . −29 17 25.54
       16 . .   25.96

(*), 18ʰ 25ᵐ.
June   30 . . +61 8 34.88
July   14 . .   32.83
       15 . .   32.89

a Lyræ, 18ʰ 31ᵐ 51ˢ.
June   16 . . +38 38 47.32
July   18 . .   49.13
August 5 . .   49.24
       10 . .   49.41
       17 . .   48.78
       26 . .   49.83
       31 . .   49.20
September 2 . .   49.71

B. A. C. 6358, 18ʰ 33ᵐ 10ˢ.
August 14 . . −14 41 59.51
       16 . .   59.99

MEAN DECLINATIONS OF STARS FOR 1850.0

B. A. C. 6365, 18ʰ 35ᵐ 7ˢ.

1854.	°	′	″
June 30	+38	13	49.23
July 14			48.77
15			49.41
August 5			49.75

B. A. C. 6403, 18ʰ 41ᵐ 20ˢ.

| September 12 | −31 | 7 | 43.45 |

B. A. C. 6428, 18ʰ 44ᵐ 18ˢ.

July 11	+18	35	51.14
12			51.32
14			52.18

ϑ LYRÆ, 18ʰ 44ᵐ 33ˢ.

July 15	+33	11	29.15
18			29.26
August 10			28.52
16			28.90
17			28.51
31			29.36

B. A. C. 6452, 18ʰ 48ᵐ 13ˢ.

| August 14 | +52 | 46 | 59.53 |
| 24 | | | 59.64 |

B. A. C. 6453, 18ʰ 48ᵐ 25ˢ.

| September 12 | +22 | 27 | 30.47 |

B. A. C. 6460, 18ʰ 48ᵐ 46ˢ.

August 17	+4	0.44.88
30		45.66
31		44.79

B. A. C. 6465, 18ʰ 49ᵐ 9ˢ.

| September 16 | −25 | 4 | 15.67 |

B. A. C. 6476, 18ʰ 50ᵐ 50ˢ.

July 11	+48	40	25.74
12			25.80
14			25.41

B. A. C. 6482, 18ʰ 51ᵐ 54ˢ.

July 15	+13	42	33.07
18			33.47
August 7			32.21

B. A. C. 6495, 18ʰ 54ᵐ 9ˢ.

August 8	+39	0	46.05
10			45.60
14			45.46

B. A. C. 6512, 18ʰ 56ᵐ 17ˢ.

| September 12 | −29 | 18 | 4.61 |

ζ AQUILÆ, 18ʰ 58ᵐ 31ˢ.

1854.	°	′	″
July 15	+13	38	39.75
18			40.37
August 7			39.78
17			38.95
24			39.10
26			39.62
30			39.36
31			39.62
September 2			38.90

B. A. C. 6548, 19ʰ 0ᵐ 50ˢ.

| September 16 | −21 | 15 | 24.41 |
| 18 | | | 25.44 |

B. A. C. 6552, 19ʰ 1ᵐ 39ˢ.

July 11	+5	50	29.15
12			29.18
14			28.86

B. A. C. 6578, 19ʰ 7ᵐ 0ˢ.

| September 18 | −25 | 55 | 20.81 |

B. A. C. 6582, 19ʰ 8ᵐ 40ˢ.

August 8	+20	58	24.76
10			24.15
14			23.87

LALANDE 36311, 19ʰ 10ᵐ 16ˢ.

July 11	+30	59	45.43
12			45.70
14			45.73
August 5			45.96
7			45.51

B. A. C. 6606, 19ʰ 11ᵐ 36ˢ.

July 15	+46	47	52.67
18			53.00
31			52.63

B. A. C. 6609, 19ʰ 12ᵐ 8ˢ.

| August 26 | −29 | 52 | 49.00 |
| 30 | | | 48.48 |

GR. C. 1710, 19ʰ 12ᵐ (37)ˢ.

August 23	+46	43	11.75
24			10.35
September 2			10.71

B. A. C. 6627, 19ʰ 15ᵐ 1ˢ.

| September 12 | −31 | 4 | 59.77 |
| 21 | | | 58.58 |

B. A. C. 6631, 19ʰ 15ᵐ 37ˢ.

| September 16 | −29 | 35 | 38.21 |
| 18 | | | 38.71 |

B. A. C. 6642, 19ʰ 17ᵐ 38ˢ.

July 15	+16	38	57.37
18			56.97
August 5			56.57
8			56.42
14			57.17

B. A. C. 6647, 19ʰ 18ᵐ 1ˢ.

1854.	°	′	″
August 10	+16	40	0.50
17			1.35
24			0.44

B. A. C. 6654, 19ʰ 18ᵐ 54ˢ.

July 11	+19	30	29.44
12			28.54
14			28.13

B. A. C. 6665, 19ʰ 20ᵐ 8ˢ.

| August 26 | −31 | 5 | 24.06 |
| 30 | | | 23.03 |

B. A. C. 6666, 19ʰ 20ᵐ 35ˢ.

| September 16 | −27 | 17 | 13.31 |
| 18 | | | 14.96 |

B. A. C. 6667, 19ʰ 20ᵐ 45ˢ.

August 23	+36	1	10.62
September 2			10.30
12			9.67

B. A. C. 6701, 19ʰ 26ᵐ 46ˢ.

| August 8 | +7 | 3 | 50.77 |
| September 12 | | | 50.21 |

B. A. C. 6709, 19ʰ 28ᵐ 0ˢ.

August 24	+19	26	55.85
26			56.03
30			57.35

B. A. C. 6710, 19ʰ 28ᵐ 21ˢ.

| September 16 | −18 | 33 | 33.96 |
| 21 | | | 32.54 |

B. A. C. 6716, 19ʰ 29ᵐ 33ˢ.

| August 10 | −29 | 56 | 27.39 |
| 14 | | | 28.08 |

B. A. C. 6718, 19ʰ 29ᵐ 48ˢ.

| August 17 | +42 | 5 | 10.87 |
| September 2 | | | 11.26 |

LALANDE 37221, 19ʰ 31ᵐ 0ˢ.

| September 25 | −22 | 24 | 0.62 |

B. A. C. 6729, 19ʰ 31ᵐ 48ˢ.

July 11	+5	3	35.82
12			36.17
14			35.87

B. A. C. 6760, 19ʰ 37ᵐ 37ˢ.

| September 21 | −20 | 7 | 0.99 |

B. A. C. 6768, 19ʰ 38ᵐ 30ˢ.

| August 10 | −29 | 31 | 26.39 |
| 14 | | | 25.69 |

γ AQUILÆ, 19ʰ 39ᵐ 8ˢ.

1854.	°	′	″
July 12	+10	15	4.95
14			5.37
August 7			4.90
8			5.50
17			4.46
24			4.74

B. A. C. 6777, 19ʰ 40ᵐ 16ˢ.

| August 26 | +34 | 39 | 0.19 |
| 30 | | | 0.36 |

(*), 19ʰ 40ᵐ 40ˢ.

| September 30 | −22 | 38 | 59.76 |

B. A. C. 6786, 19ʰ 41ᵐ 10ˢ.

| August 31 | −27 | 5 | 16.10 |
| September 25 | | | 17.37 |

α AQUILÆ, 19ʰ 43ᵐ 28ˢ.

| September 2 | +8 | 28 | 33.54 |
| 23 | | | 33.71 |

B. A. C. 6829, 19ʰ 47ᵐ 23ˢ.

| August 26 | −30 | 57 | 44.60 |
| 30 | | | 45.45 |

B. A. C. 6831, 19ʰ 47ᵐ 44ˢ.

| August 10 | −23 | 27 | 26.22 |
| 14 | | | 26.00 |

β AQUILÆ, 19ʰ 47ᵐ 57ˢ.

July 12	+6	2	8.99
August 5			9.51
7			8.22
8			9.15
17			9.28
24			8.96
September 23			8.79
29			9.60

B. A. C. 6850, 19ʰ 50ᵐ 41ˢ.

| September 18 | −22 | 36 | 48.55 |

B. A. C. 6854, 19ʰ 51ᵐ 17ˢ.

| August 31 | −28 | 59 | 30.17 |
| September 2 | | | 29.90 |

B. A. C. 6868, 19ʰ 53ᵐ 17ˢ.

| August 24 | +17 | 6 | 35.20 |
| 26 | | | 34.89 |

B. A. C. 6888, 19ʰ 56ᵐ 3ˢ.

| September 12 | −27 | 13 | 59.43 |
| 25 | | | 57.49 |

LALANDE 38290, 19ʰ 56ᵐ 22ˢ.

| September 30 | −19 | 11 | 28.39 |

OBSERVED WITH THE MURAL CIRCLE, 1854.   81

Madras 1483, $19^h\ 57^m$.	B. A. C. 6982, $20^h\ 10^m\ 48^s$.	O. Arg. S. 20570, $20^h\ 22^m\ 51^s$.	Weisse XX, 1031, $20^h\ 40^m\ 16^s$.
1854. ° ′ ″	1854. ° ′ ″	1854. ° ′ ″	1854. ° ′ ″
September 23 . . −16 47 38.70	August 31 . . −25 41 16.68	September 21 . . −23 0 15.72	September 29 . . −14 5 26.26
29 . . 37.93	September 2 . . 17.23	30 . . 16.74	October 5 . . 24.69
B. A. C. 6893, $19^h\ 56^m\ 49^s$.	O. Arg. S. 20429, $20^h\ 12^m\ 36^s$.	B. A. C. 7093, $20^h\ 26^m\ 51^s$.	B. A. C. 7209, $20^h\ 40^m\ 50^s$.
August 7 . . + 6 51 29.41	September 21 . . −23 56 50.26	August 10 . . −27 17 12.25	September 18 . . −18 35 8.11
8 . . 29.75	23 . . 51.52	24 . . 13.73	21 . . 6.66
17 . . 29.17			October 17 . . 6.85
30 . . 29.24			
B. A. C. 6899, $19^h\ 58^m\ 4^s$.	O. Arg. S. 20465, $20^h\ 15^m\ 26^s$.	B. A. C. 7108, $20^h\ 28^m\ 55^s$.	B. A. C. 7210, $20^h\ 41^m\ 5^s$.
August 10 . . −30 8 53.63	September 21 . . −23 57 14.43	August 17 . . −25 37 36.69	August 14 . . −27 55 8.80
14 . . 53.67	23 . . 15.86	26 . . 38.17	30 . . 9.08
			September 12 . . 9.72
B. A. C. 6903, $19^h\ 59^m\ 33^s$.	B. A. C. 7011, $20^h\ 15^m\ 29^s$.	B. A. C. 7111, $20^h\ 28^m\ 57^s$.	B. A. C. 7216, $20^h\ 41^m\ 40^s$.
September 16 . . −19 14 0.13	August 8 . . −29 33 18.96	August 31 . . −22 57 42.16	August 24 . . −25 31 56.08
18 . . 13 59.65	10 . . 19.09	September 2 . . 42.39	25 . . 56.17
B. A. C. 6906, $19^h\ 59^m\ 58^s$.	B. A. C. 7018, $20^h\ 16^m\ 15^s$.	B. A. C. 7113, $20^h\ 29^m\ 11^s$.	B. A. C. 7224, $20^h\ 42^m\ 33^s$.
August 31 . . −26 39 12.31	August 14 . . −29 8 43.08	September 12 . . −24 44 50.19	August 26 . . −28 33 7.19
September 2 . . 13.33	17 . . 42.28	15 . . 49.80	September 16 . . 8.30
	24 . . 43.91		
B. A. C. 6908, $20^h\ 0^m\ 3^s$.	Lalande 39247, $20^h\ 19^m\ 40^s$.	O. Arg. S. 20675, $20^h\ 29^m\ 37^s$.	O. Arg. S. 20903, $20^h\ 42^m\ 40^s$.
August 24 . . −28 52 16.10	September 29 . . −15 27 53.19	October 5 . . −21 56 36.75	November 2 . . −16 58 13.82
26 . . 16.08	30 . . 53.89	6 . . 38.21	
B. A. C. 6923, $20^h\ 1^m\ 43^s$.	B. A. C. 7030, $20^h\ 18^m\ 17^s$.	B. A. C. 7123, $20^h\ 30^m\ 36^s$.	B. A. C. 7229, $20^h\ 43^m\ 28^s$.
September 21 . . −19 48 54.18	September 2 . . −29 18 7.17	August 14 . . −17 4 51.44	October 11 . . − 6 11 2.70
25 . . 54.86	16 . . 6.44	30 . . 51.19	19 . . 1.89
B. A. C. 6941, $20^h\ 4^m\ 27^s$.	B. A. C. 7032, $20^h\ 18^m\ 45^s$.	B. A. C. 7134, $20^h\ 31^m\ 30^s$.	B. A. C. 7244, $20^h\ 45^m\ 13^s$.
August 10 . . +20 41 28.49	August 31 . . −28 45 4.76	September 18 . . −18 39 46.90	September 2 . . −24 50 35.40
14 . . 28.44	September 12 . . 4.75	21 . . 45.49	18 . . 35.03
29 . . 29.46		November 2 . . 46.79	
Weisse (2) XX, 206, $20^h\ 6^m\ 31^s$.	B. A. C. 7033, $20^h\ 18^m\ 52^s$.	B. A. C. 7135, $20^h\ 31^m\ 32^s$.	B. A. C. 7249, $20^h\ 46^m\ 19^s$.
September 29 . . +20 41 54.22	September 18 . . −29 51 47.02	September 16 . . −28 6 45.78	September 23 . . −18 29 17.99
	October 6 . . 47.00	October 17 . . 44.78	25 . . 17.28
a^1 Capricorni, $20^h\ 9^m\ 20^s$.			October 7 . . 17.72
	O. Arg. S. 20521, $20^h\ 18^m\ 21^s$.	Weisse XX, 860, $20^h\ 33^m\ 29^s$.	B. A. C. 7262, $20^h\ 49^m\ 2^s$.
August 17 . . −12 58 3.92	October 7 . . −23 30 16.72	October 7 . . −14 26 2.95	August 31 . . +53 56 36.41
September 12 . . 4.99		11 . . 2.59	September 16 . . 36.20
October 5 . . 2.93			
6 . . 4.84	B. A. C. 7040, $20^h\ 19^m\ 51^s$.	B. A. C. 7159, $20^h\ 34^m\ 8^s$.	O. Arg. S. 20996, $20^h\ 49^m\ 16^s$.
November 2 . . 5.05	August 26 . . −24 23 24.13		November 2 . . −16 36 19.89
	30 . . 24.24	September 25 . . −18 38 32.68	
a^2 Capricorni, $20^h\ 9^m\ 44^s$.		October 6 . . 32.33	B. A. C. 7268, $20^h\ 50^m\ 4^s$.
August 7 . . −13 0 20.35	B. A. C. 7054, $20^h\ 21^m\ 18^s$.	a Cygni, $20^h\ 36^m\ 19^s$.	August 25 . . +46 50 40.17
8 . . 20.34	October 5 . . −19 4 31.11	August 7 . . +44 44 47.03	30 . . 41.13
September 23 . . 20.90		8 . . (45.47)	September 12 . . 39.11
30 . . 20.71		10 . . 46.33	
October 5 . . 18.98		17 . . 47.04	B. A. C. 7274, $20^h\ 51^m\ 31^s$.
6 . . 20.91		24 . . 46.64	September 29 . . +48 37 14.52
November 2 . . 21.62		25 . . 47.73	30 . . 13.22
B. A. C. 6981, $20^h\ 10^m\ 44^s$.	B. A. C. 7057, $20^h\ 21^m\ 44^s$.	26 . . 46.58	
September 16 . . −19 34 57.19	August 14 . . −29 36 38.56	October 19 . . 47.62	B. A. C. 7282, $20^h\ 52^m\ 25^s$.
18 . . 56.92	25 . . 38.74		September 18 . . −18 6 44.66
B. A. C. 6977, $20^h\ 10^m\ 7^s$.	B. A. C. 7063, $20^h\ 22^m\ 42^s$.	B. A. C. 7202, $20^h\ 39^m\ 53^s$.	21 . . 42.40
August 26 . . −30 5 13.99	August 7 . . −15 33 12.80	August 31 . . −18 45 0.00	October 7 . . 44.67
30 . . 14.98	8 . . 13.01	September 2 . . 0.24	

11—T I & M C

MEAN DECLINATIONS OF STARS FOR 1850.0

B. A. C. 7297, 20ʰ 54ᵐ 11ˢ.	B. A. C. 7379, 21ʰ 8ᵐ 15ˢ.	RUMKER 9349, 21ʰ 33ᵐ 15ˢ	(*), 21ʰ 49ᵐ 57ˢ.
1854. ′ ″	1854. ′ ″	1854. ′ ″	1854. ′ ″
September 2 .. +39 40 1.96	August 24 .. − 9 50 17.71	September 21 .. −15 31 14.93	October 17 .. −21 26 54.97
October 17 .. 4.04	September 12 .. 11.23	23 .. .15.21	19 .. 56.06
		29 .. 14.47	24 .. 55.76

WEISSE XX, 1394, 20ʰ 54ᵐ 2ˢ.	B. A. C. 7401, 21ʰ 12ᵐ 45ˢ.	B. A. C. 7549, 21ʰ 34ᵐ 48ˢ	B. A. C. 7649, 21ʰ 50ᵐ 21ˢ.
September 23 .. −13 1 56.53	September 2 .. +55 10 8.85	August 31 .. −24 49 23.86	September 25 .. −21 53 46.44
25 .. 56.78	23 .. 10.98	September 2 .. 24.75	October 11 .. 46.65

B. A. C. 7322, 20ʰ 57ᵐ 31ˢ.	α CEPHEI, 21ʰ 15ᵐ 0ˢ.	B. A. C. 7556, 21ʰ 35ᵐ 49ˢ.	LALANDE 42813, 21ʰ 50ᵐ 32ˢ.
October 11 .. −17 49 31.79	September 18 .. +61 57 4.60	September 30 .. −15 25 59.43	October 21 .. −20 19 13.79
19 .. 31.19	October 5 .. 4.72	October 5 .. 26 0.95	23 .. 13.74
	November 2 .. 3.78	6 .. 0.64	

61¹ CYGNI, 21ʰ 0ᵐ 11ˢ.			(*), 21ʰ 50ᵐ 59ˢ.
August 7 .. +38 0 51.59	WEISSE XXI, 346, 21ʰ 15ᵐ 3ˢ.		September 29 .. −20 43 7.32
8 .. 51.81		ε PEGASI, 21ʰ 36ᵐ 49ˢ.	30 .. 6.37
10 .. 52.84	September 29 .. −11 13 33.53		October 5 .. 7.13
14 .. 52.65	30 .. 33.30	October 7 .. + 9 11 22.46	
17 .. (53.37)	October 6 .. 34.12	10 .. 24.26	
24 .. 52.61		11 .. 23.70	O. ARG. S. 21832, 21ʰ 55ᵐ 6ˢ.
25 .. 52.21		17 .. 23.33	
26 .. 52.31	B. A. C. 7417, 21ʰ 15ᵐ 5ˢ.	19 .. 22.90	October 7 .. −22 25 26.26
30 .. (50.78)		21 .. 23.39	19 .. 25.61
31 .. 51.75	September 16 .. +57 59 25.01	23 .. 23.51	
September 2 .. 51.76	25 .. 26.22	24 .. 23.45	LALANDE 42984, 21ʰ 55ᵐ 48ˢ.
12 .. 51.74		25 .. 23.20	
16 .. 52.19		November 2 .. 23.03	September 23 .. −22 30 14.33
18 .. 51.84	B. A. C. 7431, 21ʰ 16ᵐ 48ˢ.		October 6 .. 13.99
21 .. 52.93			
25 .. 52.07	August 31 .. +48 44 52.45	B. A. C. 7617, 21ʰ 44ᵐ 59ˢ.	B. A. C. 7677, 21ʰ 56ᵐ 23ˢ.
October 6 .. 52.04	September 2 .. 50.90		
7 .. 52.60		August 30 .. −11 15 48.63	September 16 .. +74 16 43.76
10 .. 52.02		31 .. 49.10	21 .. 44.24
11 .. 52.35	β AQUARII, 21ʰ 23ᵐ 39ˢ.		
17 .. 52.62		WEISSE XXI, 1071, 21ʰ 45ᵐ 13ˢ.	(*), 21ʰ 56ᵐ 37ˢ.
19 .. 52.64	August 30 .. − 6 13 42.07		
21 .. 52.68	September 12 .. 42.07	September 23 .. −14 53 34.73	October 23 .. −19 48 1.19
November 2 .. 51.53	16 .. 42.50	29 .. 33.60	24 .. 0.57
	18 .. 42.32	October 11 .. 34.58	
61⁴ CYGNI, 21ʰ 0ᵐ 11ˢ.	October 6 .. 41.93		LALANDE 43040, 21ʰ 57ᵐ 35ˢ.
	24 .. 41.05	B. A. C. 7630, 21ʰ 46ᵐ 49ˢ.	
October 7 .. +38 0 48.40			October 25 .. −19 23 42.58
10 .. 48.77		October 25 .. −15 57 46.69	November 2 .. 43.06
11 .. 48.60	(*39) W., 21ʰ 22ᵐ 41ˢ.	November 2 .. 47.10	9 .. 43.36
17 .. 48.85		9 .. 47.29	
19 .. 48.92	September 29 .. −16 30 38.81		
21 .. 48.32	30 .. 39.79	B. A. C. 7631, 21ʰ 47ᵐ 6ˢ.	WEISSE XXI, 1333, 21ʰ 57ᵐ 35ˢ.
ν AQUARII, 21ʰ 1ᵐ 25ˢ.	B. A. C. 7485, 21ʰ 25ᵐ 23ˢ.	September 12 .. +55 5 35.77	October 17 .. −10 37 21.87
		16 .. 35.49	November 8 .. 21.78
September 29 .. −11 58 31.65	September 23 .. −16 51 28.90	October 10 .. 37.10	
30 .. 32.53	25 .. 29.11		
	November 2 .. 28.38		WEISSE XXI, 1375, 21ʰ 59ᵐ 21ˢ.
B. A. C. 7366, 21ʰ 5ᵐ 57ˢ.		β CEPHEI, 21ʰ 26ᵐ 42ˢ.	
			September 29 .. − 9 54 41.67
September 30 .. −26 31 40.77	October 25 .. +69 54 9.87	LALANDE 42700, 21ʰ 47ᵐ 16ˢ.	30 .. 41.95
ζ CYGNI, 21ʰ 6ᵐ 33ˢ.		September 30 .. −21 50 46.60	
	O. ARG. S. 21515, 21ʰ 28ᵐ 58ˢ.	October 5 .. 46.11	LALANDE 43106, 21ʰ 59ᵐ 30ˢ.
September 16 .. +29 36 50.37		21 .. 47.12	
18 .. 50.46	September 25 .. −25 7 16.36		October 5 .. −22 19 19.06
21 .. 50.16			11 .. 19.33
October 5 .. 51.26		(*), 21ʰ 48ᵐ 12ˢ.	
6 .. 50.72	O. ARG. S. 21534, 21ʰ 30ᵐ 23ˢ.		
7 .. 50.99		October 6 .. −21 28 27.42	α AQUARII, 21ʰ 58ᵐ 4ˢ.
10 .. 50.73	September 12 .. −25 7 16.27	7 .. 27.89	
11 .. 50.90	18 .. 16.93	17 .. 26.08	September 18 .. − 1 2 47.24
17 .. 51.10			October 10 .. 48.55
19 .. 50.63			
21 .. 50.79	B. A. C. 7528, 21ʰ 32ᵐ 1ˢ.	B. A. C. 7641, 21ʰ 49ᵐ 38ˢ.	
WEISSE (1) XXI, 156, 21ʰ 7ᵐ 45ˢ.	August 30 .. +19 35 26.17	September 18 .. +11 21 57.74	WEISSE XXI, 1384, 21ʰ 59ᵐ 48ˢ.
	31 .. 25.94	21 .. 58.25	
August 31 .. − 9 44 27.76	September 16 .. 24.92		October 21 .. −10 48 28.12
September 23 .. 27.87			

OBSERVED WITH THE MURAL CIRCLE, 1854.

B. A. C. 7711, 22ʰ 0ᵐ 45ˢ.	(*), 22ʰ 20ᵐ 37ˢ.	(*), 22ʰ 37ᵐ 23ˢ.	Weisse XXII, 1149, 22ʰ 54ᵐ 31ˢ.
1854. ° ′ ″	1854. ° ′ ″	1854. ° ′ ″	1854. ° ′ ″
September 25 . . −19 15 5.42	September 29 . . −16 25 49.26	October 6 . . −14 21 27.39	October 7 . . −12 6 59.80
	October 6 . . 46.52	December 12 . . 29.53	November 9 . . 7 0.65
	7 . . 47.68		
Weisse XXII, 13, 22ʰ 1ᵐ 34ˢ.	Weisse XXII, 467, 22ʰ 22ᵐ 2ˢ.	Weisse XXII, 815, 22ʰ 38ᵐ 14ˢ.	Weisse XXII, 1156, 22ʰ 54ᵐ 40ˢ.
November 2 . . − 9 32 1.37	September 23 . . − 9 11 2.29	September 29 . . −14 18 48.22	September 21 . . −12 4 13.56
7 . . 1.58	25 . . 3.25	October 5 . . 49.68	30 . . 13.23
B. A. C. 7724, 22ʰ 2ᵐ 43ˢ.	November 9 . . 3.09	7 . . 49.07	November 23 . . 14.35
		December 1 . . 50.61	
November 9 . . −21 58 1.15	B. A. C. 7836, 22ʰ 22ᵐ 15ˢ.	B. A. C. 7954, 22ʰ 41ᵐ 39ˢ.	Lalande 45049, 22ʰ 54ᵐ 43ˢ.
December 1 . . 1.25	September 16 . . −15 21 1.96	September 25 . . −14 22 57.52	October 5 . . −21 40 16.15
O. Arg. S. 21966, 22ʰ 4ᵐ 2ˢ.	21 . . 1.56	28 . . 57.83	6 . . 17.50
	December 1 . . 3.70	October 25 . . 58.09	November 7 . . 16.41
October 6 . . −19 51 57.58			
7 . . 59.54	O. Arg. S. 22196, 22ʰ 22ᵐ 55ˢ.	Weisse XXII, 900, 22ʰ 42ᵐ 42ˢ.	α Pegasi, 22ʰ 57ᵐ 18ˢ.
November 8 . . 58.02	September 30 . . −15 20 0.13	October 17 . . − 7 42 8.43	September 25 . . +14 23 57.57
	October 5 . . 19 59.06	19 . . 8.44	October 23 . . 57.84
Lalande 43288, 22ʰ 4ᵐ 21ˢ.	25 . . 20 0.11	23 . . 8.85	24 . . 56.73
October 17 . . −18 45 58.25	B. A. C. 7879, 22ʰ 29ᵐ 11ˢ.	B. A. C. 7966, 22ʰ 44ᵐ 11ˢ.	Weisse XXII, 1232, 22ʰ 58ᵐ 3ˢ.
19 . . 56.76			
23 . . 56.42	September 16 . . +38 51 12.70	September 21 . . −33 40 9.07	September 28 . . −11 14 44.91
	21 . . 12.74	23 . . 10.41	29 . . 45.03
B. A. C. 7752, 22ʰ 6ᵐ 3ˢ.	October 17 . . 12.60		December 12 . . 46.36
September 16 . . − 5 11 31.13	B. A. C. 7880, 22ʰ 29ᵐ 12ˢ.	B. A. C. 7976, 22ʰ 44ᵐ 11ˢ.	
21 . . 29.47		September 29 . . −12 59 7.98	Weisse XXII, 1272, 23ʰ 0ᵐ 10ˢ.
	September 26 . . +38 51 33.62	30 . . 6.48	
B. A. C. 7765, 22ʰ 7ᵐ 27ˢ.	October 17 . . 34.04	November 23 . . 8.58	October 17 . . − 5 35 12.95
August 31 . . +38 58 21.54			19 . . 12.65
September 12 . . 20.80	Weisse XXII, 641, 22ʰ 30ᵐ 29ˢ.	Weisse XXII, 962, 22ʰ 45ᵐ 50ˢ.	25 . . 13.16
18 . . 21.70	September 29 . . − 8 40 31.36	October 7 . . − 6 54 18.35	
	30 . . 31.13	11 . . 18.16	Weisse XXII, 1283, 23ʰ 0ᵐ 54ˢ.
B. A. C. 7771, 22ʰ 8ᵐ 46ˢ.	October 11 . . 31.08	21 . . 18.49	October 21 . . − 5 35 24.71
September 23 . . −13 34 38.18	Weisse XXII, 640, 22ʰ 30ᵐ 29ˢ.	Lalande 44823, 22ʰ 47ᵐ 29ˢ.	25 . . 25.01
25 . . 38.98	October 5 . . −14 50 6.78	October 5 . . −20 56 14.62	Weisse XXIII, 9, 23ʰ 1ᵐ 35ˢ.
29 . . 37.99	6 . . 9.04	6 . . 14.48	
October 5 . . 38.08	7 . . 9.00		November 8 . . −13 25 51.27
B. A. C. 7776, 22ʰ 9ᵐ 16ˢ.	Weisse XXII, 644, 22ʰ 30ᵐ 34ˢ.	Lalande 44877, 22ʰ 49ᵐ 37ˢ.	December 1 . . 52.04
September 30 . . − 6 8 2.18	October 19 . . −14 50 42.98	September 28 . . −21 4 32.79	Weisse XXIII, 14, 23ʰ 1ᵐ 53ˢ.
October 11 . . 3.15	21 . . 43.14	December 12 . . 32.46	
21 . . 2.66	November 8 . . 42.87		October 11 . . −12 53 55.76
			November 9 . . 57.00
B. A. C. 7793, 22ʰ 13ᵐ 33ˢ.	Weisse XXII, 675, 22ʰ 31ᵐ 40ˢ.	α Piscis Australis, 22ʰ 49ᵐ 21ˢ.	
November 9 . . − 6 59 45.60	October 23 . . − 8 22 59.45	September 16 . . −30 24 57.07	Weisse XXIII, 48, 23ʰ 3ᵐ 37ˢ.
December 1 . . 46.03	24 . . 59.46	25 . . 58.23	October 6 . . + 4 11 27.26
	25 . . 59.82	October 24 . . 58.12	7 . . 27.34
B. A. C. 7796, 22ʰ 14ᵐ 8ˢ.		November 7 . . 58.24	
September 16 . . +11 27 3.31	ζ Pegasi, 22ʰ 33ᵐ 58ˢ.	Weisse XXII, 1049, 22ʰ 50ᵐ 22ˢ.	B. A. C. 8075, 23ʰ 4ᵐ 10ˢ.
21 . . 4.66	September 12 . . +10 2 58.89	October 21 . . − 6 29 14.23	September 30 . . + 7 54 23.88
	25 . . 59.16	25 . . 12.88	October 5 . . 24.11
B. A. C. 7802, 22ʰ 15ᵐ 9ˢ.	October 19 . . 59.07		
October 17 . . −25 31 7.62	24 . . 59.48	Weisse XXII, 1057, 22ʰ 50ᵐ 59ˢ.	Weisse XXIII, 85, 23ʰ 6ᵐ 22ˢ.
19 . . 6.96	November 8 . . 58.85	October 19 . . − 6 28 31.24	October 23 . . −10 44 44.32
November 9 . . 7.48	9 . . 58.91	25 . . 30.94	November 7 . . 44.91
B. A. C. 7814, 22ʰ 17ᵐ 37ˢ.	Weisse XXII, 761, 22ʰ 35ᵐ 23ˢ.		Weisse XXIII, 111, 23ʰ 6ᵐ 24ˢ.
October 11 . . + 0 37 5.55	September 21 . . − 7 59 57.32	(*), 22ʰ 54ᵐ 25ˢ.	November 23 . . + 4 10 54.51
21 . . 5.07	23 . . 57.71	October 11 . . −21 0 53.59	27 . . 55.27
November 8 . . 5.39	October 11 . . 57.11		

MEAN DECLINATIONS OF STARS FOR 1850.0 AND 1860.0

B. A. C. 8084, 23^h 6^m 24^s.
1854.
September 21 . . − 3 26 58.11
25 . . 58.91
29 . . 58.69

LALANDE 45473, 23^h 6^m 36^s.
November 28 . . −19 41 21.99
December 12 . . 21.90

WEISSE XXIII, 143, 23^h 7^m 57^s.
October 19 . . −11 51 38.16
November 8 . . 38.28

B. A. C. 8097, 23^h 8^m 27^s.
September 28 . . +27 25 51.46
December 1 . . 50.90

WEISSE XXIII, 185, 23^h 9^m 50^s.
October 11 . . −12 31 53.24
17 . . 52.30

B. A. C. 8109, 23^h 10^m 7^s.
October 21 . . −10 0 1.75
24 . . 1.74

B. A. C. 8127, 23^h 12^m 42^s.
October 6 . . + 4 33 48.62
7 . . 47.73

LALANDE 45704, 23^h 12^m 4^s.
October 23 . . −19 21 49.08
25 . . 48.66

B. A. C. 8129, 23^h 12^m 57^s.
September 30 . . − 6 43 34.26
October 5 . . 34.05

WEISSE XXIII, 309, 23^h 15^m 12^s.
November 7 . . −11 35 48.89
9 . . 49.12

LALANDE 45804, 23^h 16^m 0^s.
November 8 . . −18 36 43.81
27 . . 42.21

LALANDE 45838, 23^h 17^m 20^s.
October 19 . . −18 55 7.83
November 28 . . 8.38

B A C. 8159, 23^h 17^m 31^s.
September 21 . . +31 33 41.22
25 . . 41.44
29 . . 41.76

WEISSE XXIII, 359, 23^h 17^m 46^s.
December 1 . . + 5 13 2.83
12 . . 3.15

WEISSE XXIII, 377, 23^h 18^m 50^s.
1854.
October 11 . . −10 51 30.06
17 . . 30.04

B. A. C. 8175, 23^h 20^m 17^s.
September 30 . . −12 16 26.69
October 9 . . 28.67

SANTINI, 1633, 23^h 20^m 37^s.
October 6 . . + 5 15 0.85
7 . . 1.05
November 9 . . 0.57

WEISSE XXIII, 423, 23^h 21^m 6^s.
October 23 . . −10 55 35.30
25 . . 34.69

SANTINI, 1635, 23^h 21^m 54^s.
October 24 . . + 5 16 38.70
November 9 . . 38.38

WEISSE XXIII, 449, 23^h 22^m 16^s.
November 28 . . + 0 20 15.70

B. A. C. 8194, 23^h 23^m 50^s.
September 21 . . −22 11 48.00
25 . . 48.30

B. A. C. 8196, 23^h 23^m 57^s.
September 29 . . −22 4 32.32

SANTINI, 1636, 23^h 24^m 35^s.
November 27 . . + 6 15 34.48
December 1 . . 33.80

WEISSE XXIII, 534, 23^h 26^m 14^s.
October 5 . . + 5 8 11.13
19 . . 10.90

WEISSE XXIII, 602, 23^h 29^m 11^s.
October 9 . . + 5 5 13.46
11 . . 14.93
19 . . 15.72

WEISSE O, 245, 0^h 14^m 40^s.
1855.
December 6 . . + 5 6 46.36

WEISSE O, 450, 0^h 26^m 56^s.
October 15 . . + 5 11 3.91
November 22 . . 5.47

WEISSE O, 476, 0^h 28^m 16^s.
November 27 . . + 7 22 32.03

β CETI, 0^h 36^m 34^s.
November 22 . . −18 45 17.67

WEISSE O, 638, 0^h 37^m 12^s.
1855.
November 27 . . + 7 3 34.20
29 . . 34.35

WEISSE O, 680, 0^h 39^m 39^s.
November 30 . . + 7 32 30.04

B. A. C. 221, 0^h 41^m 3^s.
January 10 . . + 4 33 36.51
November 19 . . 38.30

WEISSE O, 732, 0^h 42^m 46^s.
November 27 . . − 0 59 14.60

WEISSE O, 806, 0^h 46^m 28^s.
November 22 . . − 1 8 59.11
30 . . 57.79

WEISSE O, 808, 0^h 46^m 35^s.
January 10 . . + 6 30 54.96
November 24 . . 54.96

WEISSE O, 815, 0^h 47^m 4^s.
November 29 . . − 2 15 44.48

(?), 0^h 47^m 41^s.
November 29 . . − 2 19 2.01

WEISSE O, 893, 0^h 51^m 50^s.
December 5 . . + 1 54 9.68

WEISSE O, 925, 0^h 53^m 27^s.
November 22 . . + 7 56 49.21

WEISSE O, 931, 0^h 58^m 48^s.
November 30 . . + 8 1 4.63

WEISSE O, 950, 0^h 54^m 39^s.
November 21 . . + 9 20 8.56
27 . . 9.03

WEISSE O, 965, 0^h 55^m 25^s.
November 19 . . + 8 22 50.77
29 . . 49.32

WEISSE O, 972, 0^h 55^m 46^s.
December 5 . . + 9 30 9.48
6 . . 9.67

WEISSE O, 980, 0^h 56^m 15^s.
November 24 . . + 9 21 25.07
27 . . 25.65
December 5 . . 25.46
6 . . 26.10

WEISSE O, 1076, 1^h 1^m 3^s.
1855.
November 30 . . +10 6 35.66

B. A. C. 328, 1^h 1^m 10^s.
November 19 . . + 4 54 31.75
22 . . 30.57

WEISSE O, 1079, 1^h 1^m 11^s.
November 30 . . +10 8 49.18

POLARIS, 1^h 8^m 2^s.
January 10 . . +88 33 46.55
17 . . 47.43

POLARIS, S, P., 1^h 8^m 2^s.
April 7 . . +88 33 48.27
12 . . 47.55
16 . . 47.65
17 . . 49.54
27 . . 48.24
May 4 . . 47.81
8 . . 48.31
10 . . 48.71
11 . . 47.85
17 . . 49.49
June 12 . . 49.50

B. A. C. 368, 1^h 6^m 25^s.
November 24 . . + 6 50 3.22
27 . . 3.54

B. A. C. 369, 1^h 6^m 26^s.
November 24 . . + 6 50 13.51
27 . . 13.70

B. A. C. 373, 1^h 7^m 25^s.
December 5 . . + 6 15 14.18
6 . . 14.51

B. A. C. 374, 1^h 7^m 41^s.
November 22 . . − 1 43 24.41
29 . . 24.95

WEISSE I, 144, 1^h 10^m 19^s.
November 30 . . +12 49 7.00

B. A. C. 400, 1^h 12^m 39^s.
December 5 . . − 1 14 41.87

WEISSE I, 206, 1^h 13^m 44^s.
November 24 . . − 2 2 45.90
27 . . 47.47
December 6 . . 46.30

θ CETI, 1^h 17^m 2^s.
January 17 . . − 8 54 24.21
November 19 . . 22.06

OBSERVED WITH THE MURAL CIRCLE, 1854 AND 1855.   85

Weisse I, 336, 1ʰ 20ᵐ 25ˢ.	**Weisse I, 740, 1ʰ 41ᵐ 42ˢ.**	**Weisse II, 64, 2ʰ 5ᵐ 27ˢ.**	**B. A. C. 789, 2ʰ 27ᵐ 39ˢ.**
1855. ° ′ ″	1855. ° ′ ″	1855. ° ′ ″	1855. ° ′ ″
January 10 . . + 8 3 7.63	January 10 . . +11 41 32.20	January 10 . . +13 35 2.40	January 30 . . + 6 51 36.89
		December 5 . . 1.89	
(* 61) W., 1ʰ 20ᵐ 35ˢ.	**Weisse I, 755, 1ʰ 42ᵐ 50ˢ.**	**O. Arg. N. 2546, 2ʰ 6ᵐ 36ˢ.**	**Weisse II, 470, 2ʰ 28ᵐ 32ˢ.**
November 22 . . + 8 18 14.39	November 30 . . + 0 17 24.90	November 29 . . +49 2 45.96	November 24 . . +14 32 13.88
30 . . 14.34	December 6 . . 24.61	December 6 . . 46.02	December 5 . . 12.85
			6 . . 14.36
(*), 1ʰ 21ᵐ 9ˢ.		**Weisse II, 81, 2ʰ 6ᵐ 47ˢ.**	**Weisse (2) II, 691, 2ʰ 28ᵐ 49ˢ.**
November 27 . . +13 55 56.00	**Weisse I, 775, 1ʰ 43ᵐ 43ˢ.**	November 24 . . + 7 22 50.23	January 10 . . +20 5 20.58
29 . . 56.91	November 29 . . +14 3 36.85		17 . . 19.85
Weisse I, 375, 1ʰ 22ᵐ 44ˢ.		**Rumker 568, 2ʰ 7ᵐ 41ˢ.**	**Weisse II, 479, 2ʰ 29ᵐ 1ˢ.**
November 24 . . − 0 21 1.39	**Weisse I, 778, 1ʰ 43ᵐ 44ˢ.**	November 30 . . +17 15 50.16	November 24 . . +14 34 7.78
December 5 . . 1.76	November 22 . . + 3 31 38.43		December 5 . . 5.28
	December 5 . . 37.88	**Weisse II, 112, 2ʰ 8ᵐ 29ˢ.**	6 . . 5.56
Rumker 331, 1ʰ 25ᵐ 0ˢ.		November 27 . . + 4 59 51.97	
November 30 . . − 3 51 4.56	**Weisse I, 847, 1ʰ 47ᵐ 33ˢ.**		**B. A. C. 800, 2ʰ 29ᵐ 10ˢ.**
December 6 . . 4.43	January 17 . . + 2 42 13.79	**Weisse II, 143, 2ʰ 10ᵐ 27ˢ.**	December 18 . . + 7 7 6.68
		January 17 . . +13 49 5.19	
Weisse (2) I, 575, 1ʰ 26ᵐ 30ˢ.	**Weisse I, 860, 1ʰ 48ᵐ 21ˢ.**		**Weisse (2) II, 860, 2ʰ 35ᵐ 44ˢ.**
November 27 . . +15 3 2.90	November 24 . . + 2 53 26.64	**Weisse II, 144, 2ʰ 10ᵐ 32ˢ.**	January 10 . . +20 33 1.66
29 . . 3.03		January 22 . . +12 46 52.83	30 . . 2.29
Weisse I, 504, 1ʰ 30ᵐ 17ˢ.	**Weisse I, 942, 1ʰ 53ᵐ 15ˢ.**		
November 30 . . + 3 22 18.77	January 10 . . − 4 2 53.29	**Weisse II, 182, 2ʰ 12ᵐ 37ˢ.**	**) Ceti, 2ʰ 36ᵐ 3ˢ.**
December 5 . . 19.28	November 29 . . 52.01	January 3 . . +13 39 10.68	January 22 . . + 2 38 38.62
6 . . 19.16		10 . . 11.40	November 29 . . 38.17
	Weisse I, 943, 1ʰ 53ᵐ 10ˢ.		29 . . 38.97
Santini 91, 1ʰ 31ᵐ 6ˢ.	January 3 . . +12 42 17.24	**Weisse II, 209, 2ʰ 13ᵐ 53ˢ.**	30 . . 38.49
January 17 . . + 1 52 19.93	22 . . 17.71	November 24 . . +13 17 34.36	December 5 . . 39.47
November 22 . . 20.96		December 5 . . 34.59	
	Weisse I, 963, 1ʰ 54ᵐ 23ˢ.		**Rumker 695, 2ʰ 36ᵐ 50ˢ.**
Weisse I, 540, 1ʰ 31ᵐ 43ˢ.	November 30 . . + 3 22 27.82	**B. A. C. 741, 2ʰ 17ᵐ 2ˢ.**	January 17 . . +21 1 10.61
December 5 . . + 3 24 37.90	December 5 . . 28.69	January 22 . . + 9 4 43.87	December 6 . . 11.79
6 . . 37.20			
	(*), 1ʰ 55ᵐ 38ˢ.	**B. A. C. 744, 2ʰ 17ᵐ 35ˢ.**	**Weisse II, 790, 2ʰ 46ᵐ 15ˢ.**
B. A. C. 495, 1ʰ 31ᵐ 43ˢ.	December 5 . . + 3 25 15.85	November 29 . . +66 46 10.88	January 30 . . + 8 45 44.56
November 19 . . +15 54 50.35		December 6 . . 12.52	
24 . . 48.96	**Weisse I, 1042, 1ʰ 58ᵐ 56ˢ.**		**Rumker 742, 2ʰ 47ᵐ 26ˢ.**
	January 10 . . +12 47 32.21	**Weisse (2) II, 444, 2ʰ 19ᵐ 3ˢ.**	January 10 . . +22 21 47.78
Weisse I, 598, 1ʰ 33ᵐ 53ˢ.	November 30 . . 31.92	November 30 . . +22 14 47.48	17 . . 47.74
November 29 . . + 9 21 24.02			
	α Arietis, 1ʰ 59ᵐ 17ˢ.		**Weisse (2) II, 1148, 2ʰ 47ᵐ 50ˢ.**
Weisse I, 600, 1ʰ 33ᵐ 54ˢ.	November 24 . . +22 47 55.71	**Weisse (2) II, 449, 2ʰ 19ᵐ 16ˢ.**	December 5 . . +25 31 19.01
November 29 . . + 9 24 10.07	27 . . 55.61	November 30 . . +22 16 18.36	
	December 6 . . 55.29		**Weisse II, 855, 2ʰ 49ᵐ 27ˢ.**
Weisse I, 628, 1ʰ 34ᵐ 56ˢ.		**Weisse II, 305, 2ʰ 19ᵐ 15ˢ.**	December 6 . . +14 34 4.33
November 27 . . + 3 43 21.16	**B. A. C. 663, 2ʰ 2ᵐ 23ˢ.**	January 10 . . + 9 56 0.52	
	January 22 . . + 3 34 5.53	17 . . 0.21	**Weisse II, 866, 2ʰ 49ᵐ 40ˢ.**
(*), 1ʰ 39ᵐ 50ˢ.			January 19 . . − 6 49 13.38
November 30 . . + 0 17 8.89	**O. Arg. N. 2443, 2ʰ 2ᵐ 51ˢ.**	**Weisse II, 333, 2ʰ 20ᵐ 49ˢ.**	30 . . 13.43
December 6 . . 9.33	January 3 . . +48 56 9.59	December 5 . . + 5 25 40.46	
			Weisse II, 881, 2ʰ 50ᵐ 55ˢ.
Weisse I, 725, 1ʰ 40ᵐ 25ˢ.	**O. Arg. N. 2462, 2ʰ 3ᵐ 38ˢ.**	**Rumker 654, 2ʰ 52ᵐ 37ˢ.**	December 6 . . +14 35 29.61
January 17 . . − 3 36 37.90	November 29 . . +49 7 18.60	January 22 . . +19 49 11.24	
November 24 . . 37.30	December 5 . . 19.30		

MEAN DECLINATIONS OF STARS FOR 1860.0

α Ceti, $2^h 54^m 58^s$.
1855.
January 10 . . + 3 32 17.89
November 29 . . 17.64
30 . . 17.95
December 5 . . 19.30

Weisse II, 967, $2^h 55^m 20^s$.
January 17 . . + 7 55 10.48
30 . . 12.06

Weisse II, 970, $2^h 55^m 13^s$.
December 18 . . − 7 2 35.44

Weisse II, 1037, $2^h 58^m 54^s$.
December 6 . . +14 13 49.46

Weisse III, 1, $3^h 1^m 56^s$.
January 17 . . + 8 8 36.36
19 . . 37.27

Weisse (2) III, 45, $3^h 3^m 13^s$.
December 20 . . +16 46 10.83

Weisse III, 35, $3^h 3^m 34^s$.
January 10 . . + 8 11 25.82
30 . . 26.83

Weisse (2) III, 75, $3^h 4^m 25^s$.
November 24 . . +16 46 14.32
December 20 . . 14.74

Weisse III, 62, $3^h 5^m 5^s$.
November 29 . . + 8 3 52.93
30 . . 52.48

Weisse III, 98, $3^h 6^m 22^s$.
December 6 . . + 9 55 49.12
18 . . 49.24

Weisse III, 114, $3^h 7^m 17^s$.
November 30 . . +11 54 32.72

Weisse (2) III, 196, $3^h 9^m 18^s$.
January 17 . . +17 3 18.42
19 . . 19.00

Weisse III, 172, $3^h 10^m 34^s$.
November 24 . . +12 18 33.53
29 . . 32.62

Weisse III, 205, $3^h 12^m 10^s$.
December 18 . . +12 51 59.20

(⁵), $3^h 13^m 59^s$.
November 30 . . + 8 51 19.69

Weisse III, 251, $3^h 14^m 17^s$.
1855.
January 10 . . + 8 43 42.11
22 . . 42.30
30 . . 42.04

Weisse (2) III, 351, $3^h 16^m 43^s$.
December 20 . . +24 54 21.52

Weisse III, 299, $3^h 17^m 39^s$.
January 17 . . + 9 11 38.56
19 . . 40.02

Weisse III, 306, $3^h 17^m 58^s$.
December 18 . . +13 7 30.72

ξ Tauri, $3^h 19^m 35^s$.
January 17 . . + 9 14 31.22
19 . . 32.29

(⁸), $3^h 21^m 50^s$.
January 10 . . + 9 28 17.74

Weisse III, 447, $3^h 25^m 35^s$.
December 18 . . +13 18 27.04
20 . . 27.75

Weisse III, 474, $3^h 26^m 48^s$.
January 17 . . +13 42 8.73
December 6 . . 9.93

(⁸), $3^h 29^m 45^s$.
January 22 . . +27 40 43.75

Weisse (2) III, 639, $3^h 30^m 7^s$.
January 10 . . +18 53 53.09

Rumker 940, $3^h 34^m 24^s$.
January 17 . . +14 20 23.56
30 . . 24.63

η Tauri, $3^h 39^m 10^s$.
January 10 . . +23 40 9.07
19 . . 8.99
December 6 . . 8.74
20 . . 9.29

Weisse III, 752, $3^h 39^m 41^s$.
December 18 . . +12 4 19.42

Weisse (2) III, 881, $3^h 39^m 48^s$.
December 7 . . +26 9 15.57

Weisse III, 774, $3^h 41^m 0^s$.
January 17 . . +15 9 9.42
29 . . 10.10

Weisse (2) III, 931, $3^h 42^m 15^s$.
1855.
January 30 . . +26 38 56.40

Rumker 1023, $3^h 46^m 28^s$.
January 10 . . +16 12 21.94

Weisse (2) III, 1013, $3^h 46^m 34^s$.
December 6 . . +19 41 10.56
7 . . 11.36

Weisse (2) III, 1019, $3^h 46^m 51^s$.
December 6 . . +19 41 2.50
7 . . 2.01

Weisse III, 924, $3^h 47^m 52^s$.
December 18 . . − 9 56 5.82

Weisse (2) III, 1030, $3^h 47^m 40^s$.
January 22 . . +35 35 30.34
29 . . 30.28

Weisse (2) III, 1041, $3^h 48^m 27^s$.
January 17 . . +36 5 7.63

γ¹ Eridani, $3^h 51^m 30^s$.
January 10 . . −13 54 32.56

Weisse (2) III, 1210, $3^h 56^m 40^s$.
January 19 . . +16 14 24.86
29 . . 24.60

Weisse (2) III, 1212, $3^h 56^m 45^s$.
January 17 . . +20 28 15.79

Rumker 1079, $3^h 57^m 46^s$.
December 7 . . +15 21 16.45
18 . . 16.52

Rumker 1084, $3^h 58^m 19^s$.
December 7 . . +15 18 58.40
18 . . 57.10

Weisse IV, 21, $4^h 2^m 34^s$.
January 30 . . + 7 19 41.86
December 11 . . 41.88

Rumker 1104, $4^h 3^m 42^s$.
January 17 . . +28 4 10.21
19 . . 9.77

46 Tauri, $4^h 6^m 2^s$.
January 29 . . + 7 21 20.19
December 11 . . 20.07
20 . . 18.78

Weisse (2) IV, 152, $4^h 8^m 50^s$.
1855.
December 18 . . +15 51 51.57

B. A. C. 1316, $4^h 10^m 6^s$.
January 17 . . +21 14 1.47
19 . . 1.93

B. A. C. 1350, $4^h 15^m 23^s$.
December 11 . . +16 26 52.08

Weisse (2) IV, 326, $4^h 15^m 44^s$.
January 10 . . +21 12 40.47
29 . . 41.23

Weisse (2) IV, 330, $4^h 15^m 56^s$.
December 20 . . +21 24 33.03

Weisse (2) IV, 351, $4^h 16^m 52^s$.
January 30 . . +29 12 6.17
December 3 . . 7.08
18 . . 6.42

B. A. C. 1366, $4^h 17^m 38^s$.
January 17 . . +15 37 3.04
19 . . 3.74

b¹ Tauri, $4^h 20^m 34^s$.
January 17 . . +15 38 53.49
19 . . 53.59

Lalande 8431, $4^h 21^m 5^s$.
December 20 . . −11 26 24.04

Lalande 8479, $4^h 21^m 12^s$.
January 10 . . −11 22 2.76

Rumker 1235, $4^h 24^m 50^s$.
December 18 . . +15 42 19.23

Weisse (2) IV, 538, $4^h 25^m 18^s$.
December 3 . . +21 56 33.55

a Tauri, $4^h 27^m 53^s$.
January 30 . . +16 13 29.18
December 7 . . 29.28
11 . . 29.09

Weisse (2) IV, 606, $4^h 28^m 26^s$.
January 17 . . +27 38 12.11
December 20 . . 11.32

Weisse (2) IV, 634, $4^h 29^m 38^s$.
January 19 . . +29 6 7.02

OBSERVED WITH THE MURAL CIRCLE, 1855.   87

B. A. C. 1437, 4ʰ 31ᵐ 16ˢ.	Weisse (2) V, 296, 5ʰ 11ᵐ 6ˢ.	α Orionis, 5ʰ 47ᵐ 36ˢ.	Weisse VI, 1589, 6ʰ 51ᵐ 41ˢ.
1855. ° ′ ″	1855. ° ′ ″	1855. ° ′ ″	1855. ° ′ ″
December 7 . . +15 38 15.30	December 3 . . +26 6 32.24	December 20 . . + 7 22 39.77	March 10 . . −14 38 5.10
11 . . 16.33	30 . . 31.60		
		Weisse V, 1204, 5ʰ 47ᵐ 36ˢ.	Weisse VI, 1618, 6ʰ 52ᵐ 42ˢ.
Weisse (2) IV, 719, 4ʰ 33ᵐ 1ˢ.	β Tauri, 5ʰ 17ᵐ 27ˢ.	January 29 . . −14 9 33.65	March 1 . . −14 46 23.89
December 18 . . +22 21 12.99	January 19 . . +28 29 7.03	February 21 . . 33.62	
	29 . . 6.70		ε Canis Majoris, 6ʰ 53ᵐ 8ˢ.
Weisse IV, 806, 4ʰ 37ᵐ 24ˢ.		B. A. C. 1901, 5ʰ 50ᵐ 2ˢ.	February 28 . . −28 47 2.02
January 10 . . + 2 56 43.05	Weisse (2) V, 513, 5ʰ 18ᵐ 24ˢ.	March 1 . . −14 11 47.63	
17 . . 42.09	December 3 . . +26 27 30.11		Piazzi VI, 328, 6ʰ 59ᵐ 10ˢ.
	18 . . 29.89	Rumker 1673, 5ʰ 54ᵐ 45ˢ.	February 21 . . −14 39 42.10
Weisse (2) IV, 886, 4ʰ 40ᵐ 3ˢ.	30 . . 29.74	December 3 . . +26 16 36.00	March 22 . . 45.25
December 18 . . +24 29 30.39		18 . . 35.98	
20 . . 30.94	Weisse (2) V, 630, 5ʰ 22ᵐ 20ˢ.	30 . . 36.26	Weisse VII, 93, 7ʰ 4ᵐ 0ˢ.
	December 3 . . +26 28 20.94		March 1 . . −14 32 27.37
Weisse IV, 988, 4ʰ 41ᵐ 37ˢ.	18 . . 19.83	Rumker 1680, 5ʰ 55ᵐ 9ˢ.	22 . . 28.48
January 29 . . − 1 36 23.96	30 . . 20.30	December 3 . . +26 21 5.68	
		18 . . 5.77	Weisse VII, 300, 7ʰ 10ᵐ 6ˢ.
Weisse (2) IV, 1079, 4ʰ 48ᵐ 33ˢ.	Weisse (2) V, 660, 5ʰ 23ᵐ 10ˢ.	30 . . 5.43	March 22 . . −14 37 45.00
January 29 . . +29 57 1.67	December 20 . . +26 34 32.56		
	30 . . 32.54	Weisse V, 1487, 5ʰ 55ᵐ 11ˢ.	Weisse VII, 316, 7ʰ 10ᵐ 41ˢ.
Weisse (2) IV, 1098, 4ʰ 49ᵐ 6ˢ.		March 1 . . −14 1 38.19	March 1 . . −14 36 5.25
January 10 . . +29 54 12.93	δ Orionis, 5ʰ 24ᵐ 51ˢ.		19 . . 4.69
19 . . 14.27	January 19 . . − 0 24 19.96	Weisse (2) VI, 12, 6ʰ 2ᵐ 39ˢ.	
December 20 . . 13.64		January 29 . . +31 11 51.90	δ Geminorum, 7ʰ 11ᵐ 46ˢ.
	H. A. C. 1742, 5ʰ 26ᵐ 54ˢ.		February 21 . . +22 14 12.72
Weisse (2) IV, 1165, 4ʰ 51ᵐ 45ˢ.	January 29 . . +23 56 32.56	Weisse VI, 264, 6ʰ 9ᵐ 21ˢ.	
December 3 . . +22 22 41.84	February 21 . . 33.22	March 1 . . −14 23 5.88	(*), 7ʰ 15ᵐ 43ˢ.
			March 1 . . −14 36 37.81
Weisse (2) IV, 1172, 4ʰ 52ᵐ 8ˢ.	(*), 5ʰ 28ᵐ 47ˢ.	μ Geminorum, 6ʰ 14ᵐ 29ˢ.	10 . . 37.02
December 3 . . +22 24 9.45	December 3 . . +26 33 44.05	January 29 . . +22 34 53.87	19 . . 37.20
	18 . . 43.43	February 21 . . 53.54	22 . . 37.92
Weisse (2) IV, 1257, 4ʰ 55ᵐ 37ˢ.	30 . . 45.00	28 . . 53.73	
January 19 . . +30 12 13.37			H. A. C. 2463, 7ʰ 19ᵐ 58ˢ.
	Weisse (2) V, 912, 5ʰ 30ᵐ 13ˢ.	Weisse VI, 544, 6ʰ 18ᵐ 39ˢ.	February 21 . . +27 49 57.16
Weisse (2) IV, 1299, 4ʰ 57ᵐ 11ˢ.	December 3 . . +26 31 57.08	March 1 . . −14 25 43.04	
January 10 . . +22 51 51.42	18 . . 56.08	10 . . 42.37	Weisse VII, 835, 7ʰ 27ᵐ 22ˢ.
29 . . 51.21	20 . . 56.44		March 1 . . −14 13 24.75
	30 . . 57.91	Weisse VI, 809, 6ʰ 26ᵐ 57ˢ.	
(*), 5ʰ 3ᵐ 20ˢ.		March 1 . . −14 42 40.16	Weisse VII, 871, 7ʰ 28ᵐ 30ˢ.
January 19 . . +30 11 35.13	(*), 5ʰ 32ᵐ 52ˢ.	10 . . 39.80	March 19 . . −14 38 40.83
	December 3 . . +26 32 18.30		22 . . 42.96
Weisse (2) V, 54, 5ʰ 3ᵐ 40ˢ.	18 . . 18.15	51 Cephei, 6ʰ 33ᵐ 38ˢ.	
December 3 . . +26 17 8.99	20 . . 18.26	February 21 . . +87 14 53.93	Weisse VII, 924, 7ʰ 29ᵐ 38ˢ.
18 . . 8.28	30 . . 19.79		March 1 . . −14 11 8.02
20 . . 8.97		51 Cephei, S. P., 6ʰ 33ᵐ 39ˢ.	
30 . . 9.52	Weisse (2) V, 1180, 5ʰ 36ᵐ 26ˢ.	September 10 . . +87 14 55.17	Weisse (2) VII, 874, 7ʰ 30ᵐ 0ˢ.
	January 29 . . +31 15 39.93		February 21 . . +21 46 32.73
Weisse (2) V, 111, 5ʰ 5ᵐ 17ˢ.	February 21 . . 39.16	B. A. C. 2221, 6ʰ 40ᵐ 28ˢ.	
January 19 . . +30 13 49.17		February 21 . . −14 16 42.13	(*), 7ʰ 31ᵐ 57ˢ.
29 . . 49.31	(*), 5ʰ 45ᵐ 25ˢ.	28 . . 42.18	February 21 . . +21 46 9.23
	December 30 . . +26 28 58.80		
α Aurigæ, 5ʰ 6ᵐ 21ˢ.		Weisse VI, 1351, 5ʰ 44ᵐ 24ˢ.	β Geminorum, 7ʰ 36ᵐ 45ˢ.
January 17 . . +45 51 3.42	Weisse (2) V, 1534, 5ʰ 46ᵐ 56ˢ.	February 21 . . −14 34 49.95	March 22 . . +28 21 39.87
	December 3 . . +26 26 60.71	March 10 . . 49.89	
	18 . . 59.57		
	30 . . 59.63		

MEAN DECLINATIONS OF STARS FOR 1860.0

WEISSE VII, 1152, 7ʰ 39ᵐ 7ˢ.	ε HYDRÆ, 8ʰ 39ᵐ 22ˢ.	(ˢ), 9ʰ 31ᵐ 4ˢ.	RUMKER 3172, 10ʰ 17ᵐ 32ˢ.
1855. ° ′ ″ March 1 . . −14 21 12.11 10 . . 10.78 19 . . 11.09	1855. ° ′ ″ April 16 . . + 6 55 48.16	1855. ° ′ ″ March 1 . . +10 15 19.62 April 3 . . 19.77	1855. ° ′ ″ March 29 . . +11 34 45.71 April 2 . . 46.34

(²), 7ʰ 45ᵐ 55ˢ.	WEISSE VIII, 1012, (1st ˢ,) 8ʰ 39ᵐ 33ˢ.	WEISSE (2) IX, 662, 9ʰ 31ᵐ 21ˢ.	WEISSE X, 315, 10ʰ 18ᵐ 52ˢ.
March 1 . . +20 32 31.49	March 19 . . +11 40 24.63	March 29 . . +21 49 40.35	April 3 . . + 4 38 34.92

(⁴), 7ʰ 50ᵐ 20ˢ.	WEISSE VIII, 1012, (2d ˢ,) 8ʰ 39ᵐ 33ˢ.	LALANDE 19134, 9ʰ 37ᵐ 49ˢ.	WEISSE (2) X, 374, 10ʰ 19ᵐ 19ˢ.
February 28 . . +60 47 47.19 March 22 . . 49.92 April 3 . . 48.87	March 19 . . +11 40 10.64 22 . . 10.97	April 2 . . + 9 31 30.46 3 . . 30.76	April 16 . . +17 55 59.12

RUMKER 2390, 7ʰ 56ᵐ 50ˢ.	LALANDE 17647, 8ʰ 49ᵐ 11ˢ.	ε LEONIS, 9ʰ 37ᵐ 54ˢ.	WEISSE (2) X, 412, 10ʰ 21ᵐ 9ˢ.
March 1 . . +36 40 6.06	March 1 . . −13 30 27.02 19 . . 26.91 22 . . 27.22 April 3 . . 27.51	February 28 . . +24 25 0.18 March 19 . . 25 0.78 April 27 . . 24 59.54	May 4 . . +17 50 47.65 5 . . 47.11

O. ARG. N. 8586, 7ʰ 58ᵐ 13ˢ.		WEISSE IX, 887, 9ʰ 40ᵐ 50ˢ.	RUMKER 3209, 10ʰ 22ᵐ 11ˢ.
February 28 . . +60 43 35.53 March 22 . . 35.83 April 3 . . 37.81	ι URSÆ MAJORIS, 8ʰ 49ᵐ 36ˢ.	March 29 . . +11 12 24.76	April 12 . . +17 41 41.99

(⁵), 7ʰ 59ᵐ 44ˢ.	April 16 . . +48 35 16.96	WEISSE IX, 1011, 9ʰ 47ᵐ 17ˢ.	(⁵), 10ʰ 27ᵐ 21ˢ.
March 22 . . +60 44 17.28 April 3 . . 17.30	WEISSE VIII, 1367, 8ʰ 53ᵐ 25ˢ.	April 2 . . + 7 44 43.09 3 . . 41.72	March 29 . . − 9 10 37.69 April 2 . . 38.39

LALANDE 16130, 8ʰ 7ᵐ 56ˢ.	April 2 . . + 9 5 37.12	WEISSE IX, 1035, 9ʰ 48ᵐ 32ˢ.	WEISSE X, 538, 10ʰ 30ᵐ 30ˢ.
March 1 . . +19 7 8.10 April 2 . . 9.03	WEISSE VIII, 1529, 9ʰ 0ᵐ 35ˢ.	April 7 . . + 8 20 24.11 16 . . 24.01	April 3 . . −10 19 5.48 12 . . 5.05 16 . . 6.16

WEISSE (2) VIII, 309, 8ʰ 14ᵐ 6ˢ.	March 1 . . −12 44 49.63 19 . . 49.00 April 3 . . 49.02 16 . . 50.08	WEISSE (2) IX, 1086, 9ʰ 51ᵐ 24ˢ.	WEISSE X, 543, 10ʰ 30ᵐ 48ˢ.
March 1 . . +15 12 35.95 19 . . 37.64 April 3 . . 37.03		April 27 . . +42 59 10.24	April 3 . . −10 19 24.09 12 . . 23.91 16 . . 24.41

RUMKER 2533, 8ʰ 21ᵐ 21ˢ.	WEISSE (2) IX, 160, 9ʰ 8ᵐ 3ˢ.	WEISSE IX, 1259, 9ʰ 59ᵐ 6ˢ.	
March 19 . . +20 53 29.32 April 2 . . 29.77	March c . . +25 13 9.36 19 . . 9.89 April 16 . . 8.89	April 27 . . +13 27 46.08	WEISSE (2) X, 660, 10ʰ 32ᵐ 34ˢ.

O. ARG. N. 9050, 8ʰ 22ᵐ 16ˢ.	WEISSE (2) IX, 172, 9ʰ 9ᵐ 15ˢ.	RUMKER 3069, 10ʰ 0ᵐ 45ˢ.	April 27 . . +28 15 13.38 May 4 . . 13.42 5 . . 13.13
April 3 . . +55 49 32.87	March 29 . . +24 14 14.63 April 2 . . 15.54 3 . . 15.42	April 16 . . +12 40 45.41	

WEISSE VIII, 618, 8ʰ 24ᵐ 26ˢ.	WEISSE (2) IX, 377, 9ʰ 18ᵐ 8ˢ.	α LEONIS, 10ʰ 0ᵐ 55ˢ.	WEISSE (2) X, 693, 10ʰ 34ᵐ 26ˢ.
February 28 . . +13 16 22.60 March 1 . . 22.16	March 1 . . +23 14 49.04 19 . . 48.85	March 1 . . +12 39 0.52 April 2 . . 1.13 7 . . 1.31	March 29 . . +37 15 0.80 April 2 . . 0.78

WEISSE VIII, 736, 8ʰ 29ᵐ 46ˢ.	WEISSE (2) IX, 383, 9ʰ 18ᵐ 20ˢ.	WEISSE X, 74, 10ʰ 5ᵐ 51ˢ.	WEISSE (2) X, 830, 10ʰ 41ᵐ 21ˢ.
March 19 . . +12 20 15.34 22 . . 15.82	April 2 . . +23 14 47.82	April 3 . . + 6 11 12.96	April 16 . . +36 38 49.67 May 4 . . 48.32 5 . . 49.72

WEISSE VIII, 828, 8ʰ 32ᵐ 13ˢ.	WEISSE (2) IX, 478, 9ʰ 23ᵐ 15ˢ.	RUMKER 3106, 10ʰ 7ᵐ 41ˢ.	
March 1 . . +12 2 1.53 April 2 . . 0.97	March 29 . . +21 54 13.36 April 3 . . 14.10	March 1 . . +12 22 5.11 April 2 . . 6.05	WEISSE X, 860, 10ʰ 47ᵐ 29ˢ.
	WEISSE (2) IX, 486, 9ʰ 23ᵐ 28ˢ.	WEISSE X, 224, 10ʰ 13ᵐ 41ˢ.	April 27 . . + 6 35 32.08 May 4 . . 32.08 5 . . 31.85
	April 16 . . +25 1 41.81	April 7 . . − 4 40 45.11 16 . . 45.14	

WEISSE VIII, 999, 8ʰ 39ᵐ 7ˢ.	WEISSE (2) IX, 650, 9ʰ 30ᵐ 46ˢ.	WEISSE X, 229, 10ʰ 14ᵐ 3ˢ.	WEISSE X, 879, 10ʰ 48ᵐ 33ˢ.
February 28 . . +11 27 38.84 March 1 . . 37.93	March 29 . . +21 46 54.52	April 7 . . − 4 42 47.19 16 . . 45.80	March 29 . . −14 31 29.99 April 3 . . 30.46 7 . . 29.45

OBSERVED WITH THE MURAL CIRCLE, 1855.

a URSÆ MAJORIS, $10^h\ 55^m\ 3^s$.

1855.			
May	8	. .	+62 30 20.01

a URSÆ MAJORIS, S. P., $10^h\ 55^m\ 3^s$.

September	1	. .	+62 30 19.21
	8	. .	17.52
	11	. .	20.96
	17	. .	19.26
	27	. .	20.32
October	4	. .	20.61
	6	. .	22.55
	9	. .	18.21
	10	. .	20.42
	15	. .	19.93
	16	. .	21.18

WEISSE (2) X, 1123, $10^h\ 56^m\ 19^s$.

March	27	. .	+34 58 37.55
April	2	. .	39.32
	16	. .	37.87

(⁸), $10^h\ 57^m\ 40^s$.

April	27	. .	+34 33 5.42
May	4	. .	4.86
	5	. .	5.01

WEISSE (2) XI, 6, $11^h\ 2^m\ 18^s$.

April	7	. .	+33 17 22.39
	12	. .	21.98
	16	. .	22.20

WEISSE (2) XI, 58, $11^h\ 4^m\ 32^s$.

| April | 27 | . . | +33 22 31.25 |
| May | 8 | . . | 31.27 |

WEISSE (2) XI, 90, $11^h\ 5^m\ 43^s$.

| April | 17 | . . | +34 12 25.12 |
| May | 10 | . . | 25.11 |

δ LEONIS, $11^h\ 6^m\ 39^s$.

March	29	. .	+21 17 25.48
April	2	. .	25.86
	3	. .	24.07

(⁹), $11^h\ 8^m\ 40^s$.

| April | 16 | . . | +12 22 14.41 |
| May | 8 | . . | 15.49 |

B. A. C. 3851, $11^h\ 10^m\ 43^s$.

| April | 7 | . . | +32 18 59.73 |
| May | 10 | . . | 58.79 |

δ CRATERIS, $11^h\ 12^m\ 21^s$.

March	29	. .	−14 1 16.42
April	2	. .	16.01
	3	. .	16.26

WEISSE XI, 217, $11^h\ 13^m\ 30^s$.

| April | 27 | . . | −11 54 29.90 |
| May | 8 | . . | 29.71 |

LALANDE 21645, $11^h\ 14^m\ 30^s$.

April	16	. .	−11 56 2.21
May	1	. .	2.53
	8	. .	1.23

WEISSE (2) XI, 312, $11^h\ 17^m\ 13^s$.

| 1855. | | | |
| April | 17 | . . | +31 46 37.14 |

B. A. C. 3888, $11^h\ 18^m\ 38^s$.

| April | 7 | . . | +4 37 50.58 |
| | 12 | . . | 50.30 |

B. A. C. 3915, $11^h\ 23^m\ 10^s$.

| May | 10 | . . | +19 10 49.45 |

RUMKER 3615, $11^h\ 24^m\ 13^s$.

| May | 11 | . . | +18 31 22.80 |

RUMKER 3636, $11^h\ 26^m\ 51^s$.

| April | 27 | . . | +15 39 59.76 |
| May | 1 | . . | 40 0.30 |

WEISSE (2) XI, 490, $11^h\ 26^m\ 52^s$.

| April | 16 | . . | +22 47 47.74 |
| | 17 | . . | 48.05 |

WEISSE XI, 466, $11^h\ 27^m\ 33^s$.

| May | 4 | . . | −4 49 0.99 |
| | 10 | . . | 1.02 |

WEISSE XI, 468, $11^h\ 27^m\ 37^s$.

| April | 7 | . . | −4 10 51.08 |
| | 12 | . . | 50.55 |

WEISSE (2) XI, 592, $11^h\ 31^m\ 9^s$.

| May | 5 | . . | +20 52 31.07 |

RUMKER 3697, $11^h\ 31^m\ 48^s$.

| April | 16 | . . | +22 59 22.47 |
| | 27 | . . | 21.34 |

WEISSE XI, 618, $11^h\ 35^m\ 40^s$.

| May | 1 | . . | −5 38 22.95 |
| | 4 | . . | 22.73 |

RUMKER 3715, $11^h\ 36^m\ 33^s$.

| April | 7 | . . | +17 5 54.68 |
| | 12 | . . | 55.24 |

WEISSE XI, 641, $11^h\ 36^m\ 58^s$.

| May | 11 | . . | −14 40 45.36 |
| | 17 | . . | 45.13 |

WEISSE (2) XI, 746, $11^h\ 38^m\ 4^s$.

| April | 3 | . . | +20 40 5.43 |
| May | 10 | . . | 5.58 |

WEISSE (2) XI, 788, $11^h\ 40^m\ 23^s$.

| May | 5 | . . | +20 48 37.24 |
| | 8 | . . | 37.80 |

WEISSE (2) XI, 838, $11^h\ 42^m\ 52^s$.

| 1855. | | | |
| May | 4 | . . | +18 39 47.24 |

CARRINGTON 1762, $11^h\ 44^m\ 40^s$.

| April | 16 | . . | +86 59 59.45 |
| | 27 | . . | 57.08 |

WEISSE (2) XI, 889, $11^h\ 45^m\ 58^s$.

April	3	. .	+17 37 43.84
	7	. .	43.59
	12	. .	43.41

γ URSÆ MAJORIS, $11^h\ 46^m\ 27^s$.

| May | 11 | . . | +54 28 22.49 |
| | 25 | . . | 21.62 |

WEISSE (2) XI, 1011, $11^h\ 51^m\ 54^s$.

April	17	. .	+24 41 10.63
	20	. .	11.72
May	4	. .	10.85
	17	. .	11.36

WEISSE XI, 947, $11^h\ 55^m\ 36^s$.

April	7	. .	+8 36 12.74
	16	. .	13.31
	27	. .	11.94

WEISSE (2) XI, 1110, $11^h\ 56^m\ 51^s$.

April	12	. .	+19 35 52.20
	18	. .	51.46
	20	. .	51.32

WEISSE XI, 1023, $12^h\ 0^m\ 34^s$.

| May | 5 | . . | +7 32 52.07 |
| | 8 | . . | 51.31 |

WEISSE (2) XI, 1206, $12^h\ 0^m\ 54^s$.

April	17	. .	+24 28 53.01
May	1	. .	54.60
	4	. .	52.61

B. A. C. 4096, $12^h\ 2^m\ 56^s$.

| May | 17 | . . | +6 35 8.37 |
| | 25 | . . | 8.23 |

WEISSE XII, 53, $12^h\ 4^m\ 50^s$.

| May | 16 | . . | +6 7 18.11 |
| | 20 | . . | 16.46 |

WEISSE XII, 63, $12^h\ 5^m\ 9^s$.

| May | 5 | . . | +6 39 12.51 |
| | 17 | . . | 12.55 |

WEISSE XII, 91, $12^h\ 6^m\ 57^s$.

| April | 27 | . . | +5 46 42.57 |
| May | 1 | . . | 43.04 |

WEISSE XII, 119, $12^h\ 8^m\ 51^s$.

| May | 11 | . . | +8 13 29.83 |

WEISSE XII, 130, $12^h\ 9^m\ 19^s$.

1855.			
May	10	. .	+8 7 59.34
	17	. .	59.44

WEISSE XII, 149, $12^h\ 10^m\ 35^s$.

April	17	. .	+8 26 34.97
May	4	. .	35.28
	8	. .	34.89

(⁸), $12^h\ 12^m\ 17^s$.

| April | 7 | . . | +7 46 11.81 |
| | 16 | . . | 11.33 |

RUMKER 3911, $12^h\ 12^m\ 48^s$.

| May | 5 | . . | +6 26 55.10 |
| | 25 | . . | 55.41 |

WEISSE (2) XII, 356, $12^h\ 17^m\ 29^s$.

April	27	. .	+22 56 43.71
May	1	. .	44.14
	10	. .	43.50

RUMKER 3966, $12^h\ 18^m\ 47^s$.

April	12	. .	+4 58 33.20
	17	. .	32.26
May	11	. .	32.63

CARRINGTON 1849, $12^h\ 19^m\ 26^s$.

| May | 4 | . . | +86 4 58.81 |
| | 8 | . . | 58.26 |

WEISSE (2) XII, 424, $12^h\ 20^m\ 35^s$.

| April | 16 | . . | +25 0 10.47 |
| May | 5 | . . | 10.34 |

WEISSE (2) XII, 478, $12^h\ 22^m\ 57^s$.

| May | 25 | . . | +25 6 51.16 |

WEISSE (2) XII, 526, $12^h\ 25^m\ 8^s$.

| April | 27 | . . | +21 41 34.50 |
| May | 1 | . . | 35.87 |

WEISSE XII, 433, $12^h\ 26^m\ 28^s$.

| May | 10 | . . | +3 41 5.83 |
| | 11 | . . | 4.42 |

WEISSE (2) XII, 556, $12^h\ 26^m\ 35^s$.

| May | 26 | . . | +25 3 21.96 |

WEISSE (2) XII, 581, $12^h\ 27^m\ 32^s$.

| April | 27 | . . | +21 40 23.23 |
| May | 1 | . . | 24.71 |

WEISSE XII, 463, $12^h\ 28^m\ 8^s$.

| May | 5 | . . | +3 1 52.08 |
| | 8 | . . | 51.92 |

MEAN DECLINATIONS OF STARS FOR 1860.0

Weisse XII, 513, 12ʰ 31ᵐ 14ˢ.	a Canum Venaticorum, 12ʰ 49ᵐ 28ˢ.	Weisse XIII, 291, 13ʰ 18ᵐ 55ˢ.	η Bootis, 13ʰ 48ᵐ 1ˢ.
1855. April 17 . . + 2 37 33.54 20 . . 33.39	1855. April 7 . . + 39 4 30.68 12 . . 31.13 17 . . 30.61 27 . . 30.29	1855. May 1 . . − 2 55 52.19 5 . . 52.16	1855. May 1 . . + 19 6 4.05 5 . . 4.37 17 . . 3.11 25 . . 4.09
Weisse XII, 519, 12ʰ 31ᵐ 32ˢ.	May 4 . . 31.09 12 . . 30.12	Weisse XIII, 331, 13ʰ 21ᵐ 10ˢ.	June 15 . . 3.49
May 4 . . + 14 34 38.49		May 11 . . + 9 5 4.19 June 4 . . 4.92	Weisse XIII, 813, 13ʰ 48ᵐ 3ˢ.
Weisse XII, 564, 12ʰ 34ᵐ 23ˢ.	Lalande 24193, 12ʰ 52ᵐ 44ˢ.		May 11 . . − 11 32 2.69
May 17 . . + 2 45 58.06	April 16 . . + 0 31 34.05 20 . . 33.74	Weisse XIII, 365, 13ʰ 22ᵐ 59ˢ.	Weisse XIII, 866, 13ʰ 50ᵐ 57ˢ.
Weisse XII, 580, 12ʰ 35ᵐ 0ˢ.	Weisse XII, 918, 12ʰ 54ᵐ 5ˢ.	April 17 . . + 7 54 11.52 25 . . 12.61	May 4 . . − 13 26 16.80 10 . . 16.86
April 17 . . + 14 55 39.95 May 11 . . 40.09	May 11 . . − 10 21 1.81		Weisse XIII, 974, 13ʰ 56ᵐ 32ˢ.
Weisse XII, 638, 12ʰ 38ᵐ 10ˢ.	Weisse XII, 929, 12ʰ 54ᵐ 26ˢ.	Weisse XIII, 413, 13ʰ 25ᵐ 16ˢ.	April 27 . . − 14 48 37.82 May 5 . . 37.32
May 1 . . + 1 49 28.33 5 . . 28.47	May 4 . . + 13 55 22.52 5 . . 22.97 25 . . 23.58	May 5 . . + 7 4 19.94 17 . . 19.87	Weisse XIII, 979, 13ʰ 56ᵐ 43ˢ.
Weisse XII, 661, 12ʰ 39ᵐ 23ˢ.	Weisse XII, 933, 12ʰ 54ᵐ 41ˢ.	Weisse XIII, 458, 13ʰ 27ᵐ 41ˢ.	April 20 . . − 11 27 17.00 May 1 . . 17.08 25 . . 17.36
April 20 . . − 0 3 20.51 May 4 . . 20.52	May 17 . . + 13 55 43.48	April 20 . . + 5 37 52.15 May 1 . . 52.74	Weisse XIII, 1037, 13ʰ 59ᵐ 10ˢ.
	Radcliffe 2959, 12ʰ 58ᵐ 50ˢ.	Weisse XIII, 461, 13ʰ 27ᵐ 55ˢ.	May 11 . . − 13 25 34.01 17 . . 34.74
Weisse XII, 668, 12ʰ 39ᵐ 51ˢ.	April 20 . . + 83 41 18.22 May 1 . . 19.00 5 . . 18.95	May 10 . . + 7 10 16.74 June 12 . . 16.49	Weisse XIII, 1071, 14ʰ 0ᵐ 59ˢ.
May 8 . . − 8° 26 53.18 10 . . 53.06	Weisse XII, 1047, 13ʰ 1ᵐ 7ˢ.	Weisse XIII, 501, 13ʰ 30ᵐ 7ˢ.	June 15 . . − 11 9 44.11
Rumker 4137, 12ʰ 41ᵐ 45ˢ.	May 8 . . + 12 56 37.11 10 . . 37.50	May 11 . . − 4 5 15.71 June 4 . . 15.43	O. Arg. S. 13171, 14ʰ 5ᵐ 17ˢ.
May 8 . . − 8 27 16.08 10 . . 16.42	Weisse XIII, 69, 13ʰ 5ᵐ 35ˢ.	Weisse XIII, 512, 13ʰ 30ᵐ 34ˢ.	June 4 . . + 15 23 27.71 15 . . 28.75
(*), 12ʰ 41ᵐ 46ˢ.	May 25 . . + 12 18 6.19 June 4 . . 7.68	May 25 . . − 2 31 12.81 June 15 . . 13.47	Weisse XIV, 88, 14ʰ 6ᵐ 13ˢ.
April 16 . . + 18 29 59.43	Weisse XIII, 104, 13ʰ 7ᵐ 32ˢ.	Weisse XIII, 563, 13ʰ 33ᵐ 9ˢ.	April 27 . . − 8 28 47.27 May 1 . . 46.22
Weisse XII, 706, 12ʰ 41ᵐ 45ˢ.	April 20 . . + 12 4 34.66 May 1 . . 35.26	May 10 . . − 4 32 6.80 17 . . 7.19	Lalande 26054, 14ʰ 6ᵐ 30ˢ.
May 17 . . + 14 48 3.67			May 17 . . − 16° 48 25.19 25 . . 23.80
Weisse (2) XII, 877, 12ʰ 43ᵐ 18ˢ.	Weisse XIII, 181, 13ʰ 11ᵐ 43ˢ.	O. Arg. N. 13913, 13ʰ 36ᵐ 40ˢ.	
April 7 . . + 18 25 0.74 16 . . 24 59.98	May 11 . . − 1 47 32.43	April 20 . . + 80 3 51.38 May 1 . . 51.88 June 12 . . 51.32	O. Arg. S. 13501, 14ʰ 8ᵐ 8ˢ.
Weisse XII, 757, 12ʰ 44ᵐ 42ˢ.	Weisse XIII, 208, 13ʰ 13ᵐ 7ˢ.		June 4 . . − 15 25 39.95 15 . . 41.08
May 11 . . + 0 50 56.53	May 4 . . + 10 44 15.07 5 . . 15.47	η Ursæ Majoris, 13ʰ 42ᵐ 1ˢ.	Weisse XIV, 130, 14ʰ 8ᵐ 32ˢ.
Weisse XII, 764, 12ʰ 45ᵐ 17ˢ.	Weisse XIII, 268, 13ʰ 17ᵐ 11ˢ.	May 5 . . + 50 0 49.00 11 . . 47.33 17 . . 46.58 25 . . 46.64 June 15 . . 47.24	June 4 . . − 8 43 25.41
May 5 . . + 0 59 30.14	May 17 . . + 0 25 0.22		a Bootis, 14ʰ 9ʰ 17ˢ.
Weisse XII, 803, 12ʰ 47ᵐ 34ˢ.	a Virginis, 13ʰ 17ᵐ 49ˢ.	Weisse XIII, 737, 13ʰ 43ᵐ 16ˢ.	May 4 . . + 19 54 46.59 June 14 . . 46.42 21 . . 47.40
May 1 . . − 9 40 26.09	April 12 . . − 10 25 44.75 16 . . 45.18 17 . . 45.94 27 . . 45.80	May 10 . . + 14 11 0.15 June 12 . . 10 59.43	Weisse XIV, 179, 14ʰ 11ᵐ 6ˢ.
Weisse XII, 818, 12ʰ 48ᵐ 29ˢ.	May 8 . . 45.54 10 . . 45.62 25 . . 44.65	(⁸), 13ʰ 46ᵐ 28ˢ.	June 12 . . − 8 45 38.80
May 4 . . + 0 48 54.61 9 . . 54.46 10 . . 54.14	June 12 . . 46.20	April 20 . . + 77 50 55.18 27 . . 53.29	Lalande 26210, 14ʰ 13ᵐ 20ˢ.
			May 10 . . − 18 41 19.56

OBSERVED WITH THE MURAL CIRCLE, 1855.

Lalande 26293, 14ʰ 16ᵐ 34ˢ.			Weisse XIV, 872, 14ʰ 46ᵐ 36ˢ.			(*), 15ʰ 15ᵐ 4ˢ.			ς Ursæ Minoris, 15ʰ 40ᵐ 9ˢ.		
1855.		′ ″	1855.		′ ″	1855.		′ ″	1855.		′ ″
April	27	− 19 2 46.28	May	11	+ 0 8 57.68	June	21	− 13 17 47.57	July	16	+ 78 13 23.27
May	4	47.90		17	57.25	July	7	46.32			
	25	46.42	June	4	57.20				Weisse XV, 939, 15ʰ 49ᵐ 45ˢ.		
Radcliffe 3200, 14ʰ 18ᵐ 57ˢ.			Weisse XIV, 874, 14ʰ 46ᵐ 37ˢ.			Weisse XV, 265, 15ʰ 13ᵐ 20ˢ.			June	21	− 2 34 46.16
June	4	+ 47 24 17.61	May	11	+ 0 10 16.36	June	14	− 13 50 46.16			
	21	17.81		17	15.89		15	45.75	Lalande 29043, 15ʰ 50ᵐ 58ˢ.		
Weisse XIV, 362, 14ʰ 20ᵐ 8ˢ.			June	4	15.79	Weisse XV, 281, 15ʰ 16ᵐ 15ˢ.			June	12	− 19 31 46.30
May	11	− 1 6 29.31	Weisse XIV, 906, 14ʰ 48ᵐ 24ˢ.			June	14	− 15 48 30.46		15	46.90
	17	29.06	June	14	+ 1 18 8.22		15	29.39	Lalande 29044, 15ʰ 51ᵐ 9ˢ.		
Weisse XIV, 371, 14ʰ 20ᵐ 46ˢ.				15	7.86	Weisse XV, 287, 15ʰ 16ᵐ 35ˢ.			June	12	− 19 31 59.92
May	10	− 1 8 15.00	Weisse (2) XIV, 1154, 14ʰ 52ᵐ 58ˢ.			June	29	− 9 49 1.78		15	59.84
	11	15.65	May	25	+ 43 59 29.82				Weisse XV, 1011, 15ʰ 53ᵐ 54ˢ.		
	17	15.37	June	26	30.01	Weisse XV, 400, 15ʰ 22ᵐ 9ˢ.			June	29	− 10 52 52.55
B. A. C. 4798, 14ʰ 22ᵐ 13ˢ.			Weisse (2) XIV, 1183, 14ʰ 54ᵐ 2ˢ.			June	12	− 14 19 43.28	Gr. C. 1315, 15ʰ 54ᵐ 56ˢ.		
June	26	+ 1 27 16.65	June	12	+ 43 53 48.75		21	43.95	June	26	− 10 26 53.58
Weisse XIV, 445, 14ʰ 24ᵐ 50ˢ.			Weisse XIV, 1016, 14ʰ 51ᵐ 42ˢ.			α Coronæ Borealis, 15ʰ 28ᵐ 46ˢ.			July	7	51.74
May	11	1 10 8.31	June	4	11 11 12.92	June	4	+ 27 11 18.52	Lalande 29208, 15ʰ 56ᵐ 40ˢ.		
	17	4.88					26	16.90	June	14	− 11 28 6.78
Rumker 4739, 14ʰ 26ᵐ 17ˢ.			Weisse XIV, 1318, 14ʰ 59ᵐ 46ˢ.				29	16.56		21	7.06
May	4	+ 1 28 6.00	May	17	− 1 45 18.01		7	17.54	(*), 15ʰ 58ᵐ 40ˢ.		
June	12	7.75	July	7	17.41		16	17.28	June	21	− 11 31 23.78
	21	6.20	Weisse XIV, 1121, 14ʰ 59ᵐ 55ˢ.			Lalande 28453, 15ʰ 30ᵐ 44ˢ.					
B. A. C. 4814, 14ʰ 26ᵐ 58ˢ.			May	17	− 1 41 18.80	June	12	− 17 12 6.19	P Scorpii, 15ʰ 57ᵐ 18ˢ.		
May	25	− 19 49 21.47	July	7	18.53		14	6.84	July	7	− 19 25 8.35
June	14	22.10	Weisse XIV 1142, 15ʰ 0ᵐ 51ˢ.			Weisse XV, 585, 15ʰ 31ᵐ 25ˢ.			Lalande 29306, 15ʰ 59ᵐ 12ˢ.		
B. A. C. 4860, 14ʰ 38ᵐ 22ˢ.			May	25	+ 0 29 3.28	June	15	− 1 19 28.29	June	15	− 17 33 16.96
May	17	+ 1 18 38.34	June	26	2.48		21	28.40	July	17	18.64
	25	38.47	Weisse XIV, 1150, 15ʰ 1ᵐ 20ˢ.			Lalande 28607, 15ʰ 35ᵐ 38ˢ.			Weisse XVI, 11, 16ʰ 2ᵐ 17ˢ.		
ι Bootis, 14ʰ 39ᵐ 52ˢ.			June	12	− 13 27 41.50	June	15	− 10 28 19.82	June	26	− 3 10 25.87
May	4	+ 27 39 58.77				Lalande 28617, 15ʰ 36ᵐ 1ˢ.				29	26.63
	10	39 58.17	Weisse XV, 7, 15ʰ 6ᵐ 3ˢ.			June	26	− 16 25 21.97	B. A. C. 5395, 16ʰ 5ᵐ 27ˢ.		
	11	40 0.21	June	29	− 13 29 47.51	σ Serpentis, 15ʰ 37ᵐ 22ˢ.			June	14	− 21 2 20.77
June	4	39 59.51	Weisse XV, 91, 15ʰ 6ᵐ 35ˢ.			July	16	+ 6 52 7.62	July	10	21.34
	12	39 59.00	June	15	− 13 40 58.06	Lalande 28726, 15ʰ 39ᵐ 19ˢ.			d Ophiuchi, 16ʰ 7ᵐ 1ˢ.		
	11	40 0.22		21	59.35	June	21	− 17 39 8.26	June	15	− 3 19 49.86
	15	40 0.47				Lalande 28766, 15ʰ 41ᵐ 4ˢ.			July	7	49.54
	21	39 59.74	d Libræ, 15ʰ 9ᵐ 29ˢ.			June	12	− 18 16 15.33	Weisse XVI, 121, 16ʰ 7ᵐ 18ˢ.		
	26	39 58.68	May	11	− 8 51 48.23		14	15.59	July	17	− 12 52 8.76
B. A. C. 4894, 14ʰ 42ᵐ 57ˢ.			Weisse XV, 219, 15ʰ 12ᵐ 37ˢ.			Lalande 28835, 15ʰ 43ᵐ 17ˢ.			O. Arg. S. 15499, 16ʰ 10ᵐ 23ˢ.		
June	21	− 15 24 41.94	June	4	− 13 27 25.66	June	15	− 10 33 48.12	June	29	− 21 14 45.48
a¹ Libræ, 14ʰ 43ᵐ 8ˢ.				12	26.99		26	49.45			
May	25	− 15 27 26.49	Weisse XV, 221, 15ʰ 13ᵐ 21ˢ.			B. A. C. 5264, 15ʰ 46ᵐ 56ˢ.			Weisse XVI, 173, 16ʰ 10ᵐ 0ˢ.		
June	26	27.56	June	21	− 13 18 39.49	June	26	− 18 57 57.72	June	21	− 13, 1 22.86
Rumker 4840, 14ʰ 45ᵐ 50ˢ.			July	7	38.47					26	24.38
June	12	+ 1 18 31.08									
	14	32.65									
	15	32.97									

MEAN DECLINATIONS OF STARS FOR 1860.0

LALANDE 29696, 16ʰ 11ᵐ 27ˢ.	LALANDE 30479, 16ʰ 38ᵐ 42ˢ.	α HERCULIS, 17ʰ 8ᵐ 16ˢ.	B. A. C. 6049, 17ʰ 45ᵐ 20ˢ.
1855. ° ′ ″ June 12 . . −18 29 5.31	1855. ° ′ ″ June 15 . . −19 50 25.16 26 . . 24.91	1855. ° ′ ″ June 14 . . +14 33 9.68 15 . . 10.95 July 7 . . 10.80	1855. ° ′ ″ July 17 . . −10 51 42.16
WEISSE XVI, 19, 16ʰ 2ᵐ 31ˢ. July 16 . . − 3 5 41.83	LALANDE 30506, 16ʰ 39ᵐ 33ˢ. July 16 . . −19 37 9.84	B. A. C. 5827, 17ʰ 9ᵐ 29ˢ. June 21 . . −24 7 48.70 26 . . 49.31	WEISSE XVII, 966, 17ʰ 48ᵐ 22ˢ. July 16 . . −15 9 20.67
B. A. C. 5467, 16ʰ 15ᵐ 55ˢ. June 14 . . −19 42 21.19 18 . . 19.78	WEISSE XVI, 792, 16ʰ 41ᵐ 44ˢ. June 12 . . − 4 53 52.24 14 . . 52.68	B. A. C. 5829, 17ʰ 9ᵐ 29ˢ. June 21 . . −24 7 38.38 26 . . 38.74	MADRAS 1209, 17ʰ 48ᵐ 45ˢ. September 1 . . −15 39 34.70
O. ARG. N. 16117, 16ʰ 15ᵐ 41ˢ. July 7 . . +71 10 48.20 10 . . 49.71	(*), 16ʰ 41ᵐ 45ˢ. June 12 . . − 4 53 35.01 14 . . 34.93	LALANDE 31492, 17ʰ 12ᵐ 56ˢ. July 14 . . − 5 21 42.66	γ DRACONIS, 17ʰ 53ᵐ 21ˢ. September 10 . . +51 30 23.22
γ DRACONIS, 16ʰ 2ᵐ 6ˢ. June 26 . . +61 49 52.64	LALANDE 30600, 16ʰ 42ᵐ 40ˢ. June 21 . . −19 35 32.78 July 14 . . 33.61 16 . . 32.79	θ OPHIUCHI, 17ʰ 13ᵐ 25ˢ. July 16 . . −24 51 20.03 17 . . 21.50	LALANDE 32986, 17ʰ 54ᵐ 4ˢ. July 10 . . −16 13 8.69 14 . . 9.17 17 . . 9.60
O. ARG. N. 16121, 16ʰ 15ᵐ 45ˢ. July 14 . . +71 17 6.09 17 . . 5.16	LALANDE 30671, 16ʰ 45ᵐ 5ˢ. June 29 . . − 4 54 42.96	WEISSE XVII, 254, 17ʰ 15ᵐ 12ˢ. June 14 . . − 6 11 9.46 20 . . 10.62	LALANDE 33178, 17ʰ 59ᵐ 6ˢ. July 16 . . −16 40 2.14 September 1 . . 2.89
α SCORPII, 16ʰ 20ᵐ 50ˢ. June 12 . −26 7 2.86	B. A. C. 5680, 16ʰ 46ᵐ 23ˢ. June 15 . . −23 16 42.60 26 . . 44.15	WEISSE XVII, 409, 17ʰ 22ᵐ 18ˢ. June 14 . . − 5 58 17.84 July 7 . . 17.10 10 . . 17.56	(*) 17ʰ 59ᵐ 37ˢ. July 15 . . −27 39 28.47
LALANDE 30099, 16ʰ 26ᵐ 2ˢ. June 14 . . − 3 57 39.62 23 . . 38.98 July 7 . . 38.26	WEISSE XVI, 912, 16ʰ 48ᵐ 13ˢ. June 29 . . − 4 56 21.37 July 7 . . 19.73 14 . . 21.03	MADRAS 1165, 17ʰ 26ᵐ 56ˢ. June 29 . . −21 31 10.98 July 7 . . 38.83 14 . . 40.02	(*), 18ʰ 2ᵐ 5ˢ. July 14 . . −17 13 34.61 17 . . 33.79
GROOMBRIDGE 2356, 16ʰ 26ᵐ 53ˢ. July 10 . . +71 41 46.93 14 . . 46.26 16 . . 46.82	B. A. C. 5730, 16ʰ 54ᵐ 59ˢ. June 15 . . −24 2 11.93 21 . . 11.50 26 . . 11.80	α OPHIUCHI, 17ʰ 28ᵐ 26ˢ. July 10 . . +12 39 54.89	B. A. C. 6161, 18ʰ 3ᵐ 11ˢ. July 10 . . −23 43 32.71 September 10 . . 32.46
(*), 16ʰ 27ᵐ 48ˢ. July 17 . . − 4 7 25.66	B. A. C. 5742, 16ʰ 55ᵐ 56ˢ. June 15 . . −24 2 22.61 21 . . 20.51 26 . . 20.41	LALANDE 32045, 17ʰ 29ᵐ 18ˢ. July 16 . . −24 52 34.17 17 . . 34.19	(*), 18ʰ 6ᵐ 26ˢ. July 7 . . −17 23 54.51 September 1 . . 55.74
LALANDE 30207, 16ʰ 29ᵐ 56ˢ. June 26 . . −22 36 19.98 29 . . 20.34	(*), 16ʰ 56ᵐ 25ˢ. July 10 . . +73 8 11.41 16 . . 11.45 17 . . 10.63	LALANDE 32418, 17ʰ 39ᵐ 0ˢ. June 29 . . −25 7 58.23 July 7 . . 55.80 14 . . 57.32	(*), 18ʰ 9ᵐ 1ˢ. September 1 . . −17 25 5.26 8 . . 6.55
B. A. C. 5580, 16ʰ 33ᵐ 40ˢ. June 12 . . −19 39 8.55 14 . . 8.46 July 14 . . 8.97	GROOMBRIDGE 2411, 16ʰ 59ᵐ 5ˢ. June 29 . . +73 20 16.58 July 7 . . 16.62	WEISSE XVII, 787, 17ʰ 40ᵐ 11ˢ. July 16 . . −13 33 7.57 17 . . 7.59	O. ARG. S. 17975, 18ʰ 9ᵐ 4ˢ. July 14 . . −23 38 7.62 17 . . 7.74
B. A. C. 5598, 16ʰ 35ᵐ 25ˢ. June 21 . . −22 51 40.04 29 . . 41.18 July 7 . . 40.10	GROOMBRIDGE 2418, 17ʰ 3ᵐ 21ˢ. June 29 . . +73 23 23.42 July 7 . . 22.46 17 . . 21.21	WEISSE XVII, 846, 17ʰ 43ᵐ 16ˢ. June 29 . . −13 55 3.58 July 7 . . 1.68 10 . . 1.43 14 . . 2.15	LALANDE 33684, 18ʰ 11ᵐ 24ˢ. September 10 . . −23 22 5.68 LALANDE 33691, 18ʰ 11ᵐ 40ˢ. July 10 . . −17 48 15.05
B. A. C. 5606, 16ʰ 36ᵐ 41ˢ. June 21 . . −22 55 9.18 29 . . 11.48 July 7 . . 10.30	GROOMBRIDGE 2420, 17ʰ 4ᵐ 16ˢ. July 10 . . +73 20 17.63 16 . . 17.38	WEISSE XVII, 856, 17ʰ 43ᵐ 15ˢ. July 14 . . −13 55 30.02	LALANDE 33966, 18ʰ 18ᵐ 15ˢ. July 7 . . −18 9 43.23 14 . . 43.69

OBSERVED WITH THE MURAL CIRCLE, 1855.   93

(*), 18ʰ 19ᵐ 57ˢ.
1855.
July   17 . . −22 54 7.85
September 8 . .   9.29
         10 . .   7.42

LALANDE 34222, 18ʰ 24ᵐ 2ˢ.
July   7 . . −22 23 19.90
         16 . .   20.98

LALANDE 34229, 18ʰ 24ᵐ 19ˢ.
September 8 . . −22 13 55.74

O. ARG. S. 18413, 18ʰ 26ᵐ 52ˢ.
September 8 . . −22 11 47.97

α LYRÆ, 18ʰ 33ᵐ 12ˢ.
July   7 . . +38 39 19.81
         10 . .   20.30
         14 . .   19.20
         16 . .   20.84
         17 . .   20.86
August   29 . .   20.49

(¹ 36) W., 18ʰ 36ᵐ 2ˢ.
July   17 . . −18 53 52.86
September 8 . .   54.13

O. ARG. S. 18683, 18ʰ 40ᵐ 1ˢ.
September 21 . . −22 13 47.32

(*), 18ʰ 41ᵐ 4ˢ.
September 12 . . −44 37 44.94
         17 . .   45.30

O. ARG. S. 18749, 18ʰ 42ᵐ 53ˢ.
September 21 . . −22 10 40.02

O. ARG. S. 18765, 18ʰ 43ᵐ 42ˢ.
August   29 . . −22 4 52.92
September 8 . .   55.00
         17 . .   54.36

MADRAS 1304, 18ʰ 44ᵐ 42ˢ.
July   16 . . −19 17 1.82
         17 . .   1.56

β LYRÆ, 18ʰ 44ᵐ 55ˢ.
July   14 . . +33 12 7.58

B. A. C. 6454, 18ʰ 49ᵐ 12ˢ.
September 22 . . −20 50 7.89
         24 . .   8.01

O. ARG. S. 18916, 18ʰ 51ᵐ 12ˢ.
July   16 . . −22 0 54.50
August   29 . .   (52.23)
September 8 . .   54.71
         12 . .   54.29
         17 . .   54.52

(*), 18ʰ 52ᵐ 44ˢ.
1855.
September 12 . . −22 2 7.20

LALANDE 35497, 18ʰ 54ᵐ 58ˢ.
July   14 . . −19 26 37.32
         17 . .   36.98

B. A. C. 6507, 18ʰ 56ᵐ 17ˢ.
August   29 . . −21 56 33.23
September 8 . .   35.02
         10 . .   34.62

O. ARG. S. 19073, 18ʰ 58ᵐ 39ˢ.
July   16 . . −21 39 12.31
September 21 . .   12.49
         22 . .   12.51

ξ AQUILÆ, 18ʰ 58ᵐ 58ˢ.
August   24 . . +13 39 32.97

O. ARG. S. 19086, 18ʰ 59ᵐ 2ˢ.
September 8 . . −21 49 35.74
         17 . .   35.25

O. ARG. S. 19098, 18ʰ 59ᵐ 39ˢ.
September 10 . . −21 54 35.45

(*), 19ʰ 1ᵐ 21ˢ.
September 21 . . −21 58 29.31
         24 . .   29.59

O. ARG. S. 19155, 19ʰ 1ᵐ 21ˢ.
September 21 . . −21 40 29.29
         22 . .   28.20
         24 . .   28.99

O. ARG. S. 19179, 19ʰ 2ᵐ 13ˢ.
September 8 . . −21 53 42.62
         10 . .   42.52
         17 . .   42.15

B. A. C. 6561, 19ʰ 4ᵐ 5ˢ.
September 8 . . −21 53 12.01
         10 . .   11.44
         17 . .   11.23

LALANDE 36087, 19ʰ 5ᵐ 9ˢ.
August   24 . . −20 1 27.00

(*), 19ʰ 9ᵐ 13ˢ.
September 28 . . −19 18 21.07
         29 . .   21.98

MADRAS 1351, 19ʰ 9ᵐ 54ˢ.
September 12 . . −21 18 59.07

(*), 19ʰ 10ᵐ 15ˢ.
1855.
September 24 . . −19 19 9.85
         29 . .   10.49

(*), 19ʰ 12ᵐ 17ˢ.
September 21 . . −19 15 5.79
         22 . .   4.11
         24 . .   4.33
         28 . .   4.32

(*), 19ʰ 12ᵐ 40ˢ.
September 22 . . −19 19 0.22
         24 . .   0.39
         28 . .   1.33
         29 . .   0.98

B. A. C. 6616, 19ʰ 13ᵐ 25ˢ.
September 10 . . −19 29 34.32
October   4 . .   33.95

GR. C. 1719, 19ʰ 14ᵐ 23ˢ.
August   24 . . −22 51 1.95

LALANDE 36426, 19ʰ 14ᵐ 21ˢ.
September 12 . . −13 17 6.62
         21 . .   6.54
         22 . .   5.24
         28 . .   5.78
         29 . .   6.28

LALANDE 36448, 19ʰ 14ᵐ 50ˢ.
September 12 . . −19 14 43.04
         26 . .   42.21

(*), 19ʰ 16ᵐ 34ˢ.
September 12 . . −19 19 26.52
         21 . .   26.68
         28 . .   25.90
         29 . .   26.93

d AQUILÆ, 19ʰ 18ᵐ 26ˢ.
August   29 . . + 2 50 19.95

O. ARG. S. 19660, 19ʰ 23ᵐ 20ˢ.
October   4 . . −28 30 12.93
          9 . .   11.95

O. ARG. S. 19662, 19ʰ 23ᵐ 31ˢ.
September 21 . . −28 2 28.03
         22 . .   27.51

O. ARG. S. 19685, 19ʰ 24ᵐ 22ˢ.
September 24 . . −27 24 41.18
         28 . .   40.90

O. ARG. S. 19693, 19ʰ 24ᵐ 59ˢ.
September 29 . . −19 34 6.11

(*), 19ʰ 25ᵐ 8ˢ.
September 24 . . −27 20 32.16
         28 . .   32.81

O. ARG. S. 19695, 19ʰ 25ᵐ 17ˢ.
1855.
October   4 . . −27 27 33.89
          9 . .   34.98
         10 . .   34.21

O. ARG. S. 19709, 19ʰ 25ᵐ 45ˢ.
October   4 . . −27 26 58.48
          9 . .   58.99
         10 . .   58.63

O. ARG. S. 19713, 19ʰ 25ᵐ 53ˢ.
October   4 . . −27 27 31.30
          9 . .   32.38
         10 . .   32.04

O. ARG. S. 19750, 19ʰ 27ᵐ 54ˢ.
September 7 . . −29 7 25.74

(*), 19ʰ 29ᵐ 6ˢ.
September 28 . . −27 24 4.60

B. A. C. 6707, 19ʰ 28ᵐ 16ˢ.
September 10 . . −19 9 30.78

O. ARG. S. 19800, 19ʰ 29ᵐ 8ˢ.
September 8 . . −29 10 25.96
         17 . .   23.89

(*), 19ʰ 30ᵐ 22ˢ.
September 28 . . −27 22 45.14

O. ARG. S. 19811, 19ʰ 30ᵐ 17ˢ.
September 29 . . −20 37 8.60

(*), 19ʰ 33ᵐ 6ˢ.
September 7 . . −29 10 25.24
          8 . .   26.69
         17 . .   25.68

O. ARG. S. 19863, 19ʰ 33ᵐ 7ˢ.
October 10 . . −26 42 22.72

O. ARG. S. 19874, 19ʰ 33ᵐ 47ˢ.
October 10 . . −26 46 5.20

O. ARG. S. 19902, 19ʰ 35ᵐ 46ˢ.
October   9 . . −26 47 10.68
         10 . .   10.59

B. A. C. 6760, 19ʰ 38ᵐ 11ˢ.
September 10 . . −20 5 38.96

MEAN DECLINATIONS OF STARS FOR 1860.0

Lalande 37507, 19ʰ 38ᵐ 14ˢ.	**O. Arg. S. 20222, 19ʰ 57ᵐ 36ˢ.**	**Lalande 39247, 20ʰ 18ᵐ 13ˢ.**	**O. Arg. S. 20728, 20ʰ 32ᵐ 45ˢ.**
1855. ° ′ ″	1855. ° ′ ″	1855. ° ′ ″	1855. ° ′ ″
October 4 . . −21 51 34.08	September 11 . . −29 32 26.04	September 17 . . −15 26 0.23	October 4 . . −19 16 6.25
	29 . . 25.95	October 9 . . 0.08	9 . . 4.97
	October 8 . . 27.73		10 . . 6.00
O. Arg. S. 19941, 19ʰ 38ᵐ 21ˢ.		**O. Arg. S. 20521, 20ʰ 19ᵐ 53ˢ.**	**Weisse XX, 860, 20ʰ 34ᵐ 4ˢ.**
October 9 . . −26 49 39.02	**O. Arg. S. 20257, 20ʰ 0ᵐ 6ˢ.**	September 1 . . −23 28 20.82	September 17 . . −14 23 56.93
10 . . 39.19	September 17 . . −19 12 19.64	8 . . 21.55	24 . . 56.17
O. Arg. S. 19956, 19ʰ 39ᵐ 11ˢ.		**O. Arg. S. 20541, 20ʰ 21ᵐ 23ˢ.**	**ω Cygni, 20ʰ 36ᵐ 39ˢ.**
September 28 . . −22 10 2.46	(*), 20ʰ 1ᵐ 6ˢ.	September 11 . . −23 13 29.36	September 1 . . −44 46 53.05
	September 17 . . −19 49 7.15	12 . . 29.98	10 . . 52.58
	October 10 . . 7.61		12 . . 53.25
O. Arg. S. 19957, 19ʰ 39ᵐ 35ˢ.			(*), 20ʰ 36ᵐ 45ˢ.
October 16 . . −26 14 17.79	**B. A. C. 6923, 20ʰ 2ᵐ 18ˢ.**	**B. A. C. 7053, 20ʰ 21ᵐ 51ˢ.**	September 7 . . −21 25 41.03
	September 10 . . −19 47 14.45	August 24 . . −19 2 46.85	8 . . 41.94
σ Aquilae, 19ʰ 43ᵐ 57ˢ.	12 . . 15.26	September 10 . . 47.67	29 . . 41.86
August 24 . . + 8 30 7.72	24 . . (12.26)	October 9 . . 47.81	
September 7 . . 5.82	October 10 . . 14.55		**Weisse XX, 1031, 20ʰ 40ᵐ 50ˢ.**
8 . . 5.57		**B. A. C. 7054, 20ʰ 21ᵐ 52ˢ.**	September 17 . . −14 3 16.99
	λ Ursae Minoris, 20ʰ 3ᵐ 54ˢ.	August 24 . . −19 2 35.83	11 . . 17.61
(*), 19ʰ 44ᵐ 21ˢ.	September 1 . . +88 53 25.49	September 10 . . 35.89	24 . . 17.11
September 11 . . −22 34 9.66	8 . . 24.79	October 9 . . 36.05	28 . . 16.23
12 . . 9.75	10 . . 24.33		October 4 . . 17.80
	21 . . 23.63	**O. Arg. S. 20570, 20ʰ 23ᵐ 26ˢ.**	
(*), 19ʰ 46ᵐ 19ˢ.	October 16 . . 23.98	September 24 . . −22 58 17.64	**Weisse XX, 1036, 20ʰ 40ᵐ 59ˢ.**
September 17 . . −22 6 8.07		October 10 . . 18.88	September 17 . . −14 3 27.66
26 . . 9.91	**ω¹ Capricorni, 20ʰ 9ᵐ 53ˢ.**		October 4 . . 29.38
	September 17 . . −12 56 16.55	**O. Arg. S. 20571, 20ʰ 23ᵐ 42ˢ.**	
(*), 19ʰ 47ᵐ 3ˢ.		September 28 . . −23 1 3.62	(*), 20ʰ 43ᵐ 30ˢ.
October 4 . . 22 20 2.77	**ω² Capricorni, 20ʰ 10ᵐ 17ˢ.**	29 . . 4.21	October 9 . . −20 25 48.13
16 . . 3.20	August 24 . . −12 58 32.44		10 . . 48.39
	September 11 . . 33.68	(*), 20ʰ 23ᵐ 13ˢ.	16 . . (43.68)
Lalande 37873, 19ʰ 47ᵐ 15ˢ.	12 . . 33.73	September 29 . . −23 3 1.94	
September 10 . . −19 39 23.82	17 . . 34.46		(*), 20ʰ 45ᵐ 59ˢ.
21 . . 22.69	24 . . 32.72	(*), 20ʰ 24ᵐ 14ˢ.	September 25 . . −11 5 54.10
		October 4 . . −19 8 55.15	29 . . 55.46
J. Aquilae, 19ʰ 48ᵐ 26ˢ.	**ε Capricorni, 20ʰ 11ᵐ 19ˢ.**		
September 8 . . + 6 3 36.04	September 29 . . −19 33 8.37	**O. Arg. S. 20621, 20ʰ 26ᵐ 50ˢ.**	**32 Vulpeculae, 20ʰ 48ᵐ 36ˢ.**
October 9 . . 35.73	October 10 . . 8.93	September 28 . . −23 4 8.16	September 8 . . +27 31 37.29
		29 . . 8.96	10 . . 34.98
Lalande 38140, 19ʰ 53ᵐ 30ˢ.	(*), 20ʰ 11ᵐ 15ˢ.	October 8 . . 9.14	11 . . 37.22
August 24 . . −17 14 53.70	October 10 . . −19 34 5.22		12 . . 37.81
September 10 . . 54.56		**Weisse XX, 664, 20ʰ 26ᵐ 56ˢ.**	
	(*), 20ʰ 12ᵐ 46ˢ.	September 12 . . −14 55 6.71	(*), 20ʰ 49ᵐ 5ˢ.
Lalande 38164, 19ʰ 53ᵐ 54ˢ.	September 28 . . −19 32 18.15	17 . . 6.50	September 28 . . −39 31 33.42
September 12 . . −19 28 57.97			October 10 . . 35.14
24 . . 56.64	(*), 20ʰ 13ᵐ 26ˢ.	(*), 20ʰ 29ᵐ 45ˢ.	16 . . 30.30
	September 28 . . −19 30 54.33	October 4 . . −19 15 40.68	
O. Arg. S. 20204, 19ʰ 56ᵐ 37ˢ.	29 . . 54.95	9 . . 40.75	**Weisse XX, 1291, 20ʰ 50ᵐ 51ˢ.**
September 11 . . −29 28 5.26	October 10 . . 55.59		September 17 . . −13 54 4.12
21 . . 5.37		(*), 20ʰ 30ᵐ 5ˢ.	24 . . 3.48
29 . . 5.89	(*), 20ʰ 15ᵐ 59ˢ.	October 4 . . −19 16 42.72	
	October 4 . . −19 1 35.23	9 . . 42.89	(*), 20ʰ 52ᵐ 30ˢ.
Lalande 38290, 19ʰ 56ᵐ 56ˢ.	16 . . 34.44		October 16 . . −14 2 27.25
September 17 . . −19 9 51.02		**O. Arg. S. 20675, 20ʰ 30ᵐ 12ˢ.**	
October 16 . . 51.08	(*), 20ʰ 16ᵐ 2ˢ.	September 7 . . −21 54 35.83	**B. A. C. 7282, 20ʰ 52ᵐ 59ˢ.**
	October 4 . . −19 13 11.66		September 1 . . −18 4 28.05
	16 . . 10.70		7 . . 27.00

OBSERVED WITH THE MURAL CIRCLE, 1855. 95

WEISSE XX, 1370, 20ʰ 53ᵐ 59ˢ.			WEISSE XXI, 691, 21ʰ 29ᵐ 35ˢ.			16 PEGASI, 21ʰ 46ᵐ 41ˢ.			LACAILLE 9046, 22ʰ 3ᵐ 24ˢ.		
1855.	ˢ	″	1855.	ˢ	″	1855.	ˢ	″	1855.	ˢ	″
October 4	− 14 3	11.52	September 11	− 5 24	42.95	September 1	+ 25 16	5.15	September 27	− 35 9	8.07
16		10.98	12		42.96	8		4.81	October 4		8.72
						10		4.73			

61¹ CYGNI, 21ʰ 0ᵐ 37ˢ.			O. ARG. S. 21519, 21ʰ 29ᵐ 41ˢ.			(*), 21ʰ 47ᵐ 26ˢ.			O. ARG. S. 21983, 22ʰ 5ᵐ 9ˢ.		
September 1	+ 38 3	47.59	September 7	− 24 19	13.48				September 24	− 27 11	7.57
7		46.77	8		16.63	September 29	− 24 23	44.92	October 9		8.04
8		46.33	17		15.88	October 15		43.76			
11		47.77	29		15.10				LALANDE 43447, 22ʰ 9ᵐ 20ˢ.		
12		47.03	October 9		15.12	O. ARG. S. 21775, 21ʰ 51ᵐ 24ˢ.			September 11	− 13 31	41.17
17		47.88				September 28	− 23 32	23.33	17		41.31
21		46.13	LALANDE 42108, 21ʰ 30ᵐ 32ˢ.			October 9		23.88			
24		46.55	September 25	− 11 32	3.61				O. ARG. S. 22049, 22ʰ 9ᵐ 55ˢ.		
25		46.94	27		3.90	O. ARG. S. 21789, 21ʰ 52ᵐ 0ˢ.			October 16	− 21 10	1.31
28		46.44				September 17	− 21 19	8.26			
29		47.03	WEISSE XXI, 768, 21ʰ 32ᵐ 37ˢ.			25		8.04	O. ARG. S. 22051, 22ʰ 10ᵐ 16ˢ.		
October 4		46.11	October 10	− 11 25	54.02				October 16	− 21 11	27.90
9		47.83	15		53.76	O. ARG. S. 21800, 21ʰ 53ᵐ 8ˢ.					
10		46.95	16		53.09	October 16	− 21 0	46.51	O. ARG. S. 22060, 22ʰ 10ᵐ 48ˢ.		

61² CYGNI, 21ʰ 0ᵐ 39ˢ.			WEISSE XXI, 801, 21ʰ 33ᵐ 34ˢ.						October 10	− 21 11	37.04
September 1	+ 38 3	42.23	October 10	− 11 24	49.51	(*), 21ʰ 55ᵐ 9ˢ.			16		36.52
8		41.48	15		48.52	October 4	− 11 19	51.30			
11		42.38	16		48.61	10		50.88	(*), 22ʰ 12ᵐ 36ˢ.		
12		41.84							October 4	− 35 13	3.71
17		42.66	(*), 21ʰ 36ᵐ 43ˢ.			O. ARG. S. 21829, 21ʰ 55ᵐ 36ˢ.			6		1.39
21		40.97	October 4	− 11 24	56.84	September 29	− 20 47	5.14	9		3.90
24		41.39	10		57.58						
25		41.46				B. A. C. 7675, 21ʰ 56ᵐ 35ˢ.			(*), 22ʰ 13ᵐ 49ˢ.		
28		41.01	LALANDE 42355, 21ʰ 37ᵐ 4ˢ.			September 24	− 27 29	52.79	October 4	− 35 13	30.94
29		41.67	September 11	− 5 22	14.42				6		29.38
October 4		40.62	12		13.97	(*), 21ʰ 56ᵐ.			9		30.80
9		42.52				October 10	− 27 31	36.00			
10		41.40	ε PEGASI, 21ʰ 37ᵃ 14ˢ.						O. ARG. S. 22089, 22ʰ 13ᵐ 43ˢ.		

ζ CYGNI, 21ʰ 6ᵐ 59ˢ.			September 1	+ 9 14	7.06	O. ARG. S. 21869, 21ʰ 58ᵐ 17ˢ.			September 27	− 29 28	31.90
September 7	+ 29 39	16.53	8		6.57				28		33.25
8		15.75	10		6.14	September 28	− 19 20	49.77	29		32.28
17		17.74	24		7.63	October 9		49.69			
24		17.31							O. ARG. S. 22121, 22ʰ 16ᵐ 19ˢ.		
28		16.37	(*), 21ʰ 38ᵐ 52ˢ.			O. ARG. S. 21877, 21ʰ 58ᵐ 10ˢ.			September 27	− 29 22	50.25
29		17.10	September 25	− 11 27	42.42	September 17	− 19 36	36.69			
October 4		15.80	October 4		41.96	25		36.81	LALANDE 43719, 22ʰ 17ᵐ 14ˢ.		
9		17.29	10		42.30				September 11	− 13 39	53.38
10		16.97				α AQUARII, 21ʰ 55ᵐ 35ˢ.			24		52.71
16		16.82	O. ARG. S. 21635, 21ʰ 39ᵐ 30ˢ.			September 1	− 0 59	54.60			
			September 29	− 24 18	59.37	October 6		52.44	WEISSE XXII, 363, 22ʰ 17ᵐ 37ˢ.		

α CEPHEI, 21ʰ 15ᵐ 14ˢ.			October 9		19 0.25	15		53.50	September 11	− 13 42	40.82
September 21	+ 61 59	35.70							24		39.78
24		35.15	O. ARG. S. 21662, 21ʰ 40ᵐ 55ˢ.			LACAILLE 9028, 22ʰ 0ᵐ 4ˢ.					
27		33.70	September 29	− 24 17	10.80	September 27	− 35 14	9.95	O. ARG. S. 22133, 22ʰ 18ᵐ 0ˢ.		
October 4		34.84	October 9		11.38	October 4		10.84	September 27	− 29 25	46.06
16		36.04							28		46.01
			(*), 21ʰ 43ᵐ 19ˢ.			WEISSE XXI, 1384, 22ʰ 0ᵐ 20ˢ.			29		47.10
O. ARG. S. 21374, 21ʰ 17ᵐ 42ˢ.			September 11	− 5 18	2.53	September 8	− 10 45	35.02			
September 29	− 24 25	22.44	12		2.78				(*), 22ʰ 20ᵐ 40ˢ.		
October 9		22.42				B. A. C. 7711, 22ʰ 1ᵐ 18ˢ.			October 10	− 34 29	6.45
			(*), 21ʰ 46ᵐ 28ˢ.			September 11	− 19 12	10.50	15		5.02
β AQUARII, 21ʰ 24ᵐ 11ˢ.			October 4	− 11 22	34.57	12		10.60			
September 21	− 6 11	6.62	10		34.72						
24		5.35									
27		6.47									
October 9		6.31									
15		5.64									

β CEPHEI, 21ʰ 26ᵐ 50ˢ.		
October 4	+ 69 56	47.04
16		47.56

MEAN DECLINATIONS OF STARS FOR 1860.0

(*), 22ʰ 21ᵐ 29ˢ.
1855.
September 12 . . −34 33 56.72
October 10 . . 57.52
15 . . 58.61

(*), 22ʰ 21ᵐ 31ˢ.
September 27 . . −29 26 18.73
29 . . 20.11

(*), 22ʰ 21ᵐ 33ˢ.
October 4 . . −29 22 23.98
6 . . 22.38

(*), 22ʰ 23ᵐ 32ˢ.
October 10 . . −34 33 54.44

(*), 22ʰ 25ᵐ 45ˢ.
October 10 . . −34 35 44.91
15 . . 44.01

(*), 22ʰ 26ᵐ 26ˢ.
October 9 . . −35 23 46.98
16 . . 45.59

O. Arg. S. 22239, 22ʰ 27ᵐ 6ˢ.
September 29 . . −18 51 21.03

O. Arg. S. 22265, 22ʰ 29ᵐ 0ˢ.
September 7 . . −18 51 45.53

(*), 22ʰ 29ᵐ 36ˢ.
September 11 . . −13 37 19.50
12 . . 19.28

α Aquarii, 22ʰ 28ᵐ 10ˢ.
September 1 . . − 0 50 16.01
8 . . 15.46

(*), 22ʰ 30ᵐ 26ˢ.
October 16 . . −35 25 58.05

O. Arg. S. 22295, 22ʰ 30ᵐ 55ˢ.
October 4 . . −29 28 27.55
6 . . 25.85

ζ Pegasi, 22ʰ 34ᵐ 29ˢ.
September 1 . . +10 6 5.96
8 . . 6.20
27 . . 7.79
October 16 . . 7.36
November 27 . . 6.98

(*), 22ʰ 35ᵐ 13ˢ.
October 6 . . −29 22 50.34
10 . . 52.04

(*), 22ʰ 35ᵐ 29ˢ.
October 9 . . −30 23 51.62
15 . . 51.80

(*), 22ʰ 37ᵐ 10ˢ.
1855.
September 12 . . + 0 25 36.02
17 . . 36.08

(*), 22ʰ 41ᵐ 5ˢ.
October 6 . . −29 23 40.55
10 . . 42.06

Lalande 44661, 22ʰ 42ᵐ 56ˢ.
September 25 . . −14 47 55.46
27 . . 55.14

O. Arg. S. 22445, 22ʰ 43ᵐ 37ˢ.
September 7 . . −30 16 35.62
8 . . 37.36
October 16 . . 36.12

α Piscis Australis, 22ʰ 49ᵐ 54ˢ.
September 1 . . −30 21 49.00
7 . . 47.82
8 . . 48.90
12 . . 47.07
17 . . 49.36
24 . . 47.44
October 4 . . 47.88
6 . . 46.64
9 . . 48.02
10 . . 47.83
15 . . 48.21
16 . . 47.74
November 27 . . 47.96

(*), 22ʰ 54ᵐ 23ˢ.
September 25 . . −20 57 41.84

α Pegasi, 22ʰ 57ᵐ 47ˢ.
September 29 . . +14 27 9.26

Weisse XXII, 1220, 22ʰ 58ᵐ 9ˢ.
November 27 . . + 0 33 13.11

Weisse XXII, 1229, 22ʰ 58ᵐ 19ˢ.
November 27 . . + 1 0 42.13

B. A. C. 8060, 23ʰ 1ᵐ 31ˢ.
September 11 . . + 1 21 59.39
17 . . 59.19

Weisse XXIII, 14, 23ʰ 2ᵐ 25ˢ.
September 25 . . −12 50 42.29
November 22 . . 39.94

Weisse XXIII, 142, 23ʰ 8ᵐ 25ˢ.
October 10 . . − 6 27 32.66
16 . . 32.07

Piazzi XXIII, 21, 23ʰ 8ᵐ 29ˢ.
September 27 . . + 0 32 51.50

(*), 23ʰ 10ᵐ 30ˢ.
1855.
September 25 . . − 6 19 49.53
October 16 . . 50.23

Weisse XXIII, 222, 23ʰ 11ᵐ 29ˢ.
October 16 . . − 6 23 35.56

κ Piscium, 23ʰ 19ᵐ 45ˢ.
September 11 . . + 0 29 23.28
October 6 . . 23.22

B. A. C. 8170, 23ʰ 20ᵐ 4ˢ.
September 29 . . + 0 21 15.25
October 4 . . 15.38

B. A. C. 8177, 23ʰ 20ᵐ 52ˢ.
October 15 . . + 5 36 37.83
November 22 . . 40.00
27 . . 38.15

Weisse XXIII, 443, 23ʰ 22ᵐ 32ˢ.
September 29 . . + 0 19 59.63
October 4 . . 20 0.44

Weisse XXIII, 452, 23ʰ 22ᵐ 48ˢ.
October 10 . . + 7 2 54.89

Weisse XXIII, 458, 23ʰ 23ᵐ 15ˢ.
October 15 . . + 5 39 15.97
November 22 . . 17.10

ι Piscium, 23ʰ 32ᵐ 45ˢ.
September 27 . . + 4 52 4.93
29 . . 4.23
October 4 . . 4.78
9 . . 4.89
15 . . 5.22
November 19 . . 5.10
22 . . (6.58)
27 . . 4.96

Weisse XXIII, 830, 23ʰ 41ᵐ 1ˢ.
November 27 . . − 1 33 7.32

(*), 23ʰ 42ᵐ 16ˢ.
October 6 . . −32 10 50.32
9 . . 53.35

(*26) W., 23ʰ 43ᵐ 20ˢ.
November 30 . . + 7 20 12.84

(*), 23ʰ 43ᵐ 42ˢ.
October 9 . . −32 8 5.98

Weisse XXIII, 916, 23ʰ 45ᵐ 32ˢ.
October 10 . . − 1 35 13.67
November 27 . . 12.22

Lacaille 9663, 23ʰ 50ᵐ 24ˢ.
1855.
September 27 . . −33 58 8.87
October 6 . . 7.88

Weisse XXIII, 1032, 23ʰ 50ᵐ 39ˢ.
November 19 . . + 4 37 32.36

Weisse XXIII, 1039, 23ʰ 50ᵐ 54ˢ.
October 10 . . − 0 54 24.54
December 5 . . 24.41

Weisse XXIII, 1045, 23ʰ 51ᵐ 13ˢ.
November 29 . . + 4 52 14.15
30 . . 12.59

Weisse XXIII, 1075, 23ʰ 52ᵐ 48ˢ.
November 24 . . + 0 18 35.42
27 . . 35.77

Weisse XXIII, 1090, 23ʰ 53ᵐ 25ˢ.
November 24 . . + 0 17 10.84
27 . . 10.86

O. Arg. S. 23182, 23ʰ 53ᵐ 33ˢ.
October 9 . . −28 41 12.66

B. A. C. 8353, 23ʰ 55ᵐ 14ˢ.
December 6 . . + 8 10 39.39

Weisse XXIII, 1179, 23ʰ 57ᵐ 37ˢ.
December 5 . . + 0 45 30.15

Weisse XXIII, 1218, 23ʰ 59ᵐ 41ˢ.
December 6 . . + 1 4 53.39

α Andromedae, 0ʰ 1ᵐ 9ˢ.
September 27 . . +28 19 3.82

Weisse XXIII, 1258, 0ʰ 1ᵐ 37ˢ.
October 15 . . + 4 19 3.04
November 19 . . 5.13

Weisse XXIII, 1260, 0ʰ 1ᵐ 38ˢ.
October 15 . . + 4 21 40.61
November 19 . . 41.69

Weisse XXIII, 1267, 0ʰ 1ᵐ 42ˢ.
November 22 . . − 0 5 12.16
27 . . 13.79

O. Arg. S. 19, 0ʰ 2ᵐ 11ˢ.
October 9 . . −28 46 2.91
10 . . 2.35

OBSERVED WITH THE MURAL CIRCLE, 1855 AND 1856.

(³), 0ʰ 3ᵐ 40ˢ.
1855.
October 15 . . + 4 13 38.14
November 19 . . 40.62

(⁴), 0ʰ 4ᵐ 20ˢ.
November 30 . . + 6 5 12.57

SANTINI 8, 0ʰ 4ᵐ 36ˢ.
December 5 . . + 8 21 42.61

WEISSE O, 89, 0ʰ 5ᵐ 51ˢ.
November 24 . . + 6 7 1.65
29 . . 1.02
30 . . 0.65

ς PEGASI, 0ʰ 6ᵐ 2ˢ.
September 27 . . +14 24 18.96

WEISSE O, 104, 0ʰ 6ᵐ 55ˢ.
November 22 . . + 6 6 2.84
24 . . 0.80
29 . . 1.79
30 . . 0.18

SANTINI 10, 0ʰ 8ᵐ 26ˢ.
December 5 . . + 5 3 56.02
6 . . 55.67

WEISSE O, 192, 0ʰ 11ᵐ 56ˢ.
October 9 . . + 6 30 16.37

WEISSE O, 202, 0ʰ 12ᵐ 40ˢ.
November 27 . . +12 36 57.06

WEISSE O, 210, 0ʰ 12ᵐ 54ˢ.
October 15 . . + 5 30 52.48

WEISSE O, 233, 0ʰ 13ᵐ 59ˢ.
November 22 . . +11 56 12.38
24 . . 11.92

α ANDROMEDÆ, 0ʰ 1ᵐ 9ˢ.
1856.
September 17 . . +28 19 3.63
October 9 . . 1.79
10 . . 1.87
11 . . 2.49

WEISSE O, 112, 0ʰ 7ᵐ 31ˢ.
October 28 . . + 2 35 8.55

WEISSE O, 210, 0ʰ 12ᵐ 54ˢ.
December 8 . . + 5 30 53.28

WEISSE O, 229, 0ʰ 13ᵐ 46ˢ.
November 12 . . +11 59 42.06

WEISSE O, 312, 0ʰ 19ᵐ 5ˢ.
November 22 . . + 3 2 59.79

B. A. C. 147, 0ʰ 28ᵐ 22ˢ.
1856.
October 8 . . − 1 16 31.03
November 22 . . 33.26

WEISSE O, 496, 0ʰ 29ᵐ 44ˢ.
November 12 . . + 4 38 29.33
13 . . 27.80

LALANDE 967, 0ʰ 30ᵐ 48ˢ.
November 11 . . + 1 59 34.44
18 . . 35.06
20 . . 34.09

(⁸), 0ʰ 30ᵐ 55ˢ.
November 22 . . − 1 16 26.36
December 8 . . 25.28

(⁴), 0ʰ 32ᵐ 2ˢ.
October 29 . . +26 58 10.50

WEISSE O, 635, 0ʰ 37ᵐ 7ˢ.
November 24 . . + 7 0 23.15

WEISSE O, 647, 0ʰ 37ᵐ 52ˢ.
October 8 . . − 1 24 53.93

WEISSE O, 657, 0ʰ 38ᵐ 24ˢ.
December 26 . . + 7 4 42.26

(⁸), 0ʰ 38ᵐ 35ˢ.
November 13 . . − 1 57 6.80

WEISSE O, 680, 0ʰ 39ᵐ 39ˢ.
November 22 . . + 7 32 31.65

WEISSE O, 687, 0ʰ 40ᵐ 2ˢ.
November 13 . . − 1 55 14.94

B. A. C. 216, 0ʰ 40ᵐ 9ˢ.
November 18 . . + 5 58 34.41
20 . . 32.78

WEISSE O, 712, 0ʰ 41ᵐ 11ˢ.
November 12 . . − 1 15 9.55

WEISSE O, 726, 0ʰ 42ᵐ 20ˢ.
November 11 . . + 4 9 47.90

WEISSE O, 732, 0ʰ 42ᵐ 47ˢ.
November 24 . . − 0 59 15.67

WEISSE O, 742, 0ʰ 43ᵐ 14ˢ.
November 18 . . + 6 20 43.57
20 . . 43.19

WEISSE (2) O, 1167, 0ʰ 45ᵐ 35ˢ.
1856.
October 8 . . +29 35 16.27

B. A. C. 242, 0ʰ 45ᵐ 52ˢ.
November 13 . . + 1 54 19.72

WEISSE O, 815, 0ʰ 47ᵐ 4ˢ.
November 20 . . − 2 15 46.69
22 . . 44.74

WEISSE O, 893, 0ʰ 51ᵐ 50ˢ.
November 11 . . + 1 54 8.84

WEISSE O, 918, 0ʰ 52ᵐ 51ˢ.
November 11 . . + 1 52 38.29

WEISSE O, 925, 0ʰ 53ᵐ 26ˢ.
November 18 . . + 7 56 46.97

WEISSE O, 944, 0ʰ 54ᵐ 24ˢ.
November 13 . . 1 8 50 23.60
December 12 . . 21.14

WEISSE O, 965, 0ʰ 55ᵐ 25ˢ.
December 26 . . + 8 22 50.12

WEISSE O, 1013, 0ʰ 58ᵐ 7ˢ.
November 11 . . + 7 34 54.87
13 . . 54.47

WEISSE O, 1043, 0ʰ 58ᵐ 59ˢ.
November 11 . . + 7 36 40.79
13 . . 41.17

WEISSE O, 1076, 1ʰ 1ᵐ 3ˢ.
November 22 . . +10 6 35.41

WEISSE O, 1078, 1ʰ 1ᵐ 6ˢ.
November 20 . . + 8 38 7.24

WEISSE O, 1079, 1ʰ 1ᵐ 10ˢ.
November 22 . . +10 8 41.46

WEISSE O, 1085, 1ʰ 1ᵐ 56ˢ.
November 19 . . + 8 59 0.81

B. A. C. 368, 1ʰ 6ᵐ 24ˢ.
November 13 . . + 6 50 4.11
December 26 . . 3.91

WEISSE I, 100, 1ʰ 7ᵐ 31ˢ.
November 19 . . + 9 0 0.23
December 12 . . 0.77

B. A. C. 374, 1ʰ 7ᵐ 41ˢ.
1856.
November 22 . . − 1 43 27.16

POLARIS, 1ʰ 8ᵐ 2ˢ.
November 15 . . +88 33 46.62
18 . . 46.31

WEISSE I, 113, 1ʰ 8ᵐ 25ˢ.
November 20 . . + 0 2 31.01

WEISSE I, 144, 1ʰ 10ᵐ 19ˢ.
November 13 . . +12 19 7.32

WEISSE I, 202, 1ʰ 13ᵐ 28ˢ.
October 29 . . − 3 58 58.48

υ CETI, 1ʰ 17ᵐ 2ˢ.
November 15 . . − 8 51 24.73
18 . . 24.52
December 26 . . 22.83

WEISSE I, 260, 1ʰ 17ᵐ 42ˢ.
November 12 . . − 1 34 41.57
December 12 . . 42.09

WEISSE I, 313, 1ʰ 19ᵐ 16ˢ.
November 11 . . +10 10 10.12
December 8 . . 11.10

WEISSE I, 375, 1ʰ 22ᵐ 43ˢ.
November 19 . . − 0 21 1.27

η PISCIUM, 1ʰ 24ᵐ 0ˢ.
December 4 . . +14 37 23.48

WEISSE I, 414, 1ʰ 24ᵐ 45ˢ.
November 11 . . +10 58 26.10
13 . . 27.46

B. A. C. 460, 1ʰ 25ᵐ 17ˢ.
November 15 . . −31 0 12.89
18 . . 9.91

π PISCIUM, 1ʰ 29ᵐ 41ˢ.
November 12 . . +11 25 28.08

WEISSE I, 504, 1ʰ 30ᵐ 48ˢ.
November 22 . . + 3 22 18.21
December 16 . . 18.84

SANTINI 91, 1ʰ 31ᵐ 6ˢ.
November 20 . . + 1 52 20.09
December 12 . . 19.99

13—T I & M O

MEAN DECLINATIONS OF STARS FOR 1860.0

Weisse I, 539, 1ʰ 31ᵐ 44ˢ.
1856.
November 13 . . +11 43 36.58
December 4 . . 36.65
9 . . 35.87

1 Piscium, 1ʰ 34ᵐ 9ˢ.
November 11 . . + 4 46 39.73

(*), 1ʰ 35ᵐ 29ˢ.
November 15 . . + 5 1 40.38

(*), 1ʰ 38ᵐ 30ˢ.
November 12 . . + 2 57 51.48

Weisse I, 709, 1ʰ 39ᵐ 43ˢ.
November 18 . . +10 8 35.40

Weisse I, 713, 1ʰ 39ᵐ 55ˢ.
November 22 . . +10 15 9.93
December 16 . . 9.39

Weisse I, 725, 1ʰ 40ᵐ 26ˢ.
November 19 . . − 3 36 36.57
20 . . 39.98

Weisse I, 732, 1ʰ 41ᵐ 7ˢ.
November 13 . . +13 21 54.19

B. A. C. 551, 1ʰ 41ᵐ 10ˢ.
December 12 . . + 2 59 7.19

Weisse I, 740, 1ʰ 41ᵐ 42ˢ.
November 11 . . +11 41 30.98
December 9 . . 31.18

Weisse I, 775, 1ʰ 43ᵐ 45ˢ.
December 4 . . +14 3 36.08

Weisse I, 807, 1ʰ 45ᵐ 31ˢ.
November 22 . . +14 11 14.07
December 9 . . 14.06

B. A. C. 574, 1ʰ 46ᵐ 18ˢ.
November 12 . . + 2 29 42.45
20 . . 40.57

Weisse I, 855, 1ʰ 48ᵐ 10ˢ.
November 13 . . +11 53 6.77

Weisse I, 860, 1ʰ 48ᵐ 22ˢ.
November 11 . . + 2 53 23.95

B. A. C. 598, 1ʰ 50ᵐ 53ˢ.
November 19 . . − 2 11 36.47
December 12 . . 38.79

Weisse I, 969, 1ʰ 54ᵐ 35ˢ.
1856.
November 13 . . +11 30 14.32
22 . . 13.45

Weisse I, 972, 1ʰ 54ᵐ 54ˢ.
November 12 . . +12 0 34.71
20 . . 33.17

B. A. C. 641, 1ʰ 57ᵐ 28ˢ.
November 19 . . + 7 3 47.95

α Arietis, 1ʰ 59ᵐ 17ˢ.
December 29 . . +22 47 52.59

B. A. C. 663, 2ʰ 2ᵐ 22ˢ.
November 20 . . + 3 34 3.67
December 12 . . 4.33

B. A. C. 672, 2ʰ 2ᵐ 57ˢ.
October 28 . . + 7 54 45.71
December 18 . . 47.40

Weisse II, 35, 2ʰ 4ᵐ 16ˢ.
November 22 . . − 4 6 20.90

Weisse II, 72, 2ʰ 5ᵐ 58ˢ.
November 22 . . + 4 5 32.07

Weisse II, 112, 2ʰ 8ᵐ 28ˢ.
December 4 . . + 4 59 50.71

Weisse II, 144, 2ʰ 10ᵐ 30ˢ.
November 22 . . +12 46 51.52

Weisse II, 158, 2ʰ 11ᵐ 16ˢ.
December 12 . . + 7 31 56.86

Weisse II, 185, 2ʰ 12ᵐ 38ˢ.
December 16 . . − 5 38 41.29

(*), 2ʰ 17ᵐ 4ˢ.
November 19 . . − 6 59 20.01

B. A. C. 744, 2ʰ 17ᵐ 34ˢ.
November 13 . . +66 46 11.69

(*), 2ʰ 17ᵐ.
November 22 . . +61 10 9.18

Weisse (2) II, 444, 2ʰ 19ᵐ 3ˢ.
November 11 . . +22 14 47.10
December 4 . . 47.53

Weisse (2) II, 449, 2ʰ 19ᵐ 15ˢ.
1856.
December 4 . . +22 16 19.03

Weisse II, 312, 2ʰ 19ᵐ 41ˢ.
October 28 . . + 5 35 47.24
November 20 . . 46.73

(*), 2ʰ 20ᵐ.
November 22 . . +61 11 6.56

Weisse II, 372, 2ʰ 22ᵐ 56ˢ.
December 9 . . +13 38 13.87
16 . . 13.40

B. A. C. 771, 2ʰ 23ᵐ 7ˢ.
December 12 . . +17 4 57.51
26 . . 58.07

Weisse II, 386, 2ʰ 23ᵐ 23ˢ.
December 6 . . − 6 57 10.15
18 . . 10.93

(*), 2ʰ 27ᵐ 3ˢ.
December 29 . . + 0 4 42.12

Σ Cat. Gen. 250, 2ʰ 27ᵐ 10ˢ.
November 13 . . − 6 15 12.03
December 4 . . 10.92

Weisse II, 470, 2ʰ 28ᵐ 30ˢ.
November 20 . . +14 12 12.31
December 9 . . 11.83

B. A. C. 800, 2ʰ 29ᵐ 17ˢ.
December 29 . . + 7 7 7.19

Weisse II, 556, 2ʰ 32ᵐ 56ˢ.
November 22 . . +15 1 59.56

Weisse II, 566, 2ʰ 33ᵐ 10ˢ.
November 13 . . − 6 16 60.96
December 4 . . 59.67

Weisse II, 576, 2ʰ 33ᵐ 35ˢ.
November 11 . . − 5 37 39.26
20 . . 40.45

Weisse II, 575, 2ʰ 33ᵐ 45ˢ.
November 22 . . +15 2 21.60

Weisse (2) II, 815, 2ʰ 31ᵐ 0ˢ.
December 6 . . +22 54 3.51
18 . . 1.67

Weisse (2) II, 860, 2ʰ 37ᵐ 13ˢ.
December 26 . . +20 33 2.21

γ Ceti, 2ʰ 36ᵐ 3ˢ.
1856.
October 28 . . + 2 35 38.35
December 16 . . 37.62

Weisse II, 640, 2ʰ 37ᵐ 22ˢ.
November 11 . . − 5 6 58.45
13 . . 57.51
December 4 . . 57.04

Weisse (2) II, 972, 2ʰ 40ᵐ 25ˢ.
December 9 . . +21 42 20.62

B. A. C. 866, 2ʰ 40ᵐ 38ˢ.
December 16 . . −21 36 5.91
13 . . 5.51

Weisse (2) II, 1018, 2ʰ 42ᵐ 2ˢ.
December 6 . . +24 45 3.36

Weisse II, 742, 2ʰ 43ᵐ 29ˢ.
December 29 . . − 7 23 15.70

Weisse II, 762, 2ʰ 44ᵐ 20ˢ.
December 4 . . − 1 14 35.53

Weisse II, 790, 2ʰ 46ᵐ 15ˢ.
December 26 . . + 8 45 46.20

(*), 2ʰ 46ᵐ 20ˢ.
November 11 . . − 2 12 56.94
13 . . 55.60

Weisse II, 820, 2ʰ 47ᵐ 3ˢ.
November 20 . . − 0 37 18.00

Weisse II, 831, 2ʰ 48ᵐ 4ˢ.
December 9 . . − 0 7 55.55

Weisse II, 846, 2ʰ 48ᵐ 47ˢ.
December 16 . . − 0 3 10.80

Weisse II, 853, 2ʰ 49ᵐ 4ˢ.
December 16 . . − 0 2 50.34

Weisse II, 872, 2ʰ 50ᵐ 0ˢ.
December 6 . . − 0 7 6.58
9 . . 6.01

B. A. C. 929, 2ʰ 52ᵐ 11ˢ.
November 13 . . + 8 20 49.82
20 . . 49.87

Weisse (2) II, 1293, 2ʰ 55ᵐ 59ˢ.
November 22 . . +15 57 50.62
December 4 . . 51.74

OBSERVED WITH THE MURAL CIRCLE, 1856.   99

α CETI, $2^h 54^m 58^s$.	RUMKER 870, $3^h 21^m 46^s$.	WEISSE (2) III, 1041, $3^h 46^m 26^s$.	WEISSE (2) IV, 391, $4^h 18^m 39^s$.
1856.	1856.	1856.	1856.
November 13 . . + 3 32 16.43	January 16 . +18 16 16.49	January 15 . +36 5 7.04	January 3 . . +16 25 36.64
			18 . . 36.67
			22 . . 37.27
WEISSE II, 967, $2^h 55^m 20^s$.	(*), $3^h 21^m 51^s$.	(*), $3^h 48^m 44^s$.	
December 12 . + 8 55 12.86	December 4 . + 9 25 17.50	December 16 . +19 40 24.50	WEISSE (2) IV, 420, $4^h 19^m 54^s$.
			February 2 . . +23 47 4.93
WEISSE II, 970, $2^h 55^m 13^s$.	RUMKER 879, $3^h 22^m 55^s$.	WEISSE III, 965, $3^h 49^m 58^s$.	
November 19 . . − 7 2 35.24	January 18 . +18 19 10.89	January 23 . −10 9 36.77	WEISSE (2) IV, 455, $4^h 21^m 36^s$.
			January 4 . +27 49 9.29
WEISSE (2) II, 1322, $2^h 55^m 22^s$.	WEISSE (2) III, 493, $3^h 23^m 44^s$.	WEISSE (2) III, 1266, $3^h 58^m 55^s$.	25 9.78
December 29 . +22 30 31.93	January 18 . +18 19 13.18	January 23 . +29 52 57.51	
	December 29 . 12.72	December 16 . . 57.03	LALANDE 8431, $4^h 21^m 15^s$.
B. A. C. 959, $2^h 57^m 24^s$.			January 29 . −11 26 21.98
December 26 . − 8 9 2.13	WEISSE III, 442, $3^h 25^m 15^s$.	WEISSE (2) III, 1275, $3^h 59^m 29^s$.	
	December 6 . − 8 19 4.61	January 23 . +20 53 8.90	B. A. C. 1402, $4^h 23^m 52^s$.
d ARIETIS, $3^h 3^m 38^s$.	16 3.84	December 16 . . 7.75	January 16 . . +15 32 58.70
December 16 . +19 11 39.91	WEISSE III, 517, $3^h 28^m 42^s$.	WEISSE IV, 21, $4^h 2^m 36^s$.	(*), $4^h 24^m$.
WEISSE III, 62, $3^h 5^m 4^s$.	January 3 . +13 59 20.83	December 29 . + 7 19 40.65	December 26 . . +15 45 38.46
	15 . . 21.29		
December 12 . + 8 3 50.03	WEISSE (2) III, 733, $3^h 34^m 3^s$.	B. A. C. 1296, $4^h 6^m 1^s$.	RUMKER, 1235, $4^h 24^m 50^s$.
WEISSE III, 90, $3^h 5^m 43^s$.	January 16 . +26 7 20.28	December 26 . . + 7 21 20.20	January 15 . . +15 42 19.47
November 22 . − 8 10 39.23	18 20.82		
December 4 . 39.37	B. A. C. 1164, $3^h 39^m 1^s$.	WEISSE (2) IV, 127, $4^h 7^m 20^s$.	WEISSE (2) IV, 579, $4^h 27^m 16^s$.
WEISSE (2) III, 161, $3^h 7^m 54^s$.	December 16 . +23 40 47.91	January 4 . . +20 55 30.75	January 29 . . +21 43 41.14
December 16 . +23 50 38.62		18 . . 31.32	
20 . . 38.57	(*), $3^h 39^m 9^s$.	WEISSE (2) IV, 152, $4^h 8^m 50^s$.	WEISSE (2) IV, 562, $4^h 26^m 20^s$.
WEISSE III, 205, $3^h 12^m 9^s$.	January 23 . +11 14 8.70	January 3 . . +15 51 51.54	January 18 . . +22 5 4.92
January 15 . . +12 51 58.86	December 6 . 6.97	16 . . 50.75	
November 22 . 58.56	*η* TAURI, $3^h 39^m 10^s$.	WEISSE (2) IV, 220, $4^h 11^m 13^s$.	WEISSE (2) IV, 634, $4^h 29^m 38^s$.
(*), $3^h 14^m 0^s$.	January 15 . +23 40 9.49		January 3 . . +29 6 6.22
January 18 . + 8 51 19.87	16 9.12	January 15 . . +21 25 53.90	
	December 16 . 8.73	29 . . 56.24	WEISSE IV, 646, $4^h 30^m 23^s$.
WEISSE III, 278, $3^h 16^m 30^s$.	18 . . 8.50		January 28 . . + 7 1 58.18
December 16 . − 8 17 12.80	WEISSE III, 752, $3^h 39^m 41^s$.	RUMKER 1163, $4^h 13^m 34^s$.	WEISSE (2) IV, 669, $4^h 30^m 51^s$.
18 12.92	January 3 . +12 4 19.51	January 18 . . +16 28 13.06	January 22 . . +22 22 13.93
B. A. C. 1037, $3^h 17^m 16^s$.	WEISSE (2) III, 681, $3^h 39^m 53^s$.	RUMKER 1167, $4^h 14^m 43^s$.	23 . . 13.65
November 20 . + 8 31 59.73	January 18 . +26 9 14.26	January 16 . +16 27 33.24	February 2 . . 13.33
December 4 . 61.42	WEISSE III, 781, $3^h 41^m 9^s$.	22 . . 32.35	WEISSE (2) IV, 713, $4^h 33^m 0^s$.
6 . . 61.56	December 4 . +11 16 33.52	B. A. C. 1350, $4^h 15^m 24^s$.	January 15 . . +22 24 7.52
12 . . 60.66	6 . . 33.14	January 16 . +16 26 50.15	
WEISSE III, 306, $3^h 17^m 58^s$.	WEISSE (2) III, 1013, $3^h 46^m 35^s$.	22 . . 50.23	WEISSE (2) IV, 719, $4^h 33^m 19^s$.
January 3 . . +13 7 30.37	December 16 . +19 41 11.03	22 . . 50.54	January 22 . . +22 21 11.23
WEISSE (2) III, 393, $3^h 19^m 4^s$.	WEISSE (2) III, 1019, $3^h 46^m 32^s$.	WEISSE (2) IV, 330, $4^h 15^m 56^s$.	23 . . 13.56
January 16 . . +18 15 49.94	December 16 . +19 41 0.76	January 4 . . +21 24 32.16	February 2 . . 11.71
B. A. C. 1068, $3^h 19^m 34^s$.	WEISSE III, 924, $3^h 47^m 52^s$.	15 . . 33.42	WEISSE IV, 754, $4^h 34^m 53^s$.
November 20 . + 9 14 30.58	January 3 . . − 9 56 7.13	B. A. C. 1366, $4^h 17^m 38^s$.	January 16 . . + 2 43 11.86
22 . . 29.76		December 26 . . +15 37 4.90	(*), $4^h 36^m 7^s$.
			January 18 . . − 1 43 7.68

MEAN DECLINATIONS OF STARS FOR 1860.0

WEISSE IV, 809, 4ʰ 37ᵐ 36ˢ.
1856.
January   3   . . — 1 41 46.64
         18   . .   45.97

WEISSE (2) IV, 866, 4ʰ 39ᵐ 31ˢ.
December 29 . . +29 31 12.61

(*), 4ʰ 41ᵐ 8ˢ.
January 29 . . + 1 13 2.80

WEISSE IV, 925, 4ʰ 43ᵐ 14ˢ.
January 16 . . + 1 17 1.58
         23 . .   1.14
         29 . .   1.04

WEISSE (2) IV, 956, 4ʰ 44ᵐ 17ˢ.
January 15 . . +26 32 27.73
February 9 . .   28.24

WEISSE IV, 972, 4ʰ 44ᵐ 57ˢ.
January 16 . . + 1 16 20.10
         23 . .   20.18
         29 . .   18.30

WEISSE (2) IV, 1012, 4ʰ 45ᵐ 28ˢ.
January 18 . . +22 32 10.47

(*), 4ʰ 46ᵐ 40ˢ.
January 23 . . + 1 20 12.30

(*), 4ʰ 49ᵐ 31ˢ.
January 23 . . + 1 17 50.54

WEISSE (2) IV, 1165, 4ʰ 51ᵐ 45ˢ.
January   4 . . +22 22 40.49
February 9 . .   42.00

WEISSE (2) IV, 1172, 4ʰ 52ᵐ 9ˢ.
February 9 . . +22 24 10.72

WEISSE (2) IV, 1257, 4ʰ 55ᵐ 37ˢ.
January 18 . . +30 12 13.11

WEISSE (2) IV, 1258, 4ʰ 55ᵐ 38ˢ.
January 18 . . +30 10 43.24

WEISSE (2) IV, 1364, 4ʰ 59ᵐ 30ˢ.
January 25 . . +30 15 38.48
         28 . .   37.63

WEISSE IV, 1379, 5ʰ 0ᵐ 52ˢ.
February 9 . . —12 40 27.93

WEISSE IV, 1391, 5ʰ 1ᵐ 22ˢ.
February 2 . . —12 46 30.91

WEISSE (2) V, 49, 5ʰ 3ᵐ 38ˢ.
1856.
January 25 . . +30 15 47.02
         28 . .   45.94

WEISSE (2) V, 54, 5ʰ 3ᵐ 40ˢ.
January   3 . . +26 17 7.59
          4 . .   7.95
         10 . .   9.29
         15 . .   9.16
         16 . .   9.97
         18 . .   7.83
         22 . .   9.31
         23 . .   9.13

WEISSE (2) V, 111, 5ʰ 5ᵐ 17ˢ.
January 25 . . +30 13 51.93
         28 . .   51.30

α AURIGÆ, 5ʰ 6ᵐ 21ˢ.
December 26 . . +45 51 4.63

WEISSE (2) V, 296, 5ʰ 11ᵐ 6ˢ.
January   3 . . +26 6 31.08
          4 . .   31.64
         10 . .   31.63
         15 . .   31.34
         18 . .   31.46
         22 . .   32.31
         23 . .   32.47
         28 . .   32.78

(*), 5ʰ 13ᵐ 6ˢ.
February 2 . . —13 19 26.20
          9 . .   26.33

WEISSE (2) V, 451, 5ʰ 16ᵐ 35ˢ.
December 26 . . +30 31 4.15

WEISSE (2) V, 482, 5ʰ 16ᵐ 37ˢ.
December 16 . . +30 33 20.66

WEISSE (2) V, 513, 5ʰ 18ᵐ 21ˢ.
January   3 . . +26 27 29.90
         10 . .   30.82
         15 . .   31.06
         18 . .   30.34
         22 . .   29.73
         23 . .   31.15
         28 . .   30.21

WEISSE (2) V, 530, 5ʰ 19ᵐ 10ˢ.
December 26 . . +30 31 21.32

WEISSE V, 449, 5ʰ 19ᵐ 12ˢ.
February 2 . . —13 15 23.38
          9 . .   23.33

WEISSE V, 630, 5ʰ 22ᵐ 20ˢ.
January   3 . . +26 28 20.36
          4 . .   19.42
         10 . .   19.78
         15 . .   20.67
         18 . .   20.13
         22 . .   19.54
         23 . .   20.97
         28 . .   19.80

δ ORIONIS, 5ʰ 24ᵐ 51ˢ.
1856.
January 16 . . 0 24 19.81

(*), 5ʰ 25ᵐ 55ˢ.
February 2 . . —13 19 32.76
          9 . .   32.45

WEISSE (2) V, 752, 5ʰ 27ᵐ 1ˢ.
December 26 . . +31 3 22.49

(*), 5ʰ 28ᵐ 46ˢ.
January   3 . . +26 33 43.99
         10 . .   44.45
         15 . .   44.75

WEISSE (2) V, 912, 5ʰ 30ᵐ 13ˢ.
January   3 . . +26 31 56.70
         10 . .   56.69
         15 . .   57.45
         16 . .   57.69
         18 . .   57.30
         22 . .   57.10
         23 . .   57.49
         28 . .   57.09

ε ORIONIS, 5ʰ 29ᵐ 7ˢ.
January   4 . . — 1 17 39.49

(*), 5ʰ 32ᵐ 29ˢ.
March   7 . . —13 37 53.11

(*), 5ʰ 32ᵐ 53ˢ.
January   3 . . +26 32 18.59
         10 . .   18.28
         15 . .   18.75
         19 . .   19.59
         22 . .   19.35

WEISSE V, 874, 5ʰ 34ᵐ 15ˢ.
February 2 . . —13 45 28.91
         20 . .   29.75

ο COLUMBÆ, 5ʰ 34ᵐ 35ˢ.
January 28 . . —34 9 2.61
March   14 . .   3.20
         15 . .   2.86

(*), 5ʰ 41ᵐ 30ˢ.
March   7 . . —13 34 39.12

WEISSE V, 1143, 5ʰ 45ᵐ 13ˢ.
February 2 . . —13 50 31.98
         20 . .   32.01

(*), 5ʰ 45ᵐ 25ˢ.
January   3 . . +26 28 58.53
         28 . .   57.74

WEISSE (2) V, 1531, 5ʰ 46ᵐ 50ˢ.
1856.
January   3 . . +26 26 59.38
         10 . .   58.90
         15 . .   61.09
         18 . .   60.82
         22 . .   60.14
         23 . .   61.74
         28 . .   60.13

α ORIONIS, 5ʰ 47ᵐ 36ˢ.
January 16 . . + 7 22(41.72)
March   14 . .   38.98
         17 . .   39.12
December 30 . .   38.45

(*), 5ʰ 50ᵐ 58ˢ.
March   7 . . +20 9 6.15

(*), 5ʰ 51ᵐ 12ˢ.
March   10 . . +19 45 50.59

(*), 5ʰ 51ᵐ 23ˢ.
February 2 . . —14 13 41.81
         20 . .   41.65

(*), 5ʰ 52ᵐ.
March   10 . . +19 48 13.28

WEISSE V, 1335, 5ʰ 52ᵐ 29ˢ.
February 2 . . —14 13 15.55
         20 . .   15.41

WEISSE V, 1378, 5ʰ 53ᵐ 58ˢ.
February 22 . . 14 1 32.62

RUMKER 1673, 5ʰ 54ᵐ 44ˢ.
January   3 . . + 26 16 36.18
         15 . .   35.08
         18 . .   35.79
         19 . .   36.02
         22 . .   36.89
         23 . .   36.26
         28 . .   35.99

RUMKER 1680, 5ʰ 55ᵐ 9ˢ.
January   3 . . +26 21 5.58
          4 . .   5.24
         10 . .   5.53
         15 . .   6.50
         18 . .   6.27
         22 . .   7.52
         23 . .   6.85
         28 . .   6.62

B. A. C. 1934, 5ʰ 55ᵐ 10ˢ.
March   10 . . +19 41 21.35
         17 . .   20.91

B. A. C. 1939, 5ʰ 55ᵐ 40ˢ.
March   7 . . +20 8 16.43
         14 . .   15.75

OBSERVED WITH THE MURAL CIRCLE, 1856.

Star	Date	Value
WEISSE V, 1479, 5ʰ 57ᵐ 49ˢ. 1856.	February 22	−14 4 56.49
WEISSE V, 1487, 5ʰ 58ᵐ 11ˢ.	February 22	−14 1 39.41
(*), 5ʰ 58ᵐ 26ˢ.	March 7	+20 6 51.41
LALANDE 11684, 6ʰ 2ᵐ 10ˢ.	December 26	+26 2 14.93
	30	15.29
WEISSE (2) V, 12, 6ʰ 2ᵐ 39ˢ.	January 22	+31 11 53.13
WEISSE VI, 44, 6ʰ 2ᵐ 45ˢ.	February 9	−14 2 41.06
	22	41.42
LALANDE 11714, 6ʰ 3ᵐ 2ˢ.	December 26	+26 0 39.96
	30	40.19
B. A. C. 2015, 6ʰ 8ᵐ 4ˢ.	March 15	−6 14 7.10
	17	5.92
WEISSE VI, 264, 6ʰ 9ᵐ 34ˢ.	February 21	−14 23 6.12
WEISSE VI, 334, 6ʰ 11ᵐ 49ˢ.	February 2	−14 16 50.69
	9	53.10
WEISSE VI, 348, 6ʰ 12ᵐ 15ˢ.	February 2	−14 18 25.76
	21	27.64
μ GEMINORUM, 6ʰ 14ᵐ 29ˢ.	January 22	+22 31 54.87
	February 22	53.90
	March 15	54.38
	17	54.58
	December 30	53.37
WEISSE VI, 446, 6ʰ 15ᵐ 19ˢ.	February 2	−14 20 12.02
	21	13.44
LALANDE 12237, 6ʰ 17ᵐ 27ˢ.	December 26	+25 55 7.99
(*), 6ʰ 18ᵐ 15ˢ.	December 30	+24 18 9.58
WEISSE (2) VI, 626, 6ʰ 22ᵐ 6ˢ. 1856.	February 9	+23 37 42.61
	20	43.13
WEISSE (2) VI, 631, 6ʰ 22ᵐ 16ˢ.	December 26	+25 30 55.89
LALANDE 12557, 6ʰ 26ᵐ 27ˢ.	December 30	+24 44 22.77
WEISSE (2) VI, 809, 6ʰ 28ᵐ 0ˢ.	December 26	+24 32 23.57
WEISSE (2) VI, 826, 6ʰ 28ᵐ 32ˢ.	December 26	+24 30 39.21
WEISSE (2) VI, 838, 6ʰ 28ᵐ 50ˢ.	December 30	+24 42 12.03
WEISSE (2) VI, 9 9, 6ʰ 30ᵐ 54ˢ.	December 30	+24 42 58.10
WEISSE (2) VI, 935, 6ʰ 31ᵐ 33ˢ.	February 9	+23 47 46.57
	20	46.52
WEISSE (2) VI, 943, 6ʰ 31ᵐ 55ˢ.	February 9	+23 46 8.09
	20	8.04
WEISSE VI, 990, 6ʰ 32ᵐ 52ˢ.	February 21	−14 1 21.86
	22	21.36
	29	22.65
51 CEPHEI, 6ʰ 33ᵐ 38ˢ.	March 7	+87 14 56.05
	15	55.55
	17	55.01
51 CEPHEI, S. P., 6ʰ 35″ 39ˢ.	July 17	+87 14 53.29
	22	53.64
(*), 6ʰ 37ᵐ 35ˢ.	February 21	−14 33 27.32
	March 3	27.20
	10	28.58
WEISSE VI, 1198, 6ʰ 38ᵐ 16ˢ.	March 3	−14 35 11.25
α CANIS MAJORIS, 6ʰ 38ᵐ 59ˢ.	December 26	−16 31 36.65
WEISSE VI, 1199, 6ʰ 39ᵐ 39ˢ. 1856.	February 21	−14 33 54.48
	March 3	53.64
	10	54.85
B. A. C. 2221, 6ʰ 40ᵐ 27ˢ.	February 9	−14 16 42.44
	March 7	43.26
O. ARG. N. 7299, 6ʰ 42ᵐ 25ˢ.	February 20	+51 48 29.25
	29	28.45
(*), 6ʰ 47ᵐ 7ˢ.	February 9	−14 25 58.61
	March 3	58.67
WEISSE VI, 1579, 6ʰ 51ᵐ 27ˢ.	February 29	−14 45 24.17
WEISSE VI, 1589, 6ʰ 51ᵐ 40ˢ.	February 20	−14 38 5.44
	March 15	6.95
WEISSE VI, 1618, 6ʰ 52ᵐ 40ˢ.	February 22	−14 47 26.86
	29	25.82
	March 10	26.62
(*), 6ʰ 53ᵐ 30ˢ.	February 22	−14 41 49.43
	29	45.70
B. A. C. 2312, 6ʰ 56ᵐ 57ˢ.	March 3	+61 0 25.24
	December 26	23.26
RUMKER 2086, 6ʰ 57ᵐ 11ˢ.	December 26	+60 57 30.74
PIAZZI VI, 328, 6ʰ 59ᵐ 10ˢ.	February 9	−14 39 43.40
	March 7	43.52
	15	43.90
	17	42.56
(*), 7ʰ 2ᵐ 2ˢ.	March 7	−14 40 0.96
	10	0.39
	15	0.93
WEISSE VII, 93, 7ʰ 3ᵐ 58ˢ.	February 22	−14 32 27.12
WEISSE VII, 164, 7ʰ 5ᵐ 42ˢ.	February 22	−14 31 11.40
(*), 7ʰ 6ᵐ 38ˢ. 1856.	February 29	−14 38 59.32
	March 10	60.19
	15	59.59
WEISSE VII, 250, 7ʰ 8ᵐ 44ˢ.	February 9	−14 22 6.55
	20	7.11
WEISSE VII, 290, 7ʰ 9ᵐ 52ˢ.	March 7	−14 36 46.90
WEISSE VII, 300, 7ʰ 10ᵐ 7ˢ.	February 21	−14 37 44.68
	22	46.72
	29	45.30
	March 7	45.75
WEISSE VII, 316, 7ʰ 10ᵐ 42ˢ.	February 21	−14 36 4.53
	22	5.62
	29	4.63
	March 15	4.57
RUMKER 2175, 7ʰ 10ᵐ 0ˢ.	March 17	+60 9 21.58
	26	21.44
(*), 7ʰ 11ᵐ 23ˢ.	February 22	−14 36 17.18
	29	16.02
	March 15	15.96
δ GEMINORUM, 7ʰ 11ᵐ 46ˢ.	February 20	+22 14 12.29
	March 10	12.02
	26	11.29
(*), 7ʰ 14ᵐ 0ˢ.	February 21	−14 36 39.52
	22	40.38
	29	39.48
	March 7	40.19
(*), 7ʰ 14ᵐ 13ˢ.	February 21	−14 36 48.77
	22	49.44
	29	49.31
	March 7	49.76
	15	49.15
WEISSE VII, 464, 7ʰ 15ᵐ 36ˢ.	March 19	−14 27 17.51
	26	15.90
WEISSE VII, 500, 7ʰ 16ᵐ 50ˢ.	February 22	−14 36 45.59
	29	44.67
	March 7	44.81
	15	45.57

MEAN DECLINATIONS OF STARS FOR 1860.0

Weisse VII, 529, $7^h 17^m 42^s$.
1856.
February 9 . . $-14\ 28\ 4.80$
March 19 . . 8.68

(*), $7^h 18^m 42^s$.
February 22 . . $-14\ 36\ 37.38$
29 . . 37.21
March 15 . . 37.73

Lalande 14637, $7^h 24^m 16^s$.
February 20 . . $+21\ 42\ 10.62$
21 . . 10.14

α² Geminorum, $7^h 25^m 40^s$.
February 9 . . $+32\ 11\ 30.15$
26 . . 29.95

Weisse VII, 835, $7^h 27^m 20^s$.
March 7 . . $-14\ 13\ 25.87$
19 . . 25.81

Weisse VII, 871, $7^h 28^m 30^s$.
February 22 . . $-14\ 38\ 43.76$

Weisse VII, 924, $7^h 29^m 36^s$.
March 19 . . $-14\ 11\ 8.50$

Weisse VII, 966, $7^h 31^m 48^s$.
March 17 . . $+10\ 42\ 39.27$

(*), $7^h 32^m 10^s$.
February 22 . . $-14\ 40\ 18.28$
March 3 . . 16.08

(*), $7^h 34^m 6^s$.
February 21 . . $-14\ 19\ 20.15$
March 15 . . 21.21

B. A. C. 2544, $7^h 35^m 1^s$.
December 26 . . $+22\ 43\ 33.11$

β Geminorum, $7^h 36^m 45^s$.
March 7 . . $+28\ 21\ 38.97$

Weisse VII, 1161, $7^h 39\ 4^s$.
February 20 . . $-14\ 20\ 54.30$
21 . . 54.89
March 15 . . 56.91

Weisse VII, 1182, $7^h 39^m 7^s$.
February 20 . . $-14\ 21\ 10.30$
21 . . 9.80

Rumker 2262, $7^h 39^m 29^s$.
March 17 . . $+13\ 9\ 33.58$
19 . . 33.51

(*), $7^h 40^m 56^s$.
1856.
March 15 . . $-14\ 16\ 7.42$

(*), $7^h 41^m 0^s$.
February 22 . . $-14\ 26\ 24.48$
March 3 . . 22.52

(*), $7^h 41^m 44^s$.
March 17 . . $+13\ 9\ 43.00$
19 . . 42.74

(*), $7^h 42^m 33^s$.
February 21 . . $-14\ 15\ 59.42$
March 15 . . 54.42

Lalande 15323, $7^h 44^m 54^s$.
February 29 . . $+20\ 32\ 11.80$
March 10 . . 10.01

(*), $7^h 46^m 0^s$.
March 10 . . $+20\ 32\ 30.62$

(*), $7^h 46^m 62^s$.
March 26 . . $+39\ 39\ 1.57$

(*), $7^h 50^m 3^s$.
February 21 . . $+20\ 31\ 48.23$
22 . . 47.78

O. Arg. N. 2531, $7^h 53^m 40^s$.
February 29 . . $1\ 48\ 9\ 55.19$
March 3 . . 55.58

Rumker 2390, $7^h 56^m 50^s$.
February 21 . . $+36\ 40\ 7.12$
22 . . 7.13

Weisse (2) VII. 1597, $7^h 58^m 13^s$.
March 15 . . $+16\ 46\ 53.74$

Weisse (2) VIII, 1659, $8^h 0^m 12^s$.
March 15 . . $+16\ 49\ 2.36$

μ Argus, $8^h 1^m 35^s$.
March 3 . . $-23\ 54\ 9.21$
April 1 . . 10.86

Weisse (2) VIII, 22, $8^h 3^m 1^s$.
March 15 . . $+16\ 46\ 8.45$

Lalande 16237, $8^h 10^m 47^s$.
April 6 . . $+24\ 36\ 25.75$
8 . . 28.53

B. A. C. 2768, $8^h 12^m 13^s$.
1856.
February 21 . . $+21\ 11\ 11.77$
29 . . 11.23
March 15 . . 11.54

(*), $8^h 13^m 37^s$.
April 6 . . $+24\ 27\ 56.20$
8 . . 55.25

Weisse (2) VIII, 319, $8^h 14^m 49^s$.
March 3 . . $+21\ 0\ 49.67$
April 1 . . 50.08

Weisse (2) VIII, 364, $8^h 16^m 38^s$.
April 6 . . $+24\ 23\ 36.29$
8 . . 34.91

Weisse (2) VIII, 370, $8^h 16^m 46^s$.
March 19 . . $+19\ 37\ 11.87$
29 . . 12.88

Lalande 16464, $8^h 17^m 3^s$.
April 9 . . $+24\ 0\ 2.08$

Weisse (2) VIII. 382, $8^h 17^m 26^s$.
February 21 . . $+40\ 20\ 46.42$
22 . . 45.92

Weisse (2) VIII. 408, $8^h 18^m 29^s$.
February 29 . . $+10\ 17\ 52.87$
March 18 . . 52.72

Weisse (2) VIII, 429, $8^h 19^m 2^s$.
March 19 . . $+10\ 42\ 39.19$

Weisse (2) VIII, 438, $8^h 19^m 27^s$.
February 21 . . $+40\ 23\ 43.29$
22 . . 44.02

O. Arg. N. 9050, $8^h 22^m 16^s$.
March 3 . . $+55\ 49\ 33.04$

Weisse (2) VIII, 560, $8^h 24^m 19^s$.
February 29 . . $+10\ 4\ 29.17$
March 15 . . 28.10

(*), $8^h 27^m 58^s$.
April 6 . . $+23\ 56\ 30.85$
11 . . 30.96

(*), $8^h 28^m 30^s$.
April 8 . . $+24\ 32\ 42.38$

Weisse (2) VIII, 675, $8^h 28^m 31^s$.
April 9 . . $+23\ 44\ 0.00$

Weisse VIII, 736, $8^h 29^m 47^s$.
1856.
March 19 . . $+12\ 20\ 15.79$

(*), $8^h 29^m 53^s$.
March. 3 . . $-9\ 13\ 48.77$

(*), $8^h 30^m 50^s$.
March 31 . . $+6\ 52\ 33.83$

(*), $8^h 31^m$.
April 6 . . $+23\ 22\ 44.75$

(*), $8^h 34^m 31^s$.
March 29 . . $-14\ 21\ 41.75$

(*), $8^h 35^m 13^s$.
April 9 . . $+23\ 1\ 37.21$
11 . . 37.64

Weisse (2) VIII, 898, $8^h 35^m 34^s$.
April 6 . . $+23\ 12\ 51.83$
8 . . 51.26

Weisse (2) VIII. 969, $8^h 35^m 53^s$.
February 21 . . $+40\ 6\ 28.39$
22 . . 28.70
29 . . 29.03

ι Hydrae, $8^h 39^m 22^s$.
March 3 . . $1\ 6\ 55\ 49.31$
17 . . 48.56
19 . . 46.89
24 . . 48.87
31 . . 48.09

Weisse (2) VIII, 1012, $8^h 40^m 50^s$.
April 6 . . $+22\ 45\ 35.09$
8 . . 33.45

Weisse (2) VIII. 1013, $8^h 40^m 52^s$.
February 21 . . $+40\ 6\ 19.40$
22 . . 19.03
29 . . 19.82

(*), $8^h 40^m 55^s$.
April 6 . . $+22\ 42\ 59.87$

B. A. C. 2995, $8^h 43^m 13^s$.
March 25 . . $+15\ 52\ 3.25$
31 . . 2.40

Weisse (2) VIII, 1095, $8^h 44^m 26^s$.
April 9 . . $+22\ 54\ 45.84$
11 . . 45.88

Weisse (2) VIII, 1145, $8^h 46^m 26^s$.
April 8 . . $+22\ 20\ 59.44$
18 . . 59.43

OBSERVED WITH THE MURAL CIRCLE, 1856.

Star	Date	Value
WEISSE (2) VIII, 1181, 5ʰ 47ᵐ 53ˢ.	1856. April 6	+22 13 29.11
RUMKER 2699, 5ʰ 48ᵐ 54ˢ.	March 3	+18 0 59.29
	15	59.24
	17	58.39
LALANDE 17662, 5ʰ 49ᵐ 34ˢ.	February 29	−13 22 15.35
	March 19	15.25
ι URSÆ MAJORIS, 5ʰ 49ᵐ 36ˢ.	February 21	+48 35 18.55
	March 29	18.93
RUMKER 2702, 5ʰ 49ᵐ 40ˢ.	April 1	+54 19 7.95
WEISSE VIII, 1282, 5ʰ 49ᵐ 50ˢ.	February 29	13 23 47.69
	March 19	18.11
(*), 5ʰ 50ᵐ 13ˢ.	March 25	−13 9 40.01
	31	41.03
WEISSE (2) VIII, 1252, 5ʰ 50ᵐ 46ˢ.	April 11	+21 42 25.27
WEISSE (2) VIII, 1291, 5ʰ 52ᵐ 40ˢ.	April 18	−22 0 39.67
WEISSE VIII, 1367, 5ʰ 53ᵐ 16ˢ.	March 3	+9 5 37.75
	15	39.06
	17	37.27
WEISSE (2) VIII, 1322, 8ʰ 54ᵐ 14ˢ.	April 6	+21 32 19.25
	8	18.01
WEISSE VIII, 1439, 8ʰ 56ᵐ 30ˢ.	March 19	−13 27 8.82
	31	7.95
	April 1	9.69
WEISSE (2) VIII, 1438, 8ʰ 58ᵐ 43ˢ.	April 6	+21 4 31.03
	8	30.85
WEISSE (2) 1446, VIII, 8ʰ 59ᵐ 5ˢ.	April 6	+21 9 27.95
	8	27.85

Star	Date	Value
WEISSE (2) VIII, 1475, 8ʰ 59ᵐ 53ˢ.	1856. April 11	+21 27 30.39
	18	30.20
WEISSE (2) IX, 79, 9ʰ 4ᵐ 53ˢ.	April 11	+20 35 43.67
WEISSE (2) IX, 81, 9ʰ 4ᵐ 54ˢ.	April 11	+20 37 15.35
(*), 9ʰ 8ᵐ 38ˢ.	April 8	+20 13 37.41
WEISSE (2) IX, 207, 9ʰ 10ᵐ 49ˢ.	April 6	+20 0 27.81
	11	26.77
83 CANCRI, 9ʰ 11ᵐ 10ˢ.	April 1	+18 17 49.03
B. A. C. 3181, 9ʰ 12ᵐ 45ˢ.	April 18	+19 40 52.63
(*), 9ʰ 13ᵐ 29ˢ.	April 6	+20 1 53.15
	11	57.89
O. ARG. N. 9542, 9ʰ 15ᵐ 9ˢ.	February 29	+50 52 33.18
	March 3	31.00
O. ARG. N. 9844, 9ʰ 15ᵐ 12ˢ.	March 19	+50 46 17.10
	24	17.47
B. A. C. 3194, 9ʰ 15ᵐ 25ˢ.	March 29	+25 46 45.10
WEISSE (2) IX, 377, 9ʰ 18ᵐ 6ˢ.	April 1	+23 14 49.47
WEISSE (2) IX, 383, 9ʰ 18ᵐ 17ˢ.	April 1	+23 14 47.49
α HYDRÆ, 9ʰ 20ᵐ 42ˢ.	February 29	−8 3 11.25
WEISSE (2) IX, 486, 9ʰ 23ᵐ 29ˢ.	March 3	+25 1 42.81
β URSÆ MAJORIS, 9ʰ 23ᵐ 29ˢ.	April 18	+52 18 46.35

Star	Date	Value
WEISSE IX, 563, 9ʰ 26ᵐ 3ˢ.	1856. March 19	+12 42 23.21
	21	23.97
WEISSE IX, 579, 9ʰ 26ᵐ 47ˢ.	March 25	+12 9 2.88
	29	4.49
	April 1	4.35
WEISSE (2) IX, 650, 9ʰ 30ᵐ 44ˢ.	April 18	+21 46 55.45
(*), 9ʰ 31ᵐ 15ˢ.	March 24	+12 20 54.17
	31	52.16
WEISSE (2) IX, 660, 9ʰ 31ᵐ 17ˢ.	March 25	+21 5 29.43
	29	30.45
WEISSE (2) IX, 662, 9ʰ 31ᵐ 20ˢ.	April 18	+21 49 41.00
WEISSE (2) IX, 686, 9ʰ 32ᵐ 43ˢ.	March 3	+29 35 19.72
	19	17.81
B. A. C. 3318, 9ʰ 35ᵐ 32ˢ.	April 1	+20 49 53.04
	8	52.66
ε LEONIS, 9ʰ 37ᵐ 54ˢ.	March 24	+24 25 0.44
(*), 9ʰ 39ᵐ 6ˢ.	March 25	+11 1 59.45
WEISSE IX, 868, 9ʰ 40ᵐ 0ˢ.	March 31	−11 17 32.09
WEISSE IX, 871, 9ʰ 40ᵐ 14ˢ.	March 19	+11 1 53.08
	25	53.05
	29	53.92
WEISSE IX, 687, 9ʰ 40ᵐ 50ˢ.	April 1	+11 12 24.54
WEISSE IX, 1024, 9ʰ 47ᵐ 20ˢ.	April 9	+10 46 21.47
	11	22.08
RUMKER 3002, 9ʰ 47ᵐ 50ˢ.	March 31	+19 29 2.44
	April 8	2.48

Star	Date	Value
WEISSE (2) IX, 1017, 9ʰ 49ᵐ 19ˢ.	1856. March 29	+17 43 16.59
	April 1	15.59
WEISSE (2) IX, 1096, 9ʰ 51ᵐ 43ˢ.	March 19	+18 46 32.75
	25	31.74
(*), 9ʰ 56ᵐ 4ˢ.	March 29	+13 32 16.78
RUMKER 3061, 9ʰ 57ᵐ 22ˢ.	March 29	+13 31 29.21
	April 8	30.20
WEISSE (2) IX, 1214, 9ʰ 57ᵐ 27ˢ.	April 1	+18 14 48.17
	9	48.12
	11	48.27
WEISSE IX, 1259, 9ʰ 59ᵐ 6ˢ.	March 25	+13 27 47.33
WEISSE (2) IX, 1273, 9ʰ 59ᵐ 55ˢ.	March 19	+29 26 49.38
RUMKER 3069, 10ʰ 0ᵐ 45ˢ.	April 26	+12 40 46.60
σ LEONIS, 10ʰ 0ᵐ 55ˢ.	April 26	+12 38 59.12
	May 12	61.41
WEISSE (2) X, 1316, 10ʰ 1ᵐ 32ˢ.	March 24	+21 1 2.01
WEISSE X, 45, 10ʰ 4ᵐ 5ˢ.	April 11	+12 13 30.22
	26	29.70
WEISSE (2) X, 106, 10ʰ 5ᵐ 23ˢ.	March 25	+17 13 31.07
	29	31.67
	31	30.89
	April 1	29.75
RUMKER 3106, 10ʰ 7ᵐ 12ˢ.	March 19	+12 22 5.14
WEISSE (2) X, 157, 10ʰ 8ᵐ 13ˢ.	April 6	+41 58 19.36
	9	19.09
WEISSE (2) X, 165, 10ʰ 8ᵐ 46ˢ.	April 8	+43 20 4.98
	9	5.17

MEAN DECLINATIONS OF STARS FOR 1860.0

Σ Cat. Gen. 1198, 10ʰ 13ᵐ 33ˢ.
1856.   °   ′   ″
March   25 .. +44 36 34.24
          29 ..   34.43

Weisse X, 224, 10ʰ 13ᵐ 40ˢ.
March   24 .. − 4 40 45.16

Weisse X, 229, 10ʰ 14ᵐ 2ˢ.
March   24 .. − 4 42 46.11

B. A. C. 3559, 10ʰ 17ᵐ 41ˢ.
April   8 .. +36 8 12.82
       9 ..   12.49

B. A. C. 3560, 10ʰ 17ᵐ 55ˢ.
March   31 .. +34 30 27.39
April   1 ..   27.38

Weisse (2) X, 360, 10ʰ 18ᵐ 48ˢ.
April   29 .. +17 56 6.47

Weisse X, 316, 10ʰ 19ᵐ 0ˢ.
April   11 .. +11 12 55.96
        26 ..   55.33

Weisse (2) X, 374, 10ʰ 19ᵐ 18ˢ.
April   29 .. +17 55 58.69

Weisse X, 339, 10ʰ 19ᵐ 41ˢ.
April   11 .. +11 9 27.50

O. Arg. N. 10857, 10ʰ 20ᵐ 10ˢ.
March   19 .. +45 55 31.94
       24 ..   33.95
       25 ..   33.20

Rumker 3209, 10ʰ 22ᵐ 2ˢ.
March   29 .. +17 41 44.13

O. Arg. N. 10911, 10ʰ 24ᵐ 7ˢ.
April   22 .. +44 54 1.83
       26 ..   1.32

(*), 10ʰ 27ᵐ 18ˢ.
March   31 .. − 9 10 38.93
April   1 ..   38.55
         8 ..   39.52

Weisse X, 520, 10ʰ 29ᵐ 33ˢ.
April   9 .. − 11 28 44.24

Weisse X, 526, 10ʰ 29ᵐ 42ˢ.
March   31 .. − 9 6 25.73
April   29 ..   25.77

O. Arg. N. 11017, 10ʰ 31ᵐ 46ˢ.
1856.   °   ′   ″
March   19 .. +47 34 11.40
       24 ..   11.90
       25 ..   11.86

(*), 10ʰ 34ᵐ 0ˢ.
April   1 .. − 11 28 6.25
        9 ..   7.27
      11 ..   7.10

Weisse (2) X, 693, 10ʰ 34ᵐ 26ˢ.
April   29 .. +37 15 0.33

Weisse (2) X, 754, 10ʰ 37ᵐ 22ˢ.
March   24 .. +39 40 31.54
       25 ..   31.95
April   8 ..   31.20

Weisse (2) X, 776, 10ʰ 38ᵐ 22ˢ.
March   19 .. +36 22 22.10
       29 ..   23.24
       31 ..   24.11

λ Leonis, 10ʰ 41ᵐ 53ˢ.
April   8 .. +11 17 6.21
        9 ..   5.53
      11 ..   6.51
      22 ..   7.32

Weisse (2) X, 961, 10ʰ 45ᵐ 0ˢ.
March   24 .. +35 49 1.92
       25 ..   1.57

O. Arg. N. 11258, 10ʰ 45ᵐ 53ˢ.
April   11 .. +47 56 52.49
       22 ..   53.23

(*), 10ʰ 49ᵐ 18ˢ.
March   29 .. +35 56 43.10
       31 ..   43.34
April   1 ..   43.07

(*), 10ʰ 50ᵐ 12ˢ.
April   1 .. +35 54 28.44
        8 ..   28.55

Weisse X, 974, 10ʰ 50ᵐ 52ˢ.
April   9 .. +10 26 56.80
       29 ..   56.70

Weisse (2) X, 1022, 10ʰ 51ᵐ 14ˢ.
April   8 .. +35 52 59.19
       26 ..   59.25

O. Arg. N. 11325, 10ʰ 52ᵐ 58ˢ.
March   24 .. +48 25 58.75
       25 ..   58.57
April   22 ..   59.68

η Ursæ Majoris, 10ʰ 55ᵐ 3ˢ.
1856.   °   ′   ″
March   29 .. +62 30 22.10
       31 ..   21.33
April   1 ..   21.89
        9 ..   21.79
      11 ..   22.05

β Leonis, 11ʰ 6ᵐ 39ˢ.
April   1 .. +21 17 25.03
        8 ..   24.90
        9 ..   24.64
      11 ..   25.10
      26 ..   25.30

Weisse (2) XI, 126, 11ʰ 7ᵐ 33ˢ.
March   24 .. +32 55 23.15

δ Crateris, 11ʰ 12ᵐ 21ˢ.
April   1 .. −14 1 16.41
        8 ..   17.17
        9 ..   17.95
      11 ..   16.54

Weisse XI, 217, 11ʰ 13ᵐ 2ˢ.
April   26 .. −11 54 29.65
       29 ..   29.86

Weisse XI, 233, 11ʰ 14ᵐ 23ˢ.
March   24 .. + 4 58 31.90

Lalande 21645, 11ʰ 14ᵐ 28ˢ.
April   29 .. −11 56 1.31

Weisse XI, 253, 11ʰ 15ᵐ 24ˢ.
April   26 .. −11 53 5.80

Weisse XI, 258, 11ʰ 15ᵐ 52ˢ.
March   24 .. + 4 54 16.90

B. A. C. 3915, 11ʰ 23ᵐ 11ˢ.
April   26 .. +19 10 50.40

Rumker 3615, 11ʰ 24ᵐ 12ˢ.
April   22 .. +18 31 24.39

Weisse XI, 462, 11ʰ 27ᵐ 14ˢ.
March   24 .. − 4 45 15.67
April   29 ..   15.41

Weisse (2) XI, 633, 11ʰ 32ᵐ 54ˢ.
March   24 .. +26 55 49.91
April   29 ..   49.46

Rumker 3706, 11ʰ 35ᵐ 26ˢ.
April   9 .. +12 38 22.97
       22 ..   24.39

(*), 11ʰ 39ᵐ 27ˢ.
1856.   °   ′   ″
April   26 .. +24 45 20.76

β Leonis, 11ʰ 41ᵐ 55ˢ.
March   24 .. +15 21 16.34
May   15 ..   15.66

Weisse (2) XI, 822, 11ʰ 42ᵐ 1ˢ.
April   9 .. +17 1 23.88
       29 ..   23.78

Weisse (2) XI, 838, 11ʰ 42ᵐ 52ˢ.
April   22 .. +18 39 48.93

Carrington 1762, 11ʰ 44ᵐ 40ˢ.
April   26 .. +87 0 0.15

O. Arg. S. 11828, 11ʰ 53ᵐ 25ˢ.
May   15 .. −21 3 25.67

(*), 11ʰ 53ᵐ 29ˢ.
April   9 .. +15 1 60.46
                      59.75

Weisse XI, 1023, 12ʰ 0ᵐ 33ˢ.
April   26 .. + 7 32 51.61

ι Corvi, 12ʰ 2ᵐ 56ˢ.
April   9 .. −21 50 27.39
       22 ..   26.19
May   15 ..   27.53

Weisse XII, 119, 12ʰ 6ᵐ 51ˢ.
April   26 .. + 8 13 29.77

Weisse XII, 160, 12ʰ 11ᵐ 0ˢ.
May   15 .. + 5 52 21.51

Rumker 3907, 12ʰ 12ᵐ 31ˢ.
April   22 .. + 6 19 34.14
       26 ..   33.28

η Virginis, 12ʰ 12ᵐ 45ˢ.
April   29 .. + 0 6 41.24

(*), 12ʰ 20ᵐ 27ˢ.
May   15 .. − 6 48 20.59

Weisse (2) XII, 424, 12ʰ 20ᵐ 34ˢ.
April   26 .. +25 0 10.56

Weisse XII, 335, 12ʰ 20ᵐ 45ˢ.
April   22 .. − 6 47 31.66
May   15 ..   31.87

OBSERVED WITH THE MURAL CIRCLE, 1856.

Weisse (2) XII, 478, 12ʰ 22ᵐ 57ˢ.
1856.
April 26 . . +25 6 52.92

Weisse (2) XII, 599, 12ʰ 28ᵐ 9ˢ.
April 22 . . +22 39 15.38

Weisse XII, 519, 12ʰ 31ᵐ 31ˢ.
April 26 . . +14 34 39.36

(*), 12ʰ 31ᵐ 48ˢ.
April 26 . . +14 34 26.47

Weisse XII, 661, 12ʰ 38ᵐ 50ˢ.
May 19 . . — 0 3 19.21

B. A. C. 4301, 12ʰ 41ᵐ 54ˢ.
April 29 . . +14 53 16.31

Weisse (2) XII, 877, 12ʰ 43ᵐ 19ˢ.
April 22 . . +19 25 0.76
26 . . 0.69

α Canum Venat., 12ʰ 49ᵐ 28ˢ.
April 29 . . +39 4 30.16

Lalande 24193, 12ʰ 52ᵐ 42ˢ.
April 26 . . + 0 31 35.82

Weisse XII, 929, 12ʰ 54ᵐ 25ˢ.
April 22 . . +13 55 23.88
May 10 . . 23.65
15 . . 22.72

Weisse XII, 933, 12ʰ 54ᵐ 42ˢ.
May 15 . . +13 55 43.81

Weisse XII, 1038, 13ʰ 0ᵐ 35ˢ.
April 26 . . +13 1 25.32

(*), 13ʰ 3ᵐ 6ˢ.
April 22 . . +13 4 3.71
26 . . 3.83

Weisse XIII, 44, 13ʰ 4ᵐ 18ˢ.
May 10 . . +12 57 34.11
15 . . 32.58

Weisse XIII, 69, 13ʰ 5ᵐ 35ˢ.
May 19 . . +12 18 7.17

Weisse XIII, 145, 13ʰ 9ᵐ 46ˢ.
April 26 . . + 2 55 39.45

Weisse XIII, 181, 13ʰ 11ᵐ 42ˢ.
1856.
April 22 . . — 1 47 32.58

Weisse XIII, 208, 13ʰ 13ᵐ 6ˢ.
May 15 . . +10 44 15.63

(*), 13ʰ 13ᵐ 36ˢ.
May 10 . . +12 59 3.77

α Virginis, 13ʰ 17ᵐ 49ˢ.
April 28 . . —10 25 45.63
May 10 . . 44.94

Weisse XIII, 334, 13ʰ 21ᵐ 25ˢ.
April 22 . . + 7 25 46.98
26 . . 47.72
May 15 . . 47.00

Weisse XIII, 370, 13ʰ 23ᵐ 21ˢ.
May 19 . . + 8 8 22.83

Weisse XIII, 472, 13ʰ 28ᵐ 55ˢ.
May 10 . . + 7 13 39.99

(* 48) W., 13ʰ 28ᵐ 40ˢ.
May 15 . . +80 48 55.63

(* 50) W., 13ʰ 41ᵐ 55ˢ.
May 15 . . +78 21 58.77

η Ursæ Majoris, 13ʰ 42ᵐ 1ˢ.
April 26 . . +50 0 48.02
28 . . 48.45
May 10 . . 48.32
20 . . 48.60

Weisse XIII, 808, 13ʰ 47ᵐ 39ˢ.
April 22 . . —11 45 33.77
26 . . 32.99

η Bootis, 13ʰ 48ᵐ 1ˢ.
May 20 . . +19 6 3.95

Rumker 4529, 13ʰ 51ᵐ 5ˢ.
May 19 . . +25 41 6.40

Weisse XIII, 893, 13ʰ 52ᵐ 35ˢ.
May 15 . . —12 1 29.85

Lalande 25762, 13ʰ 55ᵐ 51ˢ.
May 20 . . —13 40 47.94
21 . . 47.36

(*), 14ʰ 1ᵐ 44ˢ.
April 22 . . — 6 8 50.33
26 . . 48.61

Weisse XIV, 31, 14ʰ 3ᵐ 8ˢ.
1856.
May 15 . . — 5 53 46.22
20 . . 45.42

Weisse XIV, 130, 14ʰ 8ᵐ 30ˢ.
May 15 . . — 8 43 25.07

α Bootis, 14ʰ 9ᵐ 17ˢ.
April 28 . . +19 54 46.62
May 10 . . 47.55
21 . . 46.53

Weisse XIV, 179, 14ʰ 11ᵐ 5ˢ.
May 15 . . — 8 45 37.93

Weisse XIV, 252, 14ʰ 14ᵐ 48ˢ.
May 20 . . — 9 15 14.07

Rumker 4697, 14ʰ 18ᵐ 49ˢ.
May 10 . . + 1 37 44.53
19 . . 41.32

B. A. C. 4798, 14ʰ 22ᵐ 43ˢ.
May 21 . . + 1 27 19.13

Rumker 4730, 14ʰ 24ᵐ 15ˢ.
May 15 . . + 1 32 3.47
20 . . 5.25

Weisse XIV, 540, 14ʰ 29ᵐ 47ˢ.
May 10 . . — 3 16 45.64
15 . . 47.11
19 . . 46.13

B. A. C. 4869, 14ʰ 38ᵐ 22ˢ.
May 21 . . + 1 18 38.78

ε Bootis, 14ʰ 38ᵐ 52ˢ.
May 15 . . +27 30 58.48

α¹ Libræ, 14ʰ 42ᵐ 57ˢ.
May 15 . . —15 24 44.77

α² Libræ, 14ʰ 43ᵐ 8ˢ.
May 22 . . —15 27 26.03

11 Libræ, 14ʰ 43ᵐ 42ˢ.
May 19 . . — 1 42 47.71

Groombridge 2168, 14ʰ 50ᵐ 49ˢ.
May 20 . . +43 25 32.45
22 . . 31.59

Groombridge 2169, 14ʰ 50ᵐ 51ˢ.
May 22 . . +43 21 32.69

β Ursæ Minoris, 14ʰ 51ᵐ 9ˢ.
1856.
May 15 . . +74 43 40.01

O. Arg. N. 15053, 14ʰ 58ᵐ 8ˢ.
May 20 . . +45 11 37.15

Weisse XIV, 1131, 15ʰ 0ᵐ 20ˢ.
May 22 . . + 0 27 22.98

Weisse XIV, 1142, 15ʰ 0ᵐ 51ˢ.
May 22 . . + 0 29 3.69

Weisse XIV, 1150, 15ʰ 1ᵐ 20ˢ.
June 4 . . —13 27 40.09

Weisse XV, 2, 15ʰ 1ᵐ 53ˢ.
May 15 . . — 2 2 18.50

Weisse XV, 79, 15ʰ 6ᵐ 3ˢ.
May 23 . . —13 29 45.31

Weisse (2) XV, 140, 15ʰ 6ᵐ 32ˢ.
May 20 . . +46 0 38.19

β Libræ, 15ʰ 9ᵐ 39ˢ.
June 4 . . — 8 51 48.63

Weisse XV, 249, 15ʰ 14ᵐ 49ˢ.
May 20 . . —14 22 26.05
22 . . 26.33

Weisse XV, 281, 15ʰ 16ᵐ 20ˢ.
May 23 . . —13 48 29.24

Weisse XV, 287, 15ʰ 16ᵐ 36ˢ.
May 28 . . — 9 48 57.57
July 21 . . 58.35

Weisse XV, 400, 15ʰ 22ᵐ 9ˢ.
June 4 . . —14 19 43.35

α Coronæ Borealis, 15ʰ 28ᵐ 46ˢ.
May 20 . . +27 11 16.18
28 . . 16.78
June 20 . . 16.65
July 5 . . 13.05
21 . . 16.57

Lalande 28453, 15ʰ 30ᵐ 44ˢ.
May 21 . . —17 12 7.56

Weisse XV, 585, 15ʰ 31ᵐ 28ˢ.
May 19 . . — 1 19 27.77

MEAN DECLINATIONS OF STARS FOR 1860.0

(*), 15ʰ 32ᵐ 56ˢ.	Weisse XV, 976, 15ʰ 51ᵐ 55ˢ.	(*), 16ʰ 10ᵐ 11ˢ.	(*), 16ʰ 43ᵐ 10ˢ.
1856. ° ′ ″	1856. ° ′ ″	1856. ° ′ ″	1856. ° ′ ″
May 23 . . −15 32 14.64	May 20 . . −10 51 34.20	May 22 . . −13 5 43.52	May 20 . . −26 37 47.08
	22 . . 34.38		22 . . 49.11
Weisse XV, 620, 15ʰ 32ᵐ 58ˢ.		Lalande 29696, 16ʰ 11ᵐ 28ˢ.	28 . . 48.50
May 20 . . − 1 52 13.04	Weisse XV, 1011, 15ʰ 53ᵐ 53ˢ.		June 20 . . 49.70
28 . . 11.77	May 20 . . −10 52 51.72	July 21 . . −18 29 5.32	21 . . 48.90
	22 . . 51.72		
B. A. C. 5184, 15ʰ 34ᵐ 55ˢ.		(* 11) W., 16ʰ 12ᵐ 25ˢ.	(*), 16ʰ 43ᵐ 33ˢ.
June 4 . . −15 33 40.94	Weisse XV, 1019, 15ʰ 54ᵐ 19ˢ.	June 21 . . −21 30 2.08	May 20 . . −26 40 38.66
21 . . 41.96	May 20 . . −10 53 49.27		22 . . 39.14
	22 . . 49.25	O. Arg. N. 16117, 16ʰ 15ᵐ 41ˢ.	28 . . 37.58
Lalande 28607, 15ʰ 35ᵐ 35ˢ.		July 15 . + 71 10 49.88	June 21 . . 38.87
June 18 . . −10 28 22.23	B. A. C. 5324, 15ʰ 56ᵐ 40ˢ.	B. A. C. 5467, 16ʰ 15ᵐ 55ˢ.	Lalande 30641, 16ʰ 44ᵐ 9ˢ.
	May 23 . . −10 59 1.04	May 21 . . −19 42 21.17	May 23 . . −19 6 53.85
Lalande 28617, 15ʰ 36ᵐ 1ˢ.	28 . . 1.14		July 21 . . 54.03
July 1 . . −16 25 21.03		α Scorpii, 16ʰ 20ᵐ 50ˢ.	
	β¹ Scorpii, 15ʰ 57ᵐ 18ˢ.	May 20 . . −26 7 2.97	(*), 16ʰ 44ᵐ 16ˢ.
Lalande 28697, 15ʰ 37ᵐ 54ˢ.	June 3 . . −19 25 7.52	22 . . 2.87	June 3 . . −26 30 41.84
May 21 . . −16 30 29.84	18 . . 7.36	28 . . 2.85	19 . . 40.15
June 3 . . 29.89	19 . . 8.13	June 27 . . 2.87	July 10 . . 40.82
	July 1 . . 8.23	July 1 . . 2.56	15 . . 39.67
Weisse XV, 744, 15ʰ 39ᵐ 16ˢ.	25 . . 7.89	5 . . 3.52	Lalande 30671, 16ʰ 45ᵐ 5ˢ.
↑ June 20 . . −14 47 51.30	Weisse XV, 1093, 15ʰ 58ᵐ 4ˢ.	14 . . 4.69	July 22 . . − 4 54 41.35
	July 5 . . − 2 57 43.31	17 . . 4.03	
Weisse XV, 792, 15ʰ 41ᵐ 56ˢ.	10 . . 43.52	21 . . 2.81	B. A. C. 5663, 16ʰ 45ᵐ 9ˢ.
May 22 . . −14 23 35.59	15 . . 43.77	25 . . 3.27	June 2 . . −20 10 38.21
23 . . 37.18		η Draconis, 16ʰ 22ᵐ 6ˢ.	July 26 . . 40.35
	B. A. C. 5315, 15ʰ 59ᵐ 29ˢ.	July 22 . + 61 49 55.35	
Weisse XV, 828, 15ʰ 43ᵐ 18ˢ.	May 21 . . −24 4 57.68		(*), 16ʰ 45ᵐ 34ˢ.
May 19 . . −10 33 47.87		(*), 16ʰ 27ᵐ 46ˢ.	July 1 . . −26 30 19.36
	B. A. C. 5351, 15ʰ 59ᵐ 50ˢ.	May 20 . . − 4 7 22.76	4 . . 19.31
Lalande 28838, 15ʰ 43ᵐ 34ˢ.	June 20 . . −12 21 55.70	22 . . 22.64	10 . . 21.19
June 18 . . −18 30 42.86			15 . . 20.76
July 1 . . 42.35	(*), 16ʰ 3ᵐ 14ˢ.	Lalande 30207, 16ʰ 29ᵐ 57ˢ.	
	May 22 . . −21 13 8.24	May 28 . . −22 36 19.21	(*), 16ʰ 48ᵐ 48ˢ.
(*), 15ʰ 43ᵐ 44ˢ.			July 10 . . −26 27 34.27
May 22 . . −14 20 48.06	(*), 16ʰ 5ᵐ 49ˢ.	(*), 16ʰ 30ᵐ 42ˢ.	
	May 20 . . −17 40 25.62	July 1 . . −26 10 44.49	Lalande 30788, 16ʰ 49ᵐ 21ˢ.
Weisse XV, 844, 15ʰ 44ᵐ 0ˢ.	June 3 . . 26.83	10 . . 45.08	May 23 . . −21 33 2.88
July 21 . . − 2 39 49.34	16 . . 24.68	17 . . 46.36	28 . . 2.46
	Groombridge 2319, 16ʰ 5ᵐ 20ˢ.		26 . . 4.11
Weisse XV, 845, 15ʰ 44ᵐ 7ˢ.	June 18 . +70 38 8.30	O. Arg. S. 15811, 16ʰ 31ᵐ 35ˢ.	O. Arg. S. 16158, 16ʰ 49ᵐ 48ˢ.
May 20 . . −14 12 41.61	19 . . 8.82	July 1 . . −26 10 23.73	June 3 . . −26 53 25.06
28 . . 41.28		10 . . 23.03	19 . . 23.99
	B. A. C. 5408, 16ʰ 6ᵐ 35ˢ.	17 . . 23.12	21 . . 24.43
Weisse XV, 864, 15ʰ 45ᵐ 26ˢ.	May 23 . . −18 10 19.73		July 1 . . 24.56
June 3 . . −14 17 34.03	July 15 . . 20.31	(*), 16ʰ 34ᵐ 29ˢ.	
July 5 . . 33.70		July 1 . . −26 11 12.42	O. Arg. S. 16168, 16ʰ 50ᵐ 41ˢ.
	δ Ophiuchi, 16ʰ 7ᵐ 1ˢ.	10 . . 12.08	June 3 . . −26 57 37.84
(*), 15ʰ 45ᵐ 54ˢ.	June 21 . . − 3 19 50.49	17 . . 12.84	19 . . 36.67
	July 27 . . 50.90		21 . . 37.96
July 1 . . −18 31 53.43	July 14 . . 52.02	Lalande 30479, 16ʰ 38ᵐ 42ˢ.	July 1 . . 37.12
	25 . . 51.46	June 19 . . −19 50 25.06	
Weisse XV, 939, 15ʰ 49ᵐ 49ˢ.			O. Arg. S. 16206, 16ʰ 52ᵐ 36ˢ.
May 21 . . − 2 34 44.79	Weisse XVI, 121, 16ʰ 7ᵐ 20ˢ.	Lalande 30556, 16ʰ 41ᵐ 31ˢ.	May 20 . . −27 2 17.89
	July 10 . . −12 52 7.54	May 20 . . −26 29 36.48	21 . . 18.29
		22 . . 36.90	22 . . 18.39
		June 3 . . 37.96	June 18 . . 18.34
		18 . . 36.85	
		July 1 . . 36.88	O. Arg. S. 16208, 16ʰ 52ᵐ 45ˢ.
		4 . . 37.06	May 22 . . −27 3 42.55
		10 . . 36.92	June 18 . . 41.79

O. Arg. S. 16240, 16ʰ 54ᵐ 22ˢ.	B. A. C. 5839, 17ʰ 11ᵐ 45ˢ.	β Draconis, 17ʰ 27ᵐ 17ˢ.	Weisse XVII, 810, 17ʰ 41ᵐ 17ˢ.

1856.   °   ′   ″
 July   1   ..   −26 53 31.35
	1856. ° ′ ″
	 May 23 .. −17 36 21.32
	 June 18 .. 23.00
	        20 .. 21.96
	        27 .. 21.44
		1856. ° ′ ″
		 July 1 .. +52 24 24.14
		       4 .. 23.93
		      15 .. 23.34
		      21 .. 23.60
		      22 .. 22.95
			1856. ° ′ ″
			 June 2 .. −11 17 24.05
			 July 15 .. 24.18
			      24 .. 24.68

O. Arg. S. 16262, 16ʰ 55ᵐ 18ˢ.			Weisse XVII, 834, 17ʰ 42ᵐ 33ˢ.

May   20   ..   −27   0 38.73
      21   ..   40.07
      22   ..   39.60
 June   18   ..   38.51
	Weisse XVII, 202, 17ʰ 12ᵐ 31ˢ.
	 July 21 .. − 5 45 42.57
		Madras 1165, 17ʰ 26ᵐ 56ˢ.
		 August 6 .. −24 31 40.35
			May 28 .. −12 6 53.09
			 June 21 .. 53.62

Groombridge 2411, 16ʰ 59ᵐ 5ˢ.	(*), 17ʰ 13ᵐ 28ˢ.	α Ophiuchi, 17ʰ 28ᵐ 26ˢ.	Weisse XVII, 835, 17ʰ 42ᵐ 38ˢ.

June 20 .. +73 20 17.92	May 20 .. −27 51 34.32
	      21 .. 36.10
	      22 .. 35.12
	 July 14 .. 36.40
	      17 .. 34.85
		June 21 .. +12 39 54.27
		 July 10 .. 54.32
		      17 .. 54.35
		 August 7 .. 53.66
		      9 .. 54.01
			June 14 .. −12 53 23.54
			 July 26 .. 24.82

B. A. C. 5771, 17ʰ 0ᵐ 7ˢ.			Lalande 32559, 17ʰ 43ᵐ 14ˢ.
June 2 .. −17 25 10.33 19 .. 10.51 July 17 .. 10.99	(*), 17ʰ 13ᵐ 47ˢ. June 16 .. −24 48 47.08	Lalande 32045, 17ʰ 29ᵐ 18ˢ. August 22 .. −24 52 33.89	August 22 .. −25 43 49.01
O. Arg. S. 16366, 17ʰ 0ᵐ 21ˢ.	O. Arg. S. 16676, 17ʰ 14ᵐ 0ˢ.	B. A. C. 5946, 17ʰ 29ᵐ 22ˢ.	Weisse XVII, 867, 17ʰ 44ᵐ 3ˢ.

May   22   ..   −27 12 41.09
      23   ..   39.74
      28   ..   41.00
 June   18   ..   40.35
	June 3 .. −27 32 7.01
	 July 10 .. 5.35
	      10 .. 7.69
	      15 .. 7.09
		May 20 .. −27 57 25.59
		      21 .. 26.56
		      22 .. 25.43
		 June 20 .. 26.26
			August 22 .. −14 59 8.30
			      9 .. 7.01

			B. A. C. 6041, 17ʰ 44ᵐ 14ˢ.
ε Ursae Minoris, 17ʰ 0ᵐ 27ˢ.	Lalande 31543, 17ʰ 14ᵐ 27ˢ.	O. Arg. S. 17063, 17ʰ 32ᵐ 33ˢ.	August 22 .. −19 4 50.51

July   4   ..   +82 15 41.00
      10   ..   40.78
      15   ..   41.93
      21   ..   41.62
      22   ..   42.23
      24   ..   41.49
      26   ..   41.36
	May 28 .. −17 33 46.62
	 June 18 .. 46.79
	      20 .. 46.59
	      27 .. 45.81
		June 3 .. −18 0 15.29
		      18 .. 15.43
		      19 .. 15.63
			(*), 17ʰ 44ᵐ 31ˢ.
			 May 20 .. −28 1 10.01
			      21 .. 9.68
			      22 .. 10.67
			 June 19 .. 9.92

	(*), 17ʰ 14ᵐ 28ˢ.	O. Arg. S. 17068, 17ʰ 32ᵐ 56ˢ.	Lalande 32706, 17ʰ 46ᵐ 53ˢ.

Groombridge 2418, 17ʰ 3ᵐ 21ˢ.
 June   21   ..   +73 23 23.42
 July   1   ..   22.56
	June 21 .. −27 49 42.74
	 July 1 .. 43.95
	      4 .. 42.51
		June 3 .. −18 4 9.12
		      19 .. 10.46
			May 28 .. −18 15 41.16
			 June 2 .. 39.56
			      18 .. 39.93
			      20 .. 39.52

O. Arg. S. 16532, 17ʰ 7ᵐ 44ˢ.	Weisse XVII, 254, 17ʰ 15ᵐ 12ˢ.	(*), 17ʰ 33ᵐ 8ˢ.	B. A. C. 6063, 17ʰ 47ᵐ 51ˢ.

May   20   ..   −27 23 56.32
      22   ..   55.79
 June   3   ..   55.18
      19   ..   54.32
	July 22 .. − 6 11 10.84	August 22 .. −19 22 40.29
		 O. Arg. S. 17096, 17ʰ 34ᵐ 7ˢ.
		 August 9 .. −19 19 40.67
			May 21 .. −28 2 17.50
			      22 .. 18.28
			 June 2 .. 18.86
			      19 .. 17.79

η Herculis, 17ʰ 8ᵐ 16ˢ.	Lalande 31784, 17ʰ 21ᵐ 31ˢ.	O. Arg. S. 17114, 17ʰ 35ᵐ 2ˢ.	B. A. C. 6065, 17ʰ 48ᵐ 16ˢ.

July   22   ..   +14 33   9.98
      24   ..   9.69
      26   ..   10.10
 August   6   ..   8.96
	May 20 .. −17 41 22.17
	      22 .. 21.44
	 June 3 .. 22.62
	      19 .. 21.91
		August 9 .. −19 26 10.94
		 Taylor 8219, 17ʰ 39ᵐ 16ˢ.
			July 14 .. −15 47 1.78
			      22 .. 1.10
			      25 .. 0.99

B. A. C. 5827, 17ʰ 9ᵐ 29ˢ.	O. Arg. S. 16854, 17ʰ 21ᵐ 49ˢ.	May 20 .. −18 2 60.43
		      22 .. 60.53
		      23 .. 59.93
		 June 3 .. 60.44
		      18 .. 60.49
		      19 .. 60.73
			Weisse XVII, 966, 17ʰ 48ᵐ 20ˢ.

July 25 .. −24 7 48.26	May 20 .. −17 41 44.23
	      22 .. 44.42
	      23 .. 44.78
	 June 3 .. 44.79
	      18 .. 44.95
	      19 .. 44.58
			July 10 .. −15 9 20.02

B. A. C. 5829, 17ʰ 9ᵐ 29ˢ.			(?), 17ʰ 48ᵐ 21ˢ.

July 25 .. −24 7 40.44		Weisse XVII, 787, 17ʰ 40ᵐ 10ˢ.
		 July 22 .. −13 33 7.46
		      25 .. 7.33
			July 4 .. −15 17 51.07
			      24 .. 51.32

(*), 17ʰ 11ᵐ 20ˢ.	Lalande 31931, 17ʰ 25ᵐ 49ˢ.		Madras 1209, 17ʰ 48ᵐ 15ˢ.

May   22   ..   −27 37 22.29
      28   ..   20.71
 June   2   ..   21.08
      3   ..   22.19
      19   ..   20.82
	May 20 .. −17 44 0.15
	      22 .. 0.32
	      28 .. 0.73
	 June 3 .. 0.39
	      18 .. 0.85
		ρ Herculis, 17ʰ 40ᵐ 59ˢ.
		 July 10 .. +27 48 18.44
		      17 .. 18.13
		 August 6 .. 18.04
			June 21 .. −15 39 34.02
			 August 7 .. 32.85
			 O. Arg. S. 17433, 17ʰ 50ᵐ 35ˢ.
			 July 26 .. −15 35 13.33

MEAN DECLINATIONS OF STARS FOR 1860.0

(*), $17^h 52^m 28^s$.			(*), $18^h 5^m 22^s$.			(*), $18^h 13^m$.			B. A. C. 6294, $18^h 23^m 14^s$.		
1856. June	21	−15 39 25.47	1856. June	2	−27 32 5.23	1856. June	21	−26 31 6.76	1856. August	6	−18 29 40.50
August	22	25.48		18	6.30					22	42.06
				21	6.66	(*), $18^h 13^m$.					
			July	1	5.71	June	21	−26 30 30.17	B. A. C. 6301. $18^h 24^m 15^s$.		
(*), $17^h 53^m 2^s$.									May	20	−19 4 5.95
May	23	−27 52 5.62	μ^1 Sagittarii, $18^h 5^m 23^s$.							22	6.56
	28	6.00				Taylor 8458, $18^h 13^m 38^s$.			June	2	6.96
June	19	6.28	August	15	−21 5 27.77					3	7.27
	20	7.16	September	26	28.88	May	30	−26 28 38.09			
						July	1	38.85	Lalande 34229, $18^h 24^m 19^s$.		
ξ Draconis, $17^h 53^m 21^s$.			(*34) W., $18^h 6^m 29^s$.				10	39.07			
July	15	+51 30 24.62	July	22	−17 23 55.62		17	38.92	July	26	−22 13 57.27
	17	24.63				B. A. C. 6222, $18^h 13^m 33^s$.					
(*), $17^h 54^m 5^s$.			O. Arg. S. 17922, $18^h 7^m 17^s$.			July	25	−22 58 54.50	O. Arg. S. 18413, $18^h 26^m 53^s$.		
May	21	−27 49 17.06	May	23	−25 45 0.64	August	7	54.53	August	25	−22 11 46.56
	22	17.18	June	14	3.23						
June	3	17.91		15	1.99	O. Arg. S. 18151, $18^h 15^m 26^s$.			Lalande 34354, $18^h 27^m 23^s$.		
July	1	17.25		20	2.69	June	3	−26 30 53.46	August	7	−18 39 26.77
							18	53.78		15	26.03
O. Arg. S. 17558, $17^h 55^m 52^s$.			(*), $18^h 7^m 36^s$.								
May	28	−27 51 54.19	May	21	−27 27 14.37	O. Arg. S. 18160, $18^h 15^m 55^s$.			Lalande 34401, $18^h 28^m 20^s$.		
June	19	54.16		22	13.05	May	28	−26 33 41.65	July	24	−18 53 48.34
			July	10	15.15		30	42.13	August	9	48.24
Lalande 33089, $17^h 56^m 30^s$.						June	3	42.23			
July	22	−17 1 60.26	O. Arg. S. 17975, $18^h 9^m 3^s$.				18	41.91	(*19) W., $18^h 29^m 8^s$.		
	24	59.12	Aug.	9	−23 38 7.00		21	42.52	August	20	−21 48 46.61
										23	46.83
O. Arg. S. 17576, $17^h 56^m 31^s$.			B. A. C. 6194, $18^h 9^m 17^s$.			δ Ursæ Minoris, $18^h 17^m 30^s$.					
May	22	−27 50 14.01	May	30	−27 5 19.94	July	17	+86 36 7.53	B. A. C. 6336, $18^h 29^m 31^s$.		
	28	13.03	June	3	20.06		22	7.33	August	25	−21 30 32.58
June	3	13.74		27	20.72						
July	1	13.42	July	17	22.04	δ Ursæ Minoris, S. P., $18^h 17^m 30^s$.			(*35) W., $18^h 30^m 30^s$.		
						March	15	+86 36 6.35	July	24	−18 53 59.92
(*), $17^h 59^m 37^s$.			Lalande 33598, $18^h 9^m 37^s$.				17	5.81	August	9	59.22
May	22	−27 39 26.84	June	18	−18 50 41.15						
	23	28.04		19	41.42	O. Arg. S. 18229, $18^h 19^m 0^s$.			(*20) W., $18^h 32^m 20^s$.		
June	18	27.14	July	4	42.62	May	20	−26 42 45.29			
July	4	28.93					21	46.31	July	26	−21 46 55.35
	10	28.10	(*), $18^h 10^m 0^s$.				22	46.35	August	23	55.60
	14	29.76	May	28	−25 59 3.08		23	46.55			
	15	28.47	June	21	2.76						
	17	28.83	July	1	2.46	B. A. C. 6266, $18^h 19^m 38^s$.			α Lyræ, $18^h 32^m 12^s$.		
O. Arg. S. 17695, $18^h 0^m 27^s$.						July	25	−23 4 54.22	May	22	+38 39 20.25
June	2	−27 45 2.73	Lalande 33684, $18^h 11^m 24^s$.			August	22	54.26		23	19.66
	3	4.20	July	24	−23 22 6.07		23	54.43	June	3	20.28
	19	2.48	August	15	5.40				July	10	20.72
July	1	2.99								15	19.40
			Lalande 33694, $18^h 11^m 40^s$.			(*18) W., $18^h 19^m 45^s$.			October	8	19.42
(*33) W., $18^h 2^m 52^s$.			July	26	−17 48 16.16	July	24	−22 29 42.64			
July	24	−17 13 33.75	August	20	14.67		26	43.84	(*36) W., $18^h 36^m 2^s$.		
	26	34.42				August	15	44.33	July	24	−18 53 53.17
			B. A. C. 6214, $18^h 12^m 30^s$.						August	9	52.33
B. A. C. 6161, $18^h 3^m 10^s$.			May	20	−26 8 33.06	(*17) W., $18^h 21^m 13^s$.					
July	25	−23 45 32.15		22	33.43	July	15	−22 46 11.18	(*21) W., $18^h 36^m 32^s$.		
			July	15	33.77	August	20	10.29	August	7	−21 29 59.92
O. Arg. S. 17833, $18^h 4^m 44^s$.										25	58.00
May	28	−25 10 50.45	Lalande 33748, $18^h 13^m 9^s$.			B. A. C. 6293, $18^h 23^m 11^s$.			O. Arg. S. 18683, $18^h 40^m 3^s$.		
June	3	51.56	June	18	−18 55 4.68	August	7	−18 21 18.63	August	23	−22 13 47.56
	19	51.36		19	5.78		9	17.76		25	45.85
July	4	49.94	July	15	6.67						

OBSERVED WITH THE MURAL CIRCLE, 1856.

(²), 18ʰ 41ᵐ 4ˢ.
1856. ° ′ ″
August 27 . . −44 37 41.40

O. Arg. S. 19098, 18ʰ 59ᵐ 39ˢ.
1856. ° ′ ″
August 26 . . −21 54 34.94

B. A. C. 6619, 19ʰ 13ᵐ 32ˢ.
1856. ° ′ ″
August 30 . . −18 6 25.17

O. Arg. S. 19753, 19ʰ 28ᵐ 3ˢ.
1856. ° ′ ″
September 18 . . −19 12 31.58

Brisbane 6501, 18ʰ 41ᵐ 57ˢ.
August 27 . . −44 41 41.99

O. Arg. S. 19104, 18ʰ 59ᵐ 49ˢ.
August 26 . . −22 0 18.87

Gr. C. 1719, 19ʰ 14ᵐ 22ˢ.
August 7 . . −20 54 2.56

B. A. C. 6707, 19ʰ 28ᵐ 16ˢ.
August 6 . . −19 9 28.66
September 10 . . 29.59
13 . . 30.42
18 . . 29.56
26 . . 28.90

Madras 1304, 18ʰ 44ᵐ 43ˢ.
August 26 . . −19 17 2.08

B. A. C. 6536, 19ʰ 0ᵐ 4ˢ.
August 15 . . −19 30 20.33
20 . . 19.83
27 . . 20.81

O. Arg. S. 19472, 19ʰ 15ᵐ 20ˢ.
August 30 . . −18 7 8.54

O. Arg. S. 19770, 19ʰ 28ᵐ 39ˢ.
September 13 . . −19 5 25.26

ʲ Lyræ, 18ʰ 44ᵐ 55ˢ.
July 26 . . +33 12 7.62
August 7 . . 7.96
9 . . 8.49
22 . . 8.07
September 4 . . 8.94
26 . . 9.67
October 8 . . 8.67

B. A. C. 6548, 19ʰ 1ᵐ 26ˢ.
August 21 . . −21 14 31.96
September 10 . . 32.30
October 8 . . 32.70

(*), 19ʰ 17ᵐ 58ˢ.
September 18 . . −22 3 0.42

ʰ Aquilæ, 19ʰ 18ᵐ 26ˢ.
June 2 . . + 2 50 20.57
August 9 . . 19.59
15 . . 18.90
20 . . 19.31
23 . . 19.15
25 . . 18.95
September 2 . . 18.97
4 . . 20.12

B. A. C. 6710, 19ʰ 28ᵐ 56ˢ.
October 8 . . −18 32 18.29

O. Arg. S. 19780, 19ʰ 29ᵐ 8ˢ.
August 29 . . −29 7 24.84
29 . . 23.60

B. A. C. 6454, 18ʰ 49ᵐ 2ˢ.
August 27 . . −20 50 7.83

B. A. C. 6550, 19ʰ 1ᵐ 32ˢ.
July 26 . . −20 1 15.49
August 6 . . 15.03
7 . . 15.34
9 . . 14.74

O. Arg. S. 19811, 19ʰ 30ᵐ 18ˢ.
August 27 . . −20 37 6.61

B. A. C. 6461, 18ʰ 49ᵐ 23ˢ.
July 24 . . −21 17 12.57
25 . . 12.88
August 6 . . 12.72

O. Arg. S. 19245, 19ʰ 4ᵐ 34ˢ.
August 25 . . −26 8 14.12
26 . . 13.76

O. Arg. S. 19623, 19ʰ 21ᵐ 29ˢ.
August 27 . . −19 46 30.62

(*), 19ʰ 30ᵐ 20ˢ.
August 26 . . −27 22 45.47

O. Arg. S. 18916, 18ʰ 51ᵐ 12ˢ.
July 22 . . −22 0 53.64

Lalande 36087, 19ʰ 7ᵐ 12ˢ.
August 9 . . −20 1 27.26
September 26 . . 28.29
October 6 . . 29.21

(*), 19ʰ 21ᵐ 58ˢ.
August 27 . . −19 43 26.34

Lalande 37221, 19ʰ 31ᵐ 36ˢ.
July 26 . . −22 22 43.44
September 18 . . 42.73

(*), 18ʰ 52ᵐ 44ˢ.
July 22 . . −22 2 5.95

O. Arg. S. 19306, 19ʰ 7ᵐ 34ˢ.
September 2 . . −22 4 35.74
4 . . 35.79
18 . . 36.83

O. Arg. S. 19631, 19ʰ 21ᵐ 58ˢ.
August 21 . . −19 40 16.72

Madras 1417, 19ʰ 31ᵐ 55ˢ.
July 25 . . −20 51 52.41
August 7 . . 52.73
9 . . 51.54

O. Arg. S. 18978, 18ʰ 54ᵐ 22ˢ.
August 9 . . −20 37 39.15
21 . . 39.70

O. Arg. S. 19319, 19ʰ 8ᵐ 14ˢ.
September 4 . . −22 2 19.63
18 . . 18.69

(*), 19ʰ 23ᵐ 15ˢ.
August 9 . . −20 42 36.36
20 . . 36.00

O. Arg. S. 19863, 19ʰ 33ᵐ 6ˢ.
August 20 . . −26 42 20.46
30 . . 19.32

(* 22) W., 18ʰ 54ᵐ 24ˢ.
July 26 . . −20 36 24.00
August 7 . . 24.46
9 . . 23.16
21 . . 23.98

Lalande 36857, 19ʰ 23ᵐ 31ˢ.
July 26 . . −19 40 36.33
August 21 . . 35.62
27 . . 36.61
October 8 . . 36.92

Madras 1351, 19ʰ 8ᵐ 55ˢ.
August 7 . . −21 18 57.93
15 . . 58.77

Lalande 36878, 19ʰ 23ᵐ 51ˢ.
August 7 . . −20 41 34.41
9 . . 32.40
20 . . 33.34

O. Arg. S. 19874, 19ʰ 33ᵐ 48ˢ.
August 15 . . −26 46 3.97
September 10 . . 2.15

Lalande 35497, 18ʰ 54ᵐ 50ˢ.
August 15 . . −19 26 36.76

(*), 19ʰ 9ᵐ 28ˢ.
August 30 . . −18 9 55.46

Lalande 37507, 19ʰ 38ᵐ 3ˢ.
August 9 . . −21 51 33.72
September 13 . . 33.78
October 8 . . 33.63

(*), 18ʰ 55ᵐ 4ˢ.
September 2 . . −15 4 43.57
4 . . 43.34

O. Arg. S. 19374, 19ʰ 10ᵐ 50ˢ.
August 30 . . −18 10 41.86

O. Arg. S. 19715, 19ʰ 25ᵐ 57ˢ.
August 15 . . −19 52 6.94
23 . . 7.56
September 2 . . 7.36

B. A. C. 6760, 19ʰ 38ᵐ 12ˢ.
August 23 . . −20 5 37.69
September 10 . . 38.59
24 . . 37.96
26 . . 37.71

B. A. C. 6507, 18ʰ 56ᵐ 16ˢ.
July 25 . . −21 56 34.57

ᵟ Aquilæ, 19ʰ 11ᵐ 15ˢ.
August 23 . . +11 20 44.54

O. Arg. S. 19732, 19ʰ 27ᵐ 5ˢ.
September 20 . . −19 52 51.50

ζ Aquilæ, 18ʰ 58ᵐ 58ˢ.
June 20 . . +13 39 30.06
September 18 . . 28.95
26 . . 29.80

B. A. C. 6616, 19ʰ 13ᵐ 25ˢ.
August 6 . . −19 29 31.54
September 15 . . 32.00
October 8 . . 33.43

O. Arg. S. 19748, 19ʰ 27ᵐ 54ˢ.
September 2 . . −19 53 52.99

O. Arg. S. 19956, 19ʰ 39ᵐ 12ˢ.
August 25 . . −22 10 1.17

MEAN DECLINATIONS OF STARS FOR 1860.0

O. Arg. S. 19957, 19ʰ 39ᵐ 35ˢ.			LALANDE 38140, 19ʰ 53ᵐ 32ˢ.			O. Arg. S. 20429, 20ʰ 13ᵐ 12ˢ.			B. A. C. 7116, 20ʰ 30ᵐ 18ˢ.		
1856.	° ′	″	1856.	° ′	″	1856.	° ′	″	1856.	° ′	″
August 29	−26 14	17.34	September 17	−17 14	56.61	August 30	−23 55	0.99	September 18	−21 28	43.00
						September 2		0.42	20		42.32
γ Aquilæ, 19ʰ 39ᵐ 36ˢ.			LALANDE 38164, 19ʰ 53ᵐ 54ˢ.			4		0.02	27		41.65
August 7	+10 16	29.38	August 15	−19 28	57.24	26		0.05			
21		29.79	September 26		55.80	(*), 20ʰ 14ᵐ 54ˢ.			(*), 20ʰ 30ᵐ,		
27		29.56				September 18	−21 17	22.91	September 27	−21 27	30.72
WEISSE XIX, 1160, 19ʰ 41ᵐ 53ˢ.			O. Arg. S. 20200, 19ʰ 56ᵐ 9ˢ.			25		23.26			
August 7	+10 20	57.44	September 16	−22 34	41.84	(*), 20ʰ 17ᵐ 36ˢ.			(*), 20ʰ 30ᵐ 29ˢ.		
26		57.15	20		41.57	August 20	−33 45	32.32	September 26	−21 49	8.85
27		56.71				26		33.73			
			LALANDE 38290, 19ʰ 56ᵐ 57ˢ.			27		33.10	O. Arg. S. 20697, 20ʰ 31ᵐ 30ˢ.		
(*), 19ʰ 43ᵐ 2ˢ.			August 26	−19 9	50.23				September 18	−21 25	38.04
September 4	−22 29	44.07	September 24		49.45	LALANDE 39247, 20ʰ 18ᵐ 13ˢ.			20		37.21
						September 3	−15 25	59.44			
α Aquilæ, 19ʰ 43ᵐ 57ˢ.			MADRAS 1483, 19ʰ 57ᵐ 24ˢ.			17		59.48	B. A. C. 7134, 20ʰ 31ᵐ 56ˢ.		
August 21	+8 30	5.42	August 20	−16 45	59.20				September 3	−18 37	41.84
23		5.22	September 10		59.97	O. Arg. S. 20501, 20ʰ 18ᵐ 43ˢ.			22		41.34
September 3		5.83				September 18	−21 15	43.64			
			B. A. C. 6903, 20ʰ 0ᵐ 8ˢ.			25		43.40	O. Arg. S. 20709, 20ʰ 32ᵐ 5ˢ.		
(*), 19ʰ 44ᵐ 21ˢ.			August 21	−19 12	19.35				September 18	−21 27	5.11
September 16	−22 34	6.99	25		19.78	O. Arg. S. 20521, 20ʰ 19ᵐ 53ˢ.			20		5.63
20		8.14	26		20.52	August 29	−23 28	20.10	27		4.29
			27		20.04						
(*), 19ʰ 46ᵐ 19ˢ.			29		19.85	O. Arg. S. 20544, 20ʰ 21ᵐ 23ˢ.					
August 20	−22 6	8.52	September 26		18.82	August 7	−23 18	29.09	WEISSE XX, 860, 20ʰ 34ᵐ 4ˢ.		
25		8.22				September 26		28.09	October 8	−14 23	56.52
			O. Arg. S. 20274, 20ʰ 1ᵐ 38ˢ.								
LALANDE 37873, 19ʰ 47ᵐ 15ˢ.			September 22	−18 45	7.92	B. A. C. 7053, 20ʰ 21ᵐ 51ˢ.			B. A. C. 7150, 20ʰ 34ᵐ 42ˢ.		
August 29	−19 39	22.47				August 30	−19 2	47.28	August 30	−18 36	25.83
September 22		23.27	λ URSÆ MINORIS, 20ʰ 3ᵐ 54ˢ.			September 20		48.23	September 2		26.99
24		22.38	August 7	+88 53	25.83				4		26.50
			23		26.24	B. A. C. 7054, 20ʰ 21ᵐ 52ˢ.					
(*), 19ʰ 48ᵐ 18ˢ.			30		24.75	August 30	−19 2	35.78	α Cygni, 20ʰ 36ᵐ 39ˢ.		
September 20	−22 37	26.04	September 2		24.83	September 20		36.03	August 20	+44 46	54.38
			4		25.70	22		34.43	25		54.52
(*), 19ʰ 49ᵐ 27ˢ.			10		25.64				26		53.61
August 9	−17 27	16.68	18		25.03	O. Arg. S. 20569, 20ʰ 23ᵐ 26ˢ.			September 13		54.96
25		17.75				September 27	−22 58	19.18			
26		16.82	λ URSÆ MINORIS, S. P., 20ʰ 3ᵐ 54ˢ.						(*), 20ʰ 36ᵐ 45ˢ.		
			March 17	+88 53	23.49				September 26	−21 23	41.37
O. Arg. S. 20116, 19ʰ 50ᵐ 16ˢ.						WEISSE XX, 610, 20ʰ 24ᵐ 54ˢ.					
August 27	−22 37	27.27	α¹ CAPRICORNI, 20ʰ 9ᵐ 53ˢ.			September 4	−8 40	0.00	O. Arg. S. 20861, (1st *,) 20ʰ 40ᵐ 27ˢ.		
September 2		26.65	August 25	−12 56	15.38	13		0.47	September 4	−18 42	43.18
			26		16.78				13		42.99
O. Arg. S. 20126, 19ʰ 50ᵐ 46ˢ.			27		16.54	(*), 20ʰ 25ᵐ 19ˢ.			October 7		42.69
August 27	−22 38	20.66	29		16.03	September 18	−21 22	13.51			
September 2		19.81				25		12.13	O. Arg. S. 20861, (2d *,) 20ʰ 40ᵐ 28ˢ.		
			α² CAPRICORNI, 20ʰ 10ᵐ 17ˢ.						September 4	−18 42	50.46
B. A. C. 6850, 19ʰ 51ᵐ 16ˢ.			August 25	−12 58	32.86	WEISSE XX, 664, 20ʰ 26ᵐ 54ˢ.			13		50.58
September 2	−22 35	14.57	26		33.68	August 20	−14 55	5.66	October 7		48.90
10		14.50	27		33.90						
13		14.20	29		33.77	O. Arg. S. 20675, 20ʰ 30ᵐ 14ˢ.			WEISSE XX, 1022, 20ʰ 40ᵐ 34ˢ.		
16		13.61	September 24		32.15	September 17	−21 54	34.89	September 17	−12 58	5.26
20		14.30	25		33.43	24		34.77	18		6.43
			B. A. C. 6981, 20ʰ 11ᵐ 20ˢ.								
(*), 19ʰ 53ᵐ 21ˢ.			August 21	−19 33	8.27						
September 4	−22 29	29.82	September 17		6.75						
13		29.58	22		7.03						

OBSERVED WITH THE MURAL CIRCLE, 1856. 111

O. Arg. S. 20902, 20ʰ 43ᵐ 11ˢ.	61³ Cygni, 21ʰ 0ᵐ 39ˢ.	B. A. C. 7485, 21ʰ 25ᵐ 59ˢ.	B. A. C. 7620, 21ʰ 46ᵐ 7ˢ.
1856. ˢ ʺ	1856. ˢ ʺ	1856. ˢ ʺ	1856. ˢ ʺ
September 2 . . −27 45 50.90	August 25 . . +38 3 41.06	September 26 . . −16 48 54.47	October 11 . . −10 58 7.70
16 . . 50.12	26 . . 40.96	30 . . 52.92	29 . . 6.76
October 10 . . 50.72	27 . . 41.81	October 6 . . 54.33	November 12 . . 7.33
	30 . . 40.92		19 . . 6.77
(*), 20ʰ 43ᵐ 34ˢ.	September 2 . . 39.96	(*), 21ʰ 28ᵐ 11ˢ.	
	4 . . 41.47		16 Pegasi, 21ʰ 46ᵐ 42ˢ.
August 20 . . −39 25 (47.47)	13 . . 41.11	October 9 . . −16 19 5.10	
25 . . 44.46	16 . . 41.00		August 25 . . +25 16 4.62
26 . . 43.89	18 . . 41.18	(*), 21ʰ 28ᵐ 34ˢ.	
	20 . . 40.02		Lalande 42700, 21ʰ 47ᵐ 50ˢ.
O. Arg. S. 20922, 20ʰ 45ᵐ 4ˢ.	25 . . 40.90	October 11 . . −19 0 56.78	
	27 . . 41.15		September 15 . . −21 47 58.13
September 20 . . −18 4 50.75	October 7 . . 41.15	B. A., C. 7507, 21ʰ 29ᵐ 33ˢ.	
27 . . 52.39			B. A. C. 7649, 21ʰ 50ᵐ 56ˢ.
	ζ Cygni, 21ʰ 6ᵐ 59ˢ.	October 11 . . −19 3 45.97	
B. A. C. 7249, 20ʰ 46ᵐ 54ˢ.		12 . . 44.50	September 13 . . −21 50 56.06
	August 25 . . +29 39 16.11	24 . . 46.23	24 . . 55.02
September 24 . . −18 27 1.95	27 . . 15.84		October 3 . . 55.09
October 3 . . 2.35	30 . . 15.29		
6 . . 4.14	September 4 . . 16.10	O. Arg. S. 21525, 21ʰ 30ᵐ 12ˢ.	
	13 . . 16.23		Lalande 42813, 21ʰ 51ᵐ 6ˢ.
(*), 20ʰ 49ᵐ 9ˢ.	16 . . 16.25	September 2 . . −17 50 8.46	
	18 . . 16.98	4 . . 8.26	September 16 . . −20 16 24.94
August 20 . . −39 31 33.06	25 . . 15.63	10 . . 9.29	
25 . . 32.52	27 . . 15.44	16 . . 8.40	(*), 21ʰ 51ᵐ 27ˢ.
26 . . 32.04	October 2 . . 15.66		
	6 . . 16.36	Rumker 9349, 21ʰ 33ᵐ 50ˢ.	October 2 . . −23 30 19.09
(*), 20ʰ 50ᵐ 27ˢ.			
	(*), 21ʰ 13ᵐ 6ˢ.	September 22 . . −15 28 33.05	O. Arg. S. 21800, 21ʰ 53ᵐ 9ˢ.
September 18 . . −12 55 9.55		24 . . 31.57	
27 . . 7.79	September 2 . . −21 24 33.24	26 . . 33.53	August 25 . . −21 0 47.03
	4 . . 32.78	October 6 . . 34.33	
(*), 20ʰ 51ᵐ 10ˢ.	18 . . 33.31		O. Arg. S. 21829, 21ʰ 55ᵐ 36ˢ.
	October 10 . . 33.92	B. A. C. 7556, 21ʰ 36ᵐ 23ˢ.	
August 30 . . +82 31 56.38			September 25 . . −20 47 4.27
September 4 . . 57.90	α Cephei, 21ʰ 15ᵐ 14ˢ.	September 10 . . −15 23 20.28	
16 . . 56.92			O. Arg. S. 21832, 21ʰ 55ᵐ 42ˢ.
October 10 . . 55.91	September 10 . . +61 59 35.77	ε Pegasi, 21ʰ 37ᵐ 19ˢ.	
	13 . . 34.42		September 18 . . −22 22 34.28
B. A. C. 7282, 20ʰ 53ᵐ 0ˢ.		August 25 . . + 9 14 6.13	
	Weisse XXI, 316, 21ʰ 15ᵐ 39ˢ.	September 13 . . 5.81	
September 15 . . −18 4 26.07		25 . . 5.74	Lalande 42984, 21ʰ 56ᵐ 24ˢ.
17 . . 25.91	September 26 . . −11 11 1.95	27 . . 5.76	
	October 3 . . 1.01	October 2 . . 4.94	September 17 . . −22 27 21.68
Weisse XX, 1394, 20ʰ 54ᵐ 47ˢ.		7 . . 6.89	18 . . (24.34)
	B. A. C. 7425, 21ʰ 16ᵐ 14ˢ.	9 . . 5.41	26 . . 21.58
August 27 . . −12 59 37.76			27 . . 22.34
September 18 . . 38.52	September 2 . . −21 26 39.88	B. A. C. 7573, 21ʰ 38ᵐ 48ˢ.	30 . . 21.75
24 . . (35.73)	4 . . 40.34		November 24 . . 21.97
October 6 . . 37.60	18 . . 40.87	October 11 . . − 9 55 11.39	
		November 12 . . 10.79	
B. A. C. 7322, 20ʰ 58ᵐ 5ˢ.	(*), 21ʰ 17ᵐ 17ˢ.	24 . . 11.22	(*), 21ʰ 56ᵐ 39ˢ.
September 2 . . −17 47 12.49	September 25 . . −25 30 11.61	(*), 21ʰ 39ᵐ 54ˢ.	October 8 . . −19 45 7.72
October 2 . . 13.53	October 9 . . 12.84		
3 . . 10.07		September 2 . . −17 56 26.06	O. Arg. S. 21869, 21ʰ 58ᵐ 7ˢ.
	B. A. C. 7463, 21ʰ 22ᵐ 9ˢ.	4 . . 26.26	
61³ Cygni, 21ʰ 0ᵐ 37ˢ.		10 . . 26.19	September 13 . . −19 20 49.55
	October 10 . . −19 45 23.30	16 . . 25.80	15 . . 48.63
August 25 . . +38 3 46.73	12 . . 21.71		24 . . 48.01
26 . . 46.36		O. Arg. S. 21668, 21ʰ 41ᵐ 37ˢ.	October 6 . . 48.61
27 . . 47.22	(* 39) W., 21ʰ 22ᵐ.		
30 . . 46.20		September 27 . . −19 2 8.38	
September 2 . . 45.60	September 25 . . −16 28 5.40	October 2 . . 9.84	O. Arg. S. 21877, 21ʰ 58ᵐ 10ˢ.
4 . . 47.15			
16 . . 46.37	β Aquarii, 21ʰ 24ᵐ 11ˢ.	Weisse XXI, 1071, 21ʰ 45ᵐ 48ˢ.	October 2 . . −19 36 36.66
18 . . 46.71			
20 . . 45.48	September 4 . . − 6 11 5.81	September 22 . . −14 50 47.05	α Aquarii, 21ʰ 58ᵐ 35ˢ.
25 . . 47.36	13 . . 5.67	26 . . 47.56	
October 2 . . 47.16	16 . . 5.73	October 3 . . 47.32	September 22 . . − 0 59 54.32
7 . . 46.10	18 . . 5.53	6 . . 46.86	November 19 . . 53.38
	20 . . 6.53		
	October 7 . . 4.68		
	6.12		

MEAN DECLINATIONS OF STARS FOR 1860.0

LALANDE 43106, 22ʰ 0ᵐ 4ˢ.
1856. ° ′ ″
October 7 . . −22 16 26.20

WEISSE XXII, 13, 22ʰ 2ᵐ 7ˢ.
August 25 . . − 9 29 6.64

B. A. C. 7724, 22ʰ 3ᵐ 17ˢ.
September 4 . . −21 55 5.70

LALANDE 43288, 22ʰ 4ᵐ 56ˢ.
September 24 . . −16 42 58.67

O. ARG. S. 21987, 22ʰ 5ᵐ 25ˢ.
October 7 . . −22 5 45.72

O. ARG. S. 22002, 22ʰ 6ᵐ 22ˢ.
October 7 . . −22 6 11.78

O. ARG. S. 22013, 22ʰ 7ᵐ 0ˢ.
September 18 . . −24 41 50.83
25 . . 50.15
27 . . 49.70
30 . . 48.75
October 29 . . 49.95

B. A. C. 7771, 22ʰ 9ᵐ 20ˢ.
September 17 . . −13 31 40.67
22 . . 39.24
26 . . 40.49
October 6 . . 40.11

θ AQUARII, 22ʰ 9ᵐ 27ˢ.
August 25 . . − 8 28 44.66
October 2 . . 46.40
9 . . 45.52
November 24 . . 44.97

O. ARG. S. 22070, 22ʰ 11ᵐ 42ˢ.
September 18 . . −24 30 10.07
25 . . 9.42
27 . . 9.19
30 . . 8.72

O. ARG. S. 22089, 22ʰ 13ᵐ 44ˢ.
October 11 . . −29 28 33.04

O. ARG. S. 22121, 22ʰ 16ᵐ 19ˢ.
October 7 . . −29 22 51.21

O. ARG. S. 22126, 22ʰ 16ᵐ 51ˢ.
September 4 . . −24 4 30.08
16 . . 31.40
October 2 . . 31.30
9 . . 30.93
19 . . (28.48)

O. ARG. S. 22142, 22ʰ 18ᵐ 22ˢ.
1856. ° ′ ″
September 18 . . −23 38 5.46
25 . . 5.51
30 . . 5.35

O. ARG. S. 22144, 22ʰ 18ᵐ 29ˢ.
October 29 . . −24 23 32.14

WEISSE XXII, 467, 22ʰ 22ᵐ 36ˢ.
September 22 . . − 9 7 58.80
24 . . 57.42
October 3 . . 57.86

B. A. C. 7836, 22ʰ 22ᵐ 48ˢ.
September 10 . . −15 17 59.57
17 . . 59.62
October 8 . . 60.37

O. ARG. S. 22197, 22ʰ 23ᵐ 33ˢ.
September 16 . . −23 42 45.60
27 . . 45.09
October 2 . . 45.57

O. ARG. S. 22199, 22ʰ 23ᵐ 55ˢ.
August 25 . . −23 23 23.48
September 18 . . 23.75
October 7 . . 22.54
9 . . 24.30
11 . . 23.89

O. ARG. S. 22223, 22ʰ 26ᵐ 16ˢ.
September 13 . . −22 49 25.60
25 . . 25.24

O. ARG. S. 22230, 22ʰ 26ᵐ 42ˢ.
September 18 . . −23 19 25.66
October 7 . . (23.37)
9 . . 25.17
10 . . 25.21
11 . . 25.16

WEISSE XXII, 644, 22ʰ 31ᵐ 8ˢ.
September 17 . . −14 47 37.65
22 . . 36.97
October 3 . . 35.26

WEISSE XXII, 675, 22ʰ 32ᵐ 11ˢ.
September 10 . . − 8 19 53.03
October 8 . . 53.32

B. A. C. 7909, 22ʰ 34ᵐ 16ˢ.
October 10 . . −30 5 29.50

ζ PEGASI, 22ʰ 34ᵐ 29ˢ.
September 30 . . +10 6 7.01
November 19 . . 7.20

(*), 22ʰ 35ᵐ 4ˢ.
1856. ° ′ ″
September 16 . . −21 40 33.89
25 . . 35.10
27 . . 33.13
October 9 . . 34.66

WEISSE XXII, 761, 22ʰ 35ᵐ 54ˢ.
October 6 . . − 7 56 49.52
7 . . 48.59

O. ARG. S. 22378, 22ʰ 37ᵐ 9ˢ.
September 18 . . −21 40 53.32
25 . . 52.85

O. ARG. S. 22383, 22ʰ 37ᵐ 46ˢ.
October 2 . . −21 36 23.32

B. A. C. 7947, 22ʰ 40ᵐ 3ˢ.
October 11 . . −20 20 32.83

B. A. C. 7954, 22ʰ 42ᵐ 10ˢ.
September 22 . . −14 19 49.00
October 3 . . 50.02

WEISSE XXII, 900, 22ʰ 43ᵐ 16ˢ.
October 8 . . − 7 39 0.25

LALANDE 44823, 22ʰ 48ᵐ 0ˢ.
October 7 . . −20 53 3.37
9 . . 3.63

α PISCIS AUSTRALIS, 22ʰ 49ᵐ 54ˢ.
September 17 . . −30 21 49.42
25 . . 49.03
27 . . 49.28
30 . . 47.98
October 2 . . 49.53
3 . . 47.74
11 . . 48.15
29 . . 49.73
31 . . 48.09
November 19 . . 46.83
24 . . 47.70
49.28

WEISSE XXII, 1057, 22ʰ 51ᵐ 23ˢ.
September 24 . . − 6 25 19.29

WEISSE XXII, 1149, 22ʰ 55ᵐ 4ˢ.
September 25 . . −12 3 48.35

WEISSE XXII, 1150, 22ʰ 55ᵐ 4ˢ.
September 25 . . −12 3 41.47

LALANDE 45049, 22ʰ 55ᵐ 15ˢ.
October 7 . . −21 37 4.15

B. A. C. 8025, 22ʰ 55ᵐ 47ˢ.
October 10 . . −35 30 22.53

α PEGASI, 22ʰ 57ᵐ 47ˢ.
1856. ° ′ ″
October 11 . . +14 27 8.30

WEISSE XXII, 1220, 22ʰ 58ᵐ 10ˢ.
September 27 . . + 0 33 13.49
October 2 . . 11.91

WEISSE XXII, 1228, 22ʰ 58ᵐ 20ˢ.
October 9 . . + 1 0 41.77
November 24 . . 42.46

WEISSE XXII, 1232, 22ʰ 58ᵐ 45ˢ.
October 6 . . −11 11 31.74

B. A. C. 8060, 23ʰ 1ᵐ 33ˢ.
October 8 . . + 1 21 59.96
28 . . 59.02

WEISSE XXIII, 111, 23ʰ 6ᵐ 54ˢ.
September 24 . . + 4 14 11.79

B. A. C. 8058, 23ʰ 7ᵐ 14ˢ.
October 10 . . −41 51 48.96

PIAZZI XXIII, 21, 23ʰ 8ᵐ 29ˢ.
October 7 . . + 0 32 51.17
11 . . 51.44

WEISSE XXIII, 143, 23ʰ 8ᵐ 30ˢ.
November 24 . . −11 48 21.43

γ PISCIUM, 23ʰ 9ᵐ 54ˢ.
October 9 . . + 2 31 4.09

(⁸), 23ʰ 10ᵐ 32ˢ.
October 28 . . − 6 19 49.46

WEISSE XXIII, 309, 23ʰ 15ᵐ 45ˢ.
September 24 . . −11 32 29.15

(⁹), 23ʰ 16ᵐ 23ˢ.
November 13 . . + 5 11 30.32

SANTINI 1633, 23ʰ 21ᵐ 9ˢ.
October 28 . . + 5 18 18.92

WEISSE XXIII, 449, 23ʰ 22ᵐ 49ˢ.
September 22 . . + 0 23 34.29

WEISSE XXIII, 463, 23ʰ 23ᵐ 35ˢ.
November 20 . . −10 55 38.55

OBSERVED WITH THE MURAL CIRCLE, 1856 AND 1857.

SANTINI 1636, $23^h\ 25^m\ 7^s$.		
1856.	°	′ ″
September 24	+ 6 18	54.78

WEISSE XXIII, 602, $23^h\ 29^m\ 40^s$.		
November 13	+ 5 8	33.93
18		34.45

ι PISCIUM, $23^h\ 32^m\ 45^s$.		
September 17	+ 4 52	5.09
22		4.95
October 8		3.95
28		4.28
November 11		4.74
12		5.10
20		3.63
24		4.31
December 26		5.30

WEISSE XXIII, 803, $23^h\ 39^m\ 53^s$.		
October 28	+ 4 28	22.66

LALANDE 46629, $23^h\ 41^m\ 4^s$.		
October 9	+ 7 28	6.07
11		8.13

LALANDE 46632, $23^h\ 41^m\ 11^s$.		
October 9	+ 7 24	38.27
11		39.71

δ SCULPTORIS, $25^h\ 41^m\ 38^s$.		
November 13	− 28 54	15.65
22		16.50
December 26		15.31

WEISSE XXIII, 934, $23^h\ 46^m\ 2^s$.		
November 18	+ 4 22	44.60
20		44.67

(* 59) W., $23^h\ 47^m\ 43^s$.		
October 9	− 1 3	33.69

B. A. C. 8313, $23^h\ 48^m\ 5^s$.		
October 10	− 32 42	1.68

SANTINI 1664, $23^h\ 48^m\ 29^s$.		
September 17	+ 7 26	41.53
22		43.34

WEISSE XXIII, 1006, $23^h\ 49^m\ 38^s$.		
October 11	+ 3 56	44.28

ω PISCIUM, $23^h\ 52^m\ 7^s$.		
November 13	+ 6 5	17.82
22		17.47
December 26		18.37

WEISSE XXIII, 1075, $23^h\ 52^m\ 50^s$.		
October 28	+ 0 18	34.31

WEISSE XXIII, 1090, $23^h\ 53^m\ 24^s$.		
1856.	°	′ ″
October 28	+ 0 17	10.32

O. ARG, S. 23182, $23^h\ 53^m\ 34^s$.		
November 11	− 28 41	12.19

B. A. C. 8353, $23^h\ 55^m\ 14^s$.		
November 12	+ 8 10	40.37

WEISSE XXIII, 1179, $23^h\ 57^m\ 38^s$.		
October 11	+ 0 45	29.70

WEISSE XXIII, 1218, $23^h\ 59^m\ 42^s$.		
October 28	+ 1 4	52.88

WEISSE XXIII, 1227, $0^h\ 0^m\ 14^s$.		
1857.		
November 4	−11 48	44.46
7		44.53

WEISSE XXIII, 1242, $0^h\ 0^m\ 39^s$.		
November 11	−11 54	30.72
27		31.07

WEISSE O, 13, $0^h\ 2^m\ 21^s$.		
November 3	−10 57	59.49
December 14	58	2.09
19		1.30

WEISSE O, 28, $0^h\ 2^m\ 54^s$.		
December 3	− 9 45	14.06
15		14.41

WEISSE O, 41, $0^h\ 3^m\ 19^s$.		
December 10	−10 4	12.64
12		11.03

γ PEGASI, $0^h\ 6^m\ 2^s$.		
September 24	+14 24	18.05
October 1		19.32
8		17.92
9		18.19
November 12		18.82

WEISSE O, 102, $0^h\ 6^m\ 51^s$.		
November 17	−12 4	57.63
27		59.08

WEISSE O, 112, $0^h\ 7^m\ 31^s$.		
December 7	+ 2 35	9.32

35 PISCIUM, (1st *,) $0^h\ 7^m\ 46^s$.		
October 17	+ 8 2	35.73
21		36.24
31		36.02
November 2		35.04

35 PISCIUM, (2d *,) $0^h\ 7^m\ 46^s$.		
1857.	°	′ ″
October 17	+ 8 2	25.97
21		27.31
31		26.66

WEISSE O, 124, $0^h\ 8^m\ 7^s$.		
December 14	− 6 54	53.22
19		53.24
24		53.22

WEISSE O, 172, $0^h\ 10^m\ 39^s$.		
December 14	− 6 55	52.52
19		51.98
24		52.44

WEISSE O, 189, $0^h\ 11^m\ 39^s$.		
November 7	−11 43	34.02
11		33.35

8 CETI, $0^h\ 12^m\ 17^s$.		
September 24	− 9 36	1.10
October 1		1.43
8		0.72
9	35	59.58

WEISSE O, 199, $0^h\ 12^m\ 27^s$.		
December 3	− 7 59	47.09
7		48.16

WEISSE O, 202, $0^h\ 12^m\ 40^s$.		
November 4	+12 36	56.72

d PISCIUM, $0^h\ 13^m\ 24^s$.		
October 12	+ 7 24	45.45
31		44.55
November 2		45.70

WEISSE O, 236, $0^h\ 14^m\ 6^s$.		
November 14	− 5 56	4.78
27		6.38
December 12		5.67

WEISSE O, 239, $0^h\ 14^m\ 15^s$.		
December 3	−11 27	39.32
10		39.50

WEISSE O, 245, $0^h\ 14^m\ 40^s$.		
December 15	+ 5 6	45.83

44 PISCIUM, $0^h\ 18^m\ 18^s$.		
September 24	+ 1 9	50.57
October 1		50.32
8		51.60
9		51.52

WEISSE O, 312, $0^h\ 19^m\ 5^s$.		
November 3	+ 3	0.67
4	3	0.73
7	2	59.55

12 CETI, $0^h\ 22^m\ 54^s$.		
1857.	°	′ ″
October 21	− 4 43	52.86
November 17		52.83
26		54.07
December 10		53.11
12		53.09
14		54.72
19		53.65

15 CASSIOPEÆ, $0^h\ 25^m\ 0^s$.		
October 9	+62 9	31.20
31		30.90
November 12		32.90

WEISSE O, 421, $0^h\ 25^m\ 30^s$.		
November 3	− 9 48	24.78
11		26.02

WEISSE O, 434, $0^h\ 26^m\ 3^s$.		
November 14	− 4 37	15.43
December 24		15.54
31		16.58

WEISSE O, 437, $0^h\ 26^m\ 17^s$.		
December 19	− 4 48	53.81

WEISSE O, 444, $0^h\ 26^m\ 42^s$.		
November 7	− 9 29	30.12
December 3		29.23

RUMKER 138, $0^h\ 28^m\ 1^s$.		
December 7	+34 53	13.36
10		14.40

WEISSE (2) O, 746, $0^h\ 29^m\ 20^s$.		
December 12	+26 16	52.80

53 PISCIUM, $0^h\ 29^m\ 30^s$.		
October 17	+14 27	37.75
31		38.74

WEISSE (2) O, 832, $0^h\ 32^m\ 27^s$.		
December 1	+25 58	10.13
3		9.42

α CASSIOPEÆ, $0^h\ 32^m\ 35^s$.		
December 14	+55 46	7.36

WEISSE O, 560, $0^h\ 33^m\ 16^s$.		
November 11	− 8 25	19.96
17		18.66
26		20.64

WEISSE O, 601, $0^h\ 35^m\ 0^s$.		
November 4	− 3 49	9.57
7		8.84

15—T I & M C

MEAN DECLINATIONS OF STARS FOR 1860.0

β Ceti, 0ʰ 36ᵐ 34ˢ.		
1857.	° ′	″
January 9	−18 45	20.49
October 12		20.22
December 10		20.87
15		19.68
19		18.98

Weisse O, 641, 0ʰ 37ᵐ 24ˢ.		
November 14	− 6 23	34.92
17		34.88

(*), 0ʰ 38ᵐ 35ˢ.		
November 27	− 1 57	7.21

Weisse O, 678, 0ʰ 39ᵐ 35ˢ.		
November 2	+ 1 35	30.88
3		30.29
December 12		30.69

Weisse O, 687, 0ʰ 40ᵐ 2ˢ.		
November 11	− 1 55	15.21

ζ Andromdæ, 0ʰ 30ᵐ 56ˢ.		
October 8	+23 30	17.04
9		17.83
31		17.57

Weisse O, 706, 0ʰ 40ᵐ 58ˢ.		
December 1	+ 3 18	57.73

d Piscium, 0ʰ 41ᵐ 26ˢ.		
October 12	+ 6 49	20.66
17		21.30
December 31		20.63

(*), 0ʰ 42ᵐ 4ˢ.		
November 26	+ 1 31	18.52
December 7		18.63

Rumker 340, 0ʰ 43ᵐ 53ˢ.		
November 2	+ 1 59	1.08
3		59 1.30
December 14		58 59.80

B. A. C. 237, 0ʰ 44ᵐ 6ˢ.		
October 21	+ 2 37	29.99
December 10		29.26

Weisse (2) O, 1167, 0ʰ 45ᵐ 34ˢ.		
October 8	+29 35	15.76

Weisse O. 802, 0ʰ 46ᵐ 16ˢ.		
November 4	+ 2 32	32.60
7		31.34

Weisse O, 808, 0ʰ 46ᵐ 35ˢ.		
November 14	+ 6 30	54.86

(*), 0ʰ 48ᵐ 18ˢ.		
1857.	° ′	″
November 27	+ 1 32	12.08
December 1		12.83

(*), 0ʰ 50ᵐ 49ˢ.		
December 7	+ 1 43	44.80
10		45.29

Weisse O, 893, 0ʰ 51ᵐ 50ˢ.		
December 12	+ 1 54	10.06
31		10.66

Weisse O, 902, 0ʰ 52ᵐ 9ˢ.		
December 15	+ 2 19	39.61
24		38.14

Rumker 451, 0ʰ 52ᵐ 27ˢ.		
October 17	+ 3 13	17.72
21		18.46

Weisse O, 912, 0ʰ 52ᵐ 41ˢ.		
December 14	+ 2 32	49.96
19		49.83

Weisse O, 928, 0ʰ 53ᵐ 36ˢ.		
October 8	+ 4 4	43.85
November 2		44.67

Weisse O, 946, 0ʰ 54ᵐ 29ˢ.		
November 14	+ 8 51	2.21

B. A. C. 286, 0ʰ 55ᵐ 12ˢ.		
November 4	+ 8 4	6.35
11		5.92

(*), 0ʰ 55ᵐ 26ˢ.		
October 8	+ 3 39	45.14
12		45.82

ε Piscium, 0ʰ 55ᵐ 41ˢ.		
January 12	+ 7 8	9.03
November 3		9.13

Weisse O, 979, 0ʰ 56ᵐ 13ˢ.		
December 12	+ 2 30	11.49
14		10.53
19		11.03

Weisse O, 997, 0ʰ 57ᵐ 20ˢ.		
November 14	+ 8 50	3.57

B. A. C. 311, 0ʰ 58ᵐ 34ˢ.		
October 12	+ 4 9	43.97
17		43.76
November 26		43.00

B. A. C. 312, 0ʰ 58ᵐ 37ˢ.		
1857.	° ′	″
October 12	+ 4 9	47.89
17		48.35
November 26		46.35

Weisse O, 1028, 0ʰ 58ᵐ 51ˢ.		
December 12	+ 2 31	29.80

Weisse O, 1048, 0ʰ 59ᵐ 39ˢ.		
December 14	+ 3 3	41.45
15		43.10
19		42.85

(*), 1ʰ 1ᵐ 44ˢ.		
December 3	+ 8 58	58.77

Rumker, N. F., 538, 1ʰ 4ᵐ 14ˢ.		
December 31	+ 3 41	1.85

Rumker 558, 1ʰ 7ᵐ 29ˢ.		
December 14	+ 3 51	15.40
15		16.51
19		16.20

Polaris, 1ʰ 8ᵐ 2ˢ.		
October 8	+88 33	46.96
12		47.84
21		46.82
November 2		48.31
3		47.13
4		47.04
11		48.40
14		47.39
17		47.51
26		47.44
December 1		46.74
3		47.35
7		47.83
10		46.64
		46.27

Polaris, S. P., 1ʰ 8ᵐ 2ˢ.		
April 25	+88 33	49.01
30		48.02
9		48.50
12		48.89
16		48.04

Rumker 572, 1ʰ 9ᵐ 30ˢ.		
December 24	+ 4 18	57.40
31		56.93

Weisse I, 139, 1ʰ 16ᵐ 5ˢ.		
December 15	+ 3 55	33.15
19		32.81

(*), 1ʰ 11ᵐ 38ˢ.		
December 19	+ 3 54	59.41

Rumker 585, 1ʰ 11ᵐ 50ˢ.		
December 24	+ 4 17	46.25
31		45.65

Weisse I, 206, 1ʰ 13ᵐ 44ˢ.		
1857.	° ′	″
November 27	− 2 2	47.58

6¹ Ceti, 1ʰ 17ᵐ 2ˢ.		
January 12	− 8 54	23.03

(*), 1ʰ 21ᵐ 10ˢ.		
December 15	+13 55	56.22

η Piscium, 1ʰ 24ᵐ 0ˢ.		
November 2	+14 37	22.39
27		21.57
December 19		22.23

Weisse I, 450, 1ʰ 26ᵐ 30ˢ.		
January 12	− 2 35	4.85

π Piscium, 1ʰ 29ᵐ 40ˢ.		
December 15	+11 25	27.34

103 Piscium, 1ʰ 31ᵐ 44ˢ.		
November 2	+15 54	49.05
27		49.68
December 19		50.32

ν Piscium, 1ʰ 34ᵐ 9ˢ.		
November 7	+ 4 46	39.30
December 1		40.45
14		39.35

o Piscium, 1ʰ 38ᵐ 2ˢ.		
November 16	+ 8 27	4.67
December 15		6.38

(*), 1ʰ 39ᵐ 23ˢ.		
December 1	+10 8	35.47

ε Cassiopeæ, 1ʰ 44ᵐ 18ˢ.		
November 17	+62 58	41.11
27		41.75

β Arietis, 1ʰ 46ᵐ 55ˢ.		
January 9	+20 7	19.84
1		19.52
14		18.10
15		19.82
24		18.98

48 Cassiopeæ, 1ʰ 50ᵐ 31ˢ.		
November 17	+70 13	31.53
27		32.04

Weisse I, 943, 1ʰ 53ᵐ 17ˢ.		
January 9	+12 42	18.69

Weisse I, 963, 1ʰ 54ᵐ 24ˢ.		
December 14	+ 3 22	27.61

OBSERVED WITH THE MURAL CIRCLE, 1857.   115

Weisse I, 978, 1ʰ 55ᵐ 11ˢ.	30 Arietis, 2ʰ 28ᵐ 52ˢ.	(*), 3ʰ 48ᵐ 42ˢ.	Weisse IV, 705, 4ʰ 32ᵐ 27ˢ.
1857. ˢ ′ ″	1857. ° ′ ″	1857. ° ′ ″	1857. ° ′ ″
December 1 . . + 8 24 17.79 15 . . 19.10 19 . . 18.17	December 1 . . +24 2 10.54	January 6 . . +19 40 24.96	January 13 . . + 6 59 33.45
	B. A. C. 797, 2ʰ 28ᵐ 56ˢ.	γ¹ Eridani, 3ʰ 51ᵐ 30ˢ.	(*), 4ʰ 36ᵐ 5ˢ.
Weisse I, 1038, 1ʰ 58ᵐ 47ˢ.	December 1 . . +24 2 8.95	February 11 . . −13 54 32.26	February 11 . . − 1 43 9.96
December 19 . . + 8 46 6.79	B. A. C. 800, 2ʰ 29ᵐ 10ˢ.	Rumker 1084, 3ʰ 58ᵐ 19ˢ.	Weisse IV, 809, 4ʰ 37ᵐ 36ˢ.
Weisse I, 1040, 1ʰ 58ᵐ 49ˢ.	January 9 . . + 7 7 6.99	January 9 . . +15 18 59.69	February 11 . . − 1 41 46.36
January 12 . . + 7 34 43.74	ν Arietis, 2ʰ 30ᵐ 52ˢ.		
	November 27 . . +21 21 14.02	Rumker 1104, 4ʰ 3ᵐ 42ˢ.	(*), 4ʰ 41ᵐ 10ˢ.
α Arietis, 1ʰ 59ᵐ 17ˢ.		January 15 . . +28 4 11.03	January 13 . . + 1 13 3.23
November 27 . . +22 47 54.80	38 Arietis, 2ʰ 37ᵐ 20ˢ.		
	November 17 . . +11 51 14.56	o¹ Eridani, 4ʰ 5ᵐ 2ˢ.	Weisse IV, 858, 4ʰ 41ᵐ 32ˢ.
Weisse I, 1071, 2ʰ 0ᵐ 13ˢ.	December 1 . . 14.94	February 11 . . − 7 12 20.57	February 2 . . − 1 36 20.52 January 6 . . 24.07
November 17 . . + 8 10 37.97 December 14 . . 36.64	Weisse II, 742, 2ʰ 43ᵐ 26ˢ.		
	January 9 . . − 7 23 12.22	B. A. C. 1316, 4ʰ 10ᵐ 5ˢ.	
Weisse I, 1060, 2ʰ 0ᵐ 55ˢ.		January 9 . . +21 14 3.92	Weisse IV, 925, 4ʰ 43ᵐ 16ˢ.
November 17 . . + 8 11 1.13 December 14 . . 0.79	(*), 2ʰ 46ᵐ 29ˢ.		January 15 . . + 1 17 0.76
	December 1 . . − 2 12 56.55	Rumker 1163, 4ʰ 13ᵐ 30ˢ.	
Weisse II, 38, 2ʰ 4ᵐ 21ˢ.		January 6 . . +16 28 12.22 15 . . 13.52	Weisse IV, 972, 4ʰ 44ᵐ 59ˢ.
November 12 . . + 8 54 58.34 December 1 . . 58.44	B. A. C. 929, 2ʰ 52ᵐ 10ˢ.		January 6 . . + 1 16 19.04 15 . . 19.94
	January 9 . . + 8 20 51.75	Rumker 1167, 4ʰ 14ᵐ 42ˢ.	
B. A. C. 687, 2ʰ 6ᵐ 11ˢ.		January 6 . . +16 27 31.59 15 . . 32.29	(*), 4ʰ 46ᵐ 15ˢ.
January 12 . . + 4 21 26.23	γ Persei, 2ʰ 54ᵐ 26ˢ.		January 15 . . + 1 17 37.55
	December 1 . . +52 57 16.98	63 Tauri, 4ʰ 15ᵐ 22ˢ.	
Weisse II, 144, 2ʰ 10ᵐ 31ˢ.		January 6 . . +16 26 49.91 15 . . 50.82	(*), 4ʰ 46ᵐ 40ˢ.
November 17 . . +12 46 51.76 December 1 . . 51.69	Weisse III, 26, 3ʰ 3ᵐ 15ˢ.		January 6 . . + 1 20 11.94
	December 1 . . + 9 28 17.08		
		(*), 4ʰ 16ᵐ 25ˢ.	(*), 4ʰ 49ᵐ 36ˢ.
(*), 2ʰ 11ᵐ 1ˢ.	δ Arietis, 3ʰ 3ᵐ 36ˢ.	January 13 . . +16 28 33.36	January 6 . . + 1 17 48.11
November 27 . . +55 15 46.21	November 17 . . +19 11 40.67		
		(*), 4ʰ 18ᵐ 21ˢ.	α Aurigæ, 5ʰ 6ᵐ 21ˢ.
Weisse II, 168, 2ʰ 11ᵐ 30ˢ.	Weisse III, 35, 3ʰ 4ᵐ 28ˢ.	January 13 . . +16 26 56.40	January 15 . . +45 51 3.47 February 9 . . 3.44 11 . . 3.19
December 15 . . − 5 31 3.44 19 . . 3.66	January 9 . . + 8 11 28.22		
		Weisse (2) IV, 391, 4ʰ 18ᵐ 38ˢ.	
(*), 2ʰ 11ᵐ 31ˢ.	64 Arietis, 3ʰ 16ᵐ 2ˢ.	January 6 . . +16 25 36.84 15 . . 37.85	Weisse (2) V, 421, 5ʰ 16ᵐ 36ˢ.
December 15 . . − 5 33 52.45 19 . . 53.40	February 2 . . +24 13 32.94		February 11 . . +30 34 4.38
		B. A. C. 1402, 4ʰ 23ᵐ 51ˢ.	
ί Persei, 2ʰ 12ᵐ 35ˢ.	Weisse III, 295, 3ʰ 17ᵐ 24ˢ.	January 9 . . +15 32 53.47	β Tauri, 5ʰ 17ᵐ 27ˢ.
November 27 . . +55 12 8.47	December 1 . . + 9 30 45.27		January 15 . . +28 29 6.35
		α Tauri, 4ʰ 27ᵐ 53ˢ.	
Weisse II, 250, 2ʰ 16ᵐ 25ˢ.	Weisse (2) III, 721, 3ʰ 33ᵐ 23ˢ.	February 2 . . +16 13 29.90	Weisse V, 449, 5ʰ 19ᵐ 13ˢ.
January 12 . . − 6 49 46.20	January 6 . . +18 56 5.76		February 23 .. . −13 15 23.70
		Weisse IV, 646, 4ʰ 30ᵐ 21ˢ.	
Weisse II, 278, 2ʰ 17ᵐ 44ˢ.	Rumker 940, 3ʰ 34ᵐ 21ˢ.	January 6 . . + 7 1 55.98 13 . . 56.95	δ Orionis, 5ʰ 24ᵐ 51ˢ.
December 1 . . + 7 54 56.16	February 2 . . +14 20 26.74 11 . . 24.16		February 9 . . − 0 24 21.38
		B. A. C. 1437, 4ʰ 31ᵐ 15ˢ.	B. A. C. 1742, 5ʰ 26ᵐ 54ˢ.
ξ² Ceti, 2ʰ 20ᵐ 43ˢ.	Weisse (2) III, 931, 3ʰ 42ᵐ 12ˢ.	January 11 . . +15 38 15.03	February 11 . . +23 56 33.97
November 27 . . + 7 49 50.24	January 6 . . +26 38 56.56		

MEAN DECLINATIONS OF STARS FOR 1860.0

WEISSE (2) V, 782, 5ʰ 26ᵐ 58ˢ.	WEISSE (2) VI, 533, 6ʰ 19ᵐ 23ˢ.	WEISSE VII, 320, 7ʰ 11ᵐ 10ˢ.	(*), 7ʰ 56ᵐ 17ˢ.
1857. ° ′ ″ January 13 . +31 3 21.55	1857. ° ′ ″ January 13 . +24 20 14.37 15 . . 15.12	1857. ° ′ ″ February 17 . +12 5 34.22 28 . . 35.55	1857. ° ′ ″ February 3 . +20 11 20.91
ν ORIONIS, 5ʰ 29ᵐ 7ˢ.	WEISSE VI, 544, 6ʰ 19ᵐ 40ˢ.	(*), 7ʰ 17ᵐ 28ˢ.	WEISSE (2) VII, 1597, 7ʰ 58ᵐ 11ˢ.
January 15 . . −1 17 40.26	February 9 . . −14 25 41.44	February 26 . . +10 24 44.45	February 26 . . +16 46 53.31
WEISSE V, 674, 5ʰ 34ᵐ 22ˢ.	WEISSE (2) VI, 809, 6ʰ 27ᵐ 59ˢ.	(*), 7ʰ 19ᵐ 44ˢ.	WEISSE (2) VII, 1659, 8ʰ 0ᵐ 14ˢ.
February 23 . . −13 45 31.55	January 13 . . +24 32 22.35 15 . . 22.96	February 26 . . +10 21 55.48	February 26 . . +16 49 1.63
α COLUMBÆ, 5ʰ 34ᵐ 35ˢ.	WEISSE (2) VI, 826, 6ʰ 28ᵐ 31ˢ.	(*), 7ʰ 22ᵐ 58ˢ.	WEISSE (2) VII, 1669, 8ʰ 0ᵐ 29ˢ.
January 13 . . −34 9 4.10 February 9 . . 1.50 10 . . 0.73 11 . . 0.67	January 13 . . +24 30 38.95 15 . . 38.33	February 17 . −18 35 25.39	March 7 . . +16 51 14.47
WEISSE V, 1143, 5ʰ 45ᵐ 12ˢ.	γ GEMINORUM, 6ʰ 29ᵐ 38ˢ.	March 10 . . +21 46 30.44	February 23 . . +42 2 42.14
February 23 . . −13 50 34.00	February 17 . . +16 30 52.03	(*), 7ʰ 31ᵐ 56ˢ.	
α ORIONIS, 5ʰ 47ᵐ 36ˢ.	WEISSE (2) VI, 935, 6ʰ 31ᵐ 31ˢ.	March 7 . . +21 46 8.38 10 . . 6.82	ρ ARGUS, 8ʰ 1ᵐ 35ˢ.
February 10 . . +7 22 39.51	February 9 . . +23 47 46.49	(*), 7ʰ 34ᵐ 10ˢ.	February 3 . . −23 54 12.63 17 . . 11.26
WEISSE (2) V, 1598, 5ʰ 48ᵐ 58ˢ.	31 CEPHEI, 6ʰ 33ᵐ 38ˢ.	February 23 . . −14 19 21.11	O. ARG. N. 8922, 8ʰ 15ᵐ 38ˢ.
January 13 . . +21 57 40.59 February 11 . . 42.52	February 10 . . +87 14 54.12	WEISSE VII, 1053, 7ʰ 34ᵐ 40ˢ.	February 26 . . +56 58 34.86
B. A. C. 1934, 5ʰ 55ᵐ 10ˢ.	51 CEPHEI, S. P., 6ʰ 33ᵐ 39ˢ.	February 28 . . +13 34 12.81	B. A. C. 2806, 8ʰ 16ᵐ 16ˢ.
February 11 . . +19 41 21.12	June 20 . . +87 14 53.87 25 . . 54.99 27 . . 54.29 July 7 . . 54.51 14 . . 55.06 25 . . 53.74 August 11 . . 55.43	B. A. C. 2544, 7ʰ 35ᵐ 2ˢ. February 17 . . +22 43 32.73	February 3 . . +11 4 49.59
WEISSE V, 1487, 5ʰ 56ᵐ 14ˢ.		(*), 7ʰ 43ᵐ 42ˢ.	WEISSE (2) VIII, 429, 8ʰ 19ᵐ 1ˢ.
February 23 . . −14 1 39.86.	WEISSE VI, 1069, 6ʰ 35ᵐ 28ˢ.	February 28 . . +0 28 59.65	February 28 . . +19 42 38.77
ν ORIONIS, 5ʰ 59ᵐ 35ˢ.	February 23 . . −14 20 35.58	(*), 7ʰ 44ᵐ 53ˢ.	υ CANCRI, 8ʰ 24ᵐ 36ˢ.
January 15 . . +14 46 52.95 February 17 . . (50.80)	B. A. C. 2221, 6ʰ 40ᵐ 28ˢ.	February 9 . . +0 31 48.60	February 17 . . +20 54 49.72 26 . . 49.86
LALANDE 11684, 6ʰ 2ᵐ 9ˢ.	February 9 . . −14 16 42.07	(*), 7ʰ 45ᵐ 57ˢ.	
January 13 . . +26 2 14.88	WEISSE VI, 1351, 6ʰ 44ᵐ 25ˢ.	March 7 . . +20 32 29.50	(*), 8ʰ 30ᵐ 51ˢ.
		(*), 7ʰ 45ᵐ 58ˢ.	February 28 . . +6 52 32.84
WEISSE (2) VI, 12, 6ʰ 2ᵐ 37ˢ.	February 9 . . −14 34 49.43	February 23 . . +0 32 9.13	WEISSE VIII, 826, 8ʰ 32ᵐ 13ˢ.
February 11 . . +31 11 54.21	O. ARG. N. 7442, 6ʰ 50ᵐ 46ˢ.	WEISSE (2) VII, 1212, 7ʰ 46ᵐ 28ˢ.	February 26 . . +12 2 0.03
LALANDE 11714, 6ʰ 3ᵐ 1ˢ.	February 26 . . +60 47 49.21	February 17 . . +39 39 1.69	WEISSE VIII, 885, 8ʰ 33ᵐ 53ˢ.
January 13 . . +26 0 39.94	RUMKER 2066, 6ʰ 57ᵐ 12ˢ.	B. A. C. 2632, 7ʰ 47ᵐ 29ˢ.	February 17 . . −14 12 13.73
WEISSE VI, 264, 6ʰ 9ᵐ 34ˢ.	February 9 . . +60 57 32.32	February 3 . . +20 15 0.62 10 . . 14 59.33	ε HYDRÆ, 8ʰ 39ᵐ 22ˢ.
February 23 . . −14 23 6.16	WEISSE VII, 250, 7ʰ 8ᵐ 47ˢ.	WEISSE (2) VII, 1366, 7ʰ 48ᵐ 25ˢ.	February 3 . . +6 55 47.08 6 . . 47.65 7 . . 47.58
μ GEMINORUM, 6ʰ 14ᵐ 27ˢ.	February 23 . . −14 22 7.59	March 10 . . +20 15 41.82	March 7 . .
January 13 . . +22 34 53.68 15 . . 53.89	O. ARG. N. 7753, 7ʰ 9ᵐ 36ˢ.	(*), 7ʰ 50ᵐ 3ˢ.	(*), 8ʰ 40ᵐ 44ˢ.
	February 26 . . +60 14 28.83	February 26 . . +20 31 46.85 28 . . 46.82	April 7 . . +22 42 58.57
(*), 6ʰ 18ᵐ 18ˢ.	RUMKER 2175, 7ʰ 9ᵐ 53ˢ.	6 CANCRI, 7ʰ 54ᵐ 55ˢ.	B. A. C. 2995, 8ʰ 43ᵐ 14ˢ.
January 13 . . +24 18 9.63 15 . . 10.06	February 9 . . +60 9 19.88	February 28 . . +28 10 58.83	February 26 . . +15 52 2.77

OBSERVED WITH THE MURAL CIRCLE, 1857.   117

Weisse VIII, 1276, 8ʰ 49ᵐ 33ˢ.	π Leonis, 9ʰ 52ᵐ 49ˢ.	Lalande 20419, 10ʰ 25ᵐ 14ˢ.	(*), 10ʰ 55ᵐ 1ˢ.
1857. ° ′ ″ April 7 . −13 22 15.39	1857. ° ′ ″ April 29 . + 8 42 51.01	1857. ° ′ ″ April 25 . − 7 28 36.32 30 35.21	1857. ° ′ ″ April 25 . + 9 21 36.39
Ursæ Majoris, 8ʰ 49ᵐ 36ˢ.	Weisse IX, 1204, 9ʰ 56ᵐ 15ˢ.	Weisse (2) X, 642, 10ʰ 32ᵐ 6ˢ.	Weisse X, 1006, 10ʰ 56ᵐ 23ˢ.

February 17   .   +48 35 16.78
        26   .   17.17
 March   7   .   17.60
	April 7 . +12 47 51.85	February 28 . +36 13 15.68
		 April 23 . 16 24
			April 7 . + 9 28 59.99
			       25 . 59.34

Rumker 2702, 8ʰ 49ᵐ 38ˢ.	Weisse (2) X, 1282, 10ʰ 0ᵐ 5ˢ.	Weisse X, 618, 10ʰ 34ᵐ 53ˢ.	χ Leonis, 10ʰ 57ᵐ 48ˢ.

February   3   .   +54 19   7.35
         28   .   8.11
	February 3 . +16 57 33.52	April 7 . +11 5 14.51
		      25 . 13.50
		      29 . 14.78
			April 4 . + 8 5 30.13

Weisse VIII, 1282, 8ʰ 49ᵐ 52ˢ.	Weisse (2) X, 1316, 10ʰ 1ᵐ 32ˢ.		Weisse X, 1075, 10ʰ 59ᵐ 56ˢ.
April 7 . −13 43 47.65	April 11 . +21 1 1.89	Weisse X, 656, 10ʰ 37ᵐ 3ˢ.	February 28 . +10 58 7.55 April 29 . 7.96
83 Cancri, 9ʰ 11ᵐ 10ˢ.	Rumker 3076, 10ʰ 3ᵐ 8ˢ.	April 7 . +11 6 36.02	Rumker 3457, 11ʰ 3ᵐ 15ˢ.
March 7 . +18 17 47.72 April 23 . 47.26	April 25 . +12 30 44.47	Weisse X, 673, 10ʰ 38ᵐ 22ˢ.	April 23 . + 8 39 2.04 30 . 1.48

B. A. C. 3194, 9ʰ 15ᵐ 25ˢ.	Weisse X, 76, 10ʰ 6ᵐ 0ˢ.	April 25 . +10 45 28.03
		      29 . 29.83
		      30 . 28.35
			B. A. C. 3837, 11ʰ 6ᵐ 45ˢ.

February   3   .   +25 46 45.55
         28   .   43.49
	March 7 . +12 1 48.25
	 April 29 . 48.98
			April 25 . + 8 49 33.82
			       30 . 34.03

Weisse (2) IX, 478, 9ʰ 23ᵐ 3ˢ.	(*), 10ʰ 6ᵐ.	Weisse X, 716, 10ʰ 40ᵐ 49ˢ.	d Leonis, 11ʰ 6ᵐ 39ˢ.
February 3 . +21 54 13.67	March 7 . +12 2 39.70	February 28 . +12 37 47.22 April 23 . 47.41	April 4 . +21 17 24.15
Weisse (2) IX, 486, 9ʰ 23ᵐ 17ˢ.	Weisse X, 173, 10ʰ 10ᵐ 56ˢ.	l Leonis, 10ʰ 41ᵐ 54ˢ.	δ Crateris, 11ʰ 12ᵐ 21ˢ.

February 28 . +25 1 41.89	April 7 . +11 32 10.48
	      11 . 9.29
	      23 . 9.57
	      29 . 10.55
		February 3 . +11 17 5.67
		 April 4 . 4.79
			April 24 . −14 1 16.46

d Ursæ Majoris, 9ʰ 23ᵐ 28ˢ.	Weisse X, 234, 10ʰ 14ᵐ 28ˢ.	(*), 10ʰ 41ᵐ 44ˢ.	Weisse XI, 234, 11ʰ 14ᵐ 26ˢ.

April   7   .   +52 18 47.15
       23   .   46.74
	April 7 . +11 24 17.30	April 30 . +10 30 33.83	April 23 . + 7 59 25.27
			       25 . 24.90
			       30 . 25.26

B. A. C. 3316, 9ʰ 35ᵐ 31ˢ.	Weisse X, 276, 10ʰ 16ᵐ 54ˢ.	Weisse X, 757, 10ʰ 42ᵐ 38ˢ.	
February 3 . +20 49 51.84 April 7 . 52.73	March 7 . +11 17 42.42 April 11 . 43.56 23 . 42.77	April 30 . +10 33 50.67	B. A. C. 3892, 11ʰ 19ᵐ 3ˢ.
ε Leonis, 9ʰ 37ᵐ 54ˢ.	Weisse X, 288, 10ʰ 17ᵐ 34ˢ.	Weisse X, 822, 10ʰ 45ᵐ 29ˢ.	April 4 . + 9 25 45.66
April 23 . +24 25 1.77	April 25 . +10 41 28.24	April 25 . +12 1 51.38	B. A. C. 3915, 11ʰ 23ᵐ 11ˢ.
Weisse (2) IX, 831, 9ʰ 39ᵐ 44ˢ.	Weisse (2) X, 360, 10ʰ 18ᵐ 50ˢ.	Weisse X, 837, 10ʰ 46ᵐ 20ˢ. 25 . +12 3 17.68	April 23 . +19 10 49.32
April 7 . +44 11 0.23 23 . 0.60	February 28 . +17 56 5.19	Weisse X, 859, 10ʰ 47ᵐ 26ˢ.	Rumker 3636, 11ʰ 26ᵐ 51ˢ.

	Weisse (2) X, 374, 10ʰ 19ᵐ 20ˢ.	February 3 . − 0 46 25.73
		        28 . 24.73
		 March 7 . 25.60
		 April 7 . 24.55
		        23 . 25.05
			April 24 . +15 40 0.85

Weisse (2) IX, 867, 9ʰ 41ᵐ 22ˢ.	February 28 . +17 55 58.51		Weisse XI, 488, 11ʰ 28ᵐ 39ˢ.
March 7 . +18 42 24.76	B. A. C. 3575, 10ʰ 20ᵐ 14ˢ.	Lalande 21026, 10ʰ 48ᵐ 58ˢ.	April 23 . −13 41 17.04

B. A. C. 3367, 9ʰ 44ᵐ 0ˢ.	April 7 . +10 28 29.66
	      29 . 28.70
		February 3 . − 0 52 20.20
		         28 . 21.14
		 March 7 . 22.39
		 April 7 . 20.55
		        23 . 21.68
			(*), 11ʰ 32ᵐ 39ˢ.

February 28 . −35 37 0.92	(*), 10ʰ 21ᵐ 24ˢ.		May 5 . − 5 19 58.97
(*), 9ʰ 44ᵐ 39ˢ.	April 23 . − 7 34 26.44 25 . 28.20		Rumker 3697, 11ʰ 34ᵐ 49ˢ.
February 28 . −35 36 36.63		Weisse X, 987, 10ʰ 55ᵐ 15ˢ.	May 8 . +22 59 23.08

Weisse (2) IX, 1036, 9ʰ 51ᵐ 23ˢ.	Weisse X, 377, 10ʰ 21ᵐ 56ˢ.	April 23 . + 9 55 31.06
		       29 . 30.65
		       30 . 30.72
			Rumker 3706, 11ʰ 35ᵐ 26ˢ.

February 3 . +42 59 9.84 April 7 . 10.22	March 7 . +11 14 27.21		April 25 . +12 38 23.23

MEAN DECLINATIONS OF STARS FOR 1860.0

RUMKER 3738, 11^h 39^m 45^s.		
1857.	°	′ ″
April	24 . .	+24 29 52.54

(*), 11^h 40^m 46^s.		
April	30 . .	+21 1 3.54
May	7 . .	2.69

B. A. C. 3990, 11^h 40^m 46^s.		
April	30 . .	+20 59 49.57
May	7 . .	48.52

WEISSE (2) XI, 816, 11^h 41^m 48^s.		
April	25 . .	+16 54 35.63

β LEONIS, 11^h 41^m 55^s.		
April	17 . .	+15 21 16.84

WEISSE (2) XI, 841, 11^h 42^m 55^s.		
April	30 . .	+21 4 1.89
May	5 . .	1.32
	7 . .	0.52

WEISSE (2) XI, 889, 11^h 45^m 58^s.		
May	8 . .	+17 37 44.76

γ URSÆ MAJORIS, 11^h 46^m 27^s.		
April	23 . .	+54 28 22.73

O. ARG. S. 11827, 11^h 53^m 20^s.		
April	25 . .	−21 6 0.45
May	5 . .	1.95

O. ARG. S. 11828, 11^h 53^m 31^s.		
April	23 . .	−21 3 28.17
	25 . .	27.68
May	5 . .	27.30

(*), 11^h 55^m 36^s.		
May	7 . .	− 9 52 11.05

WEISSE (2) XI, 1110, 11^h 56^m 52^s.		
May	8 . .	+19 35 52.71

ε CORVI, 12^h 2^m 56^s.		
April	24 . .	−21 50 25.66
	25 . .	26.09
	30 . .	27.35
May	5 . .	27.38
	6 . .	27.86
	7 . .	29.19
	12 . .	27.14

B. A. C. 4096, 12^h 2^m 55^s.		
April	29 . .	+ 6 35 8.44

WEISSE XII, 53, 12^h 4^m 50^s.		
April	23 . .	+ 6 7 16.67

WEISSE XII, 63, 12^h 5^m 9^s.		
1857.	°	′ ″
May	8 . .	+ 6 39 13.16

WEISSE XII, 91, 12^h 6^m 56^s.		
April	29 . .	+ 5 46 43.21

WEISSE XII, 160, 12^h 11^m 0^s.		
April	24 . .	+ 5 52 22.23
May	9 . .	21.48

(*), 12^h 12^m 18^s.		
April	23 . .	+ 7 46 11.37

RUMKER 3907, 12^h 12^m 32^s.		
May	8 . .	+ 6 19 32.80

η VIRGINIS, 12^h 12^m 45^s.		
April	30 . .	+ 0 6 41.96
May	5 . .	42.17
	7 . .	41.05
	12 . .	42.26

RUMKER 3911, 12^h 12^m 47^s.		
April	25 . .	+ 6 26 54.57

WEISSE (2) XII, 446, 12^h 21^m 48^s.		
April	23 . .	+22 46 43.81
	24 . .	44.41

WEISSE (2) XII, 478, 12^h 23^m 0^s.		
May	6 . .	+25 6 49.80
	8 . .	50.77

WEISSE (2) XII, 390, 12^h 24^m 4^s.		
May	25 . .	− 6 53 23.39
	30 . .	24.95

WEISSE (2) XII, 500, 12^h 24^m 4^s.		
May	9 . .	+24 32 43.78
	12 . .	43.95

WEISSE XII, 409, 12^h 24^m 43^s.		
April	29 . .	+ 6 29 2.06

WEISSE XII, 416, 12^h 25^m 15^s.		
April	29 . .	+ 6 28 32.89

WEISSE XII, 515, 12^h 31^m 22^s.		
April	25 . .	+ 0 59 17.47

WEISSE XII, 519, 12^h 31^m 32^s.		
May	8 . .	+14 34 38.75

WEISSE XII, 525, 12^h 31^m 59^s.		
April	30 . .	+14 36 18.09

(*), 12^h 31^m 48^s.		
April	24 . .	+14 34 27.12

WEISSE XII, 549, 12^h 33^m 26^s.		
1857.	°	′ ″
May	12 . .	− 7 40 21.69

γ VIRGINIS, 12^h 34^m 34^s.		
May	9 . .	− 0 40 52.59

WEISSE XII, 583, 12^h 35^m 15^s.		
May	7 . .	+ 2 23 9.20

WEISSE XII, 584, 12^h 35^m 20^s.		
April	25 . .	+ 2 5 57.61

WEISSE XII, 706, 12^h 41^m 49^s.		
April	25 . .	+14 48 3.64
May	8 . .	3.36

B. A. C. 4301, 12^h 41^m 54^s.		
April	30 . .	+14 53 16.00
May	8 . .	15.55
	15 . .	13.94

WEISSE XII, 757, 12^h 44^m 42^s.		
May	7 . .	+ 0 50 54.76

WEISSE XII, 786, 12^h 46^m 27^s.		
May	7 . .	+ 0 52 20.20

WEISSE XII, 818, 12^h 48^m 28^s.		
May	7 . .	+ 0 48 52.75

WEISSE XII, 819, 12^h 48^m 29^s.		
April	25 . .	− 0 57 33.11

B. A. C. 4345, 12^h 49^m 27^s.		
April	30 . .	+39 4 17.75
May	16 . .	18.54

α CANUM VENATICORUM, 12^h 49^m 28^s.		
May	16 . .	+39 4 31.54
June	6 . .	31.56

WEISSE XII, 918, 12^h 54^m 5^s.		
May	12 . .	−10 24 2.36

(*), 13^h 0^m 43^s.		
May	5 . .	+12 50 3.42
	7 . .	0.90

WEISSE XII, 1054, 13^h 2^m 19^s.		
May	5 . .	+12 49 1.22
	7 . .	0.34

θ VIRGINIS, 13^h 2^m 42^s.		
May	15 . .	− 4 37 25.51

(*), 13^h 3^m 55^s.		
June	6 . .	−11 10 49.75

WEISSE XIII, 69, 13^h 5^m 35^s.		
1857.	°	′ ″
May	29 . .	+12 18 7.85
June	5 . .	8.47

WEISSE XIII, 87, 13^h 6^m 29^s.		
June	6 . .	−10 48 36.67

WEISSE XIII, 181, 13^h 11^m 43^s.		
May	5 . .	− 1 47 33.73
	7 . .	33.71

WEISSE XIII, 208, 13^h 15^m 7^s.		
May	8 . .	+10 44 12.82
	15 . .	14.87

α VIRGINIS, 13^h 17^m 49^s.		
May	16 . .	−10 25 44.62
	26 . .	43.76
June	5 . .	44.81
	6 . .	44.50

WEISSE XIII, 294, 13^h 18^m 55^s.		
May	9 . .	− 2 55 52.33

WEISSE XIII, 331, 13^h 21^m 9^s.		
May	8 . .	+ 9 5 3.51
	29 . .	5.74

WEISSE XIII, 365, 13^h 23^m 0^s.		
May	15 . .	+ 7 54 11.35

WEISSE XIII, 370, 13^h 23^m 22^s.		
May	5 . .	+ 8 8 22.05

(*), 13^h 23^m 45^s.		
May	7 . .	+ 8 48 11.01
	16 . .	12.44

WEISSE XIII, 392, 13^h 24^m 24^s.		
June	6 . .	+ 8 46 42.65

WEISSE XIII, 461, 13^h 27^m 56^s.		
May	5 . .	+ 7 10 16.79
	7 . .	17.42
	12 . .	17.86
	29 . .	(19.14)

WEISSE XIII, 472, 13^h 28^m 13^s.		
May	5 . .	+ 7 13 39.12
	7 . .	39.52
	12 . .	39.44

(* 48) W., 13^h 28^m 40^s.		
May	9 . .	+80 48 54.88

D A. C. 4547, 13^h 30^m 33^s.		
May	23 . .	− 2 31 13.94
	26 . .	13.54

OBSERVED WITH THE MURAL CIRCLE, 1857. 119

ν Ursæ Majoris, $13^h 42^m 1^s$.	Weisse (2) XIV, 245, $14^h 11^m 43^s$.	B. A. C. 4869, $14^h 38^m 22^s$.	Weisse XIV, 1131, $15^h 0^m 20^s$.
1857. ° ′ ″	1857. ° ′ ″	1857. ° ′ ″	1857. ° ′ ″
May 12 . . +50 0 48.75	May 5 . . +41 1 18.14	June 5 . . +1 18 39.46	June 25 . . +0 27 21.50
	8 . . 19.64	19 . . 39.70	
(*), $13^h 42^m 2^s$.	9 . . 16.45		Weisse XIV, 1142, $15^h 0^m 51^s$.
May 7 . . +22 42 56.39		ε Bootis $14^h 38^m 52^s$.	June 25 . . +0 29 2.35
9 . . 55.67	Weisse (2) XIV, 248, $14^h 11^m 58^s$.	May 7 . . +27 39 58.54	
	June 11 . . +24 38 52.15	June 23 . . 40 0.19	Weisse XV, 2, $15^h 1^m 53^s$.
Weisse XIII, 737, $13^h 43^m 17^s$.		2 . . 40 0.65	May 23 . . −2 2 18.55
May 8 . . +14 11 1.55	Rumker 4697, $14^h 18^m 46^s$.	6 . . 39 59.78	June 26 . . 18.82
29 . . 2.92	May 26 . . +1 37 40.72	11 . . 39 58.75	
ψ Bootis, $13^h 48^m 1^s$.	Radcliffe 3200, $14^h 19^m 0^s$.	O. Arg. S. 13951, $14^h 41^m 12^s$.	B. A. C. 4995, $15^h 4^m 15^s$.
May 23 . . +19 6 4.82	May 7 . . +47 24 17.68	May 9 . . −23 40 42.71	May 5 . . −19 15 31.84
26 . . 4.33	16 . . 17.56	12 . . 43.37	7 . . 33.10
Weisse XIII, 813, $13^h 48^m 2^s$.		B. A. C. 4885, $14^h 41^m 14^s$.	16 . . 32.07
May 7 . . −11 32 3.05	B. A. C. 4798, $14^h 22^m 43^s$.	May 9 . . −23 39 57.41	22 . . 31.04
	May 29 . . +1 27 17.54	12 . . 56.66	
Rumker 4529, $13^h 51^m 1^s$.	June 5 . . 18.42		Weisse (2) XV, 140, $15^h 6^m 34^s$.
May 5 . . +25 41 6.59	19 . . 18.75	O. Arg. S. 13958, $14^h 41^m 51^s$.	June 11 . . +46 0 36.57
8 . . 5.04		May 9 . . −23 38 6.86	
29 . . 7.18	Weisse XIV, 422, $14^h 23^m 37^s$.	26 . . 7.92	β Libræ, $15^h 9^m 29^s$.
	June 11 . . −3 10 26.58		May 12 . . −8 51 48.22
(*), $13^h 52^m 34^s$.		(*), $14^h 43^m 46^s$.	
May 9 . . +12 0 13.62	Rumker 4730, $14^h 24^m 18^s$.	May 12 . . −23 42 25.28	Lalande 27852, $15^h 10^m 38^s$.
	May 5 . . +1 32 2.68		May 7 . . −20 35 21.85
Rumker 4551, $13^h 54^m 31^s$.		B. A. C. 4898, $14^h 43^m 46^s$.	16 . . 20.26
May 7 . . +22 39 24.32	(*), $14^h 24^m 39^s$.	June 20 . . −1 42 48.65	20 . . 19.95
23 . . 25.25	May 16 . . +49 9 58.85		22 . . (18.33)
June 6 . . 24.15		Groombridge 2168, $14^h 50^m 49^s$.	
		June 6 . . +43 25 32.56	Lalande 27880, $15^h 11^m 29^s$.
τ Virginis, $13^h 54^m 31^s$.	μ Bootis, $14^h 25^m 48^s$.		May 5 . . −18 39 17.85
May 12 . . +2 13 26.36	June 2 . . +30 59 17.94	Groombridge 2169, $14^h 50^m 51^s$.	26 . . 18.83
26 . . 26.55		June 6 . . +43 21 31.79	June 16 . . 19.51
	B. A. C. 4814, $14^h 26^m 58^s$.		
Weisse XIII, 1071, $14^h 0^m 58^s$.	May 23 . . −19 49 21.00	β Ursæ Minoris, $14^h 51^m 9^s$.	Weisse XV, 221, $15^h 13^m 21^s$.
June 6 . . −11 9 43.75		May 16 . . +74 43 38.17	June 25 . . −13 13 38.89
	(*), $14^h 27^m 5^s$.	23 . . 38.79	
(*), $14^h 1^m 35^s$.	May 7 . . +50 56 26.31		Weisse XV, 249, $15^h 14^m 49^s$.
May 7 . . +34 4 10.26	9 . . 26.63	Weisse XIV, 1016, $14^h 54^m 45^s$.	June 19 . . −14 22 26.48
8 . . 11.42		May 12 . . −11 11 11.62	
9 . . 10.82	Weisse XIV, 540, $14^h 29^m 52^s$.	June 5 . . 10.33	(*), $15^h 15^m 7^s$.
	June 6 . . −3 16 48.29		June 25 . . −13 17 46.94
Weisse (2) XIV, 11, $14^h 1^m 53^s$.		B. A. C. 4944, $14^h 54^m 38^s$.	
May 5 . . +24 58 53.55	O. Arg. S. 13856, $14^h 34^m 52^s$.	June 22 . . +0 25 2.07	Weisse XV, 277, $15^h 16^m 11^s$.
12 . . 52.90	May 12 . . −23 53 25.88		June 25 . . −13 16 31.72
	16 . . 25.94	Weisse XIV, 1072, $14^h 57^m 19^s$.	
B. A. C. 4700, $14^h 3^m 12^s$.	26 . . 26.14	May 5 . . −11 50 45.46	O. Arg. S. 14531, $15^h 16^m 47^s$.
May 23 . . −15 38 19.94		11 . . 45.92	June 11 . . −21 32 38.94
	O. Arg. S. 13870, $14^h 35^m 27^s$.		
Weisse (2) XIV, 228, $14^h 10^m 47^s$.	May 12 . . −23 51 37.29	ψ Bootis, $14^h 58^m 27^s$.	Lalande 28090, $15^h 17^m 59^s$.
May 7 . . +41 3 11.82	16 . . 37.57	June 20 . . +27 29 45.58	May 7 . . −20 53 (7.61)
8 . . 13.60	26 . . 38.80		16 . . 5.53
9 . . 12.13		Weisse XIV, 1118, $14^h 59^m 46^s$.	June 2 . . 5.16
Lalande 26172, $14^h 11^m 42^s$.	(*), $14^h 37^m 20^s$.	June 5 . . −1 44 18.25	6 . . 5.66
May 16 . . −17 52 33.29	May 5 . . +27 7 29.19		22 . . 4.05
June 5 . . 32.38			26 . . 4.77
6 . . 32.93			

MEAN DECLINATIONS OF STARS FOR 1860.0

(*), 15ʰ 21ᵐ 48ˢ.

1857.
June 27 . . −33 5 44.01

LALANDE 28213, 15ʰ 22ᵐ 35ˢ.

May 5 . . −21 24 4.67

LALANDE 28251, 15ʰ 24ᵐ 1ˢ.

May 5 . . −21 29 11.28
    16 . .   11.00
    20 . .   10.55

B. A. C. 5109, 15ʰ 24ᵐ 34ˢ.

May 7 . . −19 11 26.38
    26 . .   24.98
June 22 . .   23.63

(*), 15ʰ 28ᵐ 37ˢ.

June 11 . . −22 8 7.31
    25 . .   8.76

α CORONÆ BOREALIS, 15ʰ 28ᵐ 46ˢ.

June 16 . . +27 11 17.79

(*), 15ʰ 29ᵐ 0ˢ.

May 5 . . −22 26 30.96
June 2 . .   29.86

LALANDE 28414, 15ʰ 29ᵐ 35ˢ.

June 26 . . −22 40 25.70
    27 . .   26.08

LALANDE 28446, 15ʰ 30ᵐ 31ˢ.

May 26 . . −22 35 12.96

LALANDE 28453, 15ʰ 30ᵐ 44ˢ.

June 19 . . −17 12 6.28

LALANDE 28466, 15ʰ 31ᵐ 7ˢ.

May 7 . . −22 41 19.83
    16 . .   19.20
    26 . .   18.97
    27 . .   19.86

(*), 15ʰ 31ᵐ 31ˢ.

June 2 . . −22 25 55.55

B. A. C. 5184, 15ʰ 34ᵐ 54ˢ.

June 19 . . −15 35 40.99

O. ARG. S. 14835, 15ʰ 37ᵐ 13ˢ.

June 2 . . −23 3 50.05

B. A. C. 5220, 15ʰ 40ᵐ 10ˢ.

May 16 . . −23 23 52.06
June 11 . .   52.80
    27 . .   52.67

B. A. C. 5254, 15ʰ 45ᵐ 36ˢ.

1857.
May 16 . . −23 33 26.66
    26 . .   26.84
June 2 . .   26.43
    19 . .   26.31
    20 . .   27.09
July 13 . .   26.01

(*), 15ʰ 47ᵐ 30ˢ.

June 27 . . −16 50 25.47

WEISSE XV, 939, 15ʰ 49ᵐ 49ˢ.

June 11 . . − 2 34 47.03

(*), 15ʰ 58ᵐ 48ˢ.

June 20 . . −12 6 32.71
    27 . .   32.91

(*), 15ʰ 59ᵐ.

June 11 . . +70 2 21.19

(*), 15ʰ 59ᵐ.

June 25 . . +69 36 11.45

O. ARG. N. 15872, 15ʰ 59ᵐ.

June 25 . . +69 36 54.86

LALANDE 29306, 15ʰ 59ᵐ 12ˢ.

June 19 . . −17 33 15.73

B. A. C. 5345, 15ʰ 59ᵐ 27ˢ.

May 16 . . −24 4 55.91
June 2 . .   55.77
    5 . .   54.61
    15 . .   56.46
July 13 . .   55.72

(*), 16ʰ 6ᵐ 16ˢ.

July 13 . . −20 44 50.33
    14 . .   50.12

B. A. C. 5408, 16ʰ 6ᵐ 35ˢ.

June 5 . . −18 10 20.34
    22 . .   19.86

(*), 16ʰ 7ᵐ 44ˢ.

July 7 . . −20 57 6."6

δ OPHIUCHI, 16ʰ 7ᵐ 1ˢ.

June 26 . . − 3 19 50.41

O. ARG. S. 15438, 16ʰ 7ᵐ 19ˢ.

June 2 . . −24 45 41.48
    27 . .   42.59

(*), 16ʰ 8ᵐ.

June 11 . . +70 41 51.72
    20 . .   52.26

LALANDE 29696, 16ʰ 11ᵐ 28ˢ.

1857.
June 15 . . −18 29 4.45
    19 . .   4.73

O. ARG. S. 15541, 16ʰ 12ᵐ 26ˢ.

June 25 . . −21 30 0.48

O. ARG. N. 16121, 16ʰ 15ᵐ 45ˢ.

June 22 . . +71 17 5.55

B. A. C. 5467, 16ʰ 15ᵐ 54ˢ.

June 26 . . −19 42 20.72

α SCORPII 16ʰ 20ᵐ 50ˢ.

June 20 . . −26 7 2.11
    25 . .   3.59
July 7 . .   2.55
    14 . .   2.44
August 3 . .   (1.27)

η DRACONIS, 16ʰ 22ᵐ 6ˢ.

June 11 . . +61 49 55.98

LALANDE 30099, 16ʰ 26ᵐ 2ˢ.

June 26 . . − 3 57 37.04

GROOMBRIDGE 2356, 16ʰ 26ᵐ 53ˢ.

June 19 . . +71 41 46.35
    22 . .   45.71

LALANDE 30207, 16ʰ 29ᵐ 56ˢ.

July 14 . . −22 36 17.44

(*), 16ʰ 30ᵐ 42ˢ.

June 25 . . −26 10 42.98
    27 . .   43.75
July 7 . .   43.86

O. ARG. S. 15811, 16ʰ 31ᵐ 36ˢ.

June 25 . . −26 10 22.66
    27 . .   23.55
July 7 . .   22.65

B. A. C. 5580, 16ʰ 33ᵐ 40ˢ.

June 26 . . −19 39 6.41
August 3 . .   7.55

(*), 16ʰ 34ᵐ 28ˢ.

June 25 . . −26 11 12.46
    27 . .   12.64
July 7 . .   12.47

ζ HERCULIS, 16ʰ 36ᵐ 0ˢ.

June 20 . . +31 51 31.61

B. A. C. 5600, 16ʰ 36ᵐ 43ˢ.

June 5 . . −22 55 7.83

LALANDE 30479, 16ʰ 38ᵐ 43ˢ.

1857.
June 15 . . −19 50 23.65
July 13 . .   23.37

LALANDE 30506, 16ʰ 39ᵐ 32ˢ.

June 10 . . −19 37 10.37

LALANDE 30556, 16ʰ 41ᵐ 32ˢ.

July 14 . . −26 29 36.58

WEISSE XVI, 792, (1st *,) 16ʰ 41ᵐ 43ˢ.

June 25 . . − 4 53 35.84

WEISSE XVI, 792, (2d *,) 16ʰ 41ᵐ 46ˢ.

June 25 . . − 4 53 53.96

(*), 16ʰ 44ᵐ 10ˢ.

June 27 . . −21 7 1.59
August 3 . .   0.47

B. A. C. 5663, 16ʰ 45ᵐ 9ˢ.

June 19 . . −20 10 38.24
    22 . .   39.11
    26 . .   38.36

WEISSE XVI, 912, 16ʰ 48ᵐ 13ˢ.

July 13 . . − 4 56 18.43

LALANDE 30788, 16ʰ 49ᵐ 25ˢ.

June 15 . . −21 33 1.61

O. ARG. S. 16158, 16ʰ 49ᵐ 49ˢ.

July 25 . . −26 53 24.07

O. ARG. S. 16165, 16ʰ 49ᵐ 59ˢ.

July 14 . . −26 47 44.17

κ OPHIUCHI, 16ʰ 51ᵐ 3ˢ.

June 11 . . + 9 35 45.58
    20 . .   45.24
    25 . .   44.56

B. A. C. 5730, 16ʰ 51ᵐ 59ˢ.

June 5 . . −24 2 8.33
    22 . .   9.31

B. A. C. 5742, 16ʰ 55ᵐ 55ˢ.

June 5 . . −24 2 18.53
    22 . .   19.19

B. A. C. 5769, 16ʰ 59ᵐ 5ˢ.

June 15 . . +73 20 17.70
    20 . .   19.39
    26 . .   19.04

ε URSÆ MINORIS, 17ʰ 0ᵐ 27ˢ.

June 25 . . +82 15 40.21

(*), 17ʰ 0ᵐ 44ˢ.

July 25 . . −24 10 26.11

OBSERVED WITH THE MURAL CIRCLE, 1857.

O. Arg. S. 16505, 17ʰ 6ᵐ 35ˢ.	Lalande 32814, 17ʰ 39ᵐ 6ˢ.	O. Arg. S. 17650, 18ʰ 0ᵐ 5ˢ.	δ Draconis, 18ʰ 21ᵐ 50ˢ.
1857. July 7 . . −26 21 59.89	1857. August 7 . . −25 7 53.28	1857. July 25 . . −27 47 56.60	1857. August 24 . . +58 43 13.19

α Herculis, 17ʰ 8ᵐ 16ˢ.	μ Herculis, 17ʰ 40ᵐ 59ˢ.	(*), 18ʰ 0ᵐ 5ˢ.	61 Serpentis, 18ʰ 24ᵐ 44ˢ.
June 11 . . +14 33 11.88	June 19 . . +27 48 19.48	August 11 . . −27 45 18.29	August 13 . . − 1 5 56.55
20 . . 10.64	22 . . 18.98		20 . . 55.84
27 . . 9.40	27 . . 19.58	O. Arg. S. 17695, 18ʰ 0ᵐ 30ˢ.	31 . . 57.00
	August 12 . . 19.62	August 11 . . −27 45 3.53	Lalande 34354, 18ʰ 27ᵐ 24ˢ.
B. A. C. 5827, 17ʰ 9ᵐ 29ˢ.	14 . . 18.19		August 3 . . −18 39 25.27
August 7 . . −24 7 48.25	Weisse XVII, 834, 17ʰ 42ᵐ 33ˢ.	ο Herculis, 18ʰ 2ᵐ 5ˢ.	7 . . 24.97
	August 3 . . −12 6 51.66	August 21 . . +28 44 45.30	
Weisse XVII, 202, 17ʰ 12ᵐ 31ˢ.		29 . . 44.54	B. A. C. 6341, 18ʰ 29ᵐ 41ˢ.
July 25 . . − 5 45 41.96	Lalande 32559, 17ʰ 43ᵐ 14ˢ.		August 24 . . +23 29 41.60
	June 25 . . −25 43 49.00	(*), 18ʰ 4ᵐ 37ˢ.	31 . . 40.97
H. A. C. 5846, 17ʰ 13ᵐ 6ˢ.		July 13 . . −17 26 36.85	
July 14 . . −24 45 37.94	B. A. C. 6041, 17ʰ 44ᵐ 4ˢ.		α Lyræ, 18ʰ 32ᵐ 12ˢ.
	July 7 . . −19 4 49.53	μ¹ Sagittarii, 18ʰ 5ᵐ 23ˢ.	August 13 . . +38 39 19.33
θ Ophiuchi, 17ʰ 13ᵐ 25ˢ.		June 19 . . −21 5 28.07	
June 11 . . −24 51 21.51	B. A. C. 6049, 17ʰ 45ᵐ 19ˢ.	20 . . 27.60	(* 36) W., 18ʰ 35ᵐ 53ˢ.
27 . . 19.87	June 27 . . −10 51 40.22	22 . . 27.55	August 7 . . −18 53 51.99
July 13 . . 17.56		25 . . 29.27	
	B. A. C. 6663, 17ʰ 47ᵐ 52ˢ.	July 7 . . 28.27	B. A. C. 6371, 18ʰ 36ᵐ 54ˢ.
O. Arg. S. 16847, 17ʰ 21ᵐ 33ˢ.	July 14 . . −28 2 17.84	August 12 . . 27.56	August 27 . . −27 7 48.97
June 27 . . −17 41 22.57	25 . . 18.47	13 . . 29.85	
July 7 . . 22.13		14 . . 30.02	
		(*), 18ʰ 6ᵐ 30ˢ.	O. Arg. S. 18683, 18ʰ 40ᵐ 4ˢ.
O. Arg. S. 16854, 17ʰ 21ᵐ 50ˢ.	Weisse XVII, 966, 17ʰ 48ᵐ 18ˢ.	August 7 . . −17 23 55.20	July 14 . . −22 13 46.67
June 27 . . −17 41 45.04	June 22 . . −15 9 18.65		
July 7 . . 45.89		(*), 19ʰ 11ᵐ 21ˢ.	ε¹ Lyræ, 18ʰ 39ᵐ 42ˢ.
	(*), 17ʰ 48ᵐ 21ˢ.	July 25 . . −17 46 32.44	August 20 . . +39 31 31.56
(*), 17ʰ 21ᵐ 40ˢ.	June 20 . . −15 17 50.58		24 . . 31.98
June 20 . . −40 55 38.92		Lalande 33694, 18ʰ 11ᵐ 40ˢ.	
	(*), 17ʰ 49ᵐ 32ˢ.	June 20 . . −17 48 13.45	31 Sagittarii, 18ʰ 43ᵐ 44ˢ.
Weisse XVII, 409, 17ʰ 23ᵐ 5ˢ.	July 14 . . −28 4 9.15	July 25 . . 15.52	August 31 . . −22 4 53 27
July 13 . . − 5 58 17.13			
	(*), 17ʰ 49ᵐ 35ˢ.	δ Sagittarii, 18ʰ 12ᵐ 2ˢ.	β Lyræ, 18ʰ 44ᵐ 55ˢ.
Lacaille 7325, 17ʰ 23ᵐ 14ˢ.	July 14 . . −28 1 53.47	July 7 . . −29 52 59.07	July 7 . . +33 12 7.91
June 19 . . −41 3 53.47	25 . . 52.47	14 . . 59.94	25 . . 7.36
20 . . 54.98		August 31 . . 59.61	
22 . . 53.49	γ Draconis, 17ʰ 53ᵐ 21ˢ.		Madras 1304, 18ʰ 44ᵐ 43ˢ.
25 . . 54.60	June 27 . . +51 30 25.65	κ Lyræ, 18ʰ 14ᵐ 56ˢ.	August 12 . . −19 17 0.82
August 3 . . 54.27	July 7 . . 24.71	August 13 . . +36 0 13.46	
7 . . 53.80	12 . . 26.00		σ Sagittarii, 18ʰ 46ᵐ 35ˢ.
14 . . 55.66	14 . . 24.29	δ Ursæ Minoris, 18ʰ 17ᵐ 30ˢ.	August 20 . . −26 27 59.86
	29 . . 24.80	June 20 . . +86 36 6.76	29 . . 58.41
Lalande 31931, 17ʰ 25ᵐ 50ˢ.		25 . . 5.02	September 7 . . 59.01
June 27 . . −17 44 0.68	Lalande 33089, 17ʰ 56ᵐ 31ˢ.	27 . . 7.81	
	June 20 . . −17 1 59.35	July 7 . . 6.98	B. A. C. 6454, 18ʰ 49ᵐ cˢ.
O. Arg. S. 16978, 17ʰ 28ᵐ 5ˢ.	July 13 . . 58.90	14 . . 5.67	August 7 . . −20 50 6.26
June 27 . . −17 45 56.64		25 . . 7.88	
	(*), 17ʰ 57ᵐ 6ˢ.	August 11 . . 6.02	
O. Arg. S. 17070, 17ʰ 33ᵐ 21ˢ.	July 14 . . −27 47 38.32	δ Ursæ Minoris, S. P., 18ʰ 17ᵐ 30ˢ.	θ¹ Serpentis, 18ʰ 49ᵐ 10ˢ.
June 25 . . −19 22 40.69	25 . . 37.64	February 10 . . +86 36 7.96	August 24 . . + 4 1 29.25
July 7 . . 41.03			
	Lalande 33178, 17ʰ 59ᵐ 7ˢ.	Lalande 33966, 18ʰ 18ᵐ 15ˢ.	θ² Serpentis, 18ʰ 49ᵐ 10ˢ.
O. Arg. S. 17095, 17ʰ 34ᵐ 9ˢ.	June 22 . . −16 40 0.70	August 11 . . −18 9 42.60	August 24 . . + 4 1 24.14
July 25 . . −19 19 41.37			

MEAN DECLINATIONS OF STARS FOR 1860.0

RUMKER 6881, $18^h 50^m 42^s$.

1857.	° ′ ″
July 25	. +21 11 53.44
August 12	. . 53.60

B. A. C. 6507, $18^h 56^m 17^s$.

| August 7 | . . —21 56 31.83 |

WEISSE (2) XVIII, 1790, $18^h 57^m 42^s$.

| July 7 | . . +21 3 53.02 |
| 25 | . . 52.40 |

WEISSE (2) XVIII, 1806, $18^h 58^m 11^s$.

| July 25 | . +21 1 16.72 |

ζ AQUILÆ, $18^h 58^m 58^s$.

August 3	. +13 39 30.67
14	. . 29.20
20	. . 29.61

WEISSE (2) XVIII, 1835, $16^h 59^m 0^s$.

| July 14 | . +21 1 55.74 |
| 25 | . . 55.64 |

B. A. C. 6536, $19^h 0^m 3^s$.

| August 12 | . —19 30 19.37 |

20 AQUILÆ, $19^h 5^m 3^s$.

August 13	. — 8 10 12.17
20	. . 11.83
September 9	. . 14.52

MADRAS 1351, $19^h 8^m 54^s$.

| August 7 | . —21 18 56.19 |
| 12 | . . 56.19 |

ω AQUILÆ, $19^h 11^m 15^s$.

| August 3 | . +11 20 46.65 |
| 11 | . . 46.06 |

θ LYRÆ, $19^h 11^m 32^s$.

August 13	. +37 53 11.23
20	. . 11.01
September 9	. . 11.64

26 AQUILÆ, $19^h 13^m 4^s$.

| August 29 | . — 5 40 25.90 |
| 31 | . . 27.05 |

κ CYGNI, $19^h 13^m 48^s$.

| September 1 | . +53 6 41.45 |

GR. C. 1719, $19^h 14^m 23^s$.

| August 7 | . —20 54 1.35 |

O. ARG. S. 19525, $19^h 17^m 29^s$.

| August 12 | . —19 26 38.94 |

H. A. C. 6643, $19^h 18^m 13^s$.

1857.	° ′ ″
August 13	. —15 19 37.07
September 3	. . 37.13
9	. . 35.88

δ AQUILÆ, $19^h 18^m 26^s$.

| August 3 | . + 2 50 19.95 |

4 VULPECULÆ, $19^h 19^m 19^s$.

| August 31 | . +19 31 36.23 |

(⁸), $19^h 20^m 36^s$.

| September 3 | . —15 23 0.16 |

LALANDE 36786, $19^h 21^m 58^s$.

| August 7 | . —19 40 16.50 |
| 11 | . . 17.84 |

ℓ AQUILÆ, $19^h 23^m 21^s$.

| August 24 | . — 3 4 37.25 |
| 29 | . . 37.46 |

LALANDE 36857, $19^h 23^m 30^s$.

| August 7 | . —19 40 35.46 |

β CYGNI, $19^h 25^m 4^s$.

| September 1 | . +27 40 5.21 |

B. A. C. 6691, $19^h 25^m 6^s$.

| September 1 | . +27 40 24.50 |

μ AQUILÆ, $19^h 27^m 15^s$.

August 13	. + 7 5 4.44
31	. . 5.11
September 3	. . 4.32
9	. . 5.25

λ² SAGITTARII, $19^h 28^m 11^s$.

| August 3 | . —25 11 18.83 |
| 11 | . . 17.63 |

B. A. C. 6707, $19^h 28^m 36^s$.

| August 12 | . —19 9 28.24 |

LALANDE 37221, $19^h 31^m 35^s$.

| August 7 | . —22 22 42.09 |

σ AQUILÆ, $19^h 32^m 16^s$.

August 24	. + 5 4 54.16
29	. . 54.61
September 23	. . 54.34

WEISSE XIX. 875, $19^h 34^m 19^s$.

| September 9 | . +11 36 10.21 |

χ AQUILÆ, $19^h 35^m 59^s$.

1857.	° ′ ″
August 13	. +11 29 59.35
20	. . 30 0.20
31	. . 29 58.62
September 3	. . 59.08
9	. . 59.47

LALANDE 37507, $19^h 38^m 13^s$.

| August 12 | . —21 51 31.48 |

O. ARG. S. 19057, $19^h 39^m 34^s$.

| August 11 | . —26 14 16.96 |

γ AQUILÆ, $19^h 39^m 36^s$.

August 24	. +10 16 29.81
September 1	. . 28.63
25	. . 29.38

(⁸), $19^h 41^m 56^s$.

| August 7 | . —22 34 18.54 |

α AQUILÆ, $19^h 43^m 57^s$.

August 13	. + 8 30 5.34
20	. . 5.36
29	. . 5.05
31	. . 4.16
September 1	. . 4.87
23	. . 5.55

(⁸), $19^h 44^m 21^s$.

| August 7 | . —22 34 6.64 |

β AQUILÆ, $19^h 48^m 26^s$.

August 24	. + 6 3 36.25
September 5	. . 35.88
8	. . 35.79
10	. . 34.92
15	. . 36.87
17	. . 34.60
25	. . 35.61

LALANDE 38140, $19^h 53^m 32^s$.

| August 12 | . —17 14 52.52 |

B. A. C. 6903, $20^h 0^m 8^s$.

| August 12 | . —19 12 18.24 |

O. ARG. S. 20274, $20^h 1^m 36^s$.

| August 11 | . —18 45 8.00 |
| September 26 | . . 9.48 |

λ URSÆ MINORIS, $20^h 3^m 54^s$.

August 11	. +88 53 27.00
13	. . 26.47
20	. . 26.73
24	. . 26.39
29	. . 26.52
September 1	. . 25.89
3	. . 24.69
5	. . 25.42
8	. . 25.14
10	. . 26.22
15	. . 25.89
17	. . 26.31

o² CYGNI, $20^h 9^m 19^s$.

1857.	° ′ ″
September 24	. +46 19 5.21
26	. . 5.77

33 CYGNI, $20^h 10^m 8^s$.

| September 15 | . +56 8 25.43 |
| 17 | . . 26.54 |

ω² CAPRICORNI, $20^h 10^m 17^s$.

| August 7 | . —12 58 32.42 |

B. A. C. 6987, $20^h 12^m 20^s$.

| August 12 | . —20 4 56.64 |
| 13 | . . 58.26 |

γ CYGNI, $20^h 17^m 11^s$.

| August 20 | . +39 48 36.72 |
| September 3 | . . 35.79 |

71 DRACONIS, $20^h 17^m 16^s$.

September 5	. +61 48 49.78
8	. . 49.11
10	. . 50.35
October 7	. . 49.00

ρ CAPRICORNI, $20^h 20^m 52^s$.

August 29	. —18 16 23.46
September 7	. . (21.62)
9	. . 22.94
15	. . 22.01
17	. . 25.08
24	. . 23.92
26	. . 24.92
October 9	. . 23.41

B. A. C. 7053, $20^h 21^m 51^s$.

| August 7 | . —19 2 46.08 |

B. A. C. 7054, $20^h 21^m 52^s$.

| August 7 | . —19 2 34.23 |
| 12 | . . 34.18 |

O. ARG. S. 20569, $20^h 23^m 24^s$.

| August 13 | . —22 58 18.28 |

O. ARG. S. 20607, $20^h 25^m 52^s$.

| August 20 | . —23 43 27.34 |
| September 26 | . . 27.97 |

O. ARG. S. 20654, $20^h 29^m 27^s$.

| August 20 | . —21 49 7.74 |

B. A. C. 7116, $20^h 30^m 16^s$.

| August 13 | . —21 28 44.35 |
| September 3 | . . 43.33 |

OBSERVED WITH THE MURAL CIRCLE, 1857.

27 VULPECULÆ, $20^h\ 31^m\ 6^s$.

1857.			
August	29	+25 58	37.77
	31		36.93
September	1		37.43
	9		37.14
	25		36.81
October	9		37.42

B. A. C. 7128, $20^h\ 31^m\ 51^s$.

August	7	−24 16	55.15

73 DRACONIS, $20^h\ 33^m\ 19^s$.

September	24	+74 28	26.91
	26		27.33
	30		26.03
October	7		25.97

α CYGNI, $20^h\ 36^m\ 39^s$.

September	1	+44 46	54.49
	3		53.73
	9		53.17

O. ARG. S. 20839, $20^h\ 38^m\ 36^s$.

September	10	−19 56	45.05

57 CYGNI, $20^h\ 48^m\ 18^s$.

August	13	−43 51	31.93
September	1		30.48
	8		31.08
	9		31.15
	24		30.98

32 VULPECULÆ, $20^h\ 48^m\ 36^s$.

August	24	+27 31	37.87
September	3		36.60
	5		37.66
	15		37.33
	17		37.10
	23		38.45
	30		37.71
October	1		37.12
	7		36.95
	9		38.29

B. A. C. 7259, $20^h\ 48^m\ 56^s$.

September	1	+43 51	22.63

(³), $20^h\ 51^m\ 1^s$.

October	6	−31 3	0.04

76 DRACONIS, $20^h\ 52^m\ 29^s$.

August	31	+82 0	34.98
September	5		35.64
	10		34.72
	24		33.02
	25		35.16

59 CYGNI, $20^h\ 55^m\ 3^s$.

September	3	+46 58	32.26
	8		32.81
	15		32.98

θ CAPRICORNI, $20^h\ 58^m\ 4^s$.

1857.			
August	24	−17 47	11.37
	29		10.81
September	9		12.16
	23		11.70
October	9		11.40

61^1 CYGNI, $21^h\ 0^m\ 37^s$.

August	13	+38 3	(48.03)
	20		46.40
September	1		46.16
	3		46.96
	5		46.59
	8		46.02
	10		46.50
	15		46.36
	17		45.86
	24		46.07
	26		46.44
	30		47.15
October	1		46.75
	6		47.46
	8		45.84
	10		45.48

61^2 CYGNI, $21^h\ 0^m\ 39^s$.

August	13	+38 3	(43.48)
September	1		41.87
	5		41.96
	8		41.39
	10		42.39
	15		41.20
	17		41.53
	24		41.67
	26		41.74
	30		40.99
October	1		42.25
	6		42.43
	8		41.11
	10		41.33

ν AQUARII, $21^h\ 1^m\ 58^s$.

September	9	−11 56	9.22
October	7		10.21

ζ CYGNI, $21^h\ 6^m\ 59^s$.

August	20	+29 39	15.40
September	3		15.85
	17		15.96

29 CAPRICORNI, $21^h\ 8^m\ 0^s$.

August	29	−15 45	1.74
	31		1.56
September	23		1.02

B. A. C. 7377, $21^h\ 8^m\ 14^s$.

September	10	+59 24	42.88
	26		42.98
October	8		42.49

α EQUULEI, $21^h\ 9^m\ 47^s$.

October	1	+ 4 40	15.36
	6		16.37
	10		15.47

α CEPHEI, $21^h\ 15^m\ 14^s$.

1857.			
September	3	+61 59	36.24
	5		36.31
	8		36.26
	15		36.06
	17		36.44
October	1		36.30

ζ CAPRICORNI, $21^h\ 18^m\ 39^s$.

August	20	−23 0	54.29
	29		53.36
September	1		54.99
	9		53.74
	10		54.96
	23		54.05
	25		54.43

β AQUARII, $21^h\ 24^m\ 11^s$.

August	29	− 6 11	5.30
September	1		5.69
	3		6.32
	5		5.92
	8		5.95
	9		6.47
	17		7.25
	26		5.94
	30		(3.37)
December	1		5.29

(*), $21^h\ 28^m\ 10^s$.

October	12	−16 19	5.07

(*), $21^h\ 28^m\ 34^s$.

September	26	−19 0	56.70

ε CAPRICORNI, $21^h\ 29^m\ 14^s$.

August	29	−20 5	26.83
	31		26.89
September	9		26.33
	10		28.34
	25		26.93
October	9		26.73

ξ AQUARII, $21^h\ 30^m\ 18^s$.

September	1	− 8 28	48.79
	5		48.75
	8		46.97
	23		48.13

γ CAPRICORNI, $21^h\ 32^m\ 19^s$.

September	15	−17 17	33.66
	17		34.08
	25		33.08
October	7		33.89

9 CEPHEI, $21^h\ 34^m\ 10^s$.

September	10	+61 27	5.53
	30		5.80
October	6		4.32

m^1 CYGNI, $21^h\ 37^m\ 7^s$.

September	8	+50 33	6.72
	26		7.77
December	3		7.05

ε PEGASI, $21^h\ 37^m\ 19^s$.

1857.			
August	31	+ 9 14	6.07
September	9		5.30

μ CYGNI, $21^h\ 37^m\ 53^s$.

September	1	+28 6	42.45
	15		42.75
October	12		41.96

B. A. C. 7570, $21^h\ 38^m\ 6^s$.

September	1	+28 8	33.80
	5		33.72

δ CAPRICORNI, $21^h\ 39^m\ 18^s$.

September	25	−16 45	36.93
October	8		37.45
	9		36.71

11 CEPHEI, $21^h\ 39^m\ 50^s$.

October	10	+70 40	2.81
December	3		3.01

λ CAPRICORNI, $21^h\ 39^m\ 51^s$.

September	17	−12 0	35.01
	23		33.92

78 DRACONIS, $21^h\ 41^m\ 20^s$.

September	10	+71 40	44.17
	30		43.61
October	6		42.73

15 PEGASI, $21^h\ 46^m\ 15^s$.

August	31	+28 8	23.12
September	1		23.06
	5		23.03
	9		23.81
	15		23.29
October	7		22.87
	9		23.38

16 PEGASI, $21^h\ 46^m\ 41^s$.

September	8	+25 16	3.72
	17		3.74
	26		3.60
October	8		3.81
	10		4.15
	12		3.52
	17		3.87

O. ARG. S. 21775, $21^h\ 51^m\ 25^s$.

September	1	−23 32	22.81
	8		21.87
	10		23.34

O. ARG. S. 21832, $21^h\ 55^m\ 38^s$.

September	26	−22 22	33.17
October	10		32.12

O. ARG. S. 21841, $21^h\ 56^m\ 22^s$.

September	5	−22 27	21.93
October	6		22.46
	8		21.64

MEAN DECLINATIONS OF STARS FOR 1860.0

η AQUARII, 21ʰ 58ᵐ 35ˢ.

1857.　　　　　　°　′　″
September 17　.　.　− 0 59 54.94
October 17　.　.　　　　54.46
December 7　.　.　　　　54.05

35 AQUARII, 22ʰ 1ᵐ 18ˢ.

September 1　.　.　−19 12 11.12
　　　　　8　.　.　　　　11.65
　　　　　10　.　.　　　　11.07
October　7　.　.　　　　(8.84)
　　　　　9　.　.　　　　10.04

−¹ PEGASI, 22ʰ 3ᵐ 2ˢ.

September 17　.　.　+32 29 21.73
October　10　.　.　　　　22.70
　　　　　21　.　.　　　　22.11

−² PEGASI, 22ʰ 3ᵐ 46ˢ.

September 17　.　.　+32 29 32.43
October　10　.　.　　　　32.69
　　　　　21　.　.　　　　32.17

O. ARG, S. 21987, 22ʰ 5ᵐ 21ˢ.

September 26　.　.　−22 5 46.46

40 AQUARII, 22ʰ 5ᵐ 57ˢ.

September 1　.　.　−12 36 58.63
　　　　　5　.　.　　　　58.89
　　　　　9　.　.　　　　58.46
October　7　.　.　　　　57.34

ς CEPHEI, 22ʰ 6ᵐ 1ˢ.

September 8　.　.　+57 30 42.88
　　　　　10　.　.　　　　43.21
October　6　.　.　　　　43.56

O. ARG. S. 22002, 22ʰ 6ᵐ 21ˢ.

September 26　.　.　−22 6 11.79

ρ AQUARII, 22ʰ 9ᵐ 27ˢ.

September 15　.　.　− 8 28 43.00
　　　　　25　.　.　　　　43.46
October　9　.　.　　　　44.52
　　　　　21　.　.　　　　42.59
December 3　.　.　　　　43.29
　　　　　7　.　.　　　　44.72

ι CEPHEI, 22ʰ 9ᵐ 52ˢ.

October　1　.　.　+56 20 48.80
　　　　　8　.　.　　　　47.68
　　　　　12　.　.　　　　47.86

γ AQUARII, 22ʰ 14ᵐ 25ˢ.

September 5　.　.　− 2 5 29.39
　　　　　8　.　.　　　　29.45
　　　　　9　.　.　　　　29.54
October　7　.　.　　　　28.57

32 PEGASI, 22ʰ 14ᵐ 52ˢ.

September 10　.　.　+27 37 34.87
　　　　　15　.　.　　　　35.36
October　6　.　.　　　　35.46

51 AQUARII, 22ʰ 16ᵐ 45ˢ.

1857.　　　　　　°　′　″
September 17　.　.　− 5 32 38.86
　　　　　20　.　.　　　　38.65
October　8　.　.　　　　38.36
　　　　　9　.　.　　　　37.82

δ LACERTÆ, 22ʰ 18ᵐ 5ˢ.

October　1　.　.　+52 31 42.74
　　　　　10　.　.　　　　43.03
　　　　　12　.　.　　　　42.42

π AQUARII, 22ʰ 18ᵐ 8ˢ.

September 23　.　.　+ 0 40 6.88
October　21　.　.　　　　6.21
December 3　.　.　　　　6.09

B. A. C. 7817, 22ʰ 18ᵐ 26ˢ.

December 7　.　.　−24 23 34.42

σ AQUARII, 22ʰ 23ᵐ 14ˢ.

September 5　.　.　−11 23 34.81
　　　　　8　.　.　　　　34.42
　　　　　9　.　.　　　　34.74
　　　　　17　.　.　　　　35.79
　　　　　25　.　.　　　　(31.61)
October　7　.　.　　　　34.08

α LACERTÆ, 22ʰ 25ᵐ 32ˢ.

September 10　.　.　+49 33 49.71
　　　　　15　.　.　　　　50.43
　　　　　26　.　.　　　　48.87
October　1　.　.　　　　49.45

9 LACERTÆ, 22ʰ 31ᵐ 38ˢ.

September 8　.　.　+50 49 23.58
　　　　　10　.　.　　　　24.55
　　　　　17　.　.　　　　23.99
　　　　　25　.　.　　　　24.72

31 CEPHEI, 22ʰ 32ᵐ 19ˢ.

September 26　.　.　+72 55 1.35
October　7　.　.　　　　2.03
　　　　　8　.　.　　　　0.90
November 3　.　.　　　　1.26

30 CEPHEI, 22ʰ 33ᵐ 42ˢ.

September 15　.　.　+62 51 26.95
　　　　　24　.　.　　　　26.45
October　31　.　.　　　　27.17

ζ PEGASI, 22ʰ 34ᵐ 29ˢ.

1857.　　　　　　°　′　″
September 23　.　.　+10 6 5.60
October　1　.　.　　　　4.88
　　　　　9　.　.　　　　6.00

B. A. C. 7909, 22ʰ 34ᵐ 35ˢ.

November 3　.　.　−30 5 27.92

ο PEGASI, 22ʰ 35ᵐ 11ˢ.

October　10　.　.　+28 34 39.97
　　　　　12　.　.　　　　39.36
　　　　　17　.　.　　　　39.39

η PEGASI, 22ʰ 36ᵐ 27ˢ.

September 8　.　.　+29 29 23.92
　　　　　17　.　.　　　　23.41
December 3　.　.　　　　23.29

B. A. C. 7947, 22ʰ 40ᵐ 1ˢ.

October　12　.　.　−20 20 33.22
December 12　.　.　　　　32.34

π² AQUARII, 22ʰ 42ᵐ 11ˢ.

September 5　.　.　−14 19 49.56
　　　　　8　.　.　　　　49.34
　　　　　10　.　.　　　　49.69
　　　　　17　.　.　　　　49.73
　　　　　23　.　.　　　　49.20
　　　　　24　.　.　　　　49.28
October　7　.　.　　　　48.76
　　　　　9　.　.　　　　48.50

α PISCIS AUSTRALIS, 22ʰ 49ᵐ 54ˢ.

September 5　.　.　−30 21 47.89
October　1　.　.　　　　48.31
　　　　　8　.　.　　　　47.48
　　　　　9　.　.　　　　46.07
　　　　　10　.　.　　　　47.07
　　　　　12　.　.　　　　47.98
　　　　　31　.　.　　　　46.66
November 12　.　.　　　　48.28
December 3　.　.　　　　47.68
　　　　　7　.　.　　　　48.13
　　　　　12　.　.　　　　47.65
　　　　　19　.　.　　　　48.42

WEISSE XXII, 1149, 22ʰ 55ᵐ 3ˢ.

November 4　.　.　−12 3 45.94
December 7　.　.　　　　49.13

WEISSE XXII, 1156, 22ʰ 55ᵐ 12ˢ.

November 4　.　.　−12 1 0.28

B. A. C. 8025, 22ʰ 55ᵐ 44ˢ.

October　8　.　.　−35 30 21.47
　　　　　19　.　.　　　　17.80
　　　　　21　.　.　　　　18.20

O. ARG. S. 22587, 22ʰ 56ᵐ 39ˢ.

December 3　.　.　−22 59 11.92
　　　　　10　.　.　　　　12.39

α PEGASI, 22ʰ 57ᵐ 47ˢ.

1857.　　　　　　°　′　″
September 24　.　.　+14 27 9.43
　　　　　26　.　.　　　　9.67
October　1　.　.　　　　9.24
　　　　　9　.　.　　　　9.42
　　　　　10　.　.　　　　9.56
　　　　　12　.　.　　　　9.44
　　　　　31　.　.　　　　9.75
November 7　.　.　　　　9.92

WEISSE XXII, 1283, 23ʰ 1ᵐ 24ˢ.

November 11　.　.　− 5 32 10.50

7 ANDROMEDÆ, 23ʰ 6ᵐ 6ˢ.

September 5　.　.　+48 38 31.17
　　　　　8　.　.　　　　30.16
　　　　　10　.　.　　　　31.32
December 3　.　.　　　　31.53

φ AQUARII, 23ʰ 7ᵐ 4ˢ.

September 17　.　.　− 6 48 12.22
　　　　　24　.　.　　　　11.25
　　　　　26　.　.　　　　11.94
October　9　.　.　　　　11.14

B. A .C. 8088, 23ʰ 7ᵐ 12ˢ.

October　18　.　.　−41 51 48.95
　　　　　27　.　.　　　　51.60
　　　　　19　.　.　　　　49.57

WEISSE XXIII, 177, 23ʰ 9ᵐ 52ˢ.

November 4　.　.　+ 3 41 55.19
　　　　　7　.　.　　　　54.93
　　　　　11　.　.　　　　53.96

γ PISCIUM, 23ʰ 9ᵐ 54ˢ.

October　12　.　.　+ 2 31 5.52
November 3　.　.　　　　6.36
December 3　.　.　　　　4.90
　　　　　10　.　.　　　　4.71

WEISSE XXIII, 183, 23ʰ 10ᵐ 10ˢ.

November 7　.　.　+ 3 41 15.65
　　　　　11　.　.　　　　14.09

ψ² AQUARII, 23ʰ 11ᵐ 40ˢ.

September 5　.　.　−10 22 32.20
　　　　　8　.　.　　　　32.15
　　　　　10　.　.　　　　31.94
　　　　　25　.　.　　　　32.39
　　　　　26　.　.　　　　31.60
October　7　.　.　　　　30.11

ι PEGASI, 23ʰ 18ᵐ 39ˢ.

September 17　.　.　+22 38 1.08
　　　　　24　.　.　　　　1.21
　　　　　26　.　.　　　　1.09
October　7　.　.　　　　2.45
　　　　　9　.　.　　　　1.89

OBSERVED WITH THE MURAL CIRCLE, 1857 AND 1858.

π Piscium, 23ʰ 19ᵐ 45ˢ.

1857.			
October	8	+ 0 28	23.04
	10		23.41
	12		22.95
	17		23.27
	21		24.58
	30		23.19
	31		23.23
November	3		23.40
	4		23.52
	14		24.12
December	19		22.19

13 Andromedæ, 23ʰ 20ᵐ 13ˢ.

September	5	+42 8	28.82
	8		27.83
	10		28.53

Weisse XXIII, 476, 23ʰ 24ᵐ 13ˢ.

November	4	− 5 1	21.22
	7		21.87

Weisse XXIII, 534, 23ʰ 26ᵐ 44ˢ.

| December | 14 | + 5 11 | 27.10 |

Rumker 11367, 23ʰ 28ᵐ 17ˢ.

December	3	− 7 55	30.62
	7		31.26

Weisse XXIII, 592, 23ʰ 29ᵐ 5ˢ.

December	10	− 7 53	25.60
	12		25.21

ι Andromedæ, 23ʰ 31ᵐ 17ˢ.

| October | 12 | +42 29 | 36.82 |

ι Piscium, 23ʰ 32ᵐ 45ˢ.

October	7	+ 4 52	3.89
	8		3.38
December	31		3.79

Weisse XXIII, 678, 23ʰ 33ᵐ 20ˢ.

| November | 14 | − 2 8 | 29.31 |

γ Cephei, 23ʰ 33ᵐ 38ˢ.

October	17	+76 51	3.44
	21		3.48
November	3		3.97

λ Piscium, 23ʰ 34ᵐ 54ˢ.

September	17	+ 1 0	34.63
	24		35.29
October	30		35.00

τ Cassiopeæ, 23ʰ 40ᵐ 13ˢ.

October	1	+57 52	20.40
	8		20.39
	12		20.18
	21		19.56

d Sculptoris, 23ʰ 41ᵐ 38ˢ.

1857.			
October	7	−28 54	14.69
	14		15.49
December	3		15.84
	7		17.08
	12		16.01
	31		15.64

B. A. C. 8313, 23ʰ 48ᵐ 2ˢ.

| November | 3 | −32 42 | 3.13 |

B. A. C. 8314, 23ʰ 48ᵐ 4ˢ.

| December | 31 | +73 37 | 53.01 |

Weisse XXIII, 994, 23ʰ 49ᵐ 7ˢ.

| December | 19 | + 3 50 | 55.06 |

Weisse XXIII, 1032, 23ʰ 50ᵐ 37ˢ.

| November | 11 | + 4 37 | 32.47 |

ω Piscium, 23ʰ 52ᵐ 7ˢ.

October	1	+ 6 5	17.59
	8		18.58
	12		17.38
	21		18.09
November	12		19.09
	14		19.26
	27		17.20
December	3		18.40
	7		18.78
	12		19.12
	14		18.00
	15		18.56

30 Piscium, 23ʰ 54ᵐ 47ˢ.

October	7	− 6 47	30.17
	9		31.14
November	2		31.51
	7		30.91

Weisse XXIII, 1142, 23ʰ 55ᵐ 35ˢ.

November	3	+ 5 15	21.19
	4		21.10

z Ceti, 23ʰ 56ᵐ 33ˢ.

October	1	−18 6	56.89
	8		56.18
	31		54.39

33 Piscium, 23ʰ 58ᵐ 10ˢ.

October	12	− 6 29	26.97
	17		27.01
	21		26.45

Weisse XXIII, 1196, 23ʰ 58ᵐ 23ˢ.

December	3	−10 54	24.41
	7		24.15

Weisse XXIII, 1208, 23ʰ 59ᵐ 7ˢ.

November	17	−11 33	28.31
December	10		28.85

α Andromedæ, 0ʰ 1ᵐ 6ˢ.

1858.			
November	13	+28 19	2.10

Weisse XXIII, 1250, 0ʰ 1ᵐ 12ˢ.

| December | 17 | + 2 39 | 45.11 |

Weisse XXIII, 1269, 0ʰ 1ᵐ 44ˢ.

September	20	+12 1	36.01
	27		33.96
October	15		34.85

Weisse O, 4, 0ʰ 1ᵐ 58ˢ.

September	20	+12 1	55.14
	27		54.33
October	15		54.71

Santini 8, 0ʰ 4ᵐ 37ˢ.

| October | 26 | − 8 21 | 43.06 |

Weisse O, 90, 0ʰ 5ᵐ 55ˢ.

| December | 17 | + 2 36 | 50.68 |

γ Pegasi, 0ʰ 6ᵐ 2ˢ.

October	23	+14 24	18.02
November	19		19.42

Weisse O, 112, 0ʰ 7ᵐ 31ˢ.

| December | 17 | + 2 35 | 8.23 |

35 Piscium, (1st ⋆.) 0ʰ 7ᵐ 46ˢ.

October	20	+ 8 2	35.38
	27		36.13

35 Piscium, (2d ⋆,) 0ʰ 7ᵐ 46ˢ.

October	20	+ 8 2	25.64
	27		26.83

d Piscium, 0ʰ 13ᵐ 23ˢ.

| October | 20 | + 7 24 | 43.95 |

Weisse O, 287, 0ʰ 17ᵐ 23ˢ.

November	19	+ 2 35	56.15
December	17		54.86

45 Piscium, 0ʰ 18ᵐ 29ˢ.

September	29	+ 6 54	59.72
October	15		60.77

12 Ceti, 0ʰ 22ᵐ 54ˢ.

January	1	− 4 43	63.52
	23		52.54
	26		52.87
November	18		52.90

Weisse O, 376, 0ʰ 23ᵐ 20ˢ.

October	27	+ 2 29	34.46
November	19		34.54

Weisse O, 437, 0ʰ 26ᵐ 17ˢ.

1858.			
October	15	− 4 48	53.79

Weisse O, 443, 0ʰ 26ᵐ 45ˢ.

October	27	+ 2 32	52.04
November	19		52.43

Weisse O, 452, 0ʰ 26ᵐ 55ˢ.

| December | 17 | + 5 11 | 1.85 |

π Andromedæ, 0ʰ 29ᵐ 25ˢ.

January	7	+32 56	52.68
	12		51.73

Weisse O, 503, 0ʰ 30ᵐ 0ˢ.

| October | 15 | − 1 38 | 8.29 |

α Cassiopeæ, 0ʰ 32ᵐ 35ˢ.

| November | 19 | +55 46 | 6.15 |

Weisse O, 595, 0ʰ 34ᵐ 50ˢ.

September	29	+ 3 0	50.28
December	17		49.84

Weisse O, 603, 0ʰ 35ᵐ 31ˢ.

September	29	+ 3 1	23.71
October	27		25.71
December	17		25.45

β Ceti, 0ʰ 36ᵐ 36ˢ.

| November | 17 | −18 45 | 19.98 |

Weisse O, 612, 0ʰ 37ᵐ 15ˢ.

| November | 26 | −14 10 | 53.51 |

ζ Andromedæ, 0ʰ 39ᵐ 56ˢ.

January	7	+23 30	17.94
	12		17.09

Weisse O, 711, 0ʰ 41ᵐ 9ˢ.

| November | 19 | + 3 22 | 45.24 |

B. A. C. 230, 0ʰ 42ᵐ 44ˢ.

| November | 26 | −14 19 | 15.48 |

Weisse O, 742, 0ʰ 43ᵐ 15ˢ.

| January | 1 | + 6 20 | 44.61 |

Weisse O, 775, 0ʰ 44ᵐ 1ˢ.

September	29	+ 3 17	52.57
October	15		53.68
	27		53.68

MEAN DECLINATIONS OF STARS FOR 1860.0

20 CETI, 0ʰ 45ᵐ 51ˢ.
1858.   ′   ″
November 18 . . − 1 54 18.58

B. A. C. 243, 0ʰ 46ᵐ 7ˢ.
September 29 . . + 3 19 33.87
October   15 . .   34.45
           27 . .   35.56

WEISSE O, 801, 0ʰ 46ᵐ 12ˢ.
October 20 . . + 8 33 1.06

(*), 0ʰ 50ᵐ 0ˢ.
November 19 . . + 3 1 7.80

WEISSE O, 925, 0ʰ 53ᵐ 15ˢ.
November 26 . . + 7 56 48.30

ε PISCIUM, 0ʰ 55ᵐ 41ˢ.
January 20 . . + 7 8 8.12
         22 . .   7.64
October 20 . .   6.80
         27 . .   7.52
November 13 . .   7.37

WEISSE O, 997, 0ʰ 57ᵐ 29ˢ.
September 29 . . + 8 50 2.02

RUMKER, N. F., 538, 1ʰ 1ᵐ 13ˢ.
January 1 . . + 3 41 2.05

POLARIS, 1ʰ 8ᵐ 2ˢ.
January   12 . . +88 33 46.71
          20 . .   46.57
          22 . .   46.72
September 29 . .   47.11
October   20 . .   46.94
          27 . .   46.18
November 19 . .   47.25
          26 . .   47.81
December 10 . .   47.40
          17 . .   46.82

POLARIS, S. P., 1ʰ 8ᵐ 2ˢ.
March 30 . . +88 33 49.88
April 3 . .   47.35
       9 . .   47.51
      16 . .   47.64
      21 . .   47.76
      27 . .   47.96
May   12 . .   48.04
      13 . .   48.09
      22 . .   48.05
June   2 . .   48.06
       7 . .   46.61
      17 . .   47.42
      25 . .   46.75

RUMKER, N. F., 572, 1ʰ 9ᵐ 30ˢ.
January 1 . . + 4 18 57.36

RUMKER, N. F., 585, 1ʰ 11ᵐ 50ˢ.
January 1 . . + 4.17 46.04

μ PISCIUM, 1ʰ 22ᵐ 51ˢ.
1858.   ′   ″
January 7 . . + 5 25 16.27
        12 . .   15.52

η PISCIUM, 1ʰ 24ᵐ 0ˢ.
January 20 . . +14 37 21.47
         22 . .   22.34
December 10 . .   21.75

WEISSE I, 410, 1ʰ 24ᵐ 31ˢ.
October 26 . . + 9 16 1.06

RUMKER, N. F., 755, 1ʰ 27ᵐ 26ˢ.
January 7 . . + 6 2 39.48
        12 . .   38.07

π PISCIUM, 1ʰ 29ᵐ 40ˢ.
January 20 . . +11 25 26.30

ν PISCIUM, 1ʰ 34ᵐ 9ˢ.
January 19 . . + 4 46 39.69
November 18 . .   40.71
December 16 . .   39.86

ο PISCIUM, 1ʰ 38ᵐ 0ˢ.
January 7 . . + 8 27 7.09
        12 . .   6.77

γ¹ ARIETIS, 1ʰ 45ᵐ 51ˢ.
November 19 . . +18 36 20.99

γ² ARIETIS, 1ʰ 45ᵐ 51ˢ.
November 19 . . +18 36 29.39

β ARIETIS, 1ʰ 46ᵐ 55ˢ.
January   7 . . +20 7 19.58
         12 . .   19.47
         19 . .   18.96
November 26 . .   19.74

ε ARIETIS, 1ᵐ 50ᵐ 23ˢ.
November 19 . . +17 7 57.04

58 CETI, 1ʰ 50ᵐ 52ˢ.
December 16 . . − 2 44 37.94

WEISSE I, 1038, 1ʰ 58ᵐ 37ˢ.
January 19 . . + 8 46 6.08

α ARIETIS, 1ʰ 59ᵐ 17ˢ.
November 18 . . +22 47 54.78

B. A. C. 672, 2ʰ 4ᵐ 0ˢ.
November 19 . . + 7 54 48.83
December 16 . .   49.24

WEISSE II, 72, 2ʰ 5ᵐ 58ˢ.
1858.   ′   ″
January 20 . . + 4 5 32.82

67 CETI, 2ʰ 10ᵐ 0ˢ.
January 19 . . − 7 4 8.62
December 10 . .   9.20
         17 . .   8.34

(*), 2ʰ 17ᵐ 33ˢ.
November 19 . . +61 10 6.93

B. A. C. 771, 2ʰ 23ᵐ 9ˢ.
December 18 . . +17 4 56.50

30 ARIETIS, 2ʰ 28ᵐ 52ˢ.
January 20 . . +24 2 11.34

B. A. C. 797, 2ʰ 28ᵐ 56ˢ.
January 20 . . +24 2 7.98

WEISSE II, 556, 2ʰ 32ᵐ 58ˢ.
November 19 . . +15 4 59.22

γ CETI, 2ʰ 36ᵐ 3ˢ.
January 22 . . + 2 38 38.44
February 6 . .   37.43
December 17 . .   37.03

B. A. C. 866, 2ʰ 40ᵐ 38ˢ.
January 20 . . +24 36 5.24

τ PERSEI, 2ʰ 44ᵐ 21ˢ.
January 19 . . +52 11 8.89
        22 . .   10.29

ρ² ARIETIS, 2ʰ 48ᵐ 33ˢ.
January 20 . . +17 27 44.13
February 6 . .   44.28

ε ARIETIS, 2ʰ 51ᵐ 12ˢ.
November 19 . . +20 46 40.59

γ PERSEI, 2ʰ 54ᵐ 26ˢ.
January 19 . . +52 57 16.75

β PERSEI, 2ʰ 59ᵐ 3ˢ.
February 6 . . +40 24 46.88
         8 . .   47.37

WEISSE III, 26, 3ʰ 3ᵐ 16ˢ.
January 20 . . + 9 28 16.21

d ARIETIS, 3ʰ 3ᵐ 3ˢ.
January 19 . . +19 11 39.25
December 17 . .   39.23

ζ ARIETIS, 3ʰ 6ᵐ 51ˢ.
1858.   ′   ″
November 19 . . +20 31 21.90

WEISSE III, 168, 3ʰ 10ᵐ 8ˢ.
February 8 . . +13 19 50.35

τ¹ ARIETIS, 3ʰ 13ᵐ 9ˢ.
January 19 . . +20 38 22.07
        20 . .   22.27

64 ARIETIS, 3ʰ 16ᵐ 2ˢ.
December 28 . . +24 13 32.15

WEISSE III, 295, 3ʰ 17ᵐ 25ˢ.
January 20 . . + 9 30 45.58

ξ TAURI, 3ʰ 19ᵐ 35ˢ.
February 8 . . + 8 14 30.89

66 ARIETIS, 3ʰ 20ᵐ 16ˢ.
January 19 . . +22 19 7.11

f TAURI, 3ʰ 23ᵐ 9ˢ.
February 6 . . +12 27 13.91

WEISSE (2) III, 639, 3ʰ 30ᵐ 8ˢ.
February 8 . . +18 53 51.78

11 TAURI, 3ʰ 32ᵐ 25ˢ.
February 6 . . +24 52 23.94

η TAURI, 3ʰ 39ᵐ 10ˢ.
January 19 . . +23 40 9.17
         20 . .   9.13
February 6 . .   8.59

27 TAURI, 3ʰ 40ᵐ 50ˢ.
February 6 . . +23 37 18.94

ζ PERSEI, 3ʰ 45ᵐ 20ˢ.
February 17 . . +31 27 50.90

RUMKER 1023, 3ʰ 46ᵐ 28ˢ.
December 16 . . +16 12 20.72

ε PERSEI, 3ʰ 48ᵐ 28ˢ.
January 19 . . +39 36 5.16
        20 . .   4.28

λ TAURI, 3ʰ 52ᵐ 55ˢ.
February 6 . . +12 5 30.02

OBSERVED WITH THE MURAL CIRCLE, 1858.

A¹ Tauri, 3ʰ 56ᵐ 25ˢ.				ι Aurigæ, 4ʰ 47ᵐ 53ˢ.				δ Aurigæ, 5ʰ 48ᵐ 0ˢ.				51 Cephei, S. P., 6ʰ 33ᵐ 38ˢ.			
1858.		°	″	1858.		°	″	1858.		°	″	1858.		°	″
February	3	+21 41	45.58	March	24	+32 56	23.74	March	10	+54 16	5.17	June	28	+87 14	54.94
	17		46.19	December	28		24.92		24		6.33		29		54.56
													30		55.43
μ Persei, 4ʰ 4ᵐ 38ˢ.				o¹ Orionis, 4ʰ 48ᵐ 31ˢ.				ν Orionis, 5ʰ 59ᵐ 35ˢ.				July	6		54.59
February	17	+48 2	57.99	February	6	+13 17	23.20	February	25	+14 46	52.99		7		55.28
					17		22.90		27		51.90		9		53.57
o¹ Eridani, 4ʰ 5ᵐ 2ˢ.				κ Tauri, 4ʰ 49ᵐ 35ˢ.				March	10		51.49		10		54.56
January	20	- 7 12	19.55	February	8	+24 49	49.16		24		51.41		15		54.49
February	6		19.46		27		49.25						22		53.26
December	16		19.56										24		54.23
													26		52.99
								3 Geminorum, 6ʰ 1ᵐ 14ˢ.					27		53.08
(*), 4ʰ 5ᵐ 50ˢ.				ε Leporis, 4ʰ 59ᵐ 32ˢ.				February	6	+23 7	56.53		28		54.26
February	3	+44 19	37.93	February	6	-22 33	42.96		8		56.17		29		53.07
					8		43.32					August	4		53.40
					17		42.08						6		53.04
Weisse (2) IV, 137, 4ʰ 8ᵐ 24ˢ.								η Geminorum, 6ʰ 6ᵐ 25ˢ.					7		54.05
February	3	+44 20	9.21	α Aurigæ, 5ʰ 6ᵐ 21ˢ.				February	6	+22 32	36.27		9		53.83
				February	6	+45 51	4.79		8		35.41		10		54.35
γ Tauri, 4ʰ 11ᵐ 50ˢ.					17		3.13	March	10		35.79		11		54.41
January	20	+15 17	8.59	March	24		2.98						13		53.47
February	6		8.99										16		53.35
	25		9.69	β Orionis, 5ʰ 7ᵐ 48ˢ.				κ Aurigæ, 6ʰ 0ᵐ 27ˢ.					17		52.93
	27		8.77	February	8	- 8 21	58.84	February	25	+29 32	44.15		19		54.08
				March	24		60.15		27		42.93		20		53.39
ε Tauri, 4ʰ 20ᵐ 27ˢ.								March	24		42.50		23		54.08
January	20	+18 51	59.21	β Tauri, 5ʰ 17ᵐ 26ˢ.									24		53.48
February	3		58.86	February	6	+28 29	6.74	B. A. C. 2023, 6ʰ 9ᵐ 34ˢ.				September	6		54.49
	27		58.22		8		6.66	February	17	+27 15	37.00				
					17		6.87	March	12		35.81	α Canis Majoris, 6ʰ 38ᵐ 59ˢ.			
85 Tauri, 4ʰ 23ᵐ 52ˢ.					25		5.81					March	24	-16 31	37.69
February	6	+15 32	51.44		27		6.09	μ Geminorum, 6ʰ 14ᵐ 29ˢ.					31		36.32
	25		51.31	March	24		6.23	March	10	+22 34	53.06				
December	16		51.24									θ Geminorum, 6ʰ 43ᵐ 34ˢ.			
				δ Orionis, 5ʰ 24ᵐ 51ˢ.								February	23	+34 7	31.03
*a¹ Tauri, 4ʰ 31ᵐ 16ˢ.				February	6	- 0 24	22.51	Lalande 12237, 6ʰ 17ᵐ 28ˢ.					25		30.99
December	16	+15 38	13.56		8		22.22	February	27	+25 35	6.74		27		30.45
					17		22.61					March	12		30.11
c² Tauri, 4ʰ 32ᵐ 16ˢ.					25		22.43	(*), 6ʰ 21ᵐ 12ˢ.							
February	17	+11 55	9.16		27		23.80	February	27	+25 31	8.13	B. A. C. 2299, 6ʰ 53ᵐ 51ˢ.			
	25		9.28									March	24	+24 24	38.98
	27		8.38	125 Tauri, 5ʰ 31ᵐ 3ˢ.				γ Geminorum, 6ʰ 29ᵐ 38ˢ.							
				February	25	+25 48	52.86	March	31	+16 30	53.45	ζ Geminorum, 6ʰ 55ᵐ 50ˢ.			
Weisse (2) IV, 713, 4ʰ 33ᵐ 1ˢ.					27		52.01					February	23	+20 46	17.48
February	6	+22 24	5.80					35 Aurigæ, 6ʰ 32ᵐ 54ˢ.					25		16.36
				α Columbæ, 5ʰ 34ᵐ 35ˢ.				February	27	+44 39	14.75				
(*), 4ʰ 40ᵐ 57ˢ.				February	6	-34 9	4.82					τ Geminorum, 7ʰ 2ᵐ 13ˢ.			
February	8	- 1 36	37.13	March	10		6.32	51 Cephei, 6ʰ 33ᵐ 38ˢ.				March	24	+30 28	13.96
					12		4.15	February	6	+87 14	54.93		31		13.68
Lalande 9043, 4ʰ 41ᵐ 34ˢ.									8		53.49				
February	8	- 1 36	24.52	129 Tauri, 5ʰ 38ᵐ 42ˢ.					17		54.92	O. Arg. N. 7753, 7ʰ 9ᵐ 33ˢ.			
				February	8	+15 45	49.97		23		53.17	March	24	+60 14	28.34
					17		49.94		25		54.06				
ι Tauri, 4ʰ 43ᵐ 11ˢ.					25		49.59	March	10		53.59	δ Geminorum, 7ʰ 11ᵐ 46ˢ.			
February	6	+18 35	53.32		27		48.99		12		53.72	March	31	+22 14	10.89
	17		52.54						24		54.77				
	25		52.17	χ¹ Orionis, 5ʰ 46ᵐ 6ˢ.								(*), 7ʰ 12ᵐ 25ˢ.			
	27		52.21	February	17	+20 14	48.22					March	10	+25 15	39.48
					25		47.82								
					27		46.48					(*), 7ʰ 12ᵐ 25ˢ.			
												March	10	+25 18	15.87

MEAN DECLINATIONS OF STARS FOR 1850.0 AND 1860.0

WEISSE VII, 529, 7ʰ 17ᵐ 48ˢ.	6 CANCRI, 7ʰ 54ᵐ 55ˢ.	λ URSÆ MAJORIS, 9ʰ 20ᵐ 26ˢ.	ν LEONIS, 9ʰ 50ᵐ 41ˢ.
1858. ° ′ ″ March 12 . . −14 28 8.88 24 . . 9.01	1858. ° ′ ″ March 31 . . +28 10 59.51	1858. ° ′ ″ March 18 . . +63 40 14.13 29 . . 14.70 31 . . 15.25	1858. ° ′ ″ March 13 . . +13 8 38.62 17 . . 37.78 23 . . 38.86
*WEISSE VII, 756, 7ʰ 25ᵐ 19ˢ. March 24 . . +10 43 1.96	d¹ CANCRI, 8ʰ 15ᵐ 21ˢ. March 29 . . +18 46 42.16 31 . . 41.47	α HYDRÆ, 9ʰ 20ᵐ 42ˢ. March 13 . . − 8 3 13.48	(*), 9ʰ 56ᵐ 6ˢ. April 24 . . +13 33 16.12
α¹ GEMINORUM, 7ʰ 25ᵐ 39ˢ. March 13 . .* . +32 11 26.18 31 . . 25.49	θ CANCRI, 8ʰ 23ᵐ 37ˢ. March 29 . . +18 33 52.30 31 . . 52.44	d URSÆ MAJORIS, 9ʰ 22ᵐ 3ˢ. March 25 . . +70 26 31.01 April 21 . . 31.05	WEISSE IX, 1204, 9ʰ 56ᵐ 17ˢ. March 18 . . +12 47 50.07
α² GEMINORUM, 7ʰ 25ᵐ 40ˢ. March 13 . . +32 11 28.35 31 . . 28.59	40 CANCRI, 8ʰ 32ᵐ 8ˢ. March 24 . . +20 27 44.62	ξ LEONIS, 9ʰ 24ᵐ 23ˢ. March 31 . . +11 55 3.61 April 21 . . 3.31	WEISSE (2) IX, 1230, 9ʰ 57ᵐ 39ˢ. March 13 . . +17 8 38.83 17 . . 38.38
ν GEMINORUM, 7ʰ 27ᵐ 17ˢ. February 27 . . +27 12 11.13 March 10 . . 11.28	γ CANCRI, 8ʰ 35ᵐ 15ˢ. March 25 . . +21 58 7.99	26 URSÆ MAJORIS, 9ʰ 25ᵐ 13ˢ. March 13 . . +52 40 16.86 29 . . 16.55	B. A. C. 3468, 10ʰ 2ᵐ 54ˢ. March 18 . . +38 5 22.96 April 9 . . 23.37
WEISSE VII, 968, 7ʰ 31ᵐ 50ˢ. March 24 . . +10 42 37.66	ε HYDRÆ, 8ʰ 39ᵐ 22ˢ. March 12 . . + 6 55 46.92 29 . . 47.28 31 . . 46.45	2 SEXTANTIS, 9ʰ 31ᵐ 9ˢ. March 23 . . + 5 16 47.08 April 21 . . 45.69 24 . . 46.23	32 URSÆ MAJORIS, 10ʰ 7ᵐ 50ˢ. March 17 . . +65 48 16.97 25 . . 16.33
α CANIS MINORIS, 7ʰ 31ᵐ 58ˢ. March 29 . . + 5 34 50.18 31 . . 50.67	6 URSÆ MAJORIS, 8ʰ 44ᵐ 34ˢ. March 24 . . +65 8 7.36 25 . . 7.86	WEISSE (2) IX, 686, 9ʰ 32ᵐ 45ˢ. March 25 . . +39 35 16.06	λ URSÆ MAJORIS, 10ʰ 8ᵐ 39ˢ. April 21 . . +43 36 41.92
WEISSE VII, 1053, 7ʰ 34ᵐ 40ˢ. March 12 . . +13 34 11.16	ι URSÆ MAJORIS, 8ʰ 49ᵐ 36ˢ. March 13 . . +48 35 16.45 29 . . 17.80	ο LEONIS, 9ʰ 33ᵐ 40ˢ. March 13 . . +10 31 37.34 18 . . 37.29	RUMKER 3113, 10ʰ 8ᵐ 41ˢ. April 16 . . +12 21 50.25
κ GEMINORUM, 7ʰ 35ᵐ 59ˢ. February 25 . . +24 43 47.84 27 . . 47.90 March 10 . . 48.08	σ² CANCRI, 8ʰ 49ᵐ 46ˢ. March 31 . . +16 6 57.89	ψ LEONIS, 9ʰ 36ᵐ 6ˢ. March 29 . . +14 39 36.10 April 21 . . 35.80	WEISSE (2) X, 197, 10ʰ 10ᵐ 7ˢ. March 18 . . +38 12 25.54
(*), 7ʰ 40ᵐ 46ˢ. March 13 . . −14 16 7.19 24 . . 7.33	κ URSÆ MAJORIS, 8ʰ 54ᵐ 5ˢ. March 25 . . +47 42 25.09 April 21 . . 25.22	(*), 9ʰ 39ᵐ 45ˢ. March 18 . . +12 4 27.04	γ¹ LEONIS, 10ʰ 12ᵐ 15ˢ. March 13 . . +20 32 53.55 17 . . 52.88 25 . . 53.32
φ GEMINORUM, 7ʰ 44ᵐ 55ˢ. February 23 . . +27 7 27.53 25 . . 28.45 27 . . 27.94 March 10 . . 29.25 12 . . 28.03 31 . . 28.91	79 CANCRI, 9ʰ 2ᵐ 18ˢ. March 13 . . +22 33 43.66 17 . . 44.87 29 . . 43.96	B. A. C. 3345, 9ʰ 40ᵐ 1ˢ. March 18 . . +12 4 34.07 23 . . 34.10 WEISSE IX, 871, 9ʰ 40ᵐ 11ˢ. April 24 . . +11 1 51.64	μ URSÆ MAJORIS, 10ʰ 13ᵐ 59ˢ. April 21 . . +42 11 46.93 WEISSE X, 234, 10ʰ 14ᵐ 26ˢ. March 30 . . +11 24 16.14
1 CANCRI, 7ʰ 49ᵐ 2ˢ. February 23 . . +16 9 38.74 25 . . 38.50 27 . . 39.32 March 10 . . 39.07	c URSÆ MAJORIS, 9ʰ 3ᵐ 14ˢ. March 31 . . +61 59 48.39 April 21 . . 47.93	φ URSÆ MAJORIS, 9ʰ 42ᵐ 33ˢ. March 29 . . +54 42 57.55 April 21 . . 57.21	WEISSE IX, 288, 10ʰ 17ᵐ 39ˢ. April 9 . . +10 41 28.60 WEISSE X, 316, 10ʰ 19ᵐ 0ˢ. April 16 . . +11 12 53.73
(*), 7ʰ 49ᵐ 53ˢ. March 24 . . +20 31 44.16	e URSÆ MAJORIS, 9ʰ 6ᵐ 6ˢ. March 17 . . +54 35 49.27 29 . . 48.52 31 . . 48.42	B. A. C. 3367, 9ʰ 43ᵐ 56ˢ. April 24 . . −35 37 1.07	(*), 10ʰ 21ᵐ 27ˢ. March 23 . . − 7 34 27.01
3 CANCRI, 7ʰ 52ᵐ 45ˢ. March 12 . . +17 41 20.47 15 . . 20.68 18 . . 20.28	83 CANCRI, 9ʰ 11ᵐ 10ˢ. March 13 . . +18 17 46.95	(*), 9ʰ 44ᵐ 39ˢ. April 24 . . −35 36 35.55	36 URSÆ MAJORIS, 10ʰ 21ᵐ 38ˢ. March 18 . . +56 41 49.17 29 . . 47.99

OBSERVED WITH THE MURAL CIRCLE, 1858.

Star	Date	Value 1	Value 2
Weisse X, 377, 10^h 21^m 58^s.			
1858. March	13	+11 14 27.19	
	17		27.65
ρ Leonis, 10^h 25^m 26^s.			
March	25	+10 1 30.92	
	29		31.68
37 Ursæ Majoris, 10^h 26^m 6^s.			
April	9	+57 49 6.63	
	21		6.31
(^{8}), 10^h 27^m 26^s.			
March	30	−9 10 41.12	
48 Leonis, 10^h 27^m 29^s.			
April	24	+7 40 22.41	
Weisse X, 526, 10^h 30^m 18^s.			
March	23	−9 6 24.16	
Weisse (2) X, 642, 10^h 32^m 6^s.			
March	13	+36 13 15.29	
38 Ursæ Majoris, 10^h 32^m 21^s.			
April	21	+66 26 52.92	
	24		53.62
Weisse (2) X, 696, 10^h 34^m 36^s.			
March	18	+36 6 33.40	
	29		32.85
Weisse X, 618, 10^h 34^m 54^s.			
March	25	+11 5 12.54	
	30		12.46
34 Sextantis, 10^h 35^m 24^s.			
May	12	+4 18 45.39	
Weisse X, 656, 10^h 37^m 5^s.			
March	25	+11 6 33.56	
	30		33.51
κ Leonis, 10^h 39^m 0^s.			
March	23	+14 55 57.11	
April	24		56.29
12 Ursæ Majoris, 10^h 42^m 34^s.			
April	21	+60 3 42.15	
May	12		43.20
Weisse X, 822, 10^h 45^m 30^s.			
March	18	+12 1 50.61	
Weisse X, 837, 10^h 46^m.			
March	18	+12 3 19.04	

Star	Date	Value 1	Value 2
d Leonis, 10^h 53^m 20^s.			
1858. March	18	+4 22 7.21	
	25		5.75
April	21		6.37
	24		5.92
(^{8}), 10^h 55^m 0^s.			
April	16	+9 21 36.75	
Weisse X, 1006, 10^h 56^m 21^s.			
April	27	+9 28 58.97	
χ Leonis, 10^h 57^m 47^s.			
April	24	+8 5 31.57	
May	12		31.03
ν Ursæ Majoris, 11^h 1^m 47^s.			
March	18	+45 15 26.58	
April	9		26.52
Weisse XI, 61, 11^h 5^m 20^s.			
March	30	+10 37 32.22	
April	24		32.79
f Leonis, 11^h 6^m 35^s.			
April	21	+0 41 29.20	
May	12		28.90
d Leonis, 11^h 6^m 39^s.			
March	25	+21 17 23.76	
April	16		24.35
d Crateris, 11^h 12^m 21^s.			
March	25	−14 1 17.90	
April	24		18.22
Weisse XI, 221, 11^h 13^m 48^s.			
March	30	+7 49 56.69	
April	9		57.35
e Leonis, 11^h 13^m 55^s.			
March	18	+6 47 45.94	
April	21		45.73
Weisse XI, 233, 11^h 14^m 21^s.			
April	16	+4 58 29.59	
Weisse XI, 235, 11^h 14^m 30^s.			
April	27	+9 56 8.31	
B. A. C. 3892, 11^h 19^m 3^s.			
April	9	+9 25 45.50	
Weisse (2) 344, 11^h 19^m 4^s.			
April	27	+21 17 24.38	

Star	Date	Value 1	Value 2
τ Leonis, 11^h 20^m 44^s.			
1858. March	18	+3 37 36.44	
April	21		36.58
λ Draconis, 11^h 23^m 3^s.			
April	24	+70 6 9.56	
i Leonis, 11^h 23^m 10^s.			
March	25	−2 13 54.19	
	31		55.21
Weisse (2) 526, 11^h 28^m 30^s.			
March	30	+20 52 41.62	
B. A. C. 3937, 11^h 28^m 55^s.			
April	9	+28 33 16.18	
	16		15.95
ν Leonis, 11^h 29^m 47^s.			
March	18	−0 3 3.50	
	25		4.03
April	24		4.23
May	12		3.48
59 Ursæ Majoris, 11^h 30^m 52^s.			
April	3	+44 24 4.55	
	21		5.74
Weisse (2) XI, 592, 11^h 31^m 10^s.			
March	30	+20 52 30.72	
Weisse (2) XI, 600, 11^h 31^m 24^s.			
April	16	+24 6 15.84	
χ Ursæ Majoris, 11^h 38^m 39^s.			
March	25	+48 33 20.13	
	31		20.26
ν Virginis, 11^h 39^m 40^s.			
April	21	+7 18 50.38	
May	12		49.51
Weisse (2) XI, 816, 11^h 41^m 50^s.			
March	30	+16 54 35.06	
J Leonis, 11^h 41^m 55^s.			
April	9	+15 21 15.79	
	16		15.92
J Virginis, 11^h 45^m 24^s.			
April	21	+2 33 14.42	
May	12		13.80

Star	Date	Value 1	Value 2
γ Ursæ Majoris, 11^h 46^m 27^s.			
1858. April	27	+54 28 22.54	
b Virginis, 11^h 52^m 46^s.			
March	18	+4 26 4.91	
	30		5.17
π Virginis, 11^h 53^m 43^s.			
April	9	+7 23 41.88	
	16		41.93
67 Ursæ Majoris, 11^h 55^m 0^s.			
April	21	+43 49 20.69	
	27		19.39
May	12		20.15
Weisse XII, 16, 12^h 2^m 33^s.			
March	30	+8 57 29.78	
April	16		31.97
ι Corvi, 12^h 2^m 56^s.			
March	18	−21 50 27.37	
April	21		27.42
	27		27.99
May	12		28.33
June	2		27.96
γ Weisse XII, 49, 12^h 4^m 22^s.			
March	25	+8 8 56.43	
April	3		56.05
d Ursæ Majoris, 12^h 8^m 29^s.			
April	9	+57 48 37.65	
	16		37.25
Weisse XII, 144, 12^h 10^m 14^s.			
March	30	+7 22 50.32	
April	3		49.96
η Virginis, 12^h 12^m 45^s.			
April	21	+0 6 41.36	
	27		40.89
May	12		40.45
	13		41.07
June	2		40.58
Weisse XII, 163, 12^h 12^m 47^s.			
March	18	+6 26 53.78	
	25		53.35
B. A. C. 4168, 12^h 15^m 25^s.			
March	30	+6 5 2.88	
April	3		2.59
Weisse XII, 291, 12^h 18^m 40^s.			
April	9	−4 5 6.09	
	16		5.51

17—T I & M C

MEAN DECLINATIONS OF STARS FOR 1860.0

73 URSÆ MAJORIS, 12ʰ 20ᵐ 56ˢ.	38 VIRGINIS, 12ʰ 46ᵐ 2ˢ.	; VIRGINIS, 13ʰ 27ᵐ 34ˢ.	κ VIRGINIS, 14ʰ 5ᵐ 26ˢ.
1858. ° ′ ″ April 21 . . +56 29 17.84 27 . . 17.50 June 2 . . 18.52	1858. ° ′ ″ April 9 . . −2 47 29.28 16 . . 28.19	1858. ° ′ ″ June 21 . . +0 7 15.64 25 . . 16.27	1858. ° ′ ″ June 7 . . −9 37 13.90 21 . . 12.88
WEISSE XII, 402, 12ʰ 24ᵐ 26ˢ.	σ VIRGINIS, 12ʰ 47ᵐ 4ˢ.	B. A. C. 4560, 13ʰ 33ᵐ 32ˢ.	(*), 14ʰ 9ᵐ 48ˢ.
March 25 . . −4 16 49.30 30 . . 48.82	June 2 . . −8 46 40.67 7 . . 40.58	May 13 . . −12 4 18.61	May 22 . . −4 29 56.27 June 2 . . 56.53 10 . . 56.36
		m VIRGINIS, 13ʰ 34ᵐ 16ˢ.	
WEISSE XII, 409, 12ʰ 24ᵐ 44ˢ.	WEISSE XII, 820, 12ʰ 48ᵐ 30ˢ.	April 16 . . −7 59 42.01 June 2 . . 42.79	WEISSE XIV, 171, 14ʰ 10ᵐ 32ˢ.
May 12 . . +6 29 0.65	April 16 . . −2 47 29.35		June 2 . . −4 29 3.07
		5 BOOTIS, 13ʰ 40ᵐ 14ˢ.	
WEISSE XII, 416, 12ʰ 25ᵐ 13ˢ.	α CANUM VENATICORUM, 12ʰ 49ᵐ 27ˢ.	June 21 . . +26 24 19.72 25 . . 20.66	WEISSE XIV, 174, 14ʰ 10ᵐ 39ˢ.
May 12 . . +6 28 31.10	April 3 . . +39 4 29.29 27 . . 30.34 May 22 . . 29.94		May 22 . . −4 29 37.09 June 2 . . 37.09 10 . . 38.13
WEISSE XII, 433, 12ʰ 25ᵐ 29ˢ.		WEISSE (2) XIII, 854, 13ʰ 40ᵐ 59ˢ.	
May 13 . . +3 41 4.49	B. A. C. 4345, 12ʰ 49ᵐ 28ˢ.	April 27 . . +34 0 32.34	WEISSE (2) XIV, 248, 14ʰ 12ᵐ 0ˢ.
	April 3 . . +39 4 15.76 27 . . 17.04 May 22 . . 16.86	89 VIRGINIS, 13ʰ 42ᵐ 16ˢ.	April 27 . . +24 38 50.00 May 22 . . 49.98
κ DRACONIS, 12ʰ 27ᵐ 29ˢ.		April 16 . . −17 26 7.02 June 2 . . 6.84	O. ARG. S. 13544, 14ʰ 12ᵐ 37ˢ.
April 9 . . +70 33 38.38 16 . . 36.63			June 1 . . −23 51 41.03 2 . . 41.54
WEISSE XII, 516, 12ʰ 31ᵐ 28ˢ.	WEISSE XII, 578, 12ʰ 51ᵐ 49ˢ.	WEISSE (2) XIII, 984, 13ʰ 45ᵐ 36ˢ.	
March 25 . . −4 33 10.67 April 3 . . 11.54	May 12 . . −1 19 22.44 22 . . 22.35	May 13 . . +36 24 32.83	LALANDE 26210, 14ʰ 13ᵐ 5ˢ.
WEISSE XII, 525, 12ʰ 31ᵐ 58ˢ.	78 URSÆ MAJORIS, 12ʰ 51ᵐ 44ˢ.	WEISSE (2) XIII, 997, 13ʰ 46ᵐ 21ˢ.	June 15 . . −18 41 21.57
May 12 . . +14 38 18.95	April 3 . . +57 7 16.03 9 . . 17.91 16 . . 17.12 June 2 . . 17.87	May 13 . . +36 22 20.24	2 LIBRÆ, 14ʰ 15ᵐ 53ˢ.
WEISSE XII, 564, 12ʰ 34ᵐ 23ˢ.		WEISSE XIII, 797, 13ʰ 47ᵐ 3ˢ.	June 25 . . −11 4 21.56 26 . . 22.20
May 13 . . +1 2 48 58.97	b VIRGINIS, 13ʰ 2ᵐ 43ˢ.	June 2 . . +10 55 35.88	
	March 30 . . −4 47 27.82 April 3 . . 26.32 9 . . 26.27 16 . . 26.58 21 . . 26.47 27 . . 26.90 May 12 . . 27.69	i DRACONIS, 13ʰ 47ᵐ 21ˢ.	θ BOOTIS, 14ʰ 20ᵐ 26ˢ.
WEISSE XII, 579, 12ʰ 35ᵐ 1ˢ.		June 7 . . +65 24 56.29 21 . . 55.02	June 7 . . +52 29 56.37
April 3 . . −4 50 7.37 9 . . 6.62			WEISSE XIV, 422, 14ʰ 23ᵐ 37ˢ.
WEISSE XII, 583, 12ʰ 35ᵐ 15ˢ.		RUMKER 4522, 13ʰ 49ᵐ 45ˢ.	May 22 . . −3 10 26.61 28 . . 27.70
April 16 . . +2 23 8.88	WEISSE XIII, 268, 13ʰ 17ᵐ 12ˢ.	April 27 . . +26 36 19.77	
WEISSE XII, 584, 12ʰ 35ᵐ 20ˢ.	April 27 . . +0 24 60.31 May 13 . . 59.80 22 . . 60.07	α DRACONIS, 14ʰ 0ᵐ 36ˢ.	WEISSE XIV, 423, 14ʰ 23ᵐ 42ˢ.
April 27 . . +2 5 57.00		June 7 . . +65 2 43.92 21 . . 44.06	May 13 . . −5 10 41.44 21 . . 40.36
WEISSE XII, 585, 12ʰ 35ᵐ 23ˢ.	a VIRGINIS, 13ʰ 17ᵐ 45ˢ.	(*), 14ʰ 2ᵐ 0ˢ.	O. ARG. S. 13694, 14ʰ 23ᵐ 45ˢ.
March 25 . . −4 41 51.78 30 . . 52.15	June 7 . . −10 25 46.01	May 13 . . +66 16 24.14 28 . . 23.74	June 1 . . −23 56 8.90 2 . . 10.26
	WEISSE XIII, 318, 13ʰ 20ᵐ 20ˢ.	B. A. C. 4700, 14ʰ 3ᵐ 13ˢ.	
(*), 12ʰ 44ᵐ 41ˢ.	May 22 . . +0 21 3.71	April 27 . . −15 38 20.17 May 22 . . 20.14	ρ BOOTIS, 14ʰ 25ᵐ 47ˢ.
March 25 . . +0 57 16.81	WEISSE XIII, 324, 13ʰ 20ᵐ 53ˢ.		June 25 . . +30 59 14.49 26 . . 14.92
WEISSE XII, 757, 12ʰ 44ᵐ 41ˢ.	May 22 . . +0 24 40.20	WEISSE (2) XIV, 40, 14ʰ 3ᵐ 13ˢ.	WEISSE XIV, 503, 14ʰ 28ᵐ 5ˢ.
March 25 . . +0 50 52.39		June 1 . . +23 49 7.83 2 . . 8.07	May 13 . . −5 13 4.03 21 . . 3.27
WEISSE XII, 764, 12ʰ 45ᵐ 17ˢ.	l VIRGINIS, 13ʰ 24ᵐ 41ˢ.		
	May 13 . . −5 31 54.40 June 2 . . 54.49	d BOOTIS, 14ʰ 4ᵐ 0ˢ.	σ BOOTIS, 14ʰ 28ᵐ 36ˢ.
May 12 . . +0 59 28.88		June 25 . . +25 45 22.75	June 21 . . +30 21 18.21

OBSERVED WITH THE MURAL CIRCLE, 1858.

Weisse XIV, 519, 14ʰ 28ᵐ 54ˢ.	ξ² Libræ, 14ʰ 49ᵐ 10ˢ.	10 Serpentis, 15ʰ 21ᵐ 34ˢ.	α Serpentis, 15ʰ 37ᵐ 22ˢ.
1858. June 15 . . − 3 10 4.03 18 . . 6.03	1858. June 25 . . −10 50 32.00	1858. May 13 . . + 2 19 49.27 June 1 . . 51.64 10 . . 51.11	1858. June 21 . . + 6 52 8.10 25 . . 7.51 July 26 . . 6.54
Rümker 4761, 14ʰ 29ᵐ 25ˢ.	O. Arg. N. 15005, 14ʰ 53ᵐ 49ˢ.		
June 7 . . 1· 1 40 5.52 10 . . 3.55	May 22 . . +59 5 20.47 June 18 . . 22.96	ι Draconis, 15ʰ 21ᵐ 52ˢ.	Weisse XV, 741, 15ʰ 39ᵐ 15ˢ.
Weisse XIV, 606, 14ʰ 33ᵐ 37ˢ.	(²), 14ʰ 54ᵐ 2ˢ.	June 5 . . 1·59 27 27.07 21 . . 26.32	May 21 . . −14 47 51.99
May 22 . . − 5 51 18.80 28 . . 19.53	May 22 . . +59 5 48.94	O. Arg. S. 14607, 15ʰ 22ᵐ 36ˢ.	B. A. C. 5211, 15ʰ 39ᵐ 31ˢ.
Weisse XIV, 608, 14ʰ 33ᵐ 44ˢ.	Weisse (2) XIV, 1183, 14ʰ 54ᵐ 3ˢ.	June 15 . . −21 23 15.24	June 19 . . 25 33 1.01 28 . . 0.43
June 1 . . −10 15 39.02 5 . . 39.80	June 19 . . +43 55 50.25	B. A. C. 5105, 15ʰ 24ᵐ 0ˢ.	B. A. C. 5220, 15ʰ 39ᵐ 10ˢ.
	B. A. C. 4914, 14ʰ 54ᵐ 39ˢ.	June 26 . . −23 24 1.59	June 18 . . −23 23 55.01 30 . . 54.38
μ Virginis, 14ʰ 35ᵐ 40ˢ.	June 7 . . 1 0 24 56.27		
June 25 . . − 5 2 50.31 26 . . 51.01	ψ Boötis, 14ʰ 58ᵐ 21ˢ.	B. A. C. 5110, 15ʰ 24ᵐ 15ˢ.	Weisse XV, 818, 15ʰ 43ᵐ 5ˢ.
Weisse XIV, 668, 14ʰ 37ᵐ 1ˢ.	June 25 . . +27 29 43.42	June 18 . . −25 19 20.32 28 . . 19.83	June 5 . . − 2 37 36.99
May 13 . . − 5 47 36.32 21 . . 35.64	b Boötis, 15ʰ 2ᵐ 21ˢ.	(²), 15ʰ 26ᵐ 56ˢ.	Weisse XV, 844, 15ʰ 44ᵐ 18ˢ.
(²), 14ʰ 37ᵐ 24ˢ.	May 13 . . + 26 50 13.59 June 1 . . 12.66	June 28 . . −25 15 42.80	June 5 . . − 2 39 50.56
June 15 . . +27 7 28.74	θ Libræ, 15ʰ 4ᵐ 15ˢ.	j Libr.v, 15ʰ 27ᵐ 42ˢ.	l Libræ, 15ʰ 45ᵐ 14ˢ.
ι Boötis, 14ʰ 38ᵐ 52ˢ.	May 22 . . −19 15 34.17 June 21 . . 33.49	May 28 . . −14 19 11.82 June 1 . . 10.63	June 21 . . −19 44 42.66 26 . . 44.12 30 . . 43.39
June 19 . . +27 39 55.17	B. A. C. 5018, 15ʰ 6ᵐ 53ˢ.		B. A. C. 5254, 15ʰ 45ᵐ 36ˢ.
O. Arg. S. 13953, 14ʰ 41ᵐ 13ˢ.	June 19 . . −27 16 49.75	α Coronæ Borealis, 15ʰ 28ᵐ 45ˢ.	May 28 . . −23 33 25.18
June 18 . . −23 39 59.01	3 Serpentis, 15ʰ 8ᵐ 14ˢ.	June 25 . . +27 11 16.79 July 26 . . 16.01	B. A. C. 5257, 15ʰ 45ᵐ 50ˢ.
Weisse XIV, 759, 14ʰ 41ᵐ 17ˢ.	June 10 . . + 5 27 40.70 25 . . 40.78	μ Coronæ, 15ʰ 30ᵐ 7ˢ.	June 1 . . −16 18 56.61 15 . . 55.55
May 22 . . − 6 31 14.03 28 . . 14.05	d Libræ, 15ʰ 9ᵐ 27ˢ.	June 5 . . +39 28 36.29 10 . . 37.07	B. A. C. 5258, 15ʰ 46ᵐ 0ˢ.
μ Libræ, 14ʰ 41ᵐ 38ˢ.	June 1 . . − 8 51 49.48 5 . . 49.34	42 Libræ, 15ʰ 32ᵐ 0ˢ.	June 19 . . −26 55 11.40 28 . . 10.69
June 7 . . −13 33 48.53 25 . . 48.45 26 . . 19.38	d Boötis, 15ʰ 9ᵐ 51ˢ.	June 21 . . −23 21 35.24 26 . . 36.13 30 . . 36.13	(²), 15ʰ 46ᵐ 4ˢ.
O. Arg. S. 13955, 14ʰ 41ᵐ 50ˢ.	June 26 . . +33 50 18.95	Weisse XV, 637, 15ʰ 33ᵐ 49ˢ.	June 5 . . − 2 36 31.70 July 9 . . 31.08
June 18 . . −23 38 8.65	28 Libræ, 15ʰ 12ᵐ 59ˢ.	May 21 . . −15 6 20.40 22 . . 20.59	(²), 15ʰ 46ᵐ 43ˢ.
Weisse XIV, 787, 14ʰ 42ᵐ 39ˢ.	May 13 . . −17 38 52.36 21 . . 49.50 June 21 . . 50.58	Weisse XV, 644, 15ʰ 31ᵐ 11ˢ.	June 10 . . −10 40 19.53
May 22 . . − 6 31 49.59 28 . . 49.31	B. A. C. 5062, 15ʰ 14ᵐ 37ˢ.	May 21 . . −15 6 51.22 22 . . 51.89	B. A. C. 5261, 15ʰ 46ᵐ 56ˢ.
Weisse XIV, 793, 14ʰ 43ᵐ 1ˢ.	June 25 . . −26 11 4.40	(²), 15ʰ 35ᵐ 8ˢ.	June 18 . . −18 57 59.98
May 13 . . −11 26 9.81 21 . . 8.41	(²), 15ʰ 15ᵐ 7ˢ.	June 1 . . −17 14 51.18 10 . . 52.08 15 . . 53.44	B. A. C. 5275, 15ʰ 48ᵐ 41ˢ.
	June 1 . . −13 17 47.49		June 29 . . −27 13 18.31 July 6 . . 48.11
a² Libræ, 14ʰ 43ᵐ 8ˢ.	O. Arg. S. 14531, 15ʰ 16ᵐ 50ˢ.	(²), 15ʰ 35ᵐ 34ˢ.	B. A. C. 5278, 15ʰ 49ᵐ 1ˢ.
June 19 . . −15 27 28.21	May 28 . . −21 32 35.77	May 28 . . −10 28 22.10	May 21 . . −21 4 26.37

MEAN DECLINATIONS OF STARS FOR 1860.0

ζ URSAE MINORIS, 15ʰ 49ᵐ 8ˢ.

1858.	°	'	"
July	26	+78 13 22.89	

B. A. C. 5286, 15ʰ 50ᵐ 13ˢ.

| July | 10 | −24 25 28.72 |

τ SCORPII, 15ʰ 50ᵐ 23ˢ.

| June | 26 | −25 42 28.53 |

λ SCORPII, 15ʰ 52ᵐ 3ˢ.

| May | 28 | −22 13 11.49 |
| June | 21 | 10.86 |

WEISSE XV, 1011, 15ʰ 53ᵐ 52ˢ.

| June | 15 | −19 52 51.64 |

WEISSE XV, 1019, 15ʰ 54ᵐ 28ˢ.

| June | 18 | −10 53 51.01 |

μ SCORPII, 15ʰ 57ᵐ 18ˢ.

June	1	−19 25 9.05
	10	8.78
July	9	9.35
	26	8.51

B. A. C. 5334, 15ʰ 57ᵐ 18ˢ.

June	1	−19 24 56.53
July	9	57.21
	26	57.00

B. A. C. 5394, 16ʰ 5ᵐ 21ˢ.

1858.	°	'	"
June	29	−24 3 36.56	
July	7	35.88	

B. A. C. 5409, 16ʰ 6ᵐ 45ˢ.

June	18	−26 50 55.03
	25	53.45
July	6	53.58

λ OPHIUCHI, 16ʰ 7ᵐ 0ˢ.

| June | 5 | 3 19 51.63 |
| | 21 | 51.12 |

B. A. C. 5416, 16ʰ 7ᵐ 16ˢ.

| July | 15 | −30 15 59.86 |

O. ARG. S. 15438, 16ʰ 7ᵐ 18ˢ.

| June | 1 | −21 45 43.98 |
| | 15 | 43.46 |

B. A. C. 5421, 16ʰ 8ᵐ 7ˢ.

| July | 10 | −29 23 27.86 |

B. A. C. 5430, 16ʰ 9ᵐ 38ˢ.

| June | 29 | −27 41 34.25 |
| July | 9 | 33.82 |

O. ARG. S. 15490, 16ʰ 10ᵐ 24ˢ.

| May | 21 | −21 14 44.15 |

B. A. C. 5522, 16ʰ 24ᵐ 6ˢ.

1858.	°	'	"
June	18	−31 15 1.77	
	28	0.81	

τ SCORPII, 16ʰ 27ᵐ 10ˢ.

| June | 18 | −27 55 19.67 |
| | 26 | 19.15 |

α HERCULIS, 16ʰ 29ᵐ 31ˢ.

| June | 1 | +14 43 40.48 |
| July | 26 | 39.70 |

B. A. C. 5556, 16ʰ 30ᵐ 28ˢ.

| June | 28 | −29 35 29.21 |
| | 29 | 29.68 |

B. A. C. 5557, 16ʰ 30ᵐ 30ˢ.

| July | 15 | −30 10 57.40 |

42 HERCULIS, 16ʰ 34ᵐ 57ˢ.

| June | 1 | +19 12 13.95 |
| July | 6 | 14.12 |

B. A. C. 5600, 16ʰ 35ᵐ 36ˢ.

| July | 15 | −27 11 22.00 |

B. A. C. 5612, 16ʰ 37ᵐ 56ˢ.

| July | 7 | −31 11 37.71 |
| | 9 | 37.68 |

O. ARG. S. 16162, 16ʰ 50ᵐ 4ˢ.

1858.	°	'	"
July	26	−26 47 45.29	

κ OPHIUCHI, 16ʰ 51ᵐ 3ˢ.

| July | 22 | + 9 35 43.14 |
| August | 19 | 43.09 |

O. ARG. S. 16206, 16ʰ 52ᵐ 36ˢ.

| June | 1 | −27 2 20.52 |
| | 15 | 19.87 |

B. A. C. 5730, 16ʰ 55ᵐ 0ˢ.

June	28	−21 2 11.56
July	5	10.74
	9	11.25

O. ARG. S. 16263, 16ʰ 55ᵐ 18ˢ.

| June | 1 | −27 0 41.17 |

B. A. C. 5739, 16ʰ 55ᵐ 47ˢ.

| June | 29 | −31 9 43.62 |
| | 30 | 41.91 |

B. A. C. 5743, 16ʰ 56ᵐ 0ˢ.

| July | 7 | −23 11 18.93 |

B. A. C. 5756, 16ʰ 57ᵐ 31ˢ.

| July | 10 | −29 57 14.94 |

OBSERVED WITH THE MURAL CIRCLE, 1858.   133

B. A. C. 5808, (2d *.) 17h 6m 34s.	B. A. C. 5924, 17h 25m 36s.	B. A. C. 6039, 17h 44m 6s.	B. A. C. 6143, 18h 0m 55s.

1858.
June   15 . . −26 23 33.02

1858.
July   9 . . −31 46 14.75
August 19 . .   14.42

1858.
July   9 . . −31 59 38.33
       10 . .   37.91
       28 . .   37.35

1858.
September 6 . . −32 9 45.11

B. A. C. 5809, 17h 6m 56s.

June   28 . . −30 2 42.15
       30 . .   42.48

B. A. C. 5925, 17h 25m 36s.

August 23 . . −32 28 47.90

30 Draconis, 17h 45m 43s.

August 6 . . +50 48 56.95

α Herculis, 18h 2m 4s.

August 19 . . +25 44 44.51

B. A. C. 6160, 18h 3m 4s.

B. A. C. 5816, 17h 7m 52s.

July   24 . . −25 8 36.37
       26 . .   37.42

B. A. C. 5818, 17h 7m 57s.

July   28 . . −30 11 25.73

B. A. C. 5943, 17h 28m 56s.

June   28 . . −28 20 48.50
       29 . .   48.27
       30 . .   49.09
July   7 . .   48.23
       10 . .   49.05

B. A. C. 5946, 17h 29m 26s.

B. A. C. 6057, 17h 47m 9s.

June   28 . . −32 26 48.28
       29 . .   48.50

B. A. C. 6063, 17h 47m 52s.

July   26 . . −28 2 19.55
September 6 . .   20.24

June   30 . . −28 55 38.61
July   6 . .   37.30

O. Arg. S. 17797, 18h 3m 43s.

July   10 . . −28 15 45.34
August 10 . .   46.79

B. A. C. 6163, 18h 3m 49s.

α Herculis, 17h 8m 16s.

June   18 . . +14 33 9.23
July   22 . .   9.45

July   24 . . −27 57 26.86
       28 . .   27.10

r1 Draconis, 17h 29m 25s.

July   15 . . −28 44 22.32

B. A. C. 6076, 17h 50m 44s.

July   10 . . −28 15 52.53
August 11 . .   53.04

B. A. C. 5848, 17h 13m 13s.

July   6 . . −30 21 27.09
       7 . .   27.76

July   5 . . +55 16 52.61
       26 . .   52.29

r1 Draconis, 17h 29m 30s.

June   29 . . −33 23 33.41
August 11 . .   34.31

(²), 18h 4m 35s.

August 13 . . −17 26 37.06

η Ophiuchi, 17h 13m 25s.

June   15 . . −24 51 20.40
       18 . .   21.70
August 19 . .   19.79

July   5 . . +55 16 10.65
       26 . .   10.46

B. A. C. 5952, 17h 30m 12s.

(*), 17h 50m 46s.

August 10 . . −15 35 13.17

μ1 Sagittarii, 18h 5m 25s.

July   5 . . −21 5 28.05
August 6 . .   28.89

B. A. C. 5861, 17h 15m 34s.

June   28 . . −28 31 3.61
       29 . .   3.68

July   9 . . −28 19 24.56
       10 . .   25.08

B. A. C. 5977, 17h 33m 56s.

(²), 17h 55m 20s.

July   10 . . −25 39 50.91

B. A. C. 6175, 18h 6m 31s.

July   15 . . −32 22 46.17
       24 . .   45.57

(*), 17h 16m 30s.

July   7 . . −30 23 33.88

July   6 . . −32 58 41.28
       9 . .   41.97

(²), 17h 55m 50s.

July   21 . . −25 39 48.40

B. A. C. 6179, 18h 6m 52s.

August 16 . . −20 45 57.14
       17 . .   57.45
       23 . .   57.41

B. A. C. 5869, 17h 16m 36s.

July   10 . . −29 32 17.67
       15 . .   16.64

B. A. C. 5983, 17h 34m 38s.

July   28 . . −30 6 19.39
August 4 . .   20.43

O. Arg. S. 17576, 17h 56m 32s.

July   6 . . −27 50 13.76

B. A. C. 6181, 18h 7m 10s.

June   29 . . −31 11 55.49
July   7 . .   54.27

B. A. C. 5878, 17h 18m 16s.

July   28 . . −25 48 57.90

B. A. C. 5959, 17h 35m 45s.

June   28 . . −23 36 37.80
       29 . .   37.46

B. A. C. 6113, 17h 56m 15s.

July   26 . . −29 16 48.13
       29 . .   49.24

B. A. C. 6182, 18h 7m 15s.

July   9 . . −31 21 38.21
August 7 . .   38.40

α Ophiuchi, 17h 19m 35s.

July   5 . . +14 15 55.48
       26 . .   53.51

(²), 17h 38m 12s.

June   28 . . −23 37 27.89
       29 . .   27.54

B. A. C. 6131, 17h 59m 58s.

June   29 . . −31 10 27.79
August 7 . .   27.89

(*), 18h 7m 33s.

July   26 . . −30 26 45.50

B. A. C. 5892, 17h 19m 40s.

June   30 . . −31 15 43.88
July   24 . .   43.40

3 Sagittarii, 17h 38m 45s.

August 23 . . −27 46 23.88

(*), 18h 0m 11s.

August 10 . . −27 45 19.51

B. A. C. 6190, 18h 8m 31s.

September 6 . . −28 41 45.90

(²), 17h 22m 32s.

July   9 . . −31 45 40.28

B. A. C. 6011, 17h 39m 10s.

June   30 . . −32 36 52.60
July   10 . .   52.35
       26 . .   51.97

B. A. C. 6132, 18h 0m 17s.

July   15 . . −25 29 20.40
August 9 . .   19.42

B. A. C. 6192, 18h 8m 39s.

July   28 . . −33 26 30.41
       29 . .   29.86

B. A. C. 5908, 17h 22m 56s.

July   6 . . −31 42 59.51
       7 . .   60.28
       9 . .   60.59

α Herculis, 17h 41m 2s.

July   7 . . +27 48 16.92
       22 . .   17.03

O. Arg. S. 17695, 18h 0m 55s.

August 10 . . −27 45 4.80

d Sagittarii, 18h 12m 2s.

August 19 . . −29 53 59.41

MEAN DECLINATIONS OF STARS FOR 1860.0

δ Ursæ Minoris, 18ʰ 17ᵐ 30ˢ.

1858.		° ′ ″
June 28	. . +86 36	6.36
29	. .	7.12
30	. .	6.08
July 6	. .	6.51
7	. .	5.98
9	. .	7.38
10	. .	7.22
15	. .	6.50
22	. .	6.46
24	. .	6.47
26	. .	6.93
27	. .	6.91
28	. .	6.89
29	. .	7.12
August 4	. .	6.84
6	. .	6.84
7	. .	6.58
9	. .	6.13
10	. .	6.76
11	. .	7.19
13	. .	6.64
16	. .	7.05
17	. .	7.22
19	. .	6.52
20	. .	6.98
23	. .	6.13
September 6	. .	6.02

δ Ursæ Minoris, S. P., 18ʰ 17ᵐ 30ˢ.

February 6	. . +86 36	7.24
8	. .	8.36
17	. .	7.80
March 10	. .	8.07
12	. .	8.24
24	. .	7.08

B. A. C. 6403, 18ʰ 41ᵐ 58ˢ.

July 15	. . −31 7	6.20
August 13	. .	6.00
16	. .	6.91

31 Sagittarii, 18ʰ 43ᵐ 44ˢ.

| July 29 | . . −22 4 | 56.20 |

3 Lyræ, 18ʰ 44ᵐ 55ˢ.

| July 24 | . . +33 12 | 6.69 |

1ᵐ Sagittarii, 18ʰ 45ᵐ 43ˢ.

August 19	. . −22 54	47.69
20	. .	47.45
23	. .	47.90

1ᵐ Sagittarii, 18ʰ 46ᵐ 39ˢ.

August 20	. . −22 50	31.55
23	. .	31.73

fᵐ Serpentis, 18ʰ 49ᵐ 15ˢ.

| August 24 | . . +4 1 | 28.13 |

fᵐ Serpentis, 18ʰ 49ᵐ 16ˢ.

| August 24 | . . +4 1 | 22.78 |

B. A. C. 6465, 18ʰ 49ᵐ 46ˢ.

| July 15 | . . −25 3 | 32.07 |

B. A. C. 6479, 18ʰ 51ᵐ 50ˢ.

1858.		° ′ ″
July 24	. . −25 7	58.98

Lalande 35466, 18ʰ 54ᵐ 0ˢ.

| August 17 | . . −17 3 | 2.33 |

B. A. C. 6512, 18ʰ 56ᵐ 56ˢ.

July 15	. . −29 17	13.36
August 24	. .	14.14

H. A. C. 6537, 19ʰ 0ᵐ 11ˢ.

| August 19 | . . −30 50 | 36.10 |

B. A. C. 6540, 19ʰ 0ᵐ 17ˢ.

| September 6 | . . −23 21 | 23.25 |

(³), 19ʰ 0ᵐ 26ˢ.

| August 19 | . . −30 51 | 44.85 |

B. A. C. 6554, 19ʰ 2ᵐ 27ˢ.

August 9	. . −20 43	34.67
11	. .	34.31
17	. .	33.86

H. A. C. 6565, 19ʰ 5ᵐ 16ˢ.

July 15	. . −27 6	21.62
27	. .	21.35

B. A. C. 6568, 19ʰ 5ᵐ 43ˢ.

August 23	. . −30 3	58.20
24	. .	58.17

H. A. C. 6577, 19ʰ 7ᵐ 18ˢ.

August 7	. . −30 41	58.29
10	. .	59.81
13	. .	58.32

B. A. C. 6578, 19ʰ 7ᵐ 35ˢ.

| September 6 | . . −25 54 | 20.04 |

53 Draconis, 19ʰ 9ᵐ 0ˢ.

July 24	. . +56 37	17.57
29	. .	18.39
August 4	. .	18.42

54 Draconis, 19ʰ 11ᵐ 26ˢ.

August 6	. . +57 27	52.35
17	. .	52.32
19	. .	51.91

f Draconis, 19ʰ 12ᵐ 30ˢ.

August 16	. . +67 24	56.03
September 3	. .	55.73

B. A. C. 6611, 19ʰ 13ᵐ 7ˢ.

August 9	. . −26 25	25.35
11	. .	25.05
13	. .	25.01

B. A. C. 6613, 19ʰ 13ᵐ 12ˢ.

1858.		° ′ ″
September 6	. . −29 46	54.05
10	. .	56.01

(³), 19ʰ 13ᵐ 23ˢ.

| August 13 | . . −26 26 | 11.33 |

2 Sagittæ, 19ʰ 18ᵐ 4ˢ.

July 24	. . +16 40	2.21
29	. .	3.43

β Aquilæ, 19ʰ 18ᵐ 27ˢ.

| July 27 | . . +2 50 | 19.32 |

3 Sagittæ, 19ʰ 18ᵐ 27ˢ.

July 24	. . +16 41	8.48
29	. .	8.49

2 Cygni, 19ʰ 15ᵐ 36ˢ.

| August 17 | . . +29 20 | 59.01 |

4 Vulpeculæ, 19ʰ 19ᵐ 19ˢ.

| August 6 | . . +19 31 | 36.14 |

O. Arg. S. 19612, 19ʰ 21ᵐ 10ˢ.

August 4	. . −27 43	7.68
7	. .	6.64

O. Arg. S. 19618, 19ʰ 21ᵐ 21ˢ.

August 9	. . −27 37	56.35
10	. .	56.28

B. A. C. 6677, 19ʰ 23ᵐ 20ˢ.

August 11	. . −28 30	13.03
16	. .	12.33

B. A. C. 6682, 19ʰ 23ᵐ 56ˢ.

September 3	. . −28 17	1.46
6	. .	0.33
13	. .	0.47

β Cygni, 19ʰ 25ᵐ 6ˢ.

| July 27 | . . +27 40 | 4.83 |

B. A. C. 6691, 19ʰ 25ᵐ 8ˢ.

| July 27 | . . +27 40 | 24.74 |

O. Arg. S. 19691, 19ʰ 25ᵐ 25ˢ.

| September 10 | . . −27 27 | 33.95 |

(³), 19ʰ 29ᵐ 43ˢ.

| August 10 | . . −27 40 | 10.80 |

O. Arg. S. 19796, 19ʰ 29ᵐ 48ˢ.

| September 13 | . . −28 5 | 55.09 |

O. Arg. S. 19809, 19ʰ 30ᵐ 17ˢ.

1858.		° ′ ″
August 4	. . −27 41	1.85
7	. .	1.05
10	. .	0.87

O. Arg. S. 19830, 19ʰ 31ᵐ 19ˢ.

September 3	. . −27 51	4.00
6	. .	2.63

O. Arg. S. 19839, 19ʰ 31ᵐ 53ˢ.

August 9	. . −27 36	52.90
10	. .	52.26

O. Arg. S. 19845, 19ʰ 32ᵐ 9ˢ.

August 11	. . −28 0	49.79
16	. .	49.54

σ Draconis, 19ʰ 32ᵐ 36ˢ.

July 24	. . +69 25	22.25
August 6	. .	22.38

θ Cygni, 19ʰ 32ᵐ 42ˢ.

July 27	. . +49 53	55.13
29	. .	54.57

Weisse XIX, 875, 19ʰ 34ᵐ 19ˢ.

| August 13 | . . +11 36 | 7.91 |

Weisse XIX, 886, 19ʰ 34ᵐ 43ˢ.

| August 13 | . . +11 37 | 32.60 |

O. Arg. S. 19901, 19ʰ 35ᵐ 43ˢ.

August 25	. . −27 58	13.76
September 20	. .	15.01

O. Arg. S. 19908, 19ʰ 36ᵐ 16ˢ.

August 24	. . −27 8	11.36
September 8	. .	10.82

O. Arg. S. 19915, 19ʰ 36ᵐ 29ˢ.

| September 10 | . . −26 56 | 31.14 |

O. Arg. S. 19916, 19ʰ 36ᵐ 37ˢ.

August 4	. . −27 43	44.96
7	. .	44.13

O. Arg. S. 19933, 19ʰ 37ᵐ 42ˢ.

August 9	. . −27 36	11.73
10	. .	11.64

O. Arg. S. 19914, 19ʰ 38ᵐ 47ˢ.

August 24	. . −27 9	51.42
September 21	. .	52.24

O. Arg. S. 19960, 19ʰ 39ᵐ 42ˢ.

| September 10 | . . −27 0 | 1.20 |

(*), $19^h\,39^m\,50^s$.	O. Arg. S. 20058, $19^h\,46^m\,32^s$.	λ Ursæ Minoris, $20^h\,3^m\,53^s$.	(*), $20^h\,16^m\,53^s$.

1858.   '   "
 September 13 . . −27 26 8.24
	1858. ' "
	 September 13 . . −27 28 16.54
		1858. ' "
		 July 15 . . +85 53 24.54
		        24 . . 24.75
		        27 . . 25.75
		        29 , . 25.47
		 August 4 . . 25.57
		        6 . . 25.16
		        7 . . 24.62
		       10 . . 24.37
		       11 . . 25.32
		       13 . . 25.58
		       16 . . 25.47
		       17 . . 26.42
		       19 . . 24.89
		       23 . . 24.96
		       24 . . 25.53
		       25 . . 25.40
		       31 . . 25.58
		 September 6 . . 25.91
		       10 . . 26.29
		       13 . . 25.72
		       17 . . 25.44
		       20 . . 25.83
		       21 . . 26.74
		       22 . . 25.27
			1858. ' "
			 August 7 . . −23 37 56.33

(*), $19^h\,40^m\,23^s$. July 29 . . −28 45 16.36	(*), $19^h\,47^m\,44^s$. August 24 . . −27 4 16.10		O. Arg. S. 20482, $20^h\,17^m\,5^s$. August 11 . . −23 55 52.06 16 . . 52.75
B. A. C. 6786, $19^h\,41^m\,47^s$. August 11 . . −27 3 50.75 24 . . 50.66	O. Arg. S. 20079, $19^h\,47^m\,59^s$. August 25 . . −27 59 20.66		ρ Capricorni, $20^h\,20^m\,52^s$. August 4 . . −18 16 25.39
O. Arg. S. 19990, $19^h\,41^m\,53^s$. August 10 . . −27 38 2.51	β Aquilæ, $19^h\,48^m\,26^s$. August 31 . . + 6 3 35.53		O. Arg. S. 20576, $20^h\,23^m\,50^s$. August 24 . . −29 4 17.65
O. Arg. S. 19997, $19^h\,42^m\,9^s$. August 4 . . −27 41 57.64 7 . . 57.25	O. Arg. S. 20090, $19^h\,48^m\,45^s$. August 16 . . −26 35 19.81		B. A. C. 7071, $20^h\,24^m\,9^s$. August 24 . . −29 3 56.87

O. Arg. S. 19998, $19^h\,42^m\,10^s$.
 August   16 . . −26 31 7.64
	O. Arg. S. 20100, $19^h\,48^m\,59^s$.
	 September 6 . . −27 53 12.87
		λ Ursæ Minoris, S. P., $20^h\,3^m\,53^s$.
		 February 25 . . +88 53 24.31
		        27 . . 25.00
		 March 10 . . 23.29
		        12 . . 24.78
		        13 . . 23.93
		        18 . . 23.98
		        24 . . 21.87
		        29 . . 24.71
		        31 . . 23.80
			B. A. C. 7108, $20^h\,29^m\,32^s$.
			 August 7 . . −25 35 37.79
			        11 . . 36.38
			        13 . . 37.04

O. Arg. S. 20002, $19^h\,42^m\,20^s$. September 10 . . −26 59 16.41	O. Arg. S. 20118, $19^h\,50^m\,26^s$. August 11 . . −26 34 17.35 16 . . 17.08		B. A. C. 7128, $20^h\,31^m\,51^s$. September 3 . . −24 16 57.55

B. A. C. 6792, $19^h\,42^m\,32^s$.
 September 3 . . −27 49 20.34
        6 . .   20.96
	O. Arg. S. 20123, $19^h\,50^m\,33^s$.
	 August 10 . . −27 37 12.39
		B. A. C. 6982, $20^h\,11^m\,24^s$.
		 September 20 . . −25 39 28.75
		        21 . . 29.21
			O. Arg. S. 20762, $20^h\,34^m\,56^s$.
			 August 24 . . −19 59 6.38

B. A. C. 6795, $19^h\,43^m\,5^s$.
 September 13 . . −27 26 3.21
	B. A. C. 6854, $19^h\,51^m\,55^s$.
	 July 24 . . −28 57 54.82
	        27 . . 55.66
	        29 . . 55.58
		O. Arg. S. 20406, $20^h\,12^m\,8^s$.
		 September 20 . . −25 38 50.72
		        21 . . 49.87
			u Cygni, $20^h\,36^m\,40^s$.
			 September 22 . . +44 46 53.08

a Aquilæ, $19^h\,43^m\,57^s$. July 27 . . + 8 30 5.92 August 6 . . 6.22	B. A. C. 6869, $19^h\,53^m\,28^s$. July 15 . . +64 20 57.20	(*), $20^h\,14^m\,49^s$. August 13 . . −24 56 17.06	O. Arg. S. 20839, $20^h\,38^m\,37^s$. August 24 . . −19 56 45.27 September 10 . . 46.05

O. Arg. S. 20022, $19^h\,44^m\,6^s$.
 August   24 . . −27 11 35.74
	O. Arg. S. 20157, $19^h\,53^m\,32^s$.
	 August 19 . . −28 22 48.02
	        25 . . 48.06
		O. Arg. S. 20458, $20^h\,15^m\,34^s$.
		 August 25 . . −24 36 35.41
		        31 . . 33.55
			(*), $20^h\,43^m\,25^s$.
			 September 20 . . −21 32 47.10

O. Arg. S. 20039, $19^h\,44^m\,49^s$.
 August   19 . . −27 18 0.02
	O. Arg. S. 20167, $19^h\,54^m\,14^s$.
	 September 20 . . −28 5 44.98
	        21 . . 45.21
		O. Arg. S. 20465, $20^h\,16^m\,3^s$.
		 August 11 . . −23 55 23.12
		        16 . . 21.27
		        23 . . 21.68
			32 Vulpeculæ, $20^h\,48^m\,36^s$.
			 August 4 . . +27 31 36.12
			        11 . . 36.29
			        16 . . 36.11
			        25 . . 36.77
			        31 . . 37.74
			 September 3 . . 36.54
			        6 . . 36.95
			       10 . . 36.86
			       13 . . 37.09
			       27 . . 36.98

O. Arg. S. 20046, $19^h\,45^m\,24^s$.
 August   13 . . −27 50 57.33
 September 6 . .   57.13
	O. Arg. S. 20186, $19^h\,55^m\,32^s$.
	 August 4 . . −28 24 30.91
	        7 . . 29.85
	        25 . . 31.52
		O. Arg. S. 20468, $20^h\,16^m\,16^s$.
		 September 6 . . −24 58 42.93
		        17 . . 42.69	

O. Arg. S. 20049, $19^h\,45^m\,47^s$. September 20 . . −27 3 19.10	O. Arg. S. 20192, $19^h\,55^m\,47^s$. August 13 . . −26 42 59.49	O. Arg. S. 20470, $20^h\,16^m\,23^s$. August 10 . . −24 42 14.77 24 . . 15.35	Lalande 40494, $20^h\,49^m\,15^s$. September 20 . . +36 32 31.25
O. Arg. S. 20051, $19^h\,45^m\,50^s$. September 10 . . −26 56 9.46	O. Arg. S. 20234, $19^h\,55^m\,21^s$. August 10 . . −27 37 15.26	O. Arg. S. 20474, $20^h\,16^m\,31^s$. September 6 . . −24 59 27.76 17 . . 30.17	(*), $20^h\,50^m\,55^s$. August 24 . . −31 2 58.76
O. Arg. S. 20053, $19^h\,45^m\,53^s$. August 4 . . −27 42 52.09 7 . . 51.15			

MEAN DECLINATIONS OF STARS FOR 1860.0

61¹ CYGNI, 21ʰ 0ᵐ 34ˢ.

1858.				
August	4	. .	+38 3	46.64
	7	. .		46.03
	10	. .		46.75
	11	. .		47.15
	13	. .		46.19
	16	. .		46.62
	24	. .		47.15
	25	. .		47.08
	31	. .		46.61
September	3	. .		45.74
	6	. .		46.14
	10	. .		46.22
	13	. .		45.76
	17	. .		46.26
	20	. .		46.07
	21	. .		45.73
	27	. .		46.36

61² CYGNI, 21ʰ 0ᵐ 34ˢ.

August	4	. .	+38 3	41.46
	7	. .		41.13
	10	. .		41.57
	11	. .		41.67
	13	. .		40.35
	16	. .		41.84
	24	. .		42.00
	25	. .		41.81
	31	. .		41.47
September	3	. .		40.95
	6	. .		40.77
	10	. .		40.85
	13	. .		40.23
	17	. .		40.95
	20	. .		40.84
	21	. .		40.43
	27	. .		40.43

ζ CYGNI, 21ʰ 6ᵐ 58ˢ.

August	25	. .	+29 38	15.75
September 17		. .		16.77
	22	. .		16.78
	30	. .		16.29

LALANDE 41341, 21ʰ 9ᵐ 59ˢ.

September 13	. .	1·36 40	16 31
	20	. .	16.81
	21	. .	16.82

α CEPHEI, 21ʰ 15ᵐ 14ˢ.

| October | 19 | . . | +61 59 | 35.65 |

70 CYGNI, 21ʰ 2ᵐ 39ˢ.

September 13	. .	+36 30	35.21
	17	. .		35.71
	20	. .		35.83
	21	. .		35.50

β AQUARII, 21ʰ 24ᵐ 11ˢ.

| September 30 | . . | − 6 11 | 4.61 |

ε PEGASI, 21ʰ 37ᵐ 16ˢ.

September 22	. .	+9 14	5.74
October	17	. .		4.59
	19	. .		5.65
	23	. .		5.58

B. A. C. 7568, 21ʰ 37ᵐ 53ˢ.

September 17	. .	+28 6	42.83
	20	. .		41.61

B. A. C. 7569, 21ʰ 37ᵐ 53ˢ.

September 17	. .	+28 6	40.39
	20	. .		39.50

δ CAPRICORNI, 21ʰ 39ᵐ 18ˢ.

| October | 20 | . . | −16 45 | 38.77 |

μ CAPRICORNI, 21ʰ 45ᵐ 39ˢ.

1858.				
October	20	. .	−14 12	32.99

16 PEGASI, 21ʰ 46ᵐ 42ˢ.

September 23	. .	+25 16	6.29
	30	. .		4.56
October	19	. .		4.10

B. A. C. 7652, 21ʰ 51ᵐ 27ˢ.

| September 17 | . . | −23 32 | 21.98 |

O. ARG. S. 21800, 21ʰ 53ᵐ 10ˢ.

| September 20 | . . | −21 0 | 48.05 |

α AQUARII, 21ʰ 58ᵐ 35ˢ.

October	19	. .	− 0 59	54.89
	23	. .		53.21

ι AQUARII, 21ʰ 58ᵐ 52ˢ.

| October | 20 | . . | −14 32 | 51.26 |

LALANDE 43320, 22ʰ 5ᵐ 7ˢ.

September 17	. .	+36 36	18.43
	27	. .		17.51

θ AQUARII, 22ʰ 9ᵐ 27ˢ.

September 20	. .	− 8 28	45.08
	30	. .		44.86
October	19	. .		44.34
	20	. .		45.03
	23	. .		44.03

LALANDE 43630, 22ʰ 14ᵐ 20ˢ.

September 17	. .	+36 35	46.05
	27	. .		44.59

(*), 22ʰ 15ᵐ 12ˢ.

September 17	. .	+36 34	32.03
	27	. .		30.49

B. A. C. 7836, 22ʰ 22ᵐ 47ˢ.

| October | 19 | . . | −15 18 | 0.71 |

σ AQUARII, 22ʰ 23ᵐ 14ˢ.

| October | 27 | . . | −11 23 | 31.63 |

ψ AQUARII, 22ʰ 28ᵐ 10ˢ.

September 23	. .	− 0 50	14.30
	30	. .		16.56
October	23	. .		16.39

LALANDE 44319, 22ʰ 32ᵐ 44ˢ.

September 17	. .	+36 38	53.15
	27	. .		52.08

LALANDE 44340, 22ʰ 33ᵐ 53ˢ.

September 20	. .	+36 37	33.38
	27	. .		32.17

γ PEGASI, 22ʰ 34ᵐ 29ˢ.

October	19	. .	+10 6	4.22
	27	. .		5.21

LALANDE 44642, 22ʰ 42ᵐ 0ˢ.

September 20	. .	+36 40	51.59
	27	. .		50.29

τ² AQUARII, 22ʰ 42ᵐ 10ˢ.

October	20	. .	−14 19	50.41
	26	. .		47.91
	27	. .		49.76

δ AQUARII, 22ʰ 47ᵐ 14ˢ.

October	20	. .	−16 33	53.03
	27	. .		51.83

α PISCIS AUSTRALIS, 22ʰ 49ᵐ 54ˢ.

1858.				
September 20	. .	−30 21	47.94
	22	. .		50.03
	27	. .		49.02
	30	. .		47.15
October	19	. .		47.97
	23	. .		47.41

82 AQUARII, 22ʰ 55ᵐ 16ˢ.

| September 29 | . . | − 7 19 | 30.55 |

α PEGASI, 22ʰ 57ᵐ 46ˢ.

October	20	. .	+14 27	8.54
November 18		. .		8.63

WEISSE XXII, 1232, 22ʰ 58ᵐ 33ˢ.

| October | 26 | . . | −11 11 | 29.94 |

φ AQUARII, 23ʰ 7ᵐ 4ˢ.

September 29	. .	− 6 48	12.52
October	20	. .		11.98

γ PISCIUM, 23ʰ 9ᵐ 54ˢ.

September 22	. .	+ 2 31	6.73
October	19	. .		4.85
December 17		. .		3.44

ψ° AQUARII, 23ʰ 11ᵐ 40ˢ.

| October | 20 | . . | −10 22 | 32.96 |

B. A. C. 8127, 23ʰ 13ᵐ 12ˢ.

October	26	. .	+ 4 37	5.41
November 18		. .		3.85

κ PISCIUM, 23ʰ 19ᵐ 46ˢ.

September 29	. .	+ 0 29	21.11
October	15	. .		23.74
	19	. .		22.01
	23	. .		22.99
December 17		. .		21.48

WEISSE XXIII, 423, 23ʰ 21ᵐ 37ˢ.

| October | 9 | . . | −10 52 | 17.66 |

WEISSE XXIII, 476, 23ʰ 24ᵐ 12ˢ.

| September 20 | . . | − 5 1 | 21.54 |

SANTINI 1636, 23ʰ 25ᵐ 4ˢ.

| October | 26 | . . | + 6 18 | 53.64 |

16 PISCIUM, 23ʰ 29ᵐ 15ˢ.

September 29	. .	+ 1 19	30.63
October	27	. .		32.31

ι PISCIUM, 23ʰ 32ᵐ 45ˢ.

January	1	. .	+ 4 52	3.83
	23	. .		3.30
November 18		. .		4.18
				3.28

WEISSE XXIII, 683, 23ʰ 33ᵐ 30ˢ.

| September 27 | . . | + 7 9 | 57.92 |

WEISSE XXIII, 685, 23ʰ 33ᵐ 33ˢ.

| September 27 | . . | + 7 9 | 51.38 |

WEISSE XXIII, 705, 23ʰ 34ᵐ 33ˢ.

| October | 15 | . . | + 7 25 | 40.99 |

WEISSE XXIII, 710, 23ʰ 34ᵐ 48ˢ.

October	27	. .	+ 6 28	32.85
December 17		. .		32.66

ζ PISCIUM, 23ʰ 34ᵐ 54ˢ.

| October | 20 | . . | + 1 0 | 34.33 |

(*), 23ʰ 36ᵐ 50ˢ.

| December 17 | . . | + 6 28 | 24.64 |

WEISSE XXIII, 764, 23ʰ 37ᵐ 40ˢ.

September 29	. .	+ 6 24	54.23
October	15	. .		54.95

WEISSE XXIII, 817, 23ʰ 40ᵐ 31ˢ.

| October | 26 | . . | − 1 32 | 18.93 |

WEISSE XXIII, 828, 23ʰ 40ᵐ 58ˢ.

September 20	. .	+ 9 22	11.69
	27	. .		11.44

WEISSE XXIII, 831, 23ʰ 42ᵐ 5ˢ.

October	15	. .	+ 6 23	10.72
	20	. .		11.86

δ SCULPTORIS, 23ʰ 41ᵐ 37ˢ.

| November 18 | . . | −28 54 | 17.03 |

WEISSE XXIII, 870, 23ʰ 43ᵐ 0ˢ.

| October | 27 | . . | + 6 16 | 9.26 |

B. A. C. 8300, 23ʰ 45ᵐ 30ˢ.

| December 17 | . . | +10 10 | 6.01 |

WEISSE XXIII, 932, 23ʰ 45ᵐ 59ˢ.

| September 29 | . . | + 5 55 | 12.79 |

SANTINI 1664, 23ʰ 43ᵐ 47ᵐ.

| October | 9 | . . | + 7 26 | 40.60 |

B. A. C. 8314, 23ʰ 48ᵐ 4ˢ.

| January | 1 | . . | +73 37 | 54.38 |

WEISSE XXIII, 1030, 23ʰ 50ᵐ 55ˢ.

September 20	. .	+10 41	43.12
	27	. .		42.81

27 PISCIUM, 23ʰ 51ᵐ 30ˢ.

| October | 20 | . . | − 4 19 | 58.99 |

ω PISCIUM, 23ʰ 52ᵐ 7ˢ.

September 29	. .	+ 6 5	16.19
October	15	. .		17.82

B. A. C. 8353, 23ʰ 55ᵐ 13ˢ.

October	26	. .	+ 8 10	39.54
November 18		. .		38.01

WEISSE XXIII, 1195, 23ʰ 58ᵐ 20ˢ.

October	27	. .	−10 23	38.24
November 19		. .		37.80

WEISSE XXIII, 1201, 23ʰ 58ᵐ 38ˢ.

September 20	. .	+12 5	43.07
	27	. .		42.15
October	15	. .		41.79

WEISSE XXIII, 1212, 23ʰ 59ᵐ 20ˢ.

September 20	. .	+12 3	6.47
	27	. .		4.63
October	15	. .		5.40

WEISSE XXIII, 1217, 23ʰ 59ᵐ 41ˢ.

| September 27 | . . | +12 3 | 17.35 |

OBSERVATIONS WITH THE MURAL CIRCLE

FOR

1853, 1855, 1856, 1857, AND 1858.

\multicolumn{7}{c}{SUN.}						
Date.	Mean Time.	Limb.	Declination of Center.	C−O	Vertical Semi-diameter.	C−O
1853.	m. s.		° ′ ″	″	° ″	″
January 10	+ 7 56.8	•	− 21 53 50.87	+ 2.8	16 21.15	− 3.15
17	10 30.8	•	20 39 26.40	3.6	19.53	2.03
21	11 43.1	•	19 48 11.70	3.1	20.68	3.48
February 11	14 33.6	•	13 52 10.61	9.5	15.68	L.68
12	14 32.9	•	13 32 13.41	1.2	14.37	0.57
25	13 18.5	•	8 55 13.71	+ 3.7	11.98	0.98
March 3	12 9.3	•	6 38 53.41	− 0.4	14.41	4.91
10	10 28.3	•	3 55 42.47	1.9	9.30	1.60
16	8 48.4	•	1 33 55.76	− 0.6	8.67	2.57
19	7 55.1	•	− 0 22 51.79	+ 1.7	7.38	2.08
29	+ 4 50.4	•	+ 3 32 38.85	+ 2.7	16 4.10	− 1.50

\multicolumn{7}{c}{MOON.}						
1853.	h. m.		° ′ ″	″	″	″
March 19	7 49.7	•	+ 23 58 2.31	+ 2.4		
April 20	9 57.4	•	+ 6 14 41.29	− 1.4		

\multicolumn{7}{c}{MERCURY.}						
January 6	22 25.9	•	− 21 16 38.78	+ 0.7	5.13	− 1.7
9	22 26.5	•	21 49 59.83	0.0″	4.68	1.5
20	22 42.1	•	23 6 58.39	− 3.7	4.79	2.1
27	22 57.9	•	− 22 51 34.28	− 2.9	4.19	− 1.7

\multicolumn{7}{c}{VENUS.}						
January 6	21 54.4	•	− 21 32 33.66	− 0.8	8.39	− 2.3
9	21 58.5	•	21 59 28.87	1.0	7.85	1.9
16	22 8.4	•	22 39 33.28	1.0	8.97	3.1
20	22 14.1	•	22 47 36.08	3.0	8.04	2.2
27	22 24.3	•	22 35 14.66	1.5	9.02	3.3
28	22 25.7	•	22 30 44.15	0.8	6.49	0.9
February 9	22 42.1	•	20 44 18.81	2.1	6.99	1.6
10	22 43.4	•	20 31 17.27	− 2.1	7.18	1.8
March 2	23 5.3	•	14 16 8.87	+ 0.5	8.24	2.7
9	23 11.3	•	11 23 1.08	− 0.6	7.37	2.3
15	23 15.8	•	8 42 33.41	+ 1.4	6.69	1.7
18	23 17.9	•	− 7 18 58.83	− 0.4	8.24	− 3.2

NEPTUNE.

Date.	Mean Time.	Limb.	Declination of Center.	C−O	Vertical Semi-diameter.	C−O
1853.	h. m.		° ′ ″	″	′ ″	″
September 13	11 24.1	.	− 7 57 1.52	+ 3.2		
19	10 59.9	.	8 0 41.51	2.7		
23	10 43.8	.	8 3 4.65	3.6		
24	10 39.8	.	8 3 38.91	2.9		
October 8	9 43.4	.	8 11 6.91	2.7		
14	9 19.3	.	8 13 49.70	1.5		
15	9 15.3	.	8 14 16.16	2.6		
November 14	7 16.1	.	− 8 21 52.64	+ 0.6		

CERES.

May 9	11 16.3	.	− 3 0 29.23	− 66.9		
11	11 6.6	.	− 3 0 53.27	− 66.1		

PALLAS.

May 9	11 3.1	.	+ 24 30 14.48	− 21.9		
11	10 53.9	.	+ 24 39 41.06	− 20.1		

IRIS.

April 22	9 28.3	.	− 5 5 29.19			
26	9 10.0	.	4 45 3.34			
27	9 6.9	.	− 4 40 14.07			

FLORA.

August 10	11 0.8	.	− 23 25 25.74	− 0.1		
11	10 56.0	.	− 23 31 32.28	+ 1.3		

VICTORIA.

April 21	12 22.5	.	− 19 41 1.87	+ 52.0		
27	11 54.5	.	18 47 19.67	49.2		
May 2	11 30.4	.	17 59 1.10	48.9		
11	10 56.3	.	− 16 28 13.14	+ 49.3		

EUTERPE.

December 13	9 22	.	+ 14 50 36.80			
20	8 52	.	14 54 55.12			
24	8 36	.	15 1 0.53			
27	8 24	.	+ 15 7 9.57			

OBSERVATIONS WITH THE MURAL CIRCLE, 1853 AND 1855.

Date.	Mean Time.	Limb.	Declination of Center.	C−O	Vertical Semi-diameter.	C−O
			EGERIA.			
1853.	h. m.		° ′ ″	″	′ ″	″
June 4	14 11.2	.	− 41 16 8.87			
August 6	9 1.2	.	− 41 16 13.75			
			METIS.			
October 6	12 10.2	.	− 1 13 19.71	− 2.6		
8	12 0.4	.	− 2 21 25.61	− 1.8		
			JUPITER.			
1855. September 24	9 33.3	.	− 14 47 32.32	+ 0.1		
			VESTA.			
September 1	10 42.7	.	− 24 0 28.32	+ 23.0		
7	10 14.9	.	20 38.43	19.8		
8	10 10.4	.	23 15.41	20.3		
10	10 1.5	.	27 48.10	19.8		
11	9 57.1	.	29 44.29	19.1		
12	9 52.7	.	31 28.60	18.2		
17	9 31.2	.	36 59.88	16.8		
28	9 47.7	.	31 55.72	15.1		
29	9 43.8	.	− 24 30 23.09	+ 14.5		
			HEBE.			
September 7	10 49.8	.	− 20 58 27.69			
8	10 45.3	.	21 10 54.48			
10	10 36.3	.	21 34 53.31			
11	10 31.9	.	21 46 24.80			
12	10 27.5	.	− 21 57 39.70			
			IRENE.			
April 27	12 7.2	.	− 1 4 52.41			
			PSYCHE.			
December 6	10 55.4	.	+ 15 29 42.83			

NEPTUNE.

Date.	Mean Time.	Limb.	Declination of Center.	C−O	Vertical Semi-diameter.	C−O
1855.	h. m.		° ′ ″	″	′ ″	″
September 11	11 51.2	,	− 6 15 24.50	+ 3.8		
17	11 27.0	,	19 17.38	5.1		
29	10 38.6	,	26 40.34	4.3		
October 9	9 56.5	,	32 14.43	4.4		
10	9 54.4	,	32 46.25	5.2		
15	9 34.3	,	− 35 13.26	+ 4.0		

SUN.

Date.	Mean Time.	Limb.	Declination of Center.	C−O	Vertical Semi-diameter.	C−O
1856.	m. s.					
June 20	+ 1 30.9	,	+ 23 27 32.54	− 1.94	15 49.27	− 2.84
21	+ 1 18.0	,	+ 23 27 33.70	− 1.50	15 49.90	− 3.52

MOON.

Date.	Mean Time.	Limb.	Declination of Center.	C−O	Vertical Semi-diameter.	C−O
	h. m.					
September 10	8 54.3	S.	− 25 0 54.07	+ 6.67		
October 8	7 37.0	S.	22 55 49.32	6.92		
10	9 23.4	S.	11 38 8.19	+ 0.49		
11	10 14.7	S.	− 4 31 42.35	− 3.25		
November 11	11 30.8	N.	+ 19 45 24.69	0.79		
December 9	10 11.4	S.	+ 22 20 38.33	− 0.53		

JUPITER.

Date.	Mean Time.	Limb.	Declination of Center.	C−O	Vertical Semi-diameter.	C−O
October 8	11 0.2	,	− 0 28 20.34	+ 0.34	24.45	− 0.81
10	10 51.4	,	0 34 7.19	+ 0.29	24.28	0.69
29	9 29.2	,	1 18 56.77	− 0.23	23.94	1.16
31	9 20.8	,	1 22 18.75	− 1.15	23.02	0.36
November 11	8 35.1	,	1 35 25.06	+ 0.16	23.95	1.99
12	8 31.0	,	1 36 6.91	− 0.59	22.73	0.83
13	8 26.9	,	1 36 43.88	1.34	23.38	1.55
18	8 6.8	,	1 38 37.69	− 1.51	23.13	1.60
20	7 58.8	,	1 38 50.38	+ 0.38	22.60	1.19
22	7 50.8	,	1 38 40.99	+ 0.19	22.53	1.24
December 8	6 49.1	,	1 25 30.18	− 1.32	20.88	0.64
26	6 45.4	,	− 0 47 6.20	− 1.20	19.74	− 0.68

OBSERVATIONS WITH THE MURAL CIRCLE, 1856 AND 1857.

			NEPTUNE.			
Date.	Mean Time.	Limb.	Declination of Center.	C−O	Vertical Semi-diameter.	C−O
1856.	h. m.		° ′ ″	″	″. ″	″
October 2	10 31.2	.	− 5 38 10.10	+ 5.00		
7	10 11.1	.	5 40 59.28	3.98		
8	10 7.1	.	5 41 32.69	4.49		
9	10 3.1	.	5 42 4.53	3.93		
10	9 59.1	.	5 42 37.02	4.52		
11	9 55.1	.	5 43 8.30	4.30		
November 19	7 19.6	.	5 55 41.30	1.80		
24	6 59.8	.	− 5 55 59.87	+ 3.37		

			JUNO.			
August 25	10 10.0	.	− 7 13 4.77	− 0.29		
26	10 5.4	.	7 21 48.77	1.29		
27	10 0.8	.	7 30 34.67	0.49		
29	9 52.0	.	7 48 3.80	0.25		
September 2	9 34.2	.	8 22 45.82	0.49		
4	9 27.2	.	8 39 53.61	0.37		
13	8 47.1	.	− 9 53 47.20	− 1.06		

			VESTA.			
December 29	10 32.3	.	+ 19 25 31.96	− 13.48		

			MELPOMENE.			
October 28	12 0.9	.	− 6 6 47.47			
November 11	10 45.5	.	− 7 3 51.11			

			MOON.			
1857.						
February 2	6 51.5	S.	+ 23 53 40.40	− 3.40		
March 7	10 25.9	N.	+ 18 58 36.47	− 3.57		
May 5	9 52.2	N.	− 5 53 24.07	+ 4.07		
August 3	11 48.6	S.	26 14 50.97	2.77		
29	7 42.5	S.	28 38 5.39	+ 1.19		
31	9 30.3	S.	24 35 18.29	− 3.89		
September 1	10 22.3	S.	20 21 1.19	+ 4.89		
October 1	10 37.5	S.	− 5 3 27.60	+ 4.60		
November 27	8 36.7	S.	+ 9 3 44.05	− 5.95		
December 24	6 28.1	N.	+ 6 27 14.72	− 4.66		

OBSERVATIONS WITH THE MURAL CIRCLE, 1857.

Date.	Mean Time.	Limb.	Declination of Center.	C−O	Vertical Semi-diameter.	C−O
			JUPITER.			
1857.	h. m.		° ′ ″	″	′ ″	″
November 17	10 39.5	.	− 13 12 39.88	+ 1.88		
December 14	8 43.4	.	12 29 56.31	0.91		
15	8 39.3	.	12 29 9.39	0.99		
19	8 22.8	.	− 12 26 41.94	+ 1.84		
			NEPTUNE.			
September 5	12 29.6	.	− 4 29 25.93	+ 5.53		
8	12 17.5	.	4 31 24.07	4.97		
10	12 9.4	.	4 32 44.02	5.72		
17	11 41.2	.	4 37 20.91	5.61		
24	11 13.0	.	4 41 52.48	5.38		
26	11 4.9	.	4 43 8.84	5.74		
October 1	10 44.7	.	4 46 14.45	5.85		
8	10 16.6	.	4 50 19.94	5.04		
12	10 0.6	.	4 52 32.22	5.12		
17	9 40.5	.	4 55 7.54	5.64		
21	9 24.5	.	4 57 0.53	4.13		
30	8 48.4	.	5 0 44.30	4.70		
31	8 44.4	.	5 1 5.54	4.24		
November 3	8 32.5	.	5 2 6.66	4.36		
4	8 28.5	.	5 2 25.86	4.66		
7	8 16.6	.	5 3 19.20	5.40		
11	8 0.7	.	5 4 19.03	5.43		
December 3	6 33.7	.	5 6 3.94	4.14		
7	6 18.0	.	5 5 42.21	5.01		
10	6 6.3	.	5 5 17.67	6.07		
12	5 58.5	.	5 4 56.42	6.02		
19	5 31.2	.	− 5 3 15.03	+ 4.13		
			URANUS.			
January 9	7 57.2	.	+ 17 48 30.47	− 1.87		
			VESTA.			
January 9	9 40.0	.	+ 21 48 44.60	− 0.80		
13	9 21.8	.	19 58 0.47	+ 0.36		
15	9 12.9	.	20 2 50.89	− 0.04		
February 9	7 32.1	.	21 13 19.63	0.94		
11	7 24.7	.	+ 21 19 36.76	− 0.35		

OBSERVATIONS WITH THE MURAL CIRCLE, 1857 AND 1858.   143

Date.	Mean Time.	Limb.	Declination of Center.	C−O	Vertical Semi-diameter.	C−O
	h. m.		° ′ ″	″	′ ″	″

PALLAS.

Date.	Mean Time.	Limb.	Declination of Center.	C−O	Vertical Semi-diameter.	C−O
1857. February 9	10 14.9	.	− 21 41 49.21	+ 1.12		
23	9 7.5	.	15 57 54.56	1.13		
28	8 8.5	.	− 13 48 57.98	+ 1.71		

CERES.

Date	Mean Time	Limb	Declination of Center	C−O	Vertical Semi-diameter	C−O
February 3	10 26.3	.	+ 26 20 20.19	+ 2.88		
March 7	10 52.8	.	+ 29 16 50.23	+ 5.03		

MOON.

Date	Mean Time	Limb	Declination of Center	C−O	Vertical Semi-diameter	C−O
1858. February 23	8 55.2	N.	+ 27 11 0.15	− 0.85		
March 24	8 43.9	N.	21 55 1.01	3.71		
25	9 34.9	N.	+ 15 33 58.75	2.35		
April 27	11 55.9	S.	− 18 10 37.28	5.42		
June 21	8 36.8	N.	19 58 10.84	4.66		
July 24	11 31.4	S.	25 11 0.73	− 3.07		
August 20	9 25.6	S.	26 12 53.12	+ 3.62		
September 17	8 7.3	S.	24 31 46.86	2.46		
20	10 25.1	S.	− 10 29 23.19	3.69		
October 20	10 29.1	S.	+ 5 41 24.69	+ 2.11		
November 19	10 47.3	N.	+ 20 44 49.75	− 0.05		

MARS.

Date	Mean Time	Limb	Declination of Center	C−O	Vertical Semi-diameter	C−O
May 21	11 22.4	.	− 19 21 43.99	− 1.21	11.41	− 1.61
22	11 17.0	.	19 19 13.52	0.18	11.67	1.87
June 5	10 4.1	.	18 47 12.38	− 0.02	10.60	1.00
7	9 54.3	.	18 44 1.30	+ 1.40	10.80	1.25
10	9 40.0	.	18 40 17.03	0.43	11.31	1.93
15	9 17.3	.	18 37 24.00	+ 0.20	9.83	0.68
21	8 51.8	.	− 18 40 1.87	− 0.73	9.89	− 1.04

JUPITER.

Date	Mean Time	Limb	Declination of Center	C−O	Vertical Semi-diameter	C−O
January 19	6 22.4	.	+ 12 44 18.20	− 2.30	20.48	− 0.31
20	6 18.7	.	12 45 53.54	1.34	20.80	0.74
30	5 42.6	.	13 5 2.33	0.63	19.55	− 0.15
February 6	5 17.9	.	+ 13 21 31.80	− 1.50	18.46	+ 0.53

URANUS.

Date	Mean Time	Limb	Declination of Center	C−O	Vertical Semi-diameter	C−O
January 19	7 35.5	.	+ 18 53 57.58	+ 2.02		
20	7 31.5	.	17 53 53.37	− 2.07		
February 8	6 16.6	.	+ 18 53 34.41	+ 2.19		

JUNO.

Date.	Mean Time.	Limb.	Declination of Center.	C−O	Vertical Semi-diameter.	C−O
1858.	h. m.		° ′ ″	″	′ ″	″
March 29	8 0.8	.	+ 11 46 25.71	− 0.80		
31	7 54.0	.	+ 11 56 33.01	+ 7.94		

CERES.

June 1	12 34.4	.	− 21 52 12.69	− 0.08		
18	11 11.3	.	22 31 38.07	+ 0.11		
26	10 33.0	.	− 22 48 39.29	− 0.64		

PALLAS.

June 10	11 18.7	.	+ 26 10 47.19	+ 0.51		
15	10 53.2	.	+ 26 1 16.32	− 3.02		

FLORA.

February 25	8 41.5	.	+ 25 4 22.69			
27	8 34.0	.	25 7 17.37			
March 10	7 55.1	.	25 16 37.01			
12	7 47.5	,	+ 25 17 8.94			

EUTERPE.

March 17	9 33.0	.	+ 12 23 56.60			

www.ingramcontent.com/pod-product-compliance
Lightning Source LLC
Chambersburg PA
CBHW020054170426
43199CB00009B/280